国家电网有限公司
STATE GRID
CORPORATION OF CHINA

配电网调控人员
培训手册（第二版）

国家电力调度控制中心　编

中国电力出版社
CHINA ELECTRIC POWER PRESS

内 容 提 要

为了适应新形势下配电网调度发展要求，更好地指导国家电网公司各级调控机构配电网调控运行管理和业务开展，国家电力调度控制中心组织编写了《配电网调控人员培训手册（第二版）》。

本书共十一章，主要介绍配电网概述、规划、一次设备、继电保护、自动化、通信、新业态、调控运行、方式计划、抢修指挥、新技术等方面内容，可作为国家电网公司各级调控机构配电网调控运行和管理专业人员的学习、培训参考资料。

图书在版编目（CIP）数据

配电网调控人员培训手册 / 国家电力调度控制中心编. —2 版. —北京：中国电力出版社，2022.3
ISBN 978-7-5198-6529-0

Ⅰ. ①配… Ⅱ. ①国… Ⅲ. ①配电系统–电力系统调度–岗位培训–手册 Ⅳ. ①TM73-62

中国版本图书馆 CIP 数据核字（2022）第 029957 号

出版发行：中国电力出版社
地 址：北京市东城区北京站西街 19 号（邮政编码 100005）
网 址：http://www.cepp.sgcc.com.cn
责任编辑：陈 倩（010-63412512）
责任校对：黄 蓓 郝军燕 李 楠
装帧设计：张俊霞
责任印制：石 雷

印 刷：北京天宇星印刷厂
版 次：2016 年 2 月第一版 2022 年 3 月第二版
印 次：2022 年 3 月北京第七次印刷
开 本：787 毫米×1092 毫米 16 开本
印 张：26.75
字 数：627 千字
印 数：00001—15000 册
定 价：198.00 元

编 委 会

主　任　李明节　董　昱

副主任　舒治淮

委　员　周　济　伦　涛　苏大威　周　挺　代　鹏

编 写 组

主　编　周　济

副主编　李　晨　周　挺　代　鹏

参　编　杨梓俊　余　璟　荆江平　徐晓春　赵瑞娜

　　　　施伟成　高　军　周福举　梁改革　李小荣

　　　　崔志伟　孙朝辉　高　洁　笪　涛　陈　康

　　　　王海蛟　袁　森　刘淑春　陈洪涛　王国鹏

　　　　于天蛟　倪　山　王国栋　连文莉　党莱特

　　　　梁芙蓉　葛　清　霍　健　周春生　丁宏恩

　　　　吴博科　刘海璇　王安春　华　夏　吴海洋

　　　　许冠亚　赵肖旭　吴俊飞　史雪涛　孙　阳

　　　　王　智　汤继刚　肖　凯　赵　帅　施大伟

　　　　程嘉诚　张一飞　李正超　孙　萌

第二版前言

《配电网调控人员培训手册》自 2016 年出版发行以来，在指导配电网调控运行专业管理、增强专业技术力量等方面发挥了重要作用，受到了广泛好评。"十三五"期间，配电网规模及调控业务迅速发展，配电网调度技术手段、管理体系更加完善。在国家"双碳"能源战略背景下，"十四五"期间分布式光伏将迎来更大规模的爆发式增长，配电网形态和运行特性将发生重大变化。随着配电网新业态快速发展，调度对象向储能、微电网、虚拟电厂等新型负荷侧可控资源快速扩展。建设具有中国特色国际领先的能源互联网企业，将促进"大云物移智链"等先进信息通信技术、控制技术与先进能源技术深度融合，持续推动调度运行管理向数字化、自动化、智能化转变。为适应新形势下配电网调度发展要求，更好地指导国家电网公司各级调控机构配电网调控运行管理和业务开展，国家电力调度控制中心组织修订了第一版《配电网调控人员培训手册》。

《配电网调控人员培训手册（第二版）》将第一版第一部分和第二部分进行了合并，根据近几年配电网调度在运行管理、业务变革及技术支撑等方面的变化，对原有章节进行了调整、新增和删减，并结合实际，对各章节内容进行了修订更新。

本书共十一章，第一章为配电网概述，主要介绍配电网基本知识；第二章为配电网规划，主要介绍配电网规划设计相关要求；第三章为配电网一次设备，主要介绍各电压等级配电网一次设备基本情况；第四至六章分别为配电网继电保护、配电网自动化、配电网通信，主要介绍配电网调度二次专业相关技术、系统及管理要求；第七章为配电网新业态，主要介绍配电网新业态的基本概念、典型特征；第八至十章分别为配电网调控运行、方式计划和抢修指挥，主要介绍配电网调度一次专业管理要求和业务流程；第十一章为配电网新技术，主要介绍"大云物移智链"等新技术概述及其在电网调度中的应用。附录主要汇编了近五年国家电力调度控制中心在配电网调度管理方面的制度规定。全书由国家电力调度控制中心统稿并审定。

本书参考了现行的国家标准、行业标准、国家电网公司企业标准、规章制度以及配电网相关资料，各类标准、制度有变更的，以新标准、制度为准。

本书可作为国家电网公司各级调控机构配电网调控运行和管理专业人员的学习、培训参考资料。

由于编写时间仓促，书中难免出现不妥或疏漏之处，恳请读者批评指正，以便进一步完善。

编　者

2021 年 10 月

第 一 版 前 言

"十二五"期间,国家电网公司各级调控机构全面推进"大运行"体系建设,通过变革组织架构、创新管理方式、优化业务流程,进一步推进调控管理向纵深发展。为进一步夯实"大运行"体系建设成果,提升配电网调控运行及管理水平,增强专业技术力量,全面适应现代配电网快速发展要求,国家电力调度控制中心组织编写了《配电网调控人员培训手册》。

本手册共分为配电网基础知识、配电网调控管理两大部分,第一部分包括六章,从配电网概述、一次设备、继电保护、配电自动化、分布式电源和配电网抢修指挥业务简介等六个方面,详细介绍了与配电网调控相关的各类配电网名词、设备、技术、系统、业务等知识。第二部分包括六章,从调控运行、方式计划、继电保护、配电自动化、分布式电源、配电网抢修指挥管理等六个方面,详细介绍了配电网调控的相关管理规定、业务流程。

本手册参考了现行的国家标准、行业标准和企业标准以及配电网相关资料,各类标准有变更的,以新标准为准。

本手册作为国家电网公司各级调控机构配电网调控运行和管理专业人员的学习和培训参考资料。

由于编写时间仓促,书中难免存在不妥或疏漏之处,恳请读者批评指正,以便进一步完善。

编 者
2015 年 10 月

目　　录

第一章

配 电 网 概 述

第一节 配 电 网 的 定 义

电能是一种应用广泛的能源，其生产（发电厂）、输送（输配电线路）、分配（变电站）和消费（电力客户）的各个环节有机地构成一个系统。动力系统、电力系统、电力网组成示意图如图 1-1 所示。

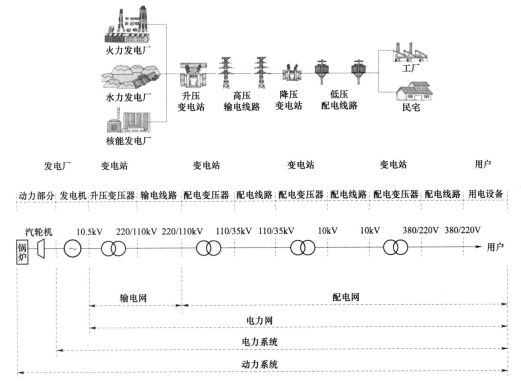

图 1-1 动力系统、电力系统、电力网组成示意图

一、动力系统

动力系统是由发电厂的动力部分（如火力发电的锅炉、汽轮机，水力发电的水轮机和水库，核力发电的核反应堆和汽轮机等）以及发电、输电、变电、配电、用电组成的整体。

二、电力系统

电力系统是由发电、输电、变电、配电和用电组成的整体，它是动力系统的一部分。

三、电力网

电力网是电力系统中输送、变换和分配电能的部分，包括升、降压变压器和各种电压等级的输电线路，是电力系统的一部分。电力网按其电力系统的作用不同分为输电网和配电网。

（1）输电网：以高压（220kV）、超高电压（330kV、500kV、750kV）、特高压（交流1000kV、直流±800kV）输电线路将发电厂、变电站连接起来的输电网络，是电力网中的主干网络。

（2）配电网：从电源侧（输电网、发电设施、分布式电源等）接受电能，并通过配电设施就地或逐级分配给各类用户的电力网络，对应电压等级一般为110kV及以下。配电网涉及高压配电线路和变电站、中压配电线路和配电变压器、低压配电线路、用户和分布式电源4个紧密关联的层次。对配电网的基本要求主要是供电的连续性、可靠性、合格的电能质量和运行的经济性等。

第二节　配电网的分类和特点

一、配电网的分类

配电网按电压等级的不同，可分为高压配电网（110kV、66kV、35kV）、中压配电网（20kV、10kV、6kV、3kV）和低压配电网（220V/380V）；按供电地域特点不同或服务对象不同，可分为城市配电网和农村配电网；按配电线路的不同，可分为架空配电网、电缆配电网以及架空电缆混合配电网。

（1）高压配电网。指由高压配电线路和相应等级的配电变电站组成的向用户提供电能的配电网。其功能是从上一级电源接受电能后，直接向高压用户供电，或通过变压器为下一级中压配电网提供电源。高压配电网具有容量大、负荷重、负荷节点少、供电可靠性要求高等特点。高压配电网分为110/66/35kV三个电压等级，城市配电网一般采用110kV作为高压配电网电压。

（2）中压配电网。指由中压配电线路和配电变电站组成的向用户提供电能的配电网。其功能是从电源侧（输电网或高压配电网）接受电能，向中压用户供电，或向用户用电小区负荷中心的配电变电站供电，再经过降压后向下一级低压配电网提供电源。中压配电网具有供电面广、容量大、配电点多等特点。我国中压配电网一般采用10kV为标准额定电压。

（3）低压配电网。指由低压配电线路及其附属电气设备组成的向用户提供电能的配电网。其功能是以中压配电网的配电变压器为电源，将电能通过低压配电线路直接送给用户。低压配电网的供电距离较近，低压电源点较多，一台配电变压器就可作为一个低压配电网的电源，两个电源点之间的距离通常不超过几百米。低压配电线路供电容量不大，但分布面广，除一些集中用电的用户外，大量是供给城乡居民生活用电及分散的街道照明用电等。低压配电网主要采用三相四线制、单相和三相三线制组成的混合系统。我国规定采用单相 220V、三相 380V 的低压额定电压。

二、配电网的特点

（1）供电线路长，分布面积广。

（2）发展速度快，用户对供电质量要求高。

（3）对经济发展较好地区配电网设计标准要求高，供电的可靠性要求较高。

（4）农网负荷季节性强。

（5）配电网接线较复杂，必须保证调度上的灵活性、运行上的供电连续性和经济性。

（6）随着配电网自动化水平的提高，对供电管理水平的要求越来越高。

（7）随着分布式电源、储能、增量配电网及微电网的接入，配电网由传统的无源网向有源网转变，配电网物理形态及运行特性发生重大变化。

第三节　用电负荷的分类及一般供电要求

一、用电负荷的分类

1. 按对供电可靠性要求分类

（1）一级负荷。一级负荷是指突然停电将会造成人身伤亡，或在经济上造成重大损失，或在政治上造成重大不良影响、公共秩序严重混乱、造成环境严重污染的这类负荷。如重要交通和通信枢纽用电负荷、重点企业中的重大设备和连续生产线、政治和外事活动中心等。

（2）二级负荷。二级负荷是指突然停电将在经济上造成较大损失，或在政治上造成不良影响、公共秩序混乱的这类负荷。如突然停电将造成主要设备损坏、大量产品报废、造成环境污染、大量减产的工厂用电负荷，交通和通信枢纽用电负荷，大量人员集中的公共场所等。

（3）三级负荷。三级负荷是指不属于一级和二级的这类负荷。

2. 按用电部门属性分类

配电网中的负荷受居民作息习惯、工业生产规律、气候变化、季节等因素影响，各个用电部门负荷特性差异较大，可以分为以下四类。

（1）工业用电。工业用电负荷有两大特点：①用电量大，在我国的用电构成中，工业用电量占全社会用电量的一半以上；②工业用电比较稳定。在工业用户中，电解铝工业、有色金属冶炼业、铁合金工业、石油工业及化学工业等是属于连续性用电行业，必须昼夜连续不断地均衡地供电。工业负荷在月内、季度内的变化是不大的，比较均衡。除少数季节性生产的工厂外，大部分工业生产用电受季节性变化的影响小。

（2）城市生活用电。城市生活用电负荷的大小及其日负荷曲线的特性指标，与城市的大小、人口的稠密程度及人口分布、商业的发达程度及商业网点的布局、城市文化体育娱乐设施的数量和水平、居民居住建筑面积和收入水平等有关。城市生活用电主要是照明用电和电器用电，日变化较大。随着城市居民生活水平的提高，夏季空调用电和冬季电采暖用电比重显著提高。

（3）农业用电。农业用电负荷在全社会电力消耗中的比重不大，但季节性很强。农业用电在日内的变化相对较小，但在月内、年度内，负荷变化很大，呈现出很不均衡的特点。特别是对于农业排灌用电，受天然降水量的影响，季节性很强。

（4）交通运输用电。交通运输用电负荷比重一般较小，但随着城市轨道交通的增加，交通运输业的用电水平逐年升高。总体来看，交通用电的日负荷率一般比较低，通常为 0.4 左右，冬季和夏季的负荷率指标没有多大差别。

3. 按工作制分类

根据用电设备工作时间、停歇时间的特点，可以分为以下三类。

（1）连续工作制负荷。连续工作制负荷是指长时间连续工作的用电设备，其特点是负荷比较稳定，连续工作发热使其达到热平衡状态，其温度达到稳定温度，用电设备大都属于这类设备。如泵类、通风机、压缩机、电炉、运输设备、照明设备等。

（2）短时工作制负荷。短时工作制负荷是指工作时间短、停歇时间长的用电设备。其运行特点为工作时其温度达不到稳定温度，停歇时其温度降到环境温度，此负荷在用电设备中所占比例很小。如机床的横梁升降、刀架快速移动电动机、闸门电动机等。

（3）反复短时工作制负荷。反复短时工作制负荷是指时而工作、时而停歇、反复运行的设备，其运行特点为工作时温度达不到稳定温度，停歇时也达不到环境温度。如起重机、电梯、电焊机等。

二、用电负荷的一般供电要求

（1）一级负荷应由两路电源供电。供同一用户的两路电源不应该是单杆双回路架设，也不能出自电源的同一条母线。一级负荷中的特别重要负荷必须增设自备应急电源，也可以由第三路电源供电作为备用电源。

（2）二级负荷宜由两路电源供电，当其中一路电源中断供电时，另一路电源应该能满足全部或部分负荷的供电需要。用户也可以增设自备应急电源或其他应急措施。

（3）三级负荷一般只有一路电源供电，视需要可以自备应急电源。

所有装设自备应急电源的用户，供电部门都应该有详细的记录。

第四节　配电网的基本要求

配电网应安全、可靠、经济地向用户供电，具有必备的容量裕度、适当的负荷转移能力、一定的自愈能力和应急处理能力、合理的分布式电源接纳能力。

一、安全技术要求

（1）保证持续供电是对配电网的第一要求。因为电能的生产、供应和用电几乎是瞬间同时完成的，电能的中断或减少直接影响国民经济生产各部门及人们的生活需要。因此，必须对配电设备和用户实施不间断供电。

（2）及时发现网络的非正常运行情况和设备存在的缺陷情况是对配电网的第二要求。因为网络处于异常运行情况或设备存在某些缺陷时，配电网还是可以继续运行一段时间，但是不及时发现这些问题就会使运行环境恶化，导致发生电力事故。

（3）迅速隔离故障、最大限度地缩小停电范围，满足灵活供电需要是对配电网的第三要求。因为一旦发生故障（如短路），断路器就会跳闸，如果重合不成功就会造成较大面积的停电，此时需要迅速发现并隔离故障，缩小停电范围，保证其他用户可以继续安全、可靠地用电。

二、电能质量要求

让用户接受合格的电能是对配电网提出的电能质量要求。衡量电能质量的指标通常是频率、电压和波形，在配电网中电压和波形显得尤为重要。

（1）频率。我国频率的额定值是 50Hz，频率的偏差一般允许值为±0.2Hz。维持电网频率的任务应该由电力系统的一次调频和二次调频系统来完成，但这是指电网的最大出力（即供应电能的能力）的情况下进行，一旦电网出现过载，超过调频系统的承受范围时，变电站内就会启动按频率自动减负荷装置，分级、有效地切除负荷以保证频率在额定值附近。因为频率偏差大，将影响用户的产品产量和质量，影响电子设备工作的准确性，增大变压器和异步电机励磁无功损耗，将影响发电厂的出力和电网稳定，甚至造成汽轮机叶片损伤或断落事故。

（2）电压。电力系统正常运行情况下，配电网在与用户的公共连接点处的电压允许偏差应符合下列规定：

1）35～110kV 供电电压正负偏差的绝对值之和不超过标称电压的 10%。

2）10kV 及以下三相供电电压允许偏差为标称电压的±7%。

3）220V 单相供电电压允许偏差为标称电压的+7% 与－10%。

4）对供电点短路容量较小、供电距离较长以及对供电电压偏差有特殊要求的用户，由供用电双方协议确定。

（3）波形。三相电压和三相电流的波形应该是对称的正弦波形。但高频负荷、冲击负荷和晶闸管整流装置的不断出现使得波形畸变产生高次谐波，使电气设备过热、振动，引起系统谐振，使谐波电压升高，谐波电流增大，使电子设备和继电保护、自动装置误动，引发系统事故；还可能引起对通信设备的干扰；同时增加了附加损耗，降低了电气设备的效率和利用率。因此要求对负荷性质进行掌控，对波形进行有效检测，从技术和管理上坚决抵制和有效治理电网的高次谐波，为用电设备提供清洁的能源。

三、经济运行要求

在保证持续供电、用户接受合格电能的同时，要求配电网在最经济的状态下运行，这样可以使得配电网的网损最小，不仅可以降低运行成本，还可以提高电网的运行效率。因此可以从下列几个方面加以考虑：

（1）根据负荷变化情况改变配电网络的供电方式。

（2）根据负荷变化情况改变变压器的运行方式，使之处于经济运行状态。

（3）降低变压器的铁芯损耗，使用节能型的变压器。

（4）结合工程改变供电路径，使用节能设备、器材，避免迂回供电。

总之，配电网络的经济运行要在符合实际需要和可能的基础上加以考虑，避免盲目将尚可使用的设备加以撤换。

第五节 配电网的结构

一、配电网的供电形式

1. 单电源供电形式

单电源供电形式如图 1-2 所示。这种供电形式主要是由降压变电站引出许多线路组成，电力用户由其中的一路线路供电（一般该线路沿线满足供电要求的电力用户都由该线路供电）。

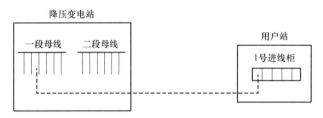

图 1-2 单电源供电形式

单电源供电形式特点是维护方便、保护简单、便于发展、但可靠性较差。单电源供电形式适用于三级负荷。

2. 双电源供电形式

（1）不同母线供电形式。

双电源不同母线供电形式如图 1-3 所示。这种供电形式主要是电力用户由同一降压变电站不同母线的两条线路供电。

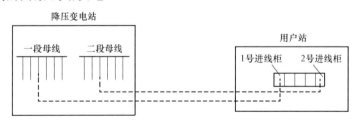

图 1-3 双电源不同母线供电形式

这种供电形式特点是供电可靠性高。这种供电形式适用于二级重要负荷。

（2）不同电源供电形式。

不同电源供电形式如图 1-4 所示。这种供电形式主要是电力用户由不属于同一降压变电站的两条线路供电。

这种供电形式特点是供电可靠性高。这种供电形式适用于二级及以上的重要负荷。

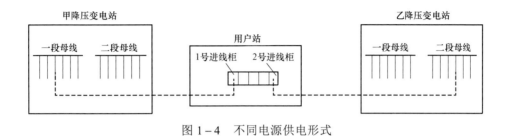

图 1-4　不同电源供电形式

二、配电网的主要结构

1. 高压配电网主要结构

高压配电网一般由 110kV（或 66kV、35kV）高压线路和变电站构成。高压配电网的功能主要是承接输电网受端网架（即供电网架）和本地电厂送入 110kV 的电力，并分配至中压配电网或高压用户，起到承接、转供及分配电力等功能，支撑整个城市配电网运行。

图 1-5　单辐射

高压配电网结构主要有辐射状、链式和环网结构。

（1）辐射状结构指由单电源（一般是 220kV 变电站）馈线向一个 110kV 变电站（或用户）或多个终端变电站供电的接线。如图 1-5～图 1-7 所示。

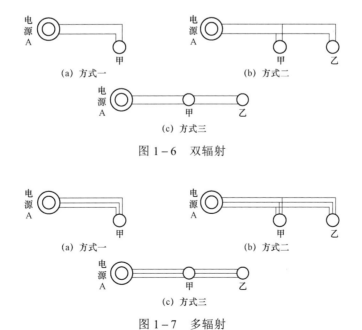

图 1-6　双辐射

图 1-7　多辐射

（2）链式结构由两个电源（变电站）的馈线供电，中间 T 接和 π 接链式接线。运行灵活性、可靠性好，适用于负荷密度较大的地区。如图 1−8～图 1−10 所示。

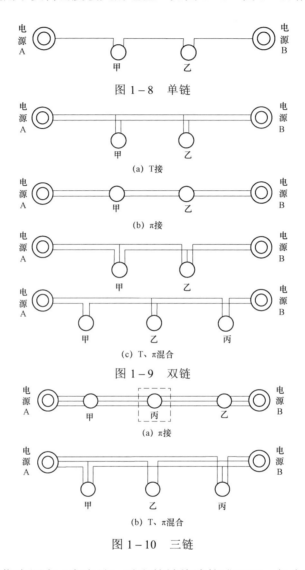

图 1−8　单链

(a) T接

(b) π接

(c) T、π混合

图 1−9　双链

(a) π接

(b) T、π混合

图 1−10　三链

（3）环网结构是指电源点（变电站）引出的馈线连接成环形，每个用电点自环上不同部位接出。如图 1−11、图 1−12 所示。

图 1−11　单环网　　　　　　　　　　　图 1−12　双环网

2. 中压配电网主要结构

我国绝大多数地区的中压配电网的电压等级是 10kV；苏州新加坡工业园区等开发区中

压配电网采用 20kV 供电；一些大工业企业的中压配电网也有采用 6kV（或 3kV）电压供电的。根据负荷对可靠性、供电质量和区域环境协调等基本要求的不同，中压配电网以电缆线路、绝缘导线或裸导线架空线路组成辐射状结构和环式两种基本接线。

中压配电网架空线路结构主要有多分段适度联络、多分段单联络和多分段单辐射；中压配电网电缆线路结构主要有双环式、单环式。

（1）中压架空配电网接线形式。

1）多分段单辐射接线模式。如图 1-13 所示辐射状结构是指一路配电线路自配电变电站引出，按照负荷的分布情况，呈辐射延伸出去，线路没有其他可连接的电源，所有用电点的电能只能通过单一的路径

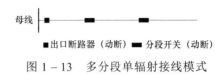

图 1-13　多分段单辐射接线模式

供给。辐射状配电网的优点是设施简单，运行维护方便，设备费用低，适用于低负荷密度地区和一般的照明、动力负荷供电；缺点是供电可靠性低。

2）多分段单联络接线模式。这种接线方式是架空环网最基本的接线模式，如图 1-14 所示单条线路合理分段，相邻线路"手拉手"，结构简单清晰，运行较为灵活，可靠性较高，在每段主干线通常可分为 2～3 段，线路故障或电源故障时，在线路负荷允许的情况下，通过倒闸操作可使非故障段恢复供电。

正常运行时线路开环运行，每条线路最大负荷只能达到线路最大载流量的 50%，线路投资较辐射状结构有所增加。

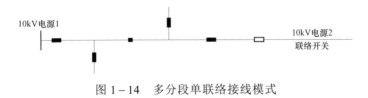

图 1-14　多分段单联络接线模式

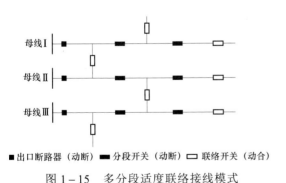

■出口断路器（动断）　■分段开关（动断）　□联络开关（动合）

图 1-15　多分段适度联络接线模式

3）多分段适度联络接线模式。如图 1-15 所示，这种接线模式的任何一条主干线路均由分段开关分成若干段，每一段与其他线路实现联络，当一段线路出现故障时，均不影响其他段的正常供电，缩小了故障影响范围，提高了供电可靠性。

这种接线模式可以有效地提高线路的负载率，降低备用容量，两分段两联络模式中主干线负载率可提高至 67%，三分段三联络模式中主干线负载率可提高至 75%。

（2）电缆配电网接线。

1）电缆单环式接线。这种接线模式是电缆线路环网中最基本的形式，如图 1-16 所示，环网点一般为环网柜，接线形式和手拉手的架空线路相似，但可靠性较手拉手的架空线路有所提高，因为每一个环网点均有两个开关，可以隔离任何一个环网柜，将停电范围缩小在一

个环网柜的范围内。该接线模式在正常运行时，其电源可以来自不同变电站或同一变电站的不同母线，任一回主干线路正常负载率不超过 50%。

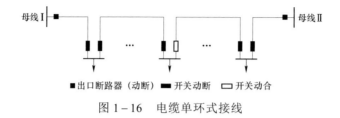

图 1－16　电缆单环式接线

2）电缆双环式接线。为了进一步提高供电网络的安全可靠性，保证在一路电源失电的情况下用户能够从另外一路电源供电，可采用此种双环网的接线模式，如图 1－17 所示，这种接线模式类似于架空线路的多分段适度联络的接线模式，实现一个用户的多路电源供电。

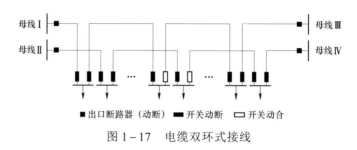

图 1－17　电缆双环式接线

3. 低压配电网主要结构

在我国低压配电网的电压等级采用 380/220V，低压配电网负责向 90%以上的电力用户供电。由于低压配电网规模庞大，工程数量众多，难以做到类似高中压配电网的详细规划，低压配电网规划多直接采用标准化典型设计方案，电网结构为辐射状结构，依据低压线路走向分区供电。低压配电网网络结构主要有开式低压网络和闭式低压网络。

（1）开式低压网络。

开式低压网络由单侧电源采用放射式、干线式或链式供电，它的优点是投资小，接线简单，安装维护方便，但缺点是电能损耗大、电压低、供电可靠性差以及适应负荷发展较困难。

1）放射式低压网络。

由配电变压器低压侧引出多条独立线路供给各个独立的用电设备或集中负荷群的接线方式，称为放射式低压网络，如图 1－18 所示。

该接线方式具有配电线故障互不影响，配电设备集中，检修比较方便的优点，但系统灵活性较差，导线金属耗材较多，这种接线方式适用于以下场合：

a. 单台设备容量较大，负荷集中或重要的用电设备。

b. 设备容量不大，并且位于配电变压器不同方向。

c. 负荷配置较稳定。

d. 负荷排列不整齐。

2）干线式低压网络。

a. 干线式低压配电网：该接线方式不必在变电站低压侧设置低压配电盘，而是直接从低压引出线经低压断路器和负荷开关引接，减少了电气设备的数量，如图 1-19 所示。配电设备及导线金属耗材消耗较少，系统灵活性好，但干线故障时影响范围大。这种接线适用于以下场合：① 数量较多，而且排列整齐的用电设备；② 对供电可靠性要求不高的用电设备，如机械加工、铆焊、铸工和热处理等。

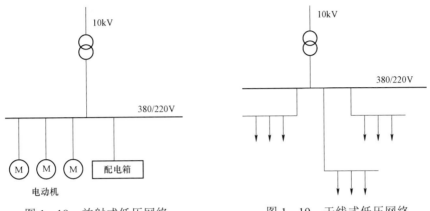

图 1-18 放射式低压网络   图 1-19 干线式低压网络

b. 变压器—干线配电网：主干线由配电变压器引出，沿线敷设，再由主干线引出干线对用电设备供电，如图 1-20 所示。这种网络比一般干线式配电网所需配电设备更少，从而使变电站结构大为简化，投资大为降低。

采用这种接线时，为了提高主干线的供电可靠性，应适当减少接出的分支回路数，一般不超过 10 个。对于频繁启动、容量较大的冲击负荷以及对电压质量要求严格的用电设备，不宜用此方式供电。

c. 备用柴油发电机组：该接线方式以 10kV 专用架空线路为主电源，快速自启动型柴油发电机组做备用电源，如图 1-21 所示。

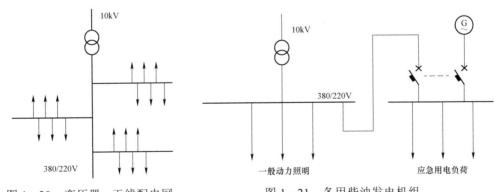

图 1-20 变压器-干线配电网   图 1-21 备用柴油发电机组

采用这种接线时，应注意以下问题：① 与外网电源间应设机械与电气联锁，不得并网运行；② 避免与外网电源的计费混淆；③ 在接线上要具有一定的灵活性，以满足在正常停电（或限电）情况下能供给部分重要负荷用电。

3）链式低压网络。

链式接线的特点与干线式基本相同，适用彼此相距很近、容量较小的用电设备，链式相连的设备一般不宜超过 5 台，链式相连的配电箱不宜超过 3 台，且总容量不宜超过 10kW。供电给容量较小用电设备的插座采用链式配电时，每一条环链回路的数量可适当增加，如图 1－22 所示。

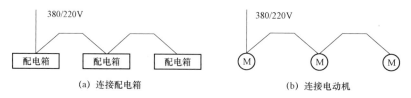

(a) 连接配电箱　　　　　　　　　　　(b) 连接电动机

图 1－22　链式低压配电网

（2）闭式低压网络。

低压网络主要采用开式结构，闭式结构一般不予推荐，但国外的个别地区有所应用，这里仅做介绍。闭式低压网络应用在有特殊低压供电需求的区域，包括三角形、星形、多边形及其他混合形等几种，如图 1－23 所示。

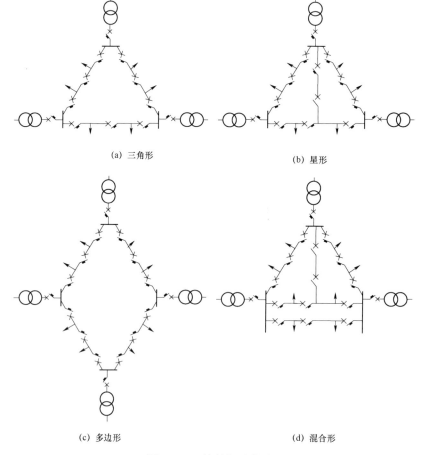

(a) 三角形　　　　　　　　　　　(b) 星形

(c) 多边形　　　　　　　　　　　(d) 混合形

图 1－23　简单闭式接线网络

简单闭式接线的主要特点如下：

1）高压侧由多回路供电，电源可靠性较高。

2）充分利用线路和变压器的容量，不必留出很大备用容量。

3）在联络干线端和干线中部都装有熔断器。

采用简单闭式接线方式，必须具备以下条件：

1）各对应边的阻抗应尽可能相等，以保证熔断器能选择性地断开。

2）连在一起的变压器容量比，不宜大于1:2。

3）短路电压比，不宜大于10%。

4）如从不同的电源引出，还应注意相位和相序关系。

三、国外城市典型配电网结构

根据公开发布的数据，新加坡、巴黎和东京的供电可靠性居世界前列，下面就以此为典型介绍国外城市配电网网架。

1. 新加坡配电网

新加坡配电网采用环网连接、并列运行的模式，如图1-24所示。具体而言，在城市各分区内的同一个双电源变压器并列运行的66/22kV变电站中，每两回22kV馈线构成环网，形成花瓣结构。另外，引自不同分区变电站的每两个环网中间又相互联络，开环运行，形成花瓣式相切的形式。

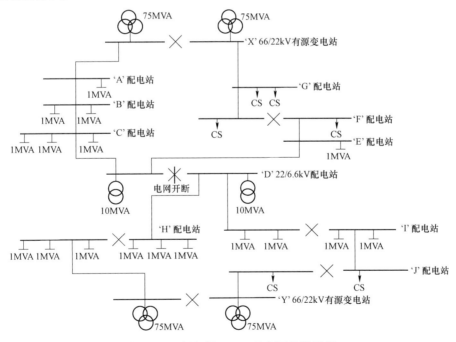

图1-24　新加坡22kV配电网络接线图

在此配电系统中，每个变电站的2台66/22kV 75MVA变压器必须配对并列运行，而且两个变压器所承载的最大负荷不能超过75MVA。构成环网的两回馈线的选择考虑$N-1$运行原则，按照正常运行时50%负荷设计，馈线一律采用22kV，截面积为300mm² 的XLPE铜芯电缆，线路开关全部采用断路器。每个环网的设计容量为 15MVA，其最大负载电流不能超过 400A。因此，每两个并列运行的变压器最多连接 5 个环网。其中，当 22kV 母线上的变压器台数在 3 台及以下时，采用单母线不分段接线。当变压器台数大于 3 台时，采用单母线分断接线。配网的中性点采用经小电阻接地方式，接地电阻为 6.5Ω，短路电流限制在 25kA、3s。

一个变电站的一段母线引出的一条出线环接多个配电站后，再回到本站的另一条母线，便构成一个"花瓣"。多条出线便可构成多个"花瓣"，多"花瓣"构成以变电站为中心的一朵"花"，每个变电站就是一朵"梅花"。原则上不会跨区供电，通过"花瓣"相切的方式满足故障时的负荷转供，从而构成多朵"梅花"供电的城市整体网架，如图 1－25 所示。由此，此网架可以实现单一线路事故时系统不停电；母线事故或同一环两条线故障时，瞬时停电，且通过线路联络开关恢复供电；并显示了良好的可扩展性。

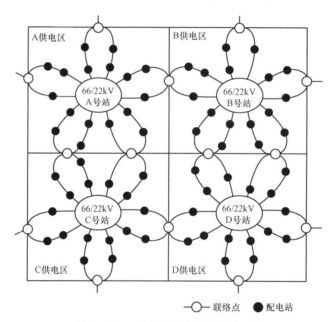

图 1－25　新加坡城市电网扩展图

2. 巴黎配电网

巴黎电网有三层环状电网结构，其配电网由 36 座 225/20kV 变电站提供电源，并呈辐射状深入负荷中心，如图 1－26 所示。

巴黎 20kV 配电网中主干线网架使用 24（4×6）条 20kV 电缆与一个变电站相连，且每条 20kV 馈线可由两个 225kV 变电站首末两端供电，中间配置可远方控制的分段开关，因此可以确保 225kV 变电站停电时的供电可靠性。另外，每个 20/0.4kV 低压变电站都有 2 回 20kV 进线，在进线故障的时候自动切换。

在巴黎城区新建和改造的中压配电网则采用三环网结构。这种结构是由两座变电站三射线电缆构成三环网，开环运行。每座配电室两路电源分别 T 接自三回路中两回不同电缆，其中一路为主供，一路为热备用，其接线方式如图 1－27 所示。

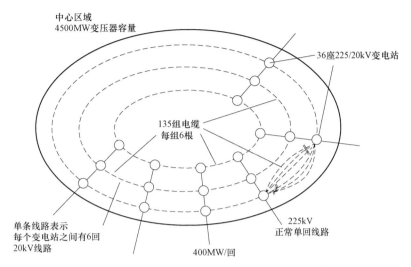

图 1-26　巴黎 20kV 配电网环状电网结构示意

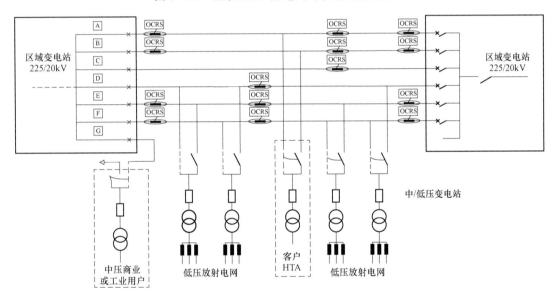

图 1-27　巴黎 20kV 三环网示意图

3. 东京配电网

东京配电网供电模式的特点是配电网中 97% 为 6.6kV 不接地电网,3% 为 22kV 小电阻接地电网。6.6kV 架空网供电方式采用三分段四联络或六分段三联络的方式,6.6kV 电缆网供电方式采用环网的方式;负荷密集区采用 22kV 电缆网供电方式。其中,东京 6.6kV 电缆网接线方式以四分段两并网为主,如图 1-28 所示。此系统以一路进线,多路出线的单回路开关箱形成类似单环网的运行方式。不同开关箱间线路设有联络开关,开关为动合方式,用户进线采取环网方式。

而东京 6.6kV 架空配电网系统多采用六分段三并网的方式,如图 1-29 所示。

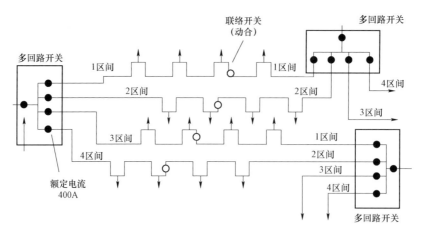

图 1-28 四分段两并网地下配电系统

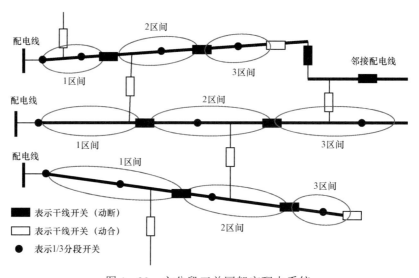

图 1-29 六分段三并网架空配电系统

东京采取的这种电网接线，可以将线路的负载率由三分段三联络时的 75%提高至 85% 左右。在故障时通过网络的重构，可以提高线路的互倒互带能力。

第六节 配电网中性点接地方式

一、高、中压配电网中性点接地方式

配电网的中性点运行方式是一个综合性问题，它与电压等级、单相接地电流、过电压水平、保护配置等有关，直接影响电网的绝缘水平、系统供电的可靠性、主变压器和发电机的运行安全以及对通信线路的干扰等。高、中压配电网中性点接地方式主要有中性点直接接地、中性点不接地、中性点经消弧线圈接地和中性点经低电阻接地。

1. 中性点直接接地系统

中性点直接接地系统供电可靠性低，因为系统发生单相接地时，构成短路回路，短路电流很大，为防止损坏设备，必须迅速切除故障；同时，巨大的接地短路电流产生较强的单相磁场干扰邻近通信线路。但这种系统的过电压较低，减少设备绝缘投资，降低设备造价，特别适用于高压和超高压电网，如图1-30所示。在我国110kV及以上电压等级的电网，一般均采用中性点直接接地的运行方式。

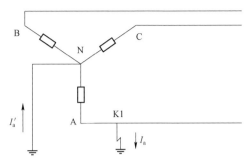

图1-30　中性点直接接地方式发生单相接地

2. 中性点不接地系统

中性点不接地系统供电可靠性高，但对绝缘水平的要求也高。因为系统单相接地时不会构成短路，接地电流仅为线路及设备的电容电流，相间电压仍然对称，不影响对负荷供电，因此单相接地时允许继续运行时间不超过2h。但是，当系统发生金属性接地，非接地相对地电压升高为线电压，如图1-31所示。因此，中性点不接地系统对设备绝缘水平要求高，不宜用于110kV及以上电网。

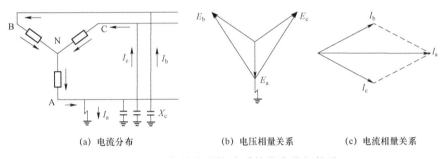

(a) 电流分布　　　　　(b) 电压相量关系　　　　　(c) 电流相量关系

图1-31　中性点不接地系统发生单相接地

3. 中性点经消弧线圈接地系统

在中性点不接地系统的单相接地电容电流超过允许值时，可采用中性点经消弧线圈接地的运行方式，采用消弧线圈的感性电流补偿接地相电容电流，以保证电弧瞬间熄灭，消除弧光间歇过电压，如图1-32所示。消弧线圈的补偿方式分为过补偿、欠补偿和全补偿，一般采用过补偿的方式。过补偿是指感性电流大于容性电流时的补偿方式；欠补偿是指感性电流小于容性电流的补偿方式；全补偿是指感性电流等于容性电流的补偿方式。

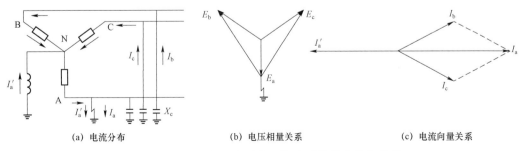

(a) 电流分布　　　　　(b) 电压相量关系　　　　　(c) 电流向量关系

图1-32　中性点经消弧线圈接地系统发生单相接地

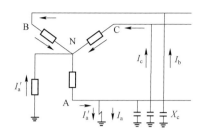

图1-33 中性点经低电阻接地系统发生单相接地

4．中性点经低电阻接地系统

在6～35kV电压等级主要由电缆线路构成的配电系统，单相接地故障电容电流较大时，可采用低电阻接地方式，电阻阻值一般在10～20Ω，单相接地故障电流为100～1000A，如图1-33所示。

中性点经低电阻接地系统的优点是单相接地故障电流大，可快速切除故障线路；过电压水平低，可采用绝缘水平较低的电缆和设备。缺点是单相接地故障电流有100～1000A，地电位升高比中性点不接地、消弧线圈接地、大电阻接地系统等更高；单相接地故障电流较大，必须立即切断故障线路，会造成供电中断，供电可靠性降低。选用时需考虑供电可靠性要求和故障时瞬态电压、瞬态电流对电气设备的影响、对通信的影响和对继电保护的技术要求。

该接地方式适用于以电缆线路为主，一旦出现故障一般为永久性故障且系统电容电流比较大的城市配电网、发电厂厂用电系统及工矿企业配电系统。

二、低压配电网中性点接地方式

低压配电网主要采用TN、TT和IT接地方式，其中TN接地方式可以分为TN-C-S、TN-C、TN-S。用户应根据用电特性、环境条件或特殊要求等具体情况，正确选择接地方式，配置剩余电流动作保护装置。

1．TN系统

电源端有一点直接接地（通常是中性点），电气装置的外露可导电部分通过保护中性导体或保护导体连接到此接地点。

根据中性导体（N）和保护导体（PE）的组合情况，TN系统的型式有以下三种：

（1）TN-S系统。整个系统的N线和PE线是分开的，如图1-34所示。

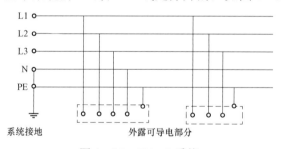

图1-34 TN-S系统

（2）TN-C系统。整个系统的N线和PE线是合一的（PEN线），如图1-35所示。

（3）TN-C-S系统。系统中一部分线路的N线和PE线是合一的，如图1-36所示。

2．TT系统

电源端有一点直接接地，电气装置的外露可导电部分直接接地，此接地点在电气上独立于电源端的接地点，如图1-37所示。

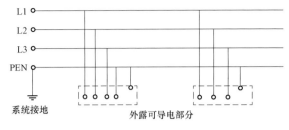

图 1-35　TN-C 系统

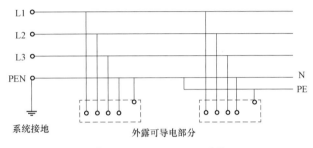

图 1-36　TN-C-S 系统

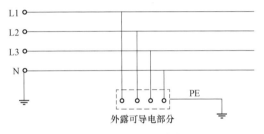

图 1-37　TT 系统

3. IT 系统

电源端的带电部分不接地或有一点通过阻抗接地。电气装置的外露可导电部分直接接地，如图 1-38 所示。

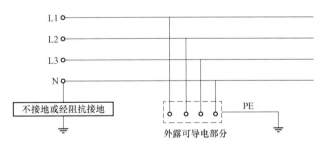

图 1-38　IT 系统

第二章

配 电 网 规 划

第一节　配电网规划概述

配电网规划是电网规划的重要组成部分，开展配电网规划设计，制定科学合理的规划方案，对提高配电网供电能力、供电可靠性和供电质量，满足负荷增长，适应电源及用户灵活接入，实现系统经济高效运行，切实提升配电网发展质量和效益具有重要意义。

一、配电网规划的基本规定

坚强智能的配电网是能源互联网基础平台、智慧能源系统核心枢纽的重要组成部分，应安全可靠、经济高效、公平便捷地服务电力客户，并促进分布式可调节资源多类聚合，电、气、冷、热多能互补，实现区域能源管理多级协同，提高能源利用效率，降低社会用能成本，优化电力营商环境，推动能源转型升级。配电网应具有科学的网架结构、必备的容量裕度、适当的转供能力、合理的装备水平和必要的数字化、自动化、智能化水平，以提高供电保障能力、应急处置能力、资源配置能力。

（1）配电网规划应坚持各级电网协调发展，将配电网作为一个整体系统，满足各组成部分间的协调配合、空间上的优化布局和时间上的合理过渡。各电压等级变电容量应与用电负荷、电源装机和上下级变电容量相匹配，各电压等级电网应具有一定的负荷转移能力，并与上下级电网协调配合、相互支援。

（2）配电网规划应坚持以效益效率为导向，在保障安全质量的前提下，处理好投入和产出的关系、投资能力和需求的关系，应综合考虑供电可靠性、电压合格率等技术指标与设备利用效率、项目投资收益等经济性指标，优先挖掘存量资产作用，科学制定规划方案，合理确定建设规模，优化项目建设时序。

（3）配电网规划应遵循资产全寿命周期成本最优的原则，分析由投资成本、运行成本、检修维护成本、故障成本和退役处置成本等组成的资产全寿命周期成本，对多个方案进行比选，实现电网资产在规划设计、建设改造、运维检修等全过程的整体成本最优。

（4）配电网规划应遵循差异化规划原则，根据各省各地和不同类型供电区域的经济社会发展阶段、实际需求和承受能力，差异化制定规划目标、技术原则和建设标准，合理满足区域发展、各类用户用电需求和多元主体灵活便捷接入。

（5）配电网规划应全面推行网格化规划方法，结合国土空间规划、供电范围、负荷特性、用户需求等特点，合理划分供电分区、网格和单元，细致开展负荷预测，统筹变电站出线间隔和廊道资源，科学制定目标网架及过渡方案，实现现状电网到目标网架平稳过渡。

（6）配电网规划应面向智慧化发展方向，加大智能终端部署和配电通信网建设，加快推广应用先进信息网络技术、控制技术，推动电网一、二次和信息系统融合发展，提升配电网互联互济能力和智能互动能力，有效支撑分布式能源开发利用和各种用能设施"即插即用"，实现"源网荷储"协调互动，保障个性化、综合化、智能化服务需求，促进能源新业务、新业态、新模式发展。

（7）配电网规划应加强计算分析，采用适用的评估方法和辅助决策手段开展技术经济分析，适应配电网由无源网络到有源网络的形态变化，促进精益化管理水平的提升。

（8）配电网规划应与政府规划相衔接，按行政区划和政府要求开展电力设施空间布局规划，规划成果纳入地方国土空间规划，推动变电站、开关站、环网室（箱）、配电室站点，以及线路走廊用地、电缆通道合理预留。

二、配电网规划设计的任务

配电网规划设计年限应与国民经济和社会发展规划的年限相一致，可分为近期（5 年）、中期（10 年）、远期（15 年及以上）三个阶段。配电网规划设计宜以近期（5 年）为主，如有必要地区可视具体要求开展中远期规划工作。配电网规划设计应实现近期与远期相衔接，以远期规划指导近期规划。高压配电网近期规划宜每年进行滚动修编，中低压配电网宜每年对规划项目库进行滚动修编。

（1）近期规划设计研究重点为解决当前配电网存在的主要问题，提高供电能力和可靠性，满足负荷需要，并依据近期规划设计编制年度项目计划。

（2）中期规划设计研究重点为将现有配电网网架逐步过渡到目标网架，预留变电站站址、配电设备站点和线路廊道；中期规划应与近期规划相衔接，明确配电网发展目标，对近期规划起指导作用。

（3）远期规划设计研究侧重于战略性研究和展望，主要考虑配电网的长远发展目标，根据饱和负荷水平的预测结果，提出配电网发展需求，确定目标网架，预留高压变电站站址及高、中压线路廊道。

为更好地适应规划区域内经济发展，配电网规划设计宜逐年评估和滚动调整。当有下列情况之一发生时，应对配电网发展目标、建设方案和投资估算等进行修编：

（1）城乡发展规划发生调整或修改后。

（2）上级电网规划发生调整或修改后。

（3）接入配电网的电源规划发生重大调整或修改后。

（4）预测负荷水平有较大变动时。

（5）电网技术有较大发展时。

三、配电网规划设计的流程

配电网规划设计的流程如图 2-1 所示，主要内容有：

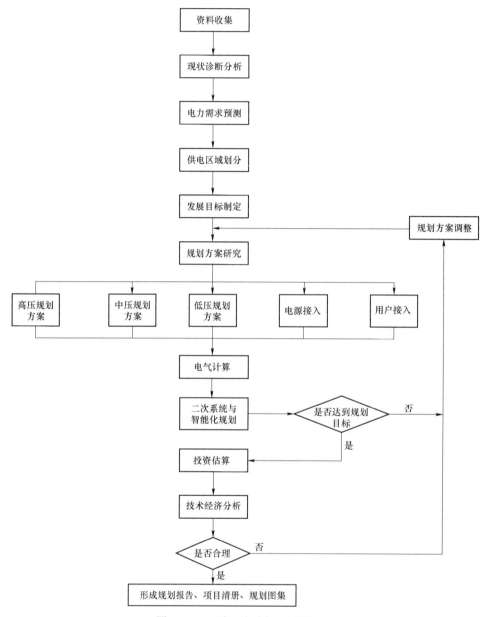

图 2-1　配电网规划设计流程图

（1）现状诊断分析。逐站、逐变、逐线分析与总量分析、全电压等级协调发展分析相结合，深入剖析配电网现状，从供电能力、网架结构、装备水平、线路廊道、运行效率、智能化等方面，诊断配电网存在的主要问题及原因，结合地区经济社会发展要求，分析面临的形势。

（2）电力需求预测。结合历史用电情况，预测规划期内电量与负荷的发展水平，分析用电负荷的构成及特性，根据电源、大用户规划和接入方案，提出分电压等级网供负荷需求，具备控制性详规的地区应进行饱和负荷预测和空间负荷预测，进一步掌握用户及负荷的分布情况和发展需求。

（3）供电区域划分。依据负荷密度、用户重要程度，参考行政级别、经济发达程度用电水平、GDP 等因素，合理划分配电网供电区域，分别确定各类供电区域的配电网发展目标，以及相应的规划技术原则和建设标准。

（4）发展目标确定。结合地区经济社会发展需求，提出配电网供电可靠性、电能质量目标网架和装备水平等规划水平年发展目标和阶段性目标。

（5）变配电容量估算。根据负荷需求预测以及考虑各类电源参与的电力平衡分析结果，依据容载比、负载率等相关技术原则要求，确定规划期内各电压等级变电、配电容量需求。

（6）网络方案制定。制定各电压等级目标网架及过渡方案，科学合理布点、布线，优化各类变配电设施的空间布局，明确站址、线路通道等建设资源需求。

（7）用户和电源接入。根据不同电力用户和电源的可靠性需求，结合目标网架，提出接入方案，包括接入电压等级、接入位置等；对于分布式电源、电动汽车充换电设施、电气化铁路等特殊电力用户，开展谐波分析、短路计算等必要的专题论证。

（8）电气计算分析。开展潮流、短路、可靠性、电压质量、无功平衡等电气计算分析校验规划方案的合理性，确保方案满足电压质量、安全运行、供电可靠性等技术要求。

（9）二次系统与智能化规划。提出与一次系统相适应的通信网络、配电自动化、继电保护等二次系统相关技术方案；分析分布式电源及多元化负荷高渗透率接入的影响，推广应用先进传感器、自动控制、信息通信、电力电子等新技术、新设备、新工艺，提升智能化水平。

（10）投资估算。根据配电网建设与改造规模，结合典型工程造价水平，估算确定投资需求，以及资金筹措方案。

（11）技术经济分析。综合考虑企业经营情况、电价水平、售电量等因素，计算规划方案的各项技术经济指标，估算规划产生的经济效益和社会效益，分析投入产出和规划成效。

第二节　规　划　区　域　划　分

一、供电区域

按照"统筹城乡电网、统一技术标准、差异化指导规划"的思想，国家电网公司明确了供电区域划分原则，并将公司经营区分为 A+、A、B、C、D、E 六类供电区域。供电区域划分是配电网差异化规划的重要基础，用于确定区域内配电网规划建设标准，主要依据饱和负荷密度，也可参考行政级别、经济发达程度、城市功能定位、用户重要程度、用电水平、GDP 等因素确定，如表 2-1 所示，并符合下列规定：

（1）供电区域面积不宜小于 5km²。

（2）计算饱和负荷密度时，应扣除 110（66）kV 及以上专线负荷，以及高山、戈壁、荒漠、水域、森林等无效供电面积。

（3）表2-1中主要分布地区一栏作为参考，实际划分时应综合考虑其他因素。

表 2-1　　　　　　　　　供 电 区 域 划 分 表

供电区域	A+	A	B	C	D	E
饱和负荷密度σ（MW/km²）	$\sigma \geqslant 30$	$15 \leqslant \sigma < 30$	$6 \leqslant \sigma < 15$	$1 \leqslant \sigma < 6$	$0.1 \leqslant \sigma < 1$	$\sigma < 0.1$
主要分布区域	直辖市市中心城区，或省会城市、计划单列市核心区	地级市及以上城区	县级及以上城区	城镇区域	乡村地区	农牧区

供电区域划分应在省级公司指导下统一开展，在一个规划周期内（一般5年）供电区域类型应相对稳定。在新规划周期开始时调整的，或有重大边界条件变化需在规划中期调整的，应专题说明。

二、供电分区

供电分区是开展高压配电网规划的基本单位，主要用于高压配电网变电站布点和目标网架构建。

供电分区宜衔接城乡规划功能区、组团等区划，结合地理形态、行政边界进行划分，规划期内的高压配电网网架结构完整、供电范围相对独立。供电分区一般可按县（区）行政区划划分，对于电力需求总量较大的市（县），可划分为若干个供电分区，原则上每个供电分区负荷不超过1000MW。

供电分区划分应相对稳定、不重不漏，具有一定的近远期适应性，划分结果应逐步纳入相关业务系统中。

三、供电网格

供电网格是开展中压配电网目标网架规划的基本单位。在供电网格中，按照各级协调、全局最优的原则，统筹上级电源出线间隔及网格内廊道资源，确定中压配电网网架结构。

供电网格宜结合道路、铁路、河流、山丘等明显的地理形态进行划分，与国土空间规划相适应。在城市电网规划中，可以街区（群）、地块（组）作为供电网格；在乡村电网规划中，可以乡镇作为供电网格。

供电网格的供电范围应相对独立，供电区域类型应统一，电网规模应适中，饱和期宜包含2~4座具有中压出线的上级公用变电站（包括有直接中压出线的220kV变电站），且各变电站之间具有较强的中压联络。

在划分供电网格时，应综合考虑中压配电网运维检修、营销服务等因素，以利于推进一体化供电服务。

供电网格划分应相对稳定、不重不漏，具有一定的近远期适应性，划分结果应逐步纳入相关业务系统中。

四、供电单元

供电单元是配电网规划的最小单位，是在供电网格基础上的进一步细分。在供电单元内，根据地块功能、开发情况、地理条件、负荷分布、现状电网等情况，规划中压网络接线、配电设施布局、用户和分布式电源接入，制定相应的中压配电网建设项目。

供电单元一般由若干个相邻的、开发程度相近、供电可靠性要求基本一致的地块（或用户区块）组成。在划分供电单元时，应综合考虑供电单元内各类负荷的互补特性，兼顾分布式电源发展需求，提高设备利用率。

供电单元的划分应综合考虑饱和期上级变电站的布点位置、容量大小、间隔资源等影响，饱和期供电单元内以 1~4 组中压典型接线为宜，并具备 2 个及以上主供电源。正常方式下，供电单元内各供电线路宜仅为本单元内的负荷供电。

供电单元划分应相对稳定、不重不漏，具有一定的近远期适应性，划分结果应逐步纳入相关业务系统中。

第三节　配电网负荷预测与电力平衡

一、一般要求

配电网负荷预测是根据社会经济发展、人口增长、用地开发建设、配电网的运行特性等诸多因素，在满足一定精度要求的条件下，预测未来一定时期内配电网的负荷、用电量总量及空间分布。

负荷预测是配电网规划设计的基础，包括电量需求预测和电力需求预测，以及区域内各类电源和储能设施、电动汽车充换电设施等新型负荷的发展预测。负荷预测主要包括饱和负荷预测和近中期负荷预测，饱和负荷预测是构建目标网架的基础，近中期负荷预测主要用于制定过渡网架方案和指导项目安排。

（1）应根据不同区域、不同社会发展阶段、不同用户类型以及空间负荷预测结果，确定负荷发展曲线，并以此作为规划的依据。

（2）负荷预测的基础数据包括经济社会发展规划和国土空间规划数据、自然气候数据、重大项目建设情况、上级电网规划对本规划区域的负荷预测结果、历史年负荷和电量数据等。配电网规划应积累和采用规范的负荷及电量历史数据作为预测依据。

（3）负荷预测应采用多种方法，经综合分析后给出高、中、低负荷预测方案，并提出推荐方案。

（4）负荷预测应分析综合能源系统耦合互补特性、需求响应引起的用户终端用电方式变化和负荷特性变化，并考虑各类分布式电源以及储能设施、电动汽车充换电设施等新型负荷接入对预测结果的影响。

（5）负荷预测应给出电量和负荷的总量及分布（分区、分电压等级）预测结果。近期负荷预测结果应逐年列出，中期和远期可列出规划末期预测结果。

二、负荷预测方法

配电网规划常用的负荷预测方法有弹性系数法、单耗法、负荷密度法、趋势外推法、人均电量法等。当考虑分布式电源与新型负荷接入时，可采用概率建模法、神经网络法、蒙特卡洛模拟法等。

可根据规划区负荷预测的数据基础和实际需要，综合选用三种及以上适宜的方法进行预测，并相互校核。对于新增大用户负荷比重较大的地区，可采用点负荷增长与区域负荷自然增长相结合的方法进行预测。

网格化规划区域应开展空间负荷预测，并符合下列规定：

（1）结合国土空间规划，通过分析规划水平年各地块的土地利用特征和发展规律，预测各地块负荷。

（2）对相邻地块进行合并，逐级计算供电单元、供电网格、供电分区等规划区域的负荷，同时率可参考负荷特性曲线确定。

（3）采用其他方法对规划区域总负荷进行预测，与空间负荷预测结果相互校核，确定规划区域总负荷的推荐方案，并修正各地块、供电单元、供电网格、供电分区等规划区域的负荷。

分电压等级网供负荷预测可根据同一电压等级公用变压器的总负荷、直供用户负荷、自发自用负荷、变电站直降负荷、分布式电源接入容量等因素综合计算得到。

三、电力电量平衡

电力平衡应分区、分电压等级、分年度进行，并考虑各类分布式电源和储能设施、电动汽车充换电设施等新型负荷的影响。

分电压等级电力平衡应结合负荷预测结果、电源装机发展情况和现有变压器容量，确定该电压等级所需新增的变压器容量。

水电能源的比例较高时，电力平衡应根据其在不同季节的构成比例，分丰期、枯期进行平衡。

对于分布式电源较多的区域，应同时进行电力平衡和电量平衡计算，以分析规划方案的财务可行性。

分电压等级电力平衡应考虑需求响应、储能设施、电动汽车充换电设施等灵活性资源的影响，根据其资源库规模和区域负荷特性，确定规划计算负荷与最大负荷的比例关系。

第四节 主要技术原则

一、电压等级

配电网电压等级的选择应符合 GB/T 156《标准电压》的规定，应优化配置电压序列，简化变压层次，避免重复降压。主要电压等级序列如下：

（1）110/10/0.38kV。

（2）66/10/0.38kV。

（3）35/10/0.38kV。

（4）110/35/10/0.38kV。

（5）35/0.38kV。

配电网电压序列选择应与输电网电压等级相匹配，市（县）以上规划区域的城市电网、负荷密度较高的县城电网可选择上述主要电压等级序列中 1 或 2 或 3 电压等级序列，乡村地区可增加 4 电压等级序列，偏远地区经技术经济比较也可采用 5 电压等级序列。

中压配电网中 10kV 与 20kV、6kV 电压等级的供电范围不得交叉重叠。原则上 20kV、6kV 不作为配电网推荐供电电压等级，经论证的目前已建或已规划的 20kV、6kV 电压等级区域范围可予以保留，本章节的中压配电网主要考虑 10kV 电压等级。

二、供电安全准则

A+、A、B、C 类供电区域高压配电网及中压主干线应满足 $N-1$ 原则，A+类供电区域按照供电可靠性的需求，可选择性满足 $N-1-1$ 原则。$N-1$ 停运后的配电网供电安全水平应符合 DL/T 256《城市电网供电安全标准》的要求，$N-1-1$ 停运后的配电网供电安全水平可因地制宜制定。配电网供电安全标准的一般原则为：接入的负荷规模越大、停电损失越大，其供电可靠性要求越高、恢复供电时间要求越短。根据组负荷规模的大小，配电网的供电安全水平可分为三级，如表 2-2 所示。各级供电安全水平要求如下。

表 2-2 配电网的供电安全水平

供电安全等级	组负荷范围	对应范围	$N-1$ 停运后停电范围及恢复供电时间要求
第一级	≤2MW	低压线路、配电变压器	维修完成后恢复对组负荷的供电
第二级	2~12MW	中压线路	a）3h 内：恢复（组负荷－2MW）。 b）维修完成后：恢复对组负荷的供电
第三级	12~180MW	变电站	a）15min 内：恢复负荷≥min（组负荷－12MW,2/3 组负荷）。 b）3h 内：恢复对组负荷的供电

注 各地可根据规划目标、电网结构、设备选型、对外服务承诺等情况细化组负荷范围及 $N-1$ 停运后恢复供电时间要求。

1. 第一级供电安全水平要求

（1）对于停电范围不大于 2MW 的组负荷，允许故障修复后恢复供电，恢复供电的时间与故障修复时间相同。

（2）该级停电故障主要涉及低压线路故障、配电变压器故障，或采用特殊安保设计（如分段及联络开关均采用断路器，且全线采用纵差保护等）的中压线段故障。停电范围仅限于低压线路、配电变压器故障所影响的负荷或特殊安保设计的中压线段，中压线路的其他线段不允许停电。

（3）该级标准要求单台配电变压器所带的负荷不宜超过 2MW，或采用特殊安保设计的中压分段上的负荷不宜超过 2MW。

2. 第二级供电安全水平要求

（1）对于停电范围在 2~12MW 的组负荷，其中不小于组负荷减 2MW 的负荷应在 3h

内恢复供电；余下的负荷允许故障修复后恢复供电，恢复供电时间与故障修复时间相同。

（2）该级停电故障主要涉及中压线路故障，停电范围仅限于故障线路所供负荷，A+类供电区域的故障线路的非故障段应在 5min 内恢复供电，A 类供电区域的故障线路的非故障段应在 15min 内恢复供电，B、C 类供电区域的故障线路的非故障段应在 3h 内恢复供电，故障段所供负荷应小于 2MW，可在故障修复后恢复供电。

（3）该级标准要求中压线路应合理分段，每段上的负荷不宜超过 2MW，且线路之间应建立适当的联络。

3. 第三级供电安全水平要求

（1）对于停电范围在 12～180MW 的组负荷，其中不小于组负荷减 12MW 的负荷或者不小于 2/3 的组负荷（两者取小值）应在 15min 内恢复供电，余下的负荷应在 3h 内恢复供电。

（2）该级停电故障主要涉及变电站的高压进线或主变压器，停电范围仅限于故障变电站所供负荷，其中大部分负荷应在 15min 内恢复供电，其他负荷应在 3h 内恢复供电。

（3）A+、A 类供电区域故障变电站所供负荷应在 15min 内恢复供电；B、C 类供电区域故障变电站所供负荷，其大部分负荷（不小于 2/3）应在 15min 内恢复供电，其余负荷应在 3h 内恢复供电。

（4）该级标准要求变电站的中压线路之间宜建立站间联络，变电站主变压器及高压线路可按 $N-1$ 原则配置。

为了满足上述三级供电安全标准，配电网规划应从电网结构、设备安全裕度、配电自动化等方面综合考虑，为配电运维抢修缩短故障响应和抢修时间奠定基础。B、C 类供电区域的建设初期及过渡期，以及 D、E 类供电区域，高压配电网存在单线单变，中压配电网尚未建立相应联络，暂不具备故障负荷转移条件时，可适当放宽标准，但应结合配电运维抢修能力，达到对外公开承诺要求。其后应根据负荷增长，通过建设与改造，逐步满足上述三级供电安全标准。

三、供电能力

容载比是 35～110kV 电网规划中衡量供电能力的重要宏观性指标，合理的容载比与网架结构相结合，可确保故障时负荷的有序转移，保障供电可靠性，满足负荷增长需求。

容载比的确定要考虑负荷分散系数、平均功率因数、变压器负载率、储备系数、负荷增长率、负荷转移能力等因素的影响。在配电网规划设计中一般可采用下式估算：

$$R_{s} = \frac{\sum S_{ei}}{P_{max}} \tag{2-1}$$

式中　R_{s}——容载比，MVA/MW；

P_{max}——该电压等级全网或供电区的年网供最大负荷，MW；

$\sum S_{ei}$——该电压等级全网或供电区内公用变电站主变压器容量之和，MVA。

容载比计算应以行政区县或供电分区作为最小统计分析范围，对于负荷发展水平极度不平衡、负荷特性差异较大（供电分区最大负荷出现在不同季节）的地区宜按供电分区计算统计。容载比不宜用于单一变电站、电源汇集外送分析。

根据行政区县或供电分区经济增长和社会发展的不同阶段,对应的配电网负荷增长速度可分为饱和、较慢、中等、较快 4 种情况,总体宜控制在 1.5～2.0。不同发展阶段的 35～110kV 电网容载比选择范围如表 2–3 所示,并符合下列规定:

(1)对处于负荷发展初期或负荷快速发展阶段的规划区域、需满足 $N-1-1$ 安全准则的规划区域以及负荷分散程度较高的规划区域,可取容载比建议值上限。

(2)对于变电站内主变压器台数配置较多、中压配电网转移能力较强的区域,可取容载比建议值下限;反之可取容载比建议值上限。

表 2–3　　　　　行政区县或供电分区 35～110kV 电网容载比选择范围

负荷增长情况	饱和期	较慢增长	中等增长	较快增长
年负荷平均增长率 K_p	$K_p \leqslant 2\%$	$2\% < K_p \leqslant 4\%$	$4\% < K_p \leqslant 7\%$	$K_p > 7\%$
35～110kV 容载比(建议值)	1.5～1.7	1.6～1.8	1.7～1.9	1.8～2.0

对于省级、地市级 35～110kV 电网容载比,还应充分考虑各行政区县(供电分区)之间的负荷特性差异,确定负荷分散系数,合理选取控制范围。

四、供电质量

供电质量主要包括供电可靠性和电能质量两个方面,配电网规划重点考虑供电可靠率和综合电压合格率两项指标。供电可靠性指标主要包括系统平均停电时间、系统平均停电频率等,宜在成熟地区逐步推广以终端用户为单位的供电可靠性统计。

配电网规划应分析供电可靠性远期目标和现状指标的差距,提出改善供电可靠性指标的投资需求,并进行电网投资与改善供电可靠性指标之间的灵敏度分析,提出供电可靠性近期目标。

配电网规划要保证网络中各节点满足电压损失及其分配要求,各类用户受电电压质量执行 GB/T 12325《电能质量　供电电压偏差》的规定。

电压偏差的监测是评价配电网电压质量的重要手段,应在配电网以及各电压等级用户设置足够数量且具有代表性的电压监测点,配电网电压监测点设置应执行国家监管机构的相关规定。

配电网应有足够的电压调节能力,将电压维持在规定范围内,主要有下列电压调整方式:

(1)通过配置无功补偿装置进行电压调节。

(2)选用有载或无载调压变压器,通过改变分接头进行电压调节。

(3)通过线路调压器进行电压调节。

配电网近中期规划的供电质量目标应不低于国家电网公司承诺标准:城市电网平均供电可靠率应达到 99.9%,居民客户端平均电压合格率应达到 98.5%;农村电网平均供电可靠率应达到 99.8%,居民客户端平均电压合格率应达到 97.5%;特殊边远地区电网平均供电可靠率和居民客户端平均电压合格率应符合国家有关监管要求。各类供电区域达到饱和负荷时的规划目标平均值应满足表 2–4 的要求。

表 2-4　　　　　　　　　　　　饱和期供电质量规划目标

供电区域类型	平均供电可靠率	综合电压合格率
A+	≥99.999%	≥99.99%
A	≥99.990%	≥99.97%
B	≥99.965%	≥99.95%
C	≥99.863%	≥98.79%
D	≥99.726%	≥97.00%
E	不低于向社会承诺的指标	不低于向社会承诺的指标

五、短路电流水平

配电网规划应从网架结构、电压等级、阻抗选择、运行方式和变压器容量等方面合理控制各电压等级的短路容量，使各电压等级断路器的开断电流与相关设备的动、热稳定电流相配合。变电站内母线正常运行方式下的短路电流水平不应超过表 2-5 中的对应数值，并符合下列规定：

（1）对于主变压器容量较大的 110kV 变电站（40MVA 及以上）、35kV 变电站（20MVA 及以上），其低压侧可选取表 2-5 中较高的数值，对于主变压器容量较小的 35～110kV 变电站的低压侧可选取表 2-5 中较低的数值。

（2）220kV 变电站 10kV 侧无馈出线时，10kV 母线短路电流限定值可适当放大，但不宜超过 25kA。

表 2-5　　　　　　　　　　　各电压等级的短路电流限定值

电压等级（kV）	短路电流限定值（kA）		
	A+、A、B 类供电区域	C 类供电区域	D、E 类供电区域
110	31.5、40	31.5、40	31.5
66	31.5	31.5	31.5
35	31.5	25、31.5	25、31.5
10	20	16、20	16、20

注　1. 对于主变压器容量较大的 110kV 变电站（40MVA 及以上）、35kV 变电站（20MVA 及以上），其低压侧可选取表中较高的数值，对于主变压器容量较小的 35～110kV 变电站的低压侧可选取表中较低的数值。

　　2. 10kV 线路短路容量沿线路递减，配电设备可根据安装位置适当降低短路容量标准。

为合理控制配电网的短路容量，可采取以下主要技术措施：

（1）配电网络分片、开环，母线分段，主变压器分列。

（2）控制单台主变压器容量。

（3）合理选择接线方式（如二次绕组为分裂式）或采用高阻抗变压器。

（4）主变压器低压侧加装电抗器等限流装置。

对处于系统末端、短路容量较小的供电区域，可通过适当增大主变压器容量、采用主变压器并列运行等方式，增加系统短路容量，保障电压合格率。

六、中性点接地方式选择原则

中性点接地方式对供电可靠性、人身安全、设备绝缘水平及继电保护方式等有直接影响。配电网应综合考虑可靠性与经济性，选择合理的中性点接地方式。中压线路有联络的变电站宜采用相同的中性点接地方式，以利于负荷转供；中性点接地方式不同的配电网应避免互带负荷。

中性点接地方式一般可分为有效接地方式和非有效接地方式两大类，非有效接地方式又分不接地、消弧线圈接地和阻性接地。110kV 及以下电压等级配电网中性点接地方式的选择应遵循以下基本原则：

（1）110kV 系统应采用有效接地方式，中性点应经隔离开关接地。

（2）66kV 架空网系统宜采用经消弧线圈接地方式，电缆网系统宜采用低电阻接地方式。

（3）35kV、10kV 系统可采用不接地、消弧线圈接地或低电阻接地方式。

35kV 架空网宜采用中性点经消弧线圈接地方式；35kV 电缆网宜采用中性点经低电阻接地方式，宜将接地电流控制在 1000A 以下。

10kV 配电网中性点接地方式的选择应遵循以下原则：

（1）单相接地故障电容电流在 10A 及以下，宜采用中性点不接地方式。

（2）单相接地故障电容电流超过 10A 且小于 100～150A，宜采用中性点经消弧线圈接地方式。

（3）单相接地故障电容电流超过 100～150A 以上，或以电缆网为主时，宜采用中性点经低电阻接地方式。

10kV 配电设备应逐步推广一、二次融合开关等技术，快速隔离单相接地故障点，缩短接地运行时间，避免人身触电事件。

10kV 电缆和架空混合型配电网，如采用中性点经低电阻接地方式，应采取以下措施：

（1）提高架空线路绝缘化程度，降低单相接地跳闸次数。

（2）完善线路分段和联络，提高负荷转供能力。

（3）降低配电网设备、设施的接地电阻，将单相接地时的跨步电压和接触电压控制在规定范围内。

消弧线圈改低电阻接地方式应符合以下要求：

（1）馈线设零序保护，保护方式及定值选择应与低电阻阻值相配合。

（2）低电阻接地方式改造，应同步实施用户侧和系统侧改造，用户侧零序保护和接地宜同步改造。

（3）10kV 配电变压器保护接地应与工作接地分开，间距经计算确定，防止变压器内部单相接地后低压中性线出现过高电压。

（4）根据电容电流数值并结合区域规划成片改造。

配电网中性点低电阻接地改造时，应对接地电阻大小、接地变压器容量、接地点电容电流大小、接触电位差、跨步电压等关键因素进行相关计算分析。

220/380V 配电网主要采用 TN、TT、IT 接地方式，其中 TN 接地方式主要采用

TN-C-S、TN-S。用户应根据用电特性、环境条件或特殊要求等具体情况，正确选择接地方式，配置剩余电流动作保护装置。

七、无功补偿

配电网规划需保证有功和无功的协调，电力系统配置的无功补偿装置应在系统有功负荷高峰和负荷低谷运行方式下，保证分（电压）层和分（供电）区的无功平衡。变电站、线路和配电台区的无功设备应协调配合，按以下原则进行无功补偿配置：

（1）无功补偿装置应根据分层分区、就地平衡和便于调整电压的原则进行配置，可采用变电站集中补偿和分散就地补偿相结合，电网补偿与用户补偿相结合，高压补偿与低压补偿相结合等方式。接近用电端的分散补偿装置主要用于提高功率因数，降低线路损耗；集中安装在变电站内的无功补偿装置主要用于控制电压水平。

（2）应从系统角度考虑无功补偿装置的优化配置，以利于全网无功补偿装置的优化投切。

（3）变电站无功补偿配置应与变压器分接头的选择相配合，以保证电压质量和系统无功平衡。

（4）对于电缆化率较高的地区，应配置适当容量的感性无功补偿装置。

（5）接入中压及以上配电网的用户应按照电力系统有关电力用户功率因数的要求配置无功补偿装置，并不得向系统倒送无功。

（6）在配置无功补偿装置时应考虑谐波治理措施。

（7）分布式电源接入电网后，原则上不应从电网吸收无功，否则需配置合理的无功补偿装置。

35～110kV 电网应根据网络结构、电缆所占比例、主变压器负载率、负荷侧功率因数等条件，经计算确定无功补偿配置方案。有条件的地区，可开展无功优化计算，寻求满足一定目标条件（无功补偿设备费用最小、网损最小等）的最优配置方案。

35～110kV 变电站一般宜在变压器低压侧配置自动投切或动态连续调节无功补偿装置，使变压器高压侧的功率因数在高峰负荷时不应低于 0.95，在低谷负荷时不应高于 0.95，无功补偿装置总容量应经计算确定。对于有感性无功补偿需求的，可采用静止无功发生器（SVG）。

配电变压器的无功补偿装置容量应依据变压器最大负载率、负荷自然功率因数等进行配置。在电能质量要求高、电缆化率高的区域，配电室低压侧无功补偿方式可采用静止无功发生器（SVG）。在供电距离远、功率因数低的 10kV 架空线路上可适当安装无功补偿装置，其容量应经过计算确定，且不宜在低谷负荷时向系统倒送无功。

逐步规范 220/380V 用户功率因数要求。

八、继电保护及安全自动装置

配电网应按 GB/T 14285《继电保护和安全自动装置技术规程》的要求配置继电保护和自动装置。配电网设备应装设短路故障和异常运行保护装置。设备短路故障的保护应有主保护和后备保护，必要时可再增设辅助保护。

35～110kV 变电站应配置低频低压减载装置，主变压器高、中、低压三侧均应配置备用电源自动投入装置。单链、单环网串供站应配置远方备投装置。

10kV 配电网主要采用阶段式电流保护，架空及架空电缆混合线路应具备自动重合闸功能，根据实际情况投退；低电阻接地系统中的线路应增设零序电流保护；合环运行的配电线路应增设相应保护装置，确保能够快速切除故障。全光纤纵差保护应在深入论证的基础上，限定使用范围。

220/380V 配电网应根据用电负荷和线路具体情况合理配置二级或三级剩余电流动作保护装置。各级剩余电流动作保护装置的动作电流与动作时间应协调配合，实现具有动作选择性的分级保护。

接入 10～110kV 电网的各类电源，采用专线接入方式时，其接入线路宜配置光纤电流差动保护，必要时上级设备可配置带联切功能的保护装置。

变电站保护信息和配电自动化控制信息的传输宜采用光纤通信方式；仅采集遥测、遥信信息时，可采用无线、电力载波等通信方式。对于线路电流差动保护的传输通道，往返均应采用同一信号通道传输。

分布式电源接入时，继电保护和安全自动装置配置方案应符合相关继电保护技术规程、运行规程和反事故措施的规定，定值应与电网继电保护和安全自动装置配合整定；接入公共电网的所有线路投入自动重合闸时，应校核重合闸时间。

第五节　电网结构与主接线方式

一、一般要求

合理的电网结构是满足电网安全可靠、提高运行灵活性、降低网络损耗的基础。高压、中压和低压配电网三个层级之间，以及与上级输电网（220kV 或 330kV 电网）之间，应相互匹配、强简有序、相互支援，以实现配电网技术经济的整体最优。

A+、A、B、C 类供电区域的配电网结构应满足以下基本要求：

（1）正常运行时，各变电站（包括直接配出 10kV 线路的 220kV 变电站）应有相对独立的供电范围，供电范围不交叉、不重叠，故障或检修时，变电站之间应有一定比例的负荷转供能力。

（2）变电站（包括直接配出 10kV 线路的 220kV 变电站）的 10kV 出线所供负荷宜均衡，应有合理的分段和联络；故障或检修时，应具有转供非停段负荷的能力。

（3）接入一定容量的分布式电源时，应合理选择接入点，控制短路电流及电压水平。

（4）高可靠性的配电网结构应具备实现网络重构的条件，便于实现故障自动隔离。

D、E 类供电区域的配电网以满足基本用电需求为主，可采用辐射状结构。

变电站间和中压线路间的转供能力，主要取决于正常运行时的变压器容量裕度、线路容量裕度、中压主干线的合理分段数和联络情况等，应满足供电安全准则及以下要求：

（1）变电站间通过中压配电网转移负荷的比例，A+、A 类供电区域宜控制在 50%～70%，B、C 类供电区域宜控制在 30%～50%。除非有特殊保障要求，规划中不考虑变电站全停方式下的负荷全部转供需求。为提高配电网设备利用效率，原则不设置变电站间中压专用联络线或专用备供线路。

（2）A+、A、B、C 类供电区域中压线路的非停运段负荷应能够全部转移至邻近线路（同一变电站出线）或对端联络线路（不同变电站出线）。

配电网的拓扑结构包括动合点、动断点、负荷点、电源接入点等，在规划时需合理配置，以保证运行的灵活性。各电压等级配电网的主要结构如下：

（1）高压配电网结构应适当简化，主要有链式、环网和辐射状结构；变电站接入方式主要有 T 接和 π 接等。

（2）中压配电网结构应适度加强、范围清晰，中压线路之间联络应尽量在同一供电网格（单元）之内，避免过多接线组混杂交织，主要有双环式、单环式、多分段适度联络、多分段单联络、多分段单辐射结构。

（3）低压配电网实行分区供电，结构应尽量简单，一般采用辐射结构。

在电网建设的初期及过渡期，可根据供电安全准则要求和实际情况，适当简化目标网架作为过渡电网结构。

变电站电气主接线应根据变电站功能定位、出线回路数、设备特点、负荷性质及电源与用户接入等条件确定，并满足供电可靠、运行灵活、检修方便、节约投资和便于扩建等要求。

二、高压配电网

各类供电区域高压配电网目标电网结构可参考表 2-6 确定。

表 2-6　　　　　　　　　　　高压配电网目标电网结构推荐表

供电区域类型	目标电网结构
A+、A	双辐射、多辐射、双链、三链
B	双辐射、多辐射、双环网、单链、双链、三链
C	双辐射、双环网、单链、双链、单环网
D	双辐射、单环网、单链
E	单辐射、单环网、单链

A+、A、B 类供电区域宜采用双侧电源供电结构，不具备双侧电源时，应适当提高中压配电网的转供能力；在中压配电网转供能力较强时，高压配电网可采用双辐射、多辐射等简化结构。B 类供电区域双环网结构仅在上级电源点不足时采用。

D、E 类供电区域采用单链、单环网结构时，若接入变电站数量超过 2 个，可采取局部加强措施。

35～110kV 变电站高压侧有桥式、线路变压器组、环入环出、单母线（分段）接线等。高压侧电气主接线应尽量简化，宜采用桥式、线路变压器组接线。考虑规划发展需求并经过经济技术比较，也可采用其他形式。

110kV 和 220kV 变电站的 35kV 侧电气主接线主要采用单母线分段接线。

35～110kV 变电站 10kV 侧电气主接线一般采用单母线分段接线或单母线分段环形接线，可采用 n 变 n 段、n 变 $n+1$ 段、$2n$ 分段接线。220kV 变电站直接配出 10kV 线路时，其 10kV 侧电气主接线参照执行。

三、中压配电网

各类供电区域中压配电网目标电网结构可参考表 2-7 确定。

表 2-7   中压配电网目标电网结构推荐表

线路型式	供电区域类型	目标电网结构
电缆网	A+、A、B	双环式、单环式
	C	单环式
架空网	A+、A、B、C	多分段适度联络、多分段单联络
	D	多分段单联络、多分段单辐射
	E	多分段单辐射

网格化规划区域的中压配电网应根据变电站位置、负荷分布情况，以供电网格为单位，开展目标网架设计，并制定逐年过渡方案。

中压架空线路主干线应根据线路长度和负荷分布情况进行分段（一般分为 3 段，不宜超过 5 段），并装设分段开关，且不应装设在变电站出口首端出线电杆上。重要或较大分支线路首端宜安装分支开关。宜减少同杆（塔）共架线路数量，便于开展不停电作业。

中压架空线路联络点的数量根据周边电源情况和线路负载大小确定，一般不超过 3 个联络点。架空网具备条件时，宜在主干线路末端进行联络。

中压电缆线路宜采用环网结构，环网室（箱）等设备可通过环进环出方式接入主干网。

中压开关站、环网室、配电室电气主接线宜采用单母线分段或独立单母线接线（不宜超过两个），环网箱宜采用单母线接线，箱式变电站、柱上变压器宜采用线路变压器组接线。

四、低压配电网

低压配电网以配电变压器或配电室的供电范围实行分区供电，一般采用辐射式结构。

低压支线接入方式可分为放射型和树干型。

第六节 配电网设备选型

一、设备选型一般要求

（1）配电网设备的选择应遵循资产全寿命周期管理理念，坚持安全可靠、经济实用的原则，采用技术成熟、少（免）维护、节能环保、具备可扩展功能、抗震性能好的设备，所选设备应通过入网检测。

（2）配电网设备应根据供电区域类型差异化选配。在供电可靠性要求较高、环境条件恶劣（高海拔、高寒、盐雾、污秽严重等）及灾害多发的区域，宜适当提高设备配置标准。

（3）配电网设备应有较强的适应性。变压器容量、导线截面、开关遮断容量应留有合理裕度，保证设备在负荷波动或转供时满足运行要求。变电站土建应一次建成，适应主变压器增容更换、扩建升压等需求；线路导线截面宜根据规划的饱和负荷、目标网架一次选定；线路廊道（包括架空线路走廊和杆塔、电缆线路的敷设通道）宜根据规划的回路数一步到位，避免大拆大建。

（4）配电网设备选型应实现标准化、序列化。同一市（县）规划区域中，变压器（高压主变压器、中压配电变压器）的容量和规格，以及线路（架空线、电缆）的导线截面和规格，应根据电网结构、负荷发展水平与全寿命周期成本综合确定，并构成合理序列，同类设备物资一般不超过三种。

（5）配电线路优先选用架空方式，对于城市核心区及地方政府规划明确要求并给予政策支持的区域可采用电缆方式。电缆的敷设方式应根据电压等级、最终数量、施工条件及投资等因素确定，主要包括综合管廊、隧道、排管、沟槽、直埋等敷设方式。

（6）配电设备设施宜预留适当接口，便于不停电作业设备快速接入；对于森林草原防火有特殊要求的区域，配电线路宜采取防火隔离带、防火通道与电力线路走廊相结合的模式。

（7）配电网设备选型和配置应考虑智能化发展需求，提升状态感知能力、信息处理水平和应用灵活程度。

二、变电站

应综合考虑负荷密度、空间资源条件以及上下级电网的协调和整体经济性等因素，确定变电站的供电范围以及主变压器的容量和数量。为保证充裕的供电能力，除预留远期规划站址外，还可采取预留主变压器容量（增容更换）、预留建设规模（增加变压器台数）、预留站外扩建或升压条件等方式，包括所有预留措施后的主变压器最终规模不宜超过 4 台。对于负荷确定的供电区域，可适当采用小容量变压器。

各类供电区域变电站推荐的容量配置如表 2-8 所示。

表 2-8　　　　　　　各类供电区域变电站最终容量配置推荐表

电压等级	供电区域类型	台数（台）	单台容量（MVA）
110kV	A+、A 类	3~4	63、50
	B 类	2~3	63、50、40
	C 类	2~3	50、40、31.5
	D 类	2~3	40、31.5、20
	E 类	1~2	20、12.5、6.3
66kV	A+、A 类	3~4	50、40
	B 类	2~3	50、40、31.5
	C 类	2~3	40、31.5、20
	D 类	2~3	20、10、6.3
	E 类	1~2	6.3、3.15

续表

电压等级	供电区域类型	台数（台）	单台容量（MVA）
35kV	A+、A 类	2～3	31.5、20
	B 类	2～3	31.5、20、10
	C 类	2～3	20、10、6.3
	D 类	1～3	10、6.3、3.15
	E 类	1～2	3.15、2

注　1. 表中的主变压器低压侧为 10kV。

2. A+、A、B 类区域中 31.5MVA 变压器（35kV）适用于电源来自 220kV 变电站的情况。

应根据负荷的空间分布及其发展阶段，合理安排供电区域内变电站建设时序。在规划区域发展初期，应优先变电站布点，可采取小容量、少台数方式；快速发展期，应新建、扩建、改造、升压多措并举；饱和期，应优先启用预留规模、扩建或升压改造，必要时启用预留站址。

变电站的布置应因地制宜、紧凑合理，在保证供电设施安全经济运行、维护方便的前提下尽可能节约用地，并为变电站近区供配电设施预留一定位置与空间。原则上，A+、A、B 类供电区域可采用户内或半户内站，根据情况可考虑采用紧凑型变电站；B、C、D、E 类供电区域可采用半户内或户外站，沿海或污秽严重等对环境有特殊要求的地区可采用户内站。

原则上不采用地下或半地下变电站型式，在站址选择确有困难的中心城市核心区或国家有特殊要求的特定区域，在充分论证评估安全性的基础上，可新建地下或半地下变电站。

应明确变电站供电范围，随着负荷的增长和新变电站站址的确定，应及时调整相关变电站的供电范围。

变压器宜采用有载调压方式。变压器并列运行时其参数应满足相关技术要求。

三、线路

1. 35～110kV 线路

35～110kV 线路导线截面的选取需符合下述要求：

（1）线路导线截面宜综合饱和负荷状况、线路全寿命周期选定。

（2）线路导线截面应与电网结构、变压器容量和台数相匹配。

（3）线路导线截面应按照安全电流裕度选取，并以经济载荷范围校核。

A+、A、B 类供电区域 110（66）kV 架空线路截面积不宜小于 240mm²，35kV 架空线路截面积不宜小于 150mm²；C、D、E 类供电区域 110kV 架空线路截面积不宜小于 150mm²，66kV、35kV 架空线路截面积不宜小于 120mm²。

35～110kV 线路跨区供电时，导线截面积宜按建设标准较高区域选取。

35～110kV 架空线路导线宜采用钢芯铝绞线及新型节能导线，沿海及有腐蚀性地区可选用防腐型导线。

35～110kV 电缆线路宜选用交联聚乙烯绝缘铜芯电缆，载流量应与该区域架空线路相匹配。

2. 10kV 配电线路

10kV 配电网应有较强的适应性，主变压器容量与 10kV 出线间隔数量及线路导线截面的配合可参考表 2-9 确定，并符合下列规定：

（1）中压架空线路通常为铝芯，沿海高盐雾地区可采用铜绞线，A+、A、B、C 类供电区域的中压架空线路宜采用架空绝缘线。

（2）表 2-9 中推荐的电缆线路为铜芯，也可采用相同载流量的铝芯电缆。沿海或污秽严重地区，可选用电缆线路。

（3）35/10kV 配电化变电站 10kV 出线宜为 2~4 回。

表 2-9　　　　　　　主变压器容量与 10kV 出线间隔及线路导线截面配合推荐表

35~110kV 主变压器容量（MVA）	10kV 出线间隔数	10kV 主干线截面积（mm²）		10kV 分支线截面积（mm²）	
		架空	电缆	架空	电缆
63	12 及以上	240、185	400、300	150、120	240、185
50、40	8~14	240、185、150	400、300、240	150、120、95	240、185、150
31.5	8~12	185、150	300、240	120、95	185、150
20	6~8	150、120	240、185	95、70	150、120
12.5、10、6.3	4~8	150、120、95	—	95、70、50	—
3.15、2	4~8	95、70	—	50	—

在树线矛盾隐患突出、人身触电风险较大的路段，10kV 架空线路应采用绝缘线或加装绝缘护套。

10kV 线路供电距离应满足末端电压质量的要求。在缺少电源站点的地区，当 10kV 架空线路过长，电压质量不能满足要求时，可在线路适当位置加装线路调压器。

3. 低压线路

220/380V 配电网应有较强的适应性，主干线截面应按远期规划一次选定。各类供电区域 220/380V 主干线路导线截面一般可参考表 2-10 选择。

表 2-10　　　　　　　　低压配电线路导线截面推荐表

线路形式	供电区域类型	主干线截面积（mm²）
电缆线路	A+、A、B、C	≥120
架空线路	A+、A、B、C	≥120
	D、E	≥50

注　表中推荐的架空线路为铝芯，电缆线路为铜芯。

新建架空线路应采用绝缘导线，对环境与安全有特殊需求的地区可选用电缆线路。对原有裸导线线路，应加大绝缘化改造力度。

220/380V 电缆可采用排管、沟槽、直埋等敷设方式。穿越道路时，应采用抗压力保护管。

220/380V 线路应有明确的供电范围，供电距离应满足末端电压质量的要求。

一般区域 220/380V 架空线路可采用耐候铝芯交联聚乙烯绝缘导线，沿海及严重化工污秽区域可采用耐候铜芯交联聚乙烯绝缘导线，在大跨越和其他受力不能满足要求的线段可选用钢芯铝绞线。

四、配电变压器

配电变压器容量宜综合供电安全性、规划计算负荷、最大负荷利用小时数等因素选定，具体选择方式可参照 DL/T 985《配电变压器能效技术经济评价导则》。

1. 柱上变压器

10kV 柱上变压器的配置应符合下列规定：

（1）应按"小容量、密布点、短半径"的原则配置，宜靠近负荷中心。

（2）宜选用三相柱上变压器，其绕组联结组别宜选用 Dyn11，且三相均衡接入负荷。对于居民分散居住、单相负荷为主的农村地区可选用单相变压器。

（3）不同类型供电区域的 10kV 柱上变压器容量可参考表 2-11 确定。在低电压问题突出的 E 类供电区域，亦可采用 35kV 配电化建设模式，35kV/0.38kV 配电变压器单台容量不宜超过 630kVA。

表 2-11　　　　　　　　　　　　10kV 柱上变压器容量推荐表

供电区域类型	三相柱上变压器容量（kVA）	单相柱上变压器容量（kVA）
A+、A、B、C 类	≤400	≤100
D 类	≤315	≤50
E 类	≤100	≤30

2. 配电室

10kV 配电室的配置应符合下列规定：

（1）配电室一般配置双路电源，10kV 侧一般采用环网开关，220/380V 侧为单母线分段接线。变压器绕组联结组别应采用 Dyn11，单台容量不宜超过 800kVA，宜三相均衡接入负荷。

（2）配电室一般独立建设。受条件所限必须进楼时，可设置在地下一层，但不应设置在最底层。变压器宜选用干式（非独立式或者建筑物地下配电室应选用干式变压器），采取屏蔽、减振、降噪、防潮措施，并满足防火、防水和防小动物等要求。易涝区域配电室不应设置在地下。

3. 箱式变电站

10kV 箱式变电站仅限用于配电室建设改造困难的情况，如架空线路入地改造地区、配电室无法扩容改造的场所，以及施工用电、临时用电等，一般配置单台变压器，变压器绕组联结组别应采用 Dyn11，容量不宜超过 630kVA。

五、配电开关

1. 10kV 柱上开关

柱上开关的配置应符合下列规定：

（1）一般采用柱上负荷开关作为线路分段、联络开关。长线路后段（超出变电站过流保护范围）、大分支线路首端、用户分界点处可采用柱上断路器，并上传动作信号。

（2）规划实施配电自动化的地区，所选用的开关应满足自动化改造要求，并预留自动化接口。

2. 10kV 开关站

开关站的配置应符合下列规定：

（1）开关站宜建于负荷中心区，一般配置双电源，分别取自不同变电站或同一座变电站的不同母线。

（2）开关站接线宜简化，一般采用两路电源进线、6～12 路出线，单母线分段接线，出线断路器带保护。开关站应按配电自动化要求设计并留有发展余地。

3. 10kV 环网室（箱）

根据环网室（箱）的负荷性质，中压供电电源可采用双电源，或采用单电源，进线及环出线采用断路器，配出线根据电网情况及负荷性质采用断路器或负荷开关—熔断器组合电器。

4. 低压开关

低压开关柜母线规格宜按终期变压器容量配置选用，一次到位，按功能分为进线柜、母联柜、馈线柜、无功补偿柜等。低压电缆分支箱结构宜采用元件模块拼装、框架组装结构，母线及馈出均绝缘封闭。综合配电箱型号应与配电变压器容量和低压系统接地方式相适应，满足一定的负荷发展需求。

第七节　智能化基本要求

一、一般要求

配电网智能化应采用先进的信息、通信、控制技术，支撑配电网状态感知、自动控制、智能应用，满足电网运行、客户服务、企业运营、新兴业务的需求。

配电网智能化应适应能源互联网发展方向，以实际需求为导向，差异化部署智能终端感知电网多元信息，灵活采用多种通信方式满足信息传输可靠性和实时性，依托统一的企业中台和物联管理平台实现数据融合、开放共享。

配电网智能化应遵循标准化设计原则，采用标准化信息模型与接口规范，落实国家电网公司信息化统一架构设计、安全防护总体要求。

配电网智能化应采用差异化建设策略，以不同供电区域供电可靠性、多元主体接入等实际需求为导向，结合一次网架有序投资。

配电网智能化应遵循统筹协调规划原则。配电终端、通信网应与配电一次网架统筹规划、同步建设。对于新建电网，一次设备选型应一步到位，配电线路建设时应一并考虑光缆资源需求；对于不适应智能化要求的已建成电网，应在一次网架规划中统筹考虑。

配电网智能化应遵循先进适用原则，优先选用可靠、成熟的技术。对于新技术和新设备，应充分考虑效率效益,可在小范围内试点应用后,经技术经济比较论证后确定推广应用范围。

配电网智能化应贯彻资产全寿命周期理念。落实企业级共建共享共用原则,与云平台统筹规划建设,并充分利用现有设备和设施,防止重复投资。

二、配电网智能终端

配电网智能终端应以状态感知、即插即用、资源共享、安全可靠、智能高效为发展方向,统一终端标准,支持数据源端唯一、边缘处理。

配电网智能终端应按照差异化原则逐步覆盖配电站室、配电线路、分布式电源及电动汽车充电桩等配用电设备,采集配电网设备运行状态、电能计量、环境监测等各类数据。

变电站应按照 GB 50059《35kV～110kV 变电站设计规范》、GB/T 51072《110(66)kV～220kV 智能变电站设计规范》的要求配置电气量、设备状态监测、环境监测等智能终端。

35～110kV 架空线路在重要跨越、自然灾害频发、运维困难的区段,可配置运行环境监测智能终端。

配电自动化终端宜按照监控对象分为站所终端(DTU)、馈线终端(FTU)、故障指示器等,实现"三遥""二遥"等功能。配电自动化终端配置原则应满足 DL/T 5542《配电网规划设计规程》、DL/T 5729《配电网规划设计技术导则》要求,宜按照供电安全准则及故障处理模式合理配置,各类供电区域配电自动化终端的配置方式见表 2–12。

表 2–12　　　　　　　　　　配电自动化终端配置方式选择

供电区域	终端配置方式
A+	"三遥"为主
A	"三遥"或"二遥"
B	"二遥"为主,联络开关和特别重要的分段开关也可配置"三遥"
C	"二遥"为主,如确有必要经论证后可采用少量"三遥"
D	"二遥"
E	"二遥"

在具备条件的区域探索低压配电网智能化,公用配电变压器台区可配置能够监测低压配电网的智能终端。

智能电能表作为用户电能计量的智能终端,宜具备停电信息主动上送功能,可具备电能质量监测功能。

接入 10kV 及以上电压等级的分布式电源、储能设施、电动汽车充换电设施的信息采集应遵循 GB/T 33593《分布式电源并网技术要求》、GB/T 36547《电化学储能系统接入电网技术规定》、GB 50966《电动汽车充电站设计规范》标准,并将相关信息上送至相应业务系统。

三、配电网通信

配电通信网应满足配电自动化系统、用电信息采集系统、分布式电源、电动汽车充换电设施及储能设施等源网荷储终端的远程通信通道接入需求,适配新兴业务及通信新技术发展需求。

35～110kV 配电通信网属于骨干通信网，应采用光纤通信方式；中压配电通信接入网可灵活采用多种通信方式,满足海量终端数据传输的可靠性和实时性，以及配电网络多样性、数据资源高速同步等方面需求，支撑终端远程通信与业务应用。

配电网规划应同步考虑通信网络规划，根据业务开展需要明确通信网建设内容，包括通信通道建设、通信设备配置、建设时序与投资等。

应根据中压配电网的业务性能需求、技术经济效益、环境和实施难度等因素，选择适宜的通信方式（光纤、无线、载波通信等）构建终端远程通信通道。当中压配电通信网采用以太网无源光网络（EPON）、千兆无源光网络（GPON）或者工业以太网等技术组网时，应使用独立纤芯。

无线通信包括无线公网和无线专网方式。无线公网宜采用专线接入点（APN）/虚拟专用网络（VPN）、认证加密等接入方式；无线专网应采用国家无线电管理部门授权的无线频率进行组网，并采取双向鉴权认证、安全性激活等安全措施。

配电通信网宜符合以下技术原则：

（1）110（66）kV 变电站和 B 类及以上供电区域的 35kV 变电站应具备至少 2 条光缆路由，具备条件时采用环形或网状组网；

（2）中压配电通信接入网若需采用光纤通信方式的，应与一次网架同步建设。其中，工业以太网宜采用环形组网方式，以太网无源光网络（EPON）宜采用"手拉手"保护方式。

四、配电网业务系统

配电网业务系统主要包括地区级及以下电网调度控制系统、配电自动化系统、用电信息采集系统等。配电网各业务系统之间宜通过信息交互总线、企业中台、数据交互接口等方式，实现数据共享、流程贯通、服务交互和业务融合，满足配电网业务应用的灵活构建、快速迭代要求，并具备对其他业务系统的数据支撑和业务服务能力。

35～110kV 变电站的信息采集、控制由地区及以下电网调度控制系统的实时监控功能实现，并应遵循 DL/T 5002《地区电网调度自动化设计技术规程》相关要求。在具备条件时，可适时开展分布式电源、储能设施、需求响应参与地区电网调控的功能建设。

配电自动化系统是提升配电网运行管理水平的有效手段，应具备配电 SCADA、馈线自动化及配电网分析应用等功能。配电自动化系统主站应遵循 DL/T 5542《配电网规划设计规程 》、DL/T 5729《配电网规划设计技术导则 》相关要求，应根据各区域电网规模和应用需求进行差异化配置，合理确定主站功能模块。

电力用户用电信息采集系统应遵循 DL/T 698《电能信息采集与管理系统》相关要求，对电力用户的用电信息进行采集、处理和实时监控，具备用电信息自动采集、计量异常监测、电能质量监测、用电分析和管理、相关信息发布、分布式能源监控、负荷控制管理、智能用电设备信息交互等功能。

五、信息安全防护

信息安全防护应满足《电力监控系统安全防护规定》（国家发展和改革委员会令第 14 号）及 GB/T 36572《电力监控系统网络安全防护导则》、GB/T 22239《信息安全技术　网络安全等级保护基本要求》的要求，满足安全分区、网络专用、横向隔离、纵向认证要求。

位于生产控制大区的配电业务系统与其终端的纵向连接中使用无线通信网、非电力调度数据网的电力企业其他数据网或者外部公用数据网的虚拟专用网络方式（VPN）等进行通信的，应设立安全接入区。

第八节　用户及电源接入要求

一、用户接入

用户接入应符合国家和行业标准，不应影响电网的安全运行及电能质量。用户的供电电压等级应根据当地电网条件、供电可靠性要求、供电安全要求、最大用电负荷、用户报装容量，经过技术经济比较论证后确定。可参考表 2-13，结合用户负荷水平确定，并符合下列规定：

（1）对于供电距离较长、负荷较大的用户，当电能质量不满足要求时，应采用高一级电压供电。

（2）小微企业用电设备容量 160kW 及以下可接入低压电网，具体要求应按照国家能源主管部门和地方政府相关政策执行。

（3）低压用户接入时应考虑三相不平衡影响。

表 2-13　　　　　　　　　　用户接入容量和供电电压等级参考表

供电电压等级	用电设备容量	受电变压器总容量
220V	10kW 及以下单相设备	—
380V	100kW 及以下	50kVA 及以下
10kV	—	50kVA～10MVA
35kV	—	5MVA～40MVA
66kV	—	15MVA～40MVA
110kV	—	20MVA～100MVA

注　无 35kV 电压等级的电网，10kV 电压等级受电变压器总容量为 50kVA～20MVA。

应严格控制变电站专线数量，以节约廊道和间隔资源，提高电网利用效率。

受电变压器总容量 100kVA 及以上的用户，在高峰负荷时的功率因数不宜低于 0.95；其他用户和大、中型电力排灌站，功率因数不宜低于 0.90；农业用电功率因数不宜低于 0.85。

重要电力用户供电电源配置应符合 GB/T 29328《重要电力用户供电电源及自备应急电源配置技术规范》的规定。重要电力用户供电电源应采用多电源、双电源或双回路供电，当任何一路或一路以上电源发生故障时，至少仍有一路电源应能满足保安负荷供电要求。特级重要电力用户应采用多电源供电；一级重要电力用户至少应采用双电源供电；二级重要电力用户至少应采用双回路供电。

重要电力用户应自备应急电源，电源容量至少应满足全部保安负荷正常供电的要求，并应符合国家有关技术规范和标准要求。

用户因畸变负荷、冲击负荷、波动负荷和不对称负荷对公用电网造成污染的，应按"谁污染、谁治理"和"同步设计、同步施工、同步投运、同步达标"的原则，在开展项目前期工作时提出治理、监测措施。

二、电源接入

配电网应满足国家鼓励发展的各类电源及新能源、微电网的接入要求，逐步形成能源互联、能源综合利用的体系。

电源并网电压等级可根据装机容量进行初步选择，可参考表 2-14，最终并网电压等级应根据电网条件，通过技术经济比较论证后确定。

表 2-14　　　　　　　　　　　　电源并网电压等级参考表

电源总容量范围	并网电压等级
8kW 及以下	220V
8kW～400kW	380V
400kW～6MW	10kV
6MW～100MW	35kV、66kV、110kV

接入 110kV 及以下配电网的电源，在满足电网安全运行及电能质量要求时，可采用 T 接方式并网。

在分布式电源接入前，应以保障电网安全稳定运行和分布式电源消纳为前提，对接入的配电线路载流量、变压器容量进行校核，并对接入的母线、线路、开关等进行短路电流和热稳定校核，如有必要也可进行动稳定校核。不满足运行要求时，应进行相应电网改造或重新规划分布式电源的接入。

在满足供电安全及系统调峰的条件下，接入单条线路的电源总容量不应超过线路的允许容量；接入本级配电网的电源总容量不应超过上一级变压器的额定容量以及上一级线路的允许容量。

分布式电源并网应符合 GB/T 33593《分布式电源并网技术要求》等相关国家、行业技术标准的规定。微电网并网应符合 GB/T 33589《微电网接入电力系统技术规定》等相关国家、行业技术标准的规定。

三、电动汽车充换电设施接入

电动汽车充换电设施接入电网时应进行论证，分析各种充电方式对配电网的影响，合理制定充电策略，实现电动汽车有序充电。

电动汽车充换电设施的供电电压等级应符合 GB/T 36278《电动汽车充换电设施接入配电网技术规范》的规定，根据充电设备及辅助设备总容量，综合考虑需用系数、同时系数等因素，经过技术经济比较论证后确定。

电动汽车充换电设施的用户等级应符合 GB/T 29328《重要电力用户供电电源及自备应急电源配置技术规范》的规定。具有重大政治、经济、安全意义的电动汽车充换电设施，或中断供电将对公共交通造成较大影响或影响重要单位正常工作的充换电站可作为二级重要用户，其他可作为一般用户。

220V 供电的充电设备，宜接入低压公用配电箱；380V 供电的充电设备，宜通过专用线路接入低压配电室。

接入 10kV 电网的电动汽车充换电设施，容量小于 4000kVA 宜接入公用电网 10kV 线路或接入环网柜、电缆分支箱、开关站等，容量大于 4000kVA 宜专线接入。

接入 35、110（66）kV 电网的电动汽车充换电设施，可接入变电站、开关站的相应母线，或 T 接至公用电网线路。

四、电化学储能系统接入

电化学储能系统接入配电网的电压等级应综合考虑储能系统额定功率、当地电网条件确定，可参考 GB/T 36547《电化学储能系统接入电网技术规定》的相关规定。

电化学储能系统中性点接地方式应与所接入电网的接地方式相一致；电化学储能系统接入配电网应进行短路容量校核，电能质量应满足相关标准要求。

电化学储能系统并网点应安装易操作、可闭锁、具有明显断开指示的并网断开装置。

电化学储能系统接入配电网时，功率控制、频率适应性、故障穿越等方面应符合 GB/T 36547《电化学储能系统接入电网技术规定》的相关规定。

第九节　规划计算分析及技术经济分析

一、规划计算分析要求

1. 一般要求

应通过计算分析确定配电网的潮流分布情况、短路电流水平、供电安全水平、供电可靠性水平、无功优化配置方案和效率效益水平。

配电网计算分析应采用合适的模型，数据不足时可采用典型模型和参数。计算分析所采用的数据（包括拓扑信息、设备参数、运行数据等）宜通过在线方式获取，并遵循统一的标准与规范，确保其完整性、合理性和一致性。

分布式电源和储能设施、电动汽车充换电设施等新型负荷接入配电网时，应进行相关计算分析。

配电网计算分析应考虑远景规划，远景规划计算结果可用于电气设备适应性校核。

配电网规划应充分利用辅助决策手段开展现状分析、负荷预测、多方案编制、规划方案计算与评价、方案评审与确定、后评价等工作。

2. 潮流计算分析

潮流计算应根据给定的运行条件和拓扑结构确定电网的运行状态。

应按电网典型方式对规划水平年的 35～110kV 电网进行潮流计算。

3. 短路电流计算分析

应通过短路电流计算确定电网短路电流水平，为设备选型等提供支撑。

在电网结构发生变化或运行方式发生改变的情况下，应开展短路电流计算，并提出限制短路电流的措施。

10～110kV 电网短路电流计算，应综合考虑上级电源和本地电源接入情况，以及中性点接地方式，计算至变电站 10kV 母线、电源接入点、中性点以及 10kV 线路上的任意节点。

4. 供电安全水平计算分析

应通过供电安全水平分析校核电网是否满足供电安全准则。

供电安全水平计算分析的目的是校核电网是否满足供电安全标准，即模拟低压线路故障、配电变压器故障、中压线路（线段）故障、35～110kV 变压器或线路故障对电网的影响，校验负荷损失程度，检查负荷转移后相关元件是否过负荷，电网电压是否越限。

可按典型运行方式对配电网的典型区域进行供电安全水平分析。

5. 供电可靠性计算分析

供电可靠性计算分析的目的是确定现状和规划期内配电网的供电可靠性指标，分析影响供电可靠性的薄弱环节，提出改善供电可靠性指标的规划方案。

供电可靠性指标可按给定的电网结构、典型运行方式以及供电可靠性相关计算参数等条件选取典型区域进行计算分析。计算指标包括系统平均停电时间、系统平均停电频率、平均供电可靠率、用户平均停电缺供电量等。

供电可靠性指标计算方法可参照 DL/T 836《供电系统供电可靠性评价规程》的相关规定。

6. 无功规划计算分析

无功规划计算分析的目的是确定无功配置方案（方式、位置和容量），以保证电压质量，降低网损。

无功配置方案需结合节点电压允许偏差范围、节点功率因数要求、设备参数（变压器、无功设备与线路等）以及不同运行方式进行优化分析。无功总容量需求应按照大负荷方式计算确定，分组容量应考虑变电站负荷较小时的无功补偿要求合理确定，以达到无功设备投资最小或网损最小的目标。

7. 效率效益计算分析

应分电压等级开展线损计算。对于 35kV 及以上配电网，应采用以潮流计算为基础的方法来计算。对于 35kV 以下配电网，可采用网络简化和负荷简化方法进行近似计算。

应开展设备利用率计算分析，包括设备最大负载率、平均负载率、最大负荷利用小时数、主变压器（配电变压器）容量利用小时数等指标。

应分析单位投资增供负荷、单位投资增供电量等经济性指标。

二、技术经济分析

技术经济分析应对各备选方案进行技术比较、经济分析和效果评价，评估规划项目在技术、经济上的可行性及合理性，为投资决策提供依据。

技术经济分析应确定规划目标和全寿命周期内投资费用的最佳组合，可根据实际情况选用以下两种评估方式：

（1）在给定投资额度的条件下选择规划目标最优的方案。

（2）在给定规划目标的条件下选择投资最小的方案。

技术经济分析的评估方法主要包括最小费用评估法、收益/成本评估法以及收益增量/成本增量评估法。最小费用评估法宜用于确定各个规划项目的投资规模及相应的分配方案。收益/成本评估法宜用于新建项目的评估，可通过相应比值评估各备选项目。收益增量/成本增量评估法可用于新建或改造项目的评估。

技术经济分析评估指标主要包括供电能力、供电质量、效率效益、智能化水平、全寿命周期成本等。

在技术经济分析的基础上，还应进行财务评价。财务评价应根据企业当前的经营状况以及折旧率、贷款利息等计算参数的合理假定，采用内部收益率法、净现值法、年费用法、投资回收期法等，分析配电网规划期内的经济效益。

财务评价指标主要包括资产负债率、内部收益率、投资回收期等。

第三章

配电网一次设备

第一节　配电网一次设备概述

电力系统中直接与生产电能和输配电有关的设备称为一次设备，电力系统一次接线图如图 3-1 所示。

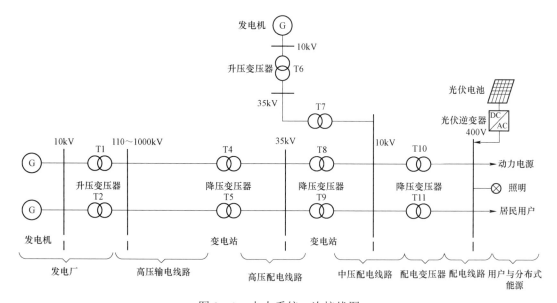

图 3-1　电力系统一次接线图

从图 3-1 上可以看出，广义上讲配电网包括 110kV 及其以下的电网，其中 35～110kV 为高压配电网，3～20kV 为中压配电网，380/220V 为低压配电网。结合国家电网公司设备运维单位职责划分，将配电网一次设备分为高压变电站设备（35～110kV 及以上变电站内变压器、断路器、隔离开关、互感器等）、中压配电设备（3～20kV 杆塔、导线、横担、绝缘子等）、低压配电设备（380V/220V 接户线、进户线、低压电器等）。

第二节　高压变电站设备

一、变压器

变压器是一种按电磁感应原理工作的电气设备，通过电磁感应，在两个电路之间实现能量的传递。它在电力系统中主要作用是变换电压，以利于功率的传输。变压器组成部件包括器身（铁芯、绕组、绝缘、引线）、变压器油、油箱、冷却装置、调压装置、保护装置（吸湿器、安全气道、气体继电器、储油柜及测温装置等）和出线套管。

1. 变压器的分类

变压器有多种分类形式，如按冷却方式分类、按防潮方式分类、按冷却介质方式分类等，变压器的分类如表 3-1 所示。

表 3-1　　　　　　　　　　　　　变 压 器 的 分 类

分类形式	具体类别	分类形式	具体类别
按冷却方式分类	自然油循环自然冷式、自然油循环强迫风冷式、强迫油循环强迫风冷等方式	按绕组数量分类	自耦、双绕组、三绕组等
按电源相数分类	单相、三相	按调压方式分类	不调压、无载调压、有载调压
按冷却介质分类	干式、液（油）浸式等	按中性点绝缘水平分类	全绝缘、半绝缘（分级绝缘）

2. 变压器的结构

中型油浸式电力变压器结构如图 3-2 所示。

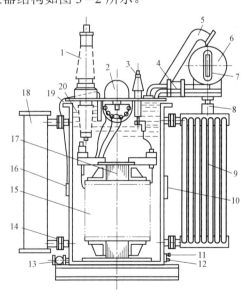

图 3-2　中型油浸式电力变压器结构

1—高压套管；2—分接开关；3—低压套管；4—气体继电器；5—安全气道（防爆管）；6—储油柜；7—油表；
8—呼吸器（吸湿器）；9—散热器；10—铭牌；11—接地螺栓；12—油样活门；13—放油阀门；14—活门；
15—绕组；16—信号温度计；17—铁芯；18—净油器；19—油箱；20—变压油器

（1）铁芯.

1）铁芯结构。变压器的铁芯是磁路部分，由铁芯柱和铁轭两部分组成。绕组套装在铁芯柱上，而铁轭则用来使整个磁路闭合。铁芯的结构一般分为心式和壳式两类。常用的心式铁芯结构如图3-3所示。近年来，大量涌现的节能型配电变压器均采用卷铁芯结构。

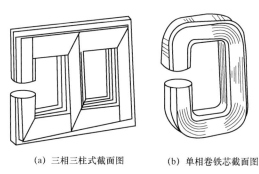

(a) 三相三柱式截面图　　(b) 单相卷铁芯截面图

图3-3　常用的心式铁芯结构

2）铁芯材料。由于铁芯为变压器的磁路，所以其材料要求导磁性能好，只有导磁性能好，才能使铁损小。故变压器的铁芯采用硅钢片叠制而成。硅钢片有热轧和冷轧两种。

（2）绕组。

绕组是变压器的电路部分，一般由绝缘漆包、纸包的铝线或铜线烧制而成。根据高、低压绕组排列方式的不同，绕组分为同心式和交叠式两种。对于同心式绕组，为了便于绕组和铁芯绝缘，通常将低压绕组靠近铁芯柱。对于交叠式绕组，为了减少绝缘距离，通常将低压绕组靠近铁轭。

（3）绝缘。

变压器内部主要的绝缘材料有变压器油、环氧树脂等。

（4）分接开关。

为了供给稳定的电压、控制电力潮流或调节负载电流，均需对变压器进行电压调整。目前，变压器调整电压的方法是在其某一侧绕组上设置分接，以切除或增加一部分绕组的线匝，以改变一次和二次绕组的匝数比，从而达到改变电压比的有级调整电压的方法。这种绕组抽出分接以供调压的电路，称为调压电路；变换分接以进行调压所采用的开关，称为分接开关。

一般情况下是在高压绕组上抽出适当的分接。这是因为高压绕组常套在外面，引出分接方便。另外，高压侧电流小，分接引线和分接开关的载流部分截面小，开关接触触头也较容易制造。

变压器二次侧不带负载，一次侧也与电网断开（无电源励磁）的调压，称为无励磁调压。其特点是改变分接头位置时必须停电，但造价低，体积较小；常见的无励磁调压开关是三相中性点调压无励磁分接开关，俗称九头分接开关，直接固定在变压器箱盖上，采用手动操作，动触头片相距120°，同时与定触头闭合，形成中性点。

带负载进行变换绕组分接的调压，称为有载调压，其特点是能在额定容量范围内带负荷调整电压，且调整范围大，母线电压质量高，但调压体积大、结构复杂、造价高。一般通过由电抗器或电阻构成的过渡电路限流，把负荷电流由一个分接头切换到另一个分接头上去，从而实现有载调压。有载分接开关电路由过渡电路、选择电路、调压电路三部分组成。

（5）油箱。

油箱是油浸式变压器的外壳，变压器器身置于油箱内，箱内灌满变压器油。油箱根据变压器的大小分为吊器身式油箱和吊箱壳式油箱两种。吊器身式油箱多用于 6300kVA 及以下的变压器，其箱沿设在顶部，箱盖是平的，由于变压器容量小，所以重量轻，检修时易将器身吊起。

（6）冷却装置。

变压器运行时，由绕组和铁芯中产生的损耗转化为热量，必须及时散热，以免变压器过热造成事故，变压器的冷却装置是起散热作用的。根据变压器容量大小不同，采用不同的冷却装置。

对于小容量的变压器，绕组和铁芯所产生的热量经过变压器油与油箱内壁的接触，以及油箱外壁与外界冷空气的接触而自然地散热冷却，无需任何附加的冷却装置。若变压器容量稍大些，可以在油箱外壁上焊接散热管，以增大散热面积。

对于容量更大的变压器，则应安装冷却风扇，以增强冷却效果；当变压器容量在 50 000kVA 及以上时，则采用强迫油循环风冷却器。

（7）储油柜（又称油枕）。

储油柜位于变压器油箱上方，通过气体继电器与油箱相通，如图 3-4 所示。

当变压器的油温变化时，其体积会膨胀或收缩。储油柜的作用就是保证油箱内总是充满油，并减小油面与空气的接触面，从而减缓油的老化。

（8）安全气道（又称防爆管）。

安全气道位于变压器的顶盖上，其出口用玻璃防爆封住。当变压器内部发生严重故障，而气体继电器失灵时，油箱内部的气体便冲破防爆膜从安全气道喷出，保护变压器不受严重损害。

（9）吸湿器。

为了使储油柜内上部的空气保持干燥，避免工业粉尘的污染，储油柜通过吸湿器与大气相通。吸湿器内装有用氯化钙或氯化钴浸渍过的硅胶，它能吸收空气中的水分，当它受潮到一定程度时，其颜色由蓝色变为粉红色。

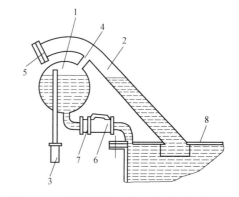

图 3-4 防爆管与变压器储油柜间的连通
1—储油柜；2—防爆管；3—吸湿器；
4—油机与安全气道的连通管；
5—防爆膜；6—气体继电器；7—碟形阀；8—箱盖

（10）气体继电器。

气体继电器位于储油柜与箱盖的联管之间。在变压器内部发生故障（如绝缘击穿、匝间短路、铁芯事故等）产生气体或油箱漏油等使油面降低时，接通信号或跳闸回路来保护变压器。

（11）高、低压绝缘套管。

变压器内部的高、低压引线是经绝缘套管引到油箱外部的，起着固定引线和对地绝缘的作用。套管由带电部分和绝缘部分组成。带电部分包括导电杆，导电管、电缆或铜排。绝缘部分分外绝缘和内绝缘。外绝缘为瓷管、内绝缘为变压器油、附加绝缘和电容性绝缘。

3. 变压器的型号及技术参数

（1）型号。

变压器的技术参数一般标在铭牌上，按照国家标准，铭牌上除标出变压器名称、型号、产品代号、标准代号、制造厂名、出厂序号、制造年月以外，还需标出变压器的技术参数。电力变压器铭牌上标出的技术参数见表 3-2。

表 3-2　　　　　　　　　　　　变压器铭牌上标出的技术参数

标注项目	附加说明
相数（单相、三相）	
额定容量（kVA 或 MVA）	多绕组变压器应给出个绕组的额定容量
额定频率（Hz）	
各绕组额定电压（V 或 kV）及分接范围	
各组额定电流（A）	三绕组自耦变压器应注出公共线圈中长期允许电流
联结组标号—	—
短路阻抗实测值	对于多绕组变压器，应给出不同的双绕组组合下的短路阻抗及各自的参考容量
冷却方式	有几种冷却方式时，还应以额定容量百分数表示出相应的冷却容量
总重量（kg 或 t）	—
绝缘油重量（kg 或 t）	—
绝缘的温度等级	油浸式变压器 A 级绝缘可不注出
联结图	当联结组标号不能说明内部连接的全部情况时
有关分接的详细说明	8000kVA 及以上的变压器标出带有分接绕组的示意图，每一绕组的分接电压、分接电流和分接容量，极限分接和主分接的短路阻抗值，以及超过分接电压 105% 的运行能力等
空载电流	实测值：8000kVA 或 66kV 级及以上的变压器
空载损耗和负载损耗（W 或 kW）	实测值：8000kVA 直 66kV 级及以上的变压器；多绕组变压器的负载损耗应表示各对绕组工作状态的损耗值

变压器除装设标有以上项目的主铭牌外，还应装设标有关于附件性能的铭牌、需分别按所用附件（套管，分接开关，电流互感器、冷却装置）的相应标准列出。

变压器的型号及含义如图 3-5 所示。

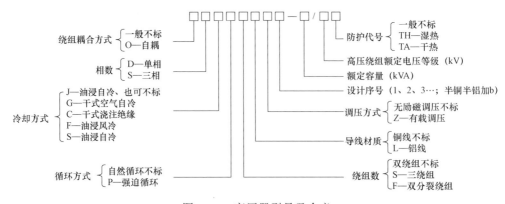

图 3-5　变压器型号及含义

例如：SFZ－10000/110 表示三相自然循环风冷有载调压、额定容量为 10000kVA、高压绕组额定电压 110kV 电力变压器。

S 9－160/10 表示三相油浸自冷式、双绕组无励磁调压、额定容量 160kVA、高压侧绕组额定电压为 10kV 电力变压器。

SC 8－315/10 表示三相干式浇注绝缘、双绕组无励磁调压、额定容量 315kVA、高压侧绕组额定电压为 10kV 电力变压器。

S11－M（R）－100/10 表示三相油浸自冷式、双绕组无励磁调压、卷绕式铁芯（圆截面）、密封式、额定容量 100kVA、高压侧绕组额定电压为 10kV 电力变压器。

SH11－M－50/10 表示三相油浸自冷式、双绕组无励磁调压、非晶态合金铁芯、密封式、额定容量 50kVA、高压侧绕组额定电压为 10kV 电力变压器。

一些新型的特殊结构的配电变压器，如非晶态合金铁芯、卷绕式铁芯和密封式变压器，在型号中分别加以 H、R 和 M 表示。

（2）相数。

变压器分单相和三相两种，一般均制成三相变压器以直接满足输配电的要求。小型变压器有制成单相的。特大型变压器做成单相后，组成三相变压器组，以满足运输的要求。

（3）额定频率。

变压器的额定频率即是所设计的运行频率，我国为 50Hz。

（4）额定电压。

额定电压是指变压器线电压（有效值），应与所连接的输变电线路电压相符合。我国输变电线路的电压等级（即线路终端电压）为 0.38、3、6、10、35、63、110、220、330、500、750、1000kV，故连接于线路终端的变压器（称为降压变压器）其一次侧额定电压与上列数值相同。

（5）额定容量。

额定容量是指在变压器铭牌所规定的额定状态下，变压器二次侧的输出能力（kVA）。对于三相变压器，额定容量是三相容量之和。

（6）额定电流。

变压器的额定电流为通过绕组线端的电流，即为线电流（有效值）。它的大小等于绕组的额定容量除以该绕组的额定电压及相应的相系数（单相为 1，三相为 3）。单相变压器额定电流为：

$$I_N = \frac{S_N}{U_N} \qquad (3-1)$$

式中　I_N ——一、二次额定电流，下同；

　　　S_N ——变压器额定容量，下同；

　　　U_N ——一、二次额定电压，下同。

三相变压器额定电流为

$$I_N = \frac{S_N}{\sqrt{3}U_N} \qquad (3-2)$$

三相变压器绕组为 Y 联结时，线电流等于绕组电流；△联结时，线电流等于绕组电流的 $\sqrt{3}$ 倍。

（7）绕组联结组标号。

变压器同侧绕组是按一定形式联结的，三相变压器或组成三相变压器组的单相变压器，则可以联结成星形、三角形等。星形联结是各相绕组的一端接成一个公共点（中性点），其接线端子接到相应的线端上；三角形联结是三个相绕组互相串联形成闭合回路，由串联处接至相应的线端。

IEC（国际电工委员会）标准变压器绕组联结组表示法：

1）三相变压器或三只单相变压器的同一电压等级的相绕组连接成星形、三角形、曲折形时，对于高压绕组则分别用 Y、D、Z 表示；对于中、低压绕组则分别用小写字母 y、d、z 表示，而不是用 Y、△等表示。如果是星形或曲折形联结时，中性点是引出的，则分别用 YN 或 ZN、yn 或 zn 表示，而不再使用 Y_0 等表示法。各类型变压器均按高、（中）、低压绕组的顺序书写，它们之间用逗号隔开。

2）在两个绕组具有公共部分的自耦变压器中，额定电压较低的一个绕组用字母 a 表示，并写在有自耦关系的较高电压绕组之后，如 I，a_0，I_0。

3）对于单相变压器的绕组，则用 I 表示，如 I，I_0。

4）带星形—三角形变换联结或防裂绕组的变压器，在两个联结代号或防裂绕组代号之间用"–"符号隔开。如 Y–D，d11–0。

5）绕组之间的电压相位移，以高压绕组的电压矢量作为原始位置，用时钟的时序数来表示。常见的 12 点钟相位移用 0 表示，11 点钟相位移用 11 表示，分别在中、低压绕组代号之后。

（8）调压范围。

变压器接在电网上运行时，变压器二次侧电压将由于种种原因发生变化影响用电设备的正常运行，因此变压器应具备一定的调压能力。根据变压器的工作原理，当高、低压绕组的匝数比变化时，变压器二次侧电压也随之变动，采用改变变压器匝数比即可达到调压的目的。变压器调压方式通常分为无励磁调压和有载调压两种方式。二次侧不带负载、一次侧又与电网断开时的调压为无励磁调压；在二次侧带负载下的调压为有载调压。

（9）空载电流。

当变压器二次绕组开路，一次绕组施加额定频率的额定电压时，一次绕组中所流过的电流称为空载电流，变压器空载合闸时有较大的冲击电流。

（10）阻抗电压和短路损耗。

当变压器二次侧短路，一次侧施加电压使其电流达到额定值，此时所施加的电压称为阻抗电压 U_Z，变压器从电源吸取的功率即为短路损耗，以阻抗电压与额定电压 U_N 之比的百分数表示，即：

$$P_K = \frac{U_Z}{U_N} \times 100\% \qquad （3-3）$$

式中　U_Z——阻抗电压；

　　　　U_N——额定电压。

（11）电压调整率。

变压器负载运行时，由于变压器内部的阻抗压降，二次电压将随负载电流和负载功率因数的改变而改变。电压调整率即说明变压器二次电压变化的程度不大，为衡量变压器供电质量的数据，其定义为在给定负载功率因数下（一般取 0.8）二次空载电压和二次负载电压之差与二次额定电压的比：

$$\Delta U\% = \frac{U_{2N} - U_2}{U_{2N}} \times 100\% \qquad (3-4)$$

式中 U_{2N}——二次额定电压，即二次空载电压；

U_2——二次负载电压。

电压调整率是衡量变压器供电质量好坏的数据。

（12）效率。

变压器的效率为输出的有功功率与输入的有功功率之比的百分数。通常中小型变压器的效率约为 95% 以上。

二、断路器

1. 断路器的作用

断路器是变电站的重要设备之一，它不仅可以切断或闭合电路中的空载电流和负荷电流，而且当系统发生故障时通过继电器保护装置的作用，切断过负荷电流和短路电流，具有相当完善的灭弧结构和足够的断流能力。

断路器是电力系统中最重要的控制和保护设备，具有两方面的作用：① 控制作用，即根据电网运行要求，将一部分电气设备及线路投入或退出运行状态、转为备用或检修状态；② 保护作用，即在电气设备或线路发生故障时，通过继电保护装置及自动装置使断路器动作，将故障部分从电网中迅速切除，防止事故扩大，保证电网的无故障部分正常运行。断路器与重合闸装置配合能多次关合和断开故障设备，以保证在电网瞬时故障及时切除故障和恢复供电，提高电力系统的供电可靠性。

2. 断路器的型号及分类

（1）断路器的型号及含义。

断路器的型号主要由 6 个单元组成，具体含义如图 3-6 所示。

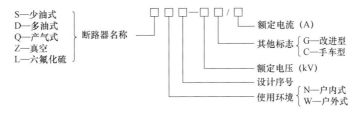

图 3-6　断路器的型号及含义

例如：ZN4-10/600 型断路器，表示该断路器为室内式真空断路器，设计序号为 4，额定电压为 10kV，定额电流为 600A。

（2）断路器的分类。

断路器的种类繁杂，按断路器的安装地点可分为户内式和户外式两种；按断路器灭弧原理或灭弧介质可分为油断路器、真空断路器、六氟化硫（SF_6）断路器等。

1）油断路器。

采用绝缘油作为灭弧介质的断路器，称为油断路器。它又可分为多油断路器和少油断路器。多油断路器中的绝缘油除作灭弧介质使用外，还作为触头断开后触头之间的主绝缘以及带电部分与接地外壳之间的主绝缘使用，多油断路器具有用油量多、金属耗材量大、易发生火灾或爆炸、体积较大、加工工艺要求不高、耐用、价格较低等特点。目前在电力系统中除35kV 等个别型号的户外式多油断路器仍有使用外，其余多油断路器已停止生产和使用。

少油断路器中的绝缘油主要作为灭弧介质使用，而带电部分与地之间的绝缘主要采用绝缘子或其他有机绝缘材料，这类断路器因用油量少，故称为少油断路器。少油断路器具有耗材少、价格低等优点，但需要定期检修，有引起火灾与爆炸的危险。少油断路器目前虽有使用，但已逐渐被真空断路器和 SF_6 断路器等替代。

2）真空断路器。

真空断路器以真空作为灭弧和绝缘介质。所谓的真空是相对而言的，是指气体压力在 133.322×10^{-4} Pa 以下的空间。由于真空中几乎没有什么气体分子可供游离导电，且弧隙中少量导电粒子很容易向周围真空扩散，所以真空的绝缘强度比变压器油及 3 个标准大气压下的六氟化硫（SF_6）或空气等绝缘强度高得多。一般应用于 35kV 及以下配电网系统中。

真空断路器的性能特点如下：

a. 开断能力强，可达 50kA；开断后断口间介质恢复速度快，介质不需要更换。

b. 触头开距小，10kV 级真空断路器的触头开距只有 10mm 左右，所需的操作功率小，动作快，操动机构可以简化，寿命延长，一般可达 20 年左右不需检修。

c. 熄弧时间短，弧压低，电弧能量小，触头损耗小，开断次数多。

d. 动导杆的惯性小，适用于频繁操作。

e. 开关操作时，动作噪声小。

f. 灭弧介质或绝缘介质不用油，没有火灾和爆炸的危险。

g. 触头部分为完全密封结构，不会因潮气、灰尘、有害气体等影响而降低其性能。工作可靠，通断性能稳定。灭弧室作为独立的元件，安装调试简单方便。

h. 在真空断路器的使用年限内，触头部分不需要维修、检查，即使维修检查，所需时间也很短。

i. 在密封的容器中熄弧，电弧和炽热气体不外露。

j. 具有多次重合闸功能，适合配电网中应用要求。

3）六氟化硫（SF_6）断路器。

六氟化硫断路器是利用 SF_6 气体为绝缘介质和灭弧介质的无油化开关设备，其绝缘性能和灭弧特性都大大高于油断路器，由于 SF_6 气体会产生毒性，且对 SF_6 气体的应用、管理、运行都有较高要求，主要应用于 110kV 以上的电压等级。

SF_6 断路器的性能特点如下：

a. 阻塞效应。能够充分发挥气流的吹弧效果，灭弧室体积小、结构简单、开断电流大、燃弧时间短，开断电容或电感电流无重燃或无复燃，过电压低。

b. 电气寿命长。50kA 满容量连续开断可达 19 次，累计开断电流可达 4200kA，检修周期长，适于频繁操作。

c. 绝缘水平高。六氟化硫断路器是使用六氟化硫气体作为绝缘介质，这种气体的绝缘水平极高，在 0.3MPa 气压下，能轻松通过各种绝缘实验，并有较大的裕度。

d. 密封性能好。六氟化硫气体含水量低；灭弧室是独立气隔，现场安装时不用打开，安装好后用自动接头连通；安装检修方便，并可防止脏物和水分进入断路器内部。

e. 自我保护。液压机构内的信号缸可实现对断路器的自我保护：有密度继电器监视六氟化硫气体泄漏；有压力开关和安全阀监视液压机构压力，保护液压系统安全。液压机构采用了可防止"失压慢分"的阀系统，本体上可进行机构闭锁，保证运行安全。控制回路中采用了两套分闸电磁铁和防跳保护，保证操作准确无误。

f. 操作功率小。机构工作缸与灭弧动触头的传动比为 1:1，机构特性稳定。机构特性稳定性可达 3000 次，机构寿命研究试验做到 10 000 次，操作噪声小于 90dB。

3. 断路器的主要技术参数

（1）额定电压。

额定电压是指高压断路器正常工作时所能承受的电压等级，决定了断路器的绝缘水平，额定电压（U_N）是指其线电压。常用的断路器的额定电压等级为 6、10、20、35、66、110、220kV 等。

（2）额定电流。

额定电流是在规定的环境温度下，断路器长期允许通过的最大工作电流（有效值），断路器规定的环境温度为 40℃，常用断路器的额定电流为 200、400、630、1000、1250、1600、2000、3150A 等。

（3）额定开断电流。

额定开断电流是指在额定电压下断路器能够可靠开断的最大短路电流值，是表明断路器灭弧能力的技术参数。

（4）关合电流。

在断路器合闸前，如果线路上存在短路故障，则在断路器合闸时将有短路电流通过触头，并会产生巨大的电动力与热量，因此可能造成触头的机械损伤或熔焊。

关合电流是指保证断路器能可靠关合而又不会发生触头熔焊或其他损伤时，断路器所允许接通的最大短路电流。

三、隔离开关

1. 隔离开关的作用

隔离开关俗称隔离刀闸，是变电站、输配电线路中与断路器配合使用的一种重要设备，只起隔离电压的作用，不具有专门的灭弧装置，不能用于开断正常运行时的负荷电流和电网故障时的短路电流，可在等电位条件下倒闸操作、接通或断开小电流电路，隔离开关的主要作用有：

（1）在进行倒闸操作时，主要配合断路器改变变电站运行接线方式，如双母线隔离开关的切换，在不停电的情况下利用等电位无电流通过的原理，实现隔离开关并列切换。

（2）在电气设备停电检修时，用隔离开关将需停电检修的设备与电源隔离，形成明显可见的断开点，以保证工作人员和设备的安全。

（3）对于带有接地开关的隔离开关，当合上待检修设备两侧接地隔离开关时等同于设备两侧挂地线，此时方可对设备进行检修操作。

2. 隔离开关的分类及型号

（1）隔离开关的分类。

1）按支持绝缘子的数量和导电活动臂的开启方式分为单柱垂直伸缩式（剪刀式）、双柱水平旋转式、双柱水平旋转伸缩式和三柱水平旋转式等。

2）按安装位置一般分为室内隔离开关和室外隔离开关。

3）按用途可分为一般用、快分用和变压器中性点接地用等。

4）按组合方式一般分为高压隔离开关和带接地开关的高压隔离开关。

5）按设备主接线的位置分为母线隔离开关（母线侧接地开关、开关侧接地开关）和线路隔离开关（线路侧接地开关、开关侧接地开关）。

有些高压隔离开关带接地开关，接地开关应与隔离开关互为闭锁，确保只有在隔离开关拉开的情况下才能合上接地开关，在接地开关拉开的情况下才能合上隔离开关。在停电设备检修时，合上接地开关相当于地线保护，可不另行装设地线。

（2）隔离开关的型号及含义。

隔离开关型号主要由6个单元组成，具体含义如图3-7所示。

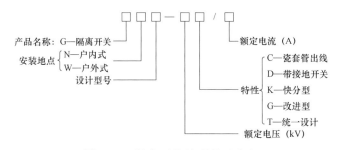

图3-7　隔离开关的型号及含义

例如，GN19-10C/400表示隔离开关，户内式，设计序号为19，工作电压为10kV，瓷套管出线，额定电流为400A。

3. 户内式隔离开关

常用的户内式隔离开关还有GN10-10系列、GN19-10系列、GN22-10系列、GN24-10系列和GN2-35系列、GN19-35系列等，它们的基本结构大致相同，区别在于额定电流、外形尺寸、布置方式和操动机构等。

GN2-10系列隔离开关为10kV户内式隔离开关，额定电流为400～3000A，其结构如图3-8所示。

4. 户外式隔离开关

（1）GW4-35系列隔离开关。

GW4-35系列隔离开关为35kV户外式隔离开关，额定电流为630～2000A。GW4-35系列隔离开关的结构如图3-9所示，为双柱式结构，一般制成单极形式，可借助连杆组成三级联动的隔离开关，但也可单极使用。

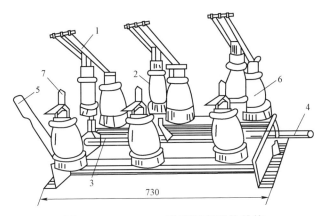

图 3 – 8　GN2 – 10 系列隔离开关结构

1—动触头；2—拉杆绝缘子；3—拉杆；4—转动轴；

5—转动杠杆；6—支柱绝缘子；7—静触头

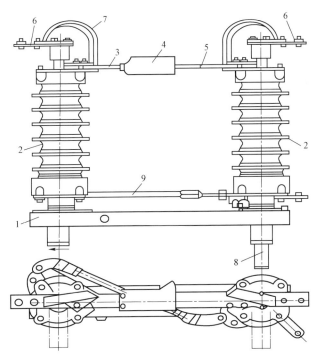

图 3 – 9　GW4 – 35 系列隔离开关（一相）结构

1—底座；2—支柱绝缘子；3—左隔离开关；4—触点防护罩；5—右隔离开关；

6—接线端；7—软连线；8—轴；9—交叉连杆

（2）GW5 – 35 系列隔离开关。

　　GW5 – 35 系列隔离开关为 35kV 户外式隔离开关，额定电流为 630～2000A。GW5 – 35 系列隔离开关（一相）为双柱式 V 形结构（如图 3 – 10 所示），制成单极形式，借助连杆组成三极联动隔离开关。

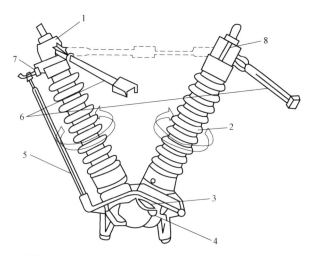

图 3－10　GW5－35 系列隔离开关（一相）结构

1—出线座；2—支柱绝缘子；3—轴承座；4—伞齿轮；5—接地开关；

6—主隔离开关；7—接地静触头；8—导电带

四、电流互感器

1. 电流互感器的作用

电流互感器的工作原理与变压器完全相同，主要结构也是由一次绕组、二次绕组和铁芯组成。其作用是将电网中高压大电流变换传递为低压小电流信号，从而为系统的计量、监控、继电保护、自动装置等提供统一、规范的电流信号（传统为模拟量，现为数字量）的装置；同时满足电气隔离，确保人身和电器安全的重要设备。其主要作用如下：

（1）向测量、保护和控制装置传递信息。

（2）使测量、保护和控制装置与高电压隔离。

（3）有利于仪器、仪表和保护、控制装置小型化、标准化。

2. 电流互感器的型号及分类

（1）电流互感器的型号及含义。

电流互感器铭牌上的型号是认识电流互感器的基础，通常型号能够表示出电流互感器的绕组型式、绝缘种类、导体材料及使用场所等，具体含义如图 3－11 所示。

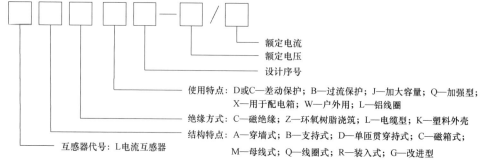

图 3－11　电流互感器的型号及含义

（2）电流互感器的分类。

1）按安装地点分为户内式和户外式。

2）按安装方式分为穿墙式、支持式和装入式。穿墙式安装在墙壁或金属结构中，可节省穿墙套管；支持式安装在平面或支柱上；装入式套装在 35kV 及以上变压器或多油断路器油箱内的套管，故也称套管式。

3）按绝缘可分为干式、浇注式、油浸式和气体绝缘式。干式的适合低压户内使用；浇注式用环氧树脂作绝缘，适合 35kV 及以下电压级户内用；油浸式多用于户外；气体绝缘式通常用 SF_6 作绝缘，适用于高电压等级。

4）按一次绕组匝数可分为单匝式和多匝式。单匝式分为贯穿型和母线型两种。

3. 电流互感器的技术参数

（1）额定电压。指一次绕组主绝缘能长期承受的工作电压等级，主要有 0.22、0.38、6、10、35、66、110、220kV 等。

（2）额定电流比。指额定一次电流与额定二次电流之比。额定一次电流是指一次绕组按长期发热条件允许通过的工作电流，而二次额定电流是标准化的二次电流，一般为 5A 或 1A。如某一电流互感器的变比为 100/5，表示一次额定电流为 100A 时二次电流为 5A。当一次绕组分段时，通过分段间的串、并联得到几种电流比时，则表示为一次绕组段数×每段的额定电流/额定二次电流（A），例如 2×100/5A。当二次绕组具有抽头，借以得到几种电流比时，则分别标出每一对二次出线端子及其对应的电流比。电流互感器一次额定电流标准值有 10、12.5、15、20、25、30、40、50、60、75A 以及它们的十进位倍数或小数。

（3）额定二次负载。当二次绕组通过额定电流时，与规定的准确度等级相对应的负载阻抗限额值。

（4）额定短时热电流。即电流互感器的热稳定电流，是电流互感器在 1s 内所能承受面无损伤的一次电流有效值，这时其二次绕组是短路的。

（5）额定动稳定电流。动稳定电流为峰值电流，电流互感器的额定动稳定电流通常为额定短时热电流的 2.5 倍。

（6）额定功率和相应的准确级。电流互感器的额定输出功率很小，标准值有 5、10、15、20、30、40、50、60、80、100VA。电流互感器的准确级根据其变化误差命名，误差又与一次电流、二次负载等使用条件有关，电流互感器的用途不同，对准确级的要求也不同。根据其用途不同，可以分为两大类。

1）测量用电流互感器的准确级。测量用电流互感器的标准准确级有 0.1、0.2(S)、0.5(S)、1、3、5 共 6 级。每一电流互感器有一最高准确级，对应于此准确级有一额定输出功率，当负载功率超过此额定值时，误差超过规定值，电流互感器的准确级就降低，则又有一较大的相应的额定功率，即每一电流互感器随着输出功率不同可以有不同的准确级，电流互感器在铭牌中将最高准确级标在相应的额定输出功率之后，例如 15VA 0.5 级。有时在其后还标有 FS5 或 FS10，FS 表示仪表的保安系数，表示在故障情况下，二次电流能达到的额定值的最大倍数，其数值取 5 或者 10。FS 值越小，对由该互感器供电的仪表越安全。

2）保护用电流互感器的准确级。接有保护用电流互感器的电流发生过负荷或短路时，要求互感器能将过负荷或短路电流的信息传给继电保护装置，由于互感器铁芯的非线性特性、使这时的励磁电流和二次电流中出现较大的高次谐波，故保护用电流互感器的准确级不是以电流误差命名，而是以复合误差的最大允许百分值命名，其后再标以字母 P（表示保护）。复合误差包括比值误差和相位差，它是在稳态时一次电流瞬时值对折算后的二次电流瞬时值的差值的有效值，并用一次电流有效值的百分数表示。

保护用电流互感器的标准准确级有 5P 和 10P 两大类。和测量用电流互感器每一准确级有相应的额定功率一样，5P 和 10P 也有相应的额定输出功率。在额定负载的条件下能使电流互感器的复合误差达到 5%或 10%的一次电流，称为额定准确限值一次电流。它与额定一次电流的比值，称为准确限值数，准确级和准确限值系数都要标在额定输出功率之后，例如 15VA5P10，保护用电流互感器的误差限值见表 3-3。

表 3-3 保护用电流互感的误差限值

准确级	电流误差±（%）（在额定一次电流时）	相位差（在额定一次电流时）		复合误差（在额定准确限值一次电流时）
		±（′）	±crad	
5P	1	60	1.8	5
10P	3	—	—	10

4. 电流互感器的接线

电流互感器是单相电器，其一次绕组串接在被测电路中，它的接线主要是指二次侧的接线。电流互感器的接线首先要注意其极性，极性接错时，功率和电能表将不能正确测量，这些保护装置也会误动作。电流互感器常用的几种接线方式如图 3-12 所示。

图 3-12（a）为单相接线，只能测量一相电流，一般用于负载平衡的三相电力系统中的一相电流的测量。

图 3-12（b）为不完全星形接线，两台电流互感器分别接于 U、W 两相，在 35kV 及以下三相三线小电流接地系统中测量三相功率或电能时，这种接线用得最多。这种接线除了能测 U、W 两相电流外，还可在公共导线上测得 V 相的电流，因为在电流二次回路中 I_U、I_V、I_W 三相电流相位相差 $120°$，而幅值相等，所以三相电流相量和为零，而据相量图可知 $i_u + i_w = -i_v$。所以两台电流互感器同样可反映出中性点不接地系统（满足 $i_u + i_v + i_w = 0$）的三相电流。

图 3-12（c）为完全星形接线，三相各装一台电流互感器，其二次侧为星形联结，可测量三相三线或三相四线制中各相的电流，中性线中的电流为零序电流，这种接线在继电保护中用得很多。

图 3-12（d）为 U、W 两相电流差接线方式，此时流过负载的电流为电流互感器二次电流的 $\sqrt{3}$ 倍，相位则超前 W 相位 $30°$，或滞后 U 相 $30°$，视负载二次回路的正方向而定。

图 3-12（e）为三角形接线，也是三相电流差接线。此时流至负载的三相电流为电流互感器二次电流的 $\sqrt{3}$ 倍，相位则相应超前 $30°$，也可改变三角形串联顺序使负载二次电流滞后于互感器电流 $30°$。该接线常用于变压器高压侧的差动保护回路，以补偿该侧的电流相位。

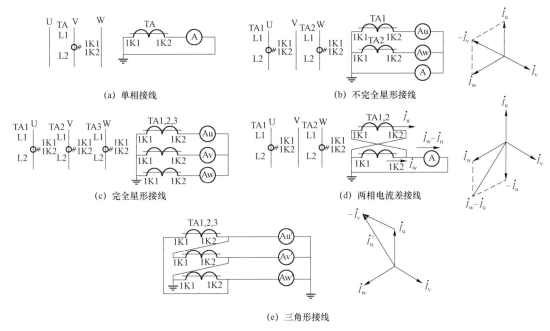

(a) 单相接线　　　　　　　　　　　　　(b) 不完全星形接线

(c) 完全星形接线　　　　　　　　　　　(d) 两相电流差接线

(e) 三角形接线

图 3-12　电流互感器的接线方式

五、电压互感器

1. 电压互感器的作用

电力系统用电压互感器是将电网高电压的信息传递到低电压二次侧的计量、测量仪表以及继电保护、自动装置的一种特殊变压器，是一次系统和二次系统的联络元件。电压互感器与测量仪表和计量装置配合，可以测量一次系统的电压、电能；与继电保护和自动装置配合，可以构成对电网各种故障的电气保护和自动控制。电压互感器性能的好坏，直接影响到电力系统测量、计量的准确性和继电保护装置动作的可靠性。

电压互感器的主要作用有：

（1）将一次系统的电压、电流信息准确地传递到二次侧相关设备。

（2）将一次系统的高电压变换为二次侧的低电压（标准值 100、$100/\sqrt{3}\ \mathrm{V}$），使测量、计量仪表标准化、小型化，并降低了对二次设备的绝缘要求。

（3）将二次设备以及二次系统与一次系统高压设备在电气方面很好地隔离，从而保证了二次设备和人身的安全。

2. 电压互感器的型号及分类

电压互感器型号含义如图 3-13 所示。

电压互感器按不同方式分类如下：

（1）按绝缘介质。

1）干式电压互感器。由普通绝缘材料浸渍绝缘漆作为绝缘，多用在 500V 及以下低电压等级。

2）浇注绝缘电压互感器。由环氧树脂或者其

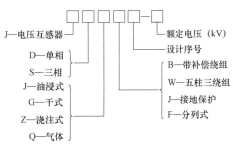

图 3-13　电压互感器型号含义

他树脂绝缘材料浇注成型，多用在 35kV 及以下电压等级。

3）油浸式电压互感器。由绝缘纸和绝缘油作为绝缘，是我国最为常见的电压互感器结构型式，常用于 220kV 及以下电压等级。

4）气体绝缘电压互感器。由 SF_6 气体作为主绝缘，多用在较高电压等级。

（2）按相数。

1）单相电压互感器。35kV 及以上电压等级一般采用单相式。

2）三相式电压互感器。35kV 及以下电压等级一般采用三相式。

（3）按电压变换原理。

1）电磁式电压互感器。根据电磁感应原理变换电压，我国多在 220kV 及以下电压等级采用。

2）电容式电压互感器。通过电容分压原理变换电压，目前我国 110～500kV 电压等级均有采用。330～500kV 电压等级只生产电容式电压互感器。

3）光电式电压互感器。通过光电变换原理实现电压变换。

3. 电压互感器的技术参数

电压互感器的主要参数见表 3-4。

表 3-4　　　　　　　　　　　　　　电压互感器主要参数

主要参数	含义
额定容量（VA）	二次额定电压，带额定负荷时所消耗的视在功率
额定一次电压（kV）	互感器性能基准的一次电压值
额定二次电压（V）	互感器性能基准的二次电压值
额定变比	额定一次电压与额定二次电压之比
准确度等级	表示互感器本身误差的等级

（1）额定电压。

一次额定电压是指使电压互感器的误差不超过允许限值的最佳一次工作电压等级，并与相应的电网额定电压等级一致，即 6、10、35、110kV 等，对于高压侧采用星形接线的单相电压互感器，还应除以 $\sqrt{3}$。

额定二次电压按互感器使用场合的实际情况选择。接到单相系统或三相系统线间的标准值为 100V。三相系统中相与地之间的单相电压互感器，当一次电压为某一数值除以 $\sqrt{3}$ 时，额定电压选择 $100/\sqrt{3}$。

（2）额定输出功率及相应准确级。

电压互感器的准确级也以在规定使用条件下的最大电压误差（比差值）的百分值命名。规定使用条件对供测量用的电压互感器和对保护用的电压互感器是不同的，这两种互感器的准确级也不同。每一个电压互感器有一个它的最高准确级，与此对应有一额定负载。由于电压互感器的误差受其负载的影响，当负载超出额定负载时，误差加大，准确级降低。与低一级的准确级对应的又有一额定负载。电压互感器从最高准确级起，每一准确级都有相应的额定负载，也叫额定输出。电压互感器的负载常以视在功率的伏安值来表示。准确级标在相应的输出之后，例如某保护用互感器的准确级为 3P，相应的额定负载为 100VA，则标为 100VA3P。

电压互感器额定输出功率（容量）的标准值为 10、15、25、30、50、75、100、150、200、250、300、400、500、1000VA。

电压互感器具有剩余电压绕组时，该绕组也有准确级和相应的额定功率。用于中性点有效接地系统的互感器，剩余电压绕组的标准准确级为 3P 或 6P；用于中性点非有效接地系统的为 6P，当二次绕组和剩余电压绕组所带负载都在各自的 0.25～10 倍额定负载时，彼此对对方的准确级都没有影响。

（3）额定电压因数及其相应的额定时间。

互感器在一次电压升高时，励磁电流增大，铁芯趋于饱和，铁芯损耗增加，同时绕组铜损也增加、这使得发热加剧，温度上升。时间越长，温度越大。电压高到一定程度，或时间长到一定程度，温度可能达到不能容许的数值。互感器在规定时间内仍能满足热性能和准确级要求的最高一次电压与额定一次电压的比值，就称为额定电压因数。它有其对应的额定时间，同时互感器一次绕组接法和系统的接地方式也有关系。对于所有一次绕组的接法和系统接地方式以及任意长的时间，电压互感器的额定电压因数都为 1.2，即使电压互感器能在 1.2 倍额定电压下长期工作。此外，还有其他的电压因数值和额定时间值。

4. 电压互感器的接线

电压互感器的接线方式应根据负载的需要来确定，其二次侧主要用于向测量、保护、同期等二次回路提供所需的二次电压。由于所供二次回路对其功能的具体要求不同，电压互感器主要有以下几种接线方式，如图 3-14 所示。

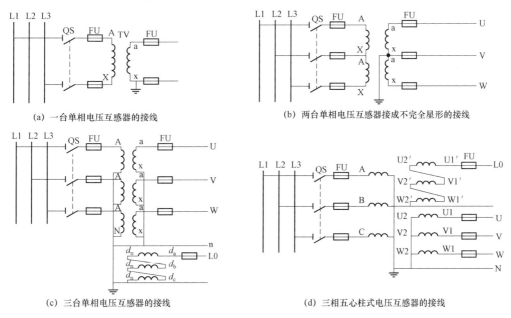

(a) 一台单相电压互感器的接线

(b) 两台单相电压互感器接成不完全星形的接线

(c) 三台单相电压互感器的接线

(d) 三相五心柱式电压互感器的接线

图 3-14 电压互感器的接线方式

图 3-14（a）是一台单相电压互感器的接线，一次绕组接于线电压，二次绕组可接入电压表、频率表及电压继电器及阻抗继电器适用于中性点不接地系统的小电流接地系统，主要用于 3～35kV 系统中简单的场合。

图 3-14（b）是两台单相电压互感器接成不完全星形的接线，简称 Vv 接线，三相三线

制系统测量功率或电能时多用这种接线，也可接入需要线电压的其他仪表与继电器，当负载为计费电能表时，所用的电压互感器为 0.5 级或 0.2 级。

图 3－14（c）是三个单相电压互感器的接线，一、二次绕组都接成星形，中性点接地，剩余电压绕组接成开口三角形。这种互感器因为接在相电压上，故额定一次电压为该级系统额定电压的 $1/\sqrt{3}$。互感器供给仪表等负载的电压在额定情况下是标准电压 100V，故二次绕组的额定电压为 $100/\sqrt{3}$。

剩余电压绕组的额定电压与系统接地方式有关，在中性点有效接地系统，当发生单相金属接地短路时，在短路处，短路对地电压为零。非故障相对地电压不变，三相剩余电压绕组的电压中，也是一相电压为零，另两相电压不变。图 3－15 为剩余电压绕组在系统正常运行与单相故障时的电压相量图。

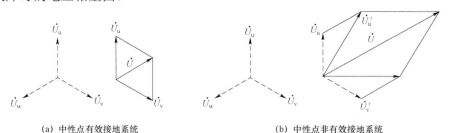

(a) 中性点有效接地系统　　　　　　　　　(b) 中性点非有效接地系统

图 3－15　剩余电压绕组在系统正常运行与单相故障时的电压相量图

注：虚线是系统正常运行时剩余电压绕组中的电压；实线是系统 w 相发生短路或完全接地时的电压。

35kV 及以上接于母线的电压互感器，多是用三台单相互感器连接。在 6～10kV 系统中，除了可用三台单相互感器连接成图 3－14（c）的接线外，三相五柱式电压互感器的内部接线也是星形、开口三角形，如图 3－14（b）所示。图 3－16 是三相五柱式电压互感器的结构原理图，边上的两个铁芯柱是零序磁通的通路。当系统发生单相接地时，零序磁通 Φ_{A0}、Φ_{B0}、Φ_{C0} 有了通路，磁阻小，磁通增多，则互感器的零序阻抗大，零序电流小，发热不严重，不会危害互感器，作为三相电源，从接线图 3－14（d）可以看出，其一次额定电压为系统的额定电压，二次额定电压为 100V，开口三角形在正常时电压为零；当一次侧单相金属性接地时，开口三角形处电压为标准电压 100V，即剩余电压绕组的额定相电压为 100/3V。

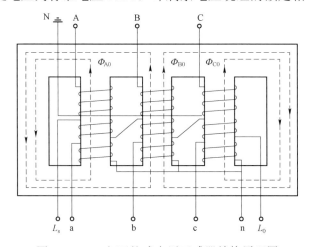

图 3－16　三相五柱式电压互感器结构原理图

电压互感器在接于电网时，除低压的可只经熔断器外，高压电压互感器都经隔离开关和熔断器接入电网，在 110kV 以上的则只以隔离开关接入。电压互感器一次侧装熔断器的作用是当电压互感器本身或引线上发生故障时，自动切除故障。但高压侧的熔断器不能作二次侧过负荷的保护、因为熔断器熔体是根据机械强度选择的，其额定电流比电压互感器额定电流要大很多、二次侧过负荷时可能熔断不了。所以为了防止电压互感器二次侧过负荷或短路引起的持续过电流，在电压互感器的二次侧应装设低压熔断器。

电压互感器二次绕组也必须接地，其原因和电流互感器相同，是为了防止当一次绕组和二次绕组之间的绝缘损坏时，危及二次设备及工作人员的安全。在变电站中，电压互感器二次侧一般是中性点接地。

在电压互感器的接线图上有了线端子标记，单相电压互感器的一次绕组为 A、X 或 A、N，N 表示接地端，相应的二次绕组的出线端标记为 a、x 和 a、n，剩余电压绕组出线端为 da、dn 或 L_S、L_0，三相电压互感器的端子标记为一次绕组 A、B、C、N，二次绕组标为 a、b、c、n 或 u、v、w、n。

六、电力电容器

1. 电容器的用途、型号与结构

（1）电力电容器的用途与型号。

为了提高系统的经济性，减少输配电线路中往复传输无功所产生的各种损耗，改善功率因数，有效地调整网络电压，维持负荷点的电压水平，提高供电质量及发电机的利用率，并根据无功分区平衡的原则，需要在负荷中心区域装设一定容量的无功电源，以减少电源的无功的输入。

电网中装设电力电容器的优点是损耗小、效率高、投资低、噪声小、使用方便，装设地点亦较灵活，运行中维护量小，因而在电力系统中，采用并联电力电容器来补偿无功功率已得到十分广泛的应用，实际应用中变电站主要的无功电源以采用电力电容器为主。作为静止无功补偿设备的电力电容器，可以向系统提供无功功率，提高功率因数，采用就地无功补偿，可以减少输电线路输送电流，起到减少线路能量损耗和压降、改善电能质量和提高设备利用率的重要作用。

电力电容器又可以分为串联电容器和并联电容器，它们都具备改善电力系统的电压质量和提高输电线路的输电能力，是电力系统的重要部分。

电力电容器的型号及含义如图 3-17 所示。

（2）电力电容器的结构。

电力电容器的结构如图 3-18 所示，电力电容器主要由出线瓷套管、电容元件组和外壳等组成。外壳用薄钢板密封焊接而成，出线瓷套管焊在外壳上。接线端子从出线瓷套管中引出。外壳内的电容元件组（又称芯子）由若干个电容元件连接而成。电容元件是用电容器纸、膜纸复合或纯薄膜作介质，用铝铂作极板卷制而成的。为适应各种电压等级电容器耐压的要求，电容元件可接成串联或并联。单台三相电容器的电容元件组在外壳内部接成三角形。在电压为 10kV 及以下的电力电容器内，每个电容元件上都串有一个熔丝，作为电容器的内部短路保护。有些电容器设有放电电阻，当电容器与电网断开后，能够通过放电电阻放电，一般情况下 10min 后电容器残压可降至 75V 以下。

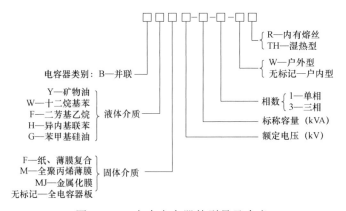

图 3-17　电力电容器的型号及含义

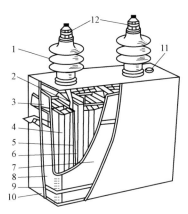

图 3-18　电力电容器的结构

1—出现瓷套管；2—出现连接片；3—连接片；4—电容器元件；5—出现连接片固定板；
6—组间绝缘；7—包封件；8—夹板；9—紧箍；10—外壳；11—封口盖；12—接线端子

2. 电容器的接线

三相电容器内部为三角形接线。单相电容器应根据其额定电压和线路的额定电压确定接线方式。电容器额定电压与线路线电压相符时采用三角形接线。电容器额定电压与线路相电压相符时采用星形接线。

为了取得良好的补偿效果，应将电容器分成若干组分别接向电容器母线。每组电容器应能分别控制、保护和放电。电容器的三种基本接线方式为低压集中补偿、低压分散补偿和高压补偿，如图 3-19 所示。

七、电抗器

1. 电抗器的用途

电抗器在电力系统中是用作限流、稳流、无功补偿、移相等用途的一种电感元件。电抗器的接线又分为串联和并联两种方式，串联电抗器主要用于限制短路电流，而并联电抗器主要用于补偿输电线路的容性无功，提高功率因数，抑制工频过电压，根据其连接位置，可分为母线并联高压电抗器和线路并联高压电抗器。母线并联高压电抗器主要用来限制短路电流，维持母线电压；线路高压电抗器主要用以吸收电网过剩的无功功率。

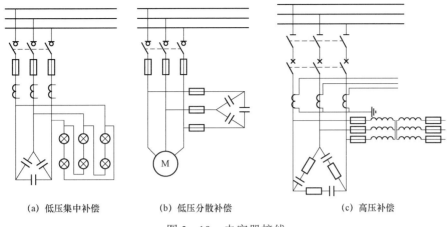

|(a) 低压集中补偿|(b) 低压分散补偿|(c) 高压补偿|

图 3-19　电容器接线

2. 电抗器的结构形式

电抗器按有无铁芯分为空心电抗器和铁芯电抗器，按绝缘结构分为干式电抗器和油浸式电抗器，其结构形式和特点为：

（1）空心电抗器。其特点为只有绕组，没有铁芯和外壳；具有重量轻、体积小、维护工作量少等优点。

（2）铁芯式电抗器。其特点为绕组是缠绕在一个由铁磁材料制作的铁芯上，其电感值比空心电抗器大很多。

（3）干式电抗器。其特点为绕组敞露在空气中，以纸板、木材、层压绝缘板、水泥等固体绝缘材料为对地绝缘和匝间绝缘。

（4）油浸式电抗器。其特点为绕组装在油箱中，以纸板和变压器油作为对地绝缘和匝间绝缘。

3. 电抗器的主要参数及含义

电抗器主要参数为：

（1）额定电压（kV）：在电抗器一个绕组的端子之间指定施加的电压。

（2）额定容量（kvar）：在额定电压下运行时的无功功率。

（3）额定电流（kA）：由额定容量和额定电压下，电抗器通过的线电流。

（4）额定阻抗（Ω）：额定电压时的电抗。

八、接地变压器

1. 接地变压器的作用

接地变压器的作用是为中性点不接地的系统提供一个人为的中性点，便于采用消弧线圈或小电阻的接地方式，以减小配电网发生接地短路故障时的对地电容电流大小，提高配电系统的供电可靠性。同时，为节省投资和变电站空间，通常在接地变压器上增加第三绕组，替代所用变压器，为变电站所用设备供电。

2. 接地变压器的工作原理

以常用的 ZNyn 接线说明，如图 3-20 所示，接地变压器在运行过程中，当通过一定大小的零序电流时，流过同一铁芯柱上的 2 个单相绕组的电流方向相反且大小相等，使得零序电流产生

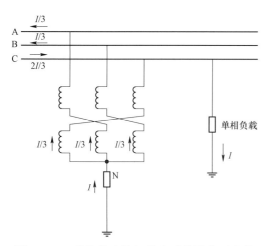

图 3 – 20　系统发生单相故障时接地变压器的
工作原理图

的磁势正好相反抵消，从而使零序阻抗也很小。使得接地变压器在发生故障时，中性点可以流过补偿电流。由于有很小的零序阻抗，当零序电流通过时，产生的阻抗压降要尽可能的小，以保证系统的安全。

由于接地变压器具有零序阻抗低的特点，当某相发生单相接地故障时，该相的对地电流 I 经大地流入中性点，并且被等分为三份流入接地变压器，由于流入接地变压器的三相电流相等，所以中性点 N 的位移不变，三相线电压仍然保持对称。但在制造过程中高压绕组的上下包的匝数和几何尺寸不可能完全相等，使得零序电流产生的磁势不可能正好相反抵消，还是产生了一定的零序阻抗，通常在 6～10Ω，相对于星形接线的变压器的零序

阻抗 600Ω而言，其优势不言而喻。

此外，ZNyn 接线接地变压器还可以使空载电流和空载损耗尽可能小。同普通星形接线变压器比较，由于曲折接线变压器的每相铁芯是由 2 个铁芯柱的绕组组成，结合其向量图可知，与普通星形接线变压器比较，当电压相同时要多绕 1.16 倍。中性点电阻接地方式下城市配电网在单相接地时，零序阻抗和正序阻抗的幅值相差很大。三相正、负序电流流过时，接地变压器的每一铁芯柱上的磁势是该铁芯柱上分属不同相的两绕组磁势的相量和。三个铁芯柱上的磁势是一组三相平衡量，相位差120°，产生的磁通可在三个铁芯柱上互相形成回路，磁路磁阻小，磁通量大，感应电势大，呈现很大的正序、负序阻抗；因此，接地变压器具有正、负序阻抗大而零序阻抗小的特点。

3. 接地变压器的分类

根据填充介质，接地变压器可分为油式和干式；根据相数，接地变压器可分为三相接地变压器和单相接地变压器。

（1）三相接地变压器。

三相接地变压器如图 3–21 所示，此类变压器采用 Z 形接线（或称曲折型接线），与普通变压器的区别是，每相绕组分成两组分别反向绕在该相磁柱上，这样连接的好处是零序磁通可沿磁柱流通，而普通变压器的零序磁通是沿着漏磁磁路流通，所以 Z 形接地变压器的零序阻抗很小（10Ω左右），而普通变压器要大得多。按规程规定，用普通变压器带消弧线圈时，其容量不得超过变压器容量的 20%。Z 形变压器则可带 90%　～100%容量的消弧线圈，接地变压器除可带消弧线圈外，也可带二次负载，可代替站用变压器，从而节省投资费用。

（2）单相接地变压器。

单相接地变压器如图 3–22 所示。单相接地变压器主要用于有中性点的发电机、变压器的中性点接地电阻柜，以降低电阻柜的造价和体积。

图 3-21　三相接地变压器　　　　图 3-22　单相接地变压器

4. 接地变压器的接线方式

（1）YNyn 联结。

这种联结方式的变压器一般采用三相三柱式铁芯,高压侧的中性点可以联结消弧线圈等实现接地。但是当单相接地的零序电流流过高压侧绕组时,所产生的零序磁势不能被二次磁势所平衡,同方向的零序磁通又不能在三柱式铁芯内形成回路,从而使得大量的零序磁通只能经过夹件、油和油箱本体而形成闭合回路,从而在油箱及夹件内引起附加损耗,以致形成局部过热,使变压器容量的利用受到限制。

YNyn 联结变压器的中性点联结消弧线圈的工作状态,有以下要求:

1）消弧线圈的容量不得超过变压器额定容量的 20%。

2）流过消弧线圈的零序电流在变压器内所产生的零序压降不得超过额定相电压的 10%。

3）流经消弧线圈的三相总零序电流不大于变压器额定相电流的 60%。

上述规定主要是根据零序磁通所造成的局部过热不致超过变压器绕组热点的最高温度限制而决定的。从上述可知,YNyn 联结的接地变压器容量远未被利用,另外它的零序电抗值也较大。

（2）YNd 联结。

这种联结方式的特点是二次侧的三角形联结可提供零序电流的闭合通路,因而零序电抗较小。另外,由于每个心柱上的一、二次绕组的零序磁势得以平衡,零序漏磁也较小。但是当 YN 联结绕组处于外部时,在油箱等部件内所引起的零序附加损耗仍不能完全避免。当它联结消弧线圈时,其容量的利用仍将受到一定限制。其接线图如图 3-23 所示。

国外的试验研究表明,考虑附加损耗、局部过热、绝缘寿命和绕组热点最高温度的限制等因素后,YNd 联结的接地变压器允许的工作方式为:

1）当平时二次满载时,YN 侧所接消弧线圈的容量不得超过变压器额定容量的 50%。

2）当平时二次的负载仅为变压器容量的 50%,则消弧线圈容量可以等于变压器的额定容量。

尽管这种联结的二次侧可以供电给地区负载或变电站自用电,但由于三角形联结难于同时向动力与照明混合用户供电,它的应用将受到很大限制。

与 YNd 联结相类似的是 YN 开口 d 的联结方式,如图 3-24 所示。在开口三角形一侧可接入电阻器或电抗器以调节变压器的零序电抗,接入电阻器还可以抑制网络的铁磁谐振。如采用三相五柱式铁芯还可使零序阻抗值大为增加,甚至有省去一台消弧线圈的可能,但结构复杂，造价增加。另外，二次采用开口三角形结线不能满足供电给地区负载及自用电的需要，因此这种方式采用不多。

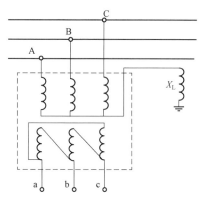

图 3-23　YNd 联结接地变压器

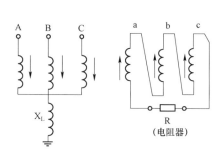

图 3-24　YNd 联结与消弧线圈 X_L 相联

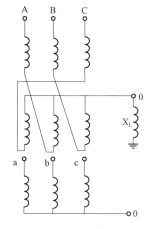

图 3-25　ZNyn 联结接地变压器

（3）ZNyn 联结。

这种联结方式是接地变压器常用联结方式，由于曲折形结法的同一铁芯柱上的上下两半绕组内的零序磁势正好大小相等、方向相反而相互抵消，使得零序漏磁通减到很小，从而使它的零序电抗值很小，它的容量可以与所联结的消弧线圈的容量相等。国内外广泛采用的接地变压器主要是这种联结方式。其接线图如图 3-25 所示。

由于低压侧采用 yn 结法，故可以同时供给地区用电或变电站的自用电。低压侧容量常小于高压侧容量，多数情况下，低压侧容量在 80～200kVA 的范围内。

尽管高压侧的额定容量可以与连接的消弧线圈容量相等，但 Z 形接法将较 Y 形接法多绕 1.15 倍的匝数，所以接地变压器的实际容量应为消弧线圈容量的 1.15 倍。

5. 接地变压器的技术参数

为适应配电网采用消弧线圈接地补偿的需要，同时也能满足变电站站用动力与照明负载的需要，选用 Z 形接线连接的变压器，需要合理设置接地变压器的主要参数。

（1）额定容量。

接地变压器一次侧容量需要与消弧线圈容量相配套。依据现有消弧线圈的容量规格，建议把接地变压器容量设为消弧线圈容量的 1.05～1.15 倍。如 1 台 200kVA 消弧线圈所配用的接地变压器容量为 215kVA。

（2）中性点补偿电流。

单相故障时，流过变压器中性点的总电流为：

$$I=\frac{U}{\sqrt{3(Z_x+Z_d)(3+Z_s)}} \tag{3-5}$$

式中　U——配电网线电压，V；

Z_x——消弧线圈的阻抗，Ω；

Z_d——接地变压器一次零序阻抗，Ω/相；

Z_s——系统阻抗，Ω。

（3）零序阻抗。

零序阻抗是接地变压器的重要参数，对于继电保护限制单相接地短路电流及抑制过电压等都有重要影响。对于无二次绕组的曲折形（Z 形）以及星形/开口三角形联结的接地变压器只有 1 个阻抗，即零序阻抗，这样制造部门能满足电力部门的要求。

（4）损耗。

损耗是接地变压器的一个重要性能参数，对于带有二次绕组的接地变压器，其空载损耗可以做到与同容量的双绕组变压器相同。对于负载损耗，二次侧满载运行时，由于一次侧负荷较轻，其负载损耗小于与二次侧同容量双绕组变压器的负载损耗。

九、中性点设备

1. 消弧线圈

中性点不接地系统具有发生单相接地故障时仍可连续供电的优点，但在单相接地电容电流较大时，存在接地点灭弧重燃及接地电弧过电压的缺点。为克服这些缺点，中性点可加消弧线圈补偿接地电容电流，由此出现了经消弧线圈接地系统。

（1）消弧线圈的补偿原理。

消弧线圈是一种具有气隙铁芯的电抗器，安装在变压器（或发电机）的中性点与大地之间。正常运行时，中性点对地电压不变，消弧线圈中没有电流。当发生单相接地故障时，消弧线圈中可形成一个与接地电流大小接近但方向相反的电感电流 $\dot{I}_L$，这个电流与电容电流 $\dot{I}_C$ 相互补偿，使接地处的电流变得很小或等于零，从而消除了接地处的电弧以及由其产生的一切危害，消弧线圈因此而得名。其补偿原理如图 3–26 所示。

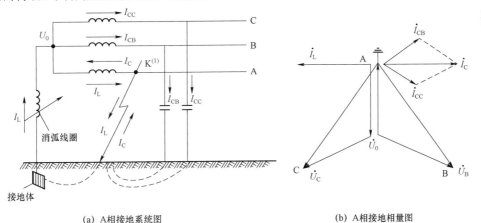

(a) A相接地系统图　　　　　　(b) A相接地相量图

图 3–26　消弧线圈工作原理

当系统发生 A 相接地故障时，中性点的对地电压 $\dot{U}'_N = -\dot{U}'_C$，非故障相对地电压升高到 $\sqrt{3}$ 倍 $\dot{U}'_C$，系统的线电压仍保持不变。消弧线圈在中性点电压即 $-\dot{U}'_C$ 的作用下，有一个电感电流 $\dot{I}_L$ 通过，此电感电流必定通过接地点形成回路，所以接地点的电流为接地电容电流 $\dot{I}_C$ 与电感电流 $\dot{I}_L$ 的相量和。由于 $\dot{I}_C$ 和 $\dot{I}_L$ 相位相差 $180°$，即方向相反，故在接地处 $\dot{I}_C$ 和 $\dot{I}_L$ 互相抵消。如果选择适当的消弧线圈匝数，可使接地点的电流变得很小或等于零，从而消除了接地处的电弧以及由电弧所产生的危害。通过消弧线圈的电感电流和电容电流分别为

$$I_L = \frac{U_{ph}}{\omega L} \tag{3-6}$$

$$I_C = 3U_{ph}\omega C \tag{3-7}$$

式中　　L——消弧线圈的电感；

　　　　C——系统对地电容值；

　　U_{ph}——相电压。

由此可见，中性点经消弧线圈接地等效于中性点不接地系统。在单相接地故障时，由于线电压及负荷电流保持对称不变，系统同样可持续供电运行 2h，提高了供电可靠性。

（2）消弧线圈的补偿方式。

常用补偿度 $k=I_L/I_C$ 或脱谐度 $v=1-k=(I_C-I_L)/I_C$ 来表示单相接地故障时消弧线圈的电感电流 I_L 对接地电容电流 I_C 的补偿程度。根据单相接地故障时消弧线圈电感电流对接地电容电流的补偿程度不同，补偿方式可分为全补偿、欠补偿和过补偿三种。

1）全补偿。完全补偿是使电感电流等于接地电容电流，即 $I_L=I_C$，亦即 $1/\omega L=3\omega C$。从消弧角度看，全补偿方式十分理想，但此时感抗与容抗相等，满足谐振条件，形成串联谐振，产生过电压，危及设备绝缘，因此一般不采用完全补偿方式。

2）欠补偿。欠补偿是使电感电流小于接地电容电流，即 $I_L<I_C$，亦即 $1/\omega L<3\omega C$。在这种运行方式下，如果因停电检修部分线路或系统频率降低等原因使接地电流变小时，又可能出现完全补偿，产生谐振，因此，一般电网中变压器中性点不采用欠补偿方式。

3）过补偿。过补偿是使电感电流大于接地电容电流，即 $I_L>I_C$，亦即 $1/\omega L>3\omega C$。这种补偿方式不会有上述缺点，因为当接地电流减小时，过补偿电流更大，不会变为完全补偿。即使将来电网发展使电容电流增加，由于消耗绕组留有一定裕度，也可继续使用一段时间，故过补偿方式在电网中得到广泛应用。但应指出，由于过补偿方式在接地处有一定的过补偿电流，这一电流值不能超过 10A，否则接地处的电弧便不能自动熄灭。

2. 接地小电阻

为了满足城市建设发展及电网发展，配电网电缆线路已逐步代替了架空线路，而且这种发展趋势逐渐成为电网发展的主导方向。此时传统的消弧线圈接地方式存在很多缺点和不足，如下：

（1）电缆网络的电容电流增大，甚至达到 100～150A 及以上，相应就需要增大补偿用消弧线圈的容量，在容量、机械寿命、调节响应时间上很难适时地进行大范围调节补偿。

（2）电缆线路一般发生接地故障都是永久性接地故障，如采用的消弧线圈运行在单相接地情况下，非故障相将处在稳态的工频过电压下，持续运行 2h 以上不仅会导致绝缘的过早老化，甚至会引起多点接地之类的故障扩大。所以电缆线路在发生单相接地故障后不允许继续运行，必须迅速切除电源，避免扩大事故，这是电缆线路与架空线路的最大不同之处。

（3）消弧线圈接地系统的过电压倍数增高，可达 3.5～4 倍相电压。特别是弧光接地过电压与铁磁谐振过电压，已超过了避雷器容许的承载能力。

（4）人身触电不能立即跳闸，甚至因接触电阻大而发不出信号，因此对人身安全不能保证。

为克服上述缺点，目前对主要由电缆线路所构成的电网，当电容电流超过 10A 时，均建议采用经小电阻接地，其电阻值一般小于 10Ω。

（1）接地小电阻的工作原理。

中性点经小电阻接地方式运行性能接近于中性点直接接地方式，当发生单相接地故障时，小电阻中将流过较大的单相短路电流。同时继电保护装置将选择性动作于断路器，切除短路故障点。这样非故障相的电压一般不会升高，有效地防止了间歇电弧过电压的产生，因而电网的绝缘水平较采用消弧线圈接地方式要低。

但是，由于接地电阻较小，故发生故障时的单相接地电流值较大，从而对接地电阻元件的材料及其动、热稳定性也提出了较高的要求。为限制接地相回路的电流，减少对周围通信线路的干扰，中性点所接接地小电阻大小以限制接地相电流在 600～1000A 为宜。

（2）接地小电阻接线。

1）主变压器配电侧为 YN 接线的，中性点接地电阻可直接接入主变压器中性点，如图 3-27（a）所示。

2）主变压器配电侧为三角形接线的，则需要增加一台专用接地变压器，提供一个人工中性点。中性点接地电阻与接地变压器的中性点连接，如图 3-27（b）所示。

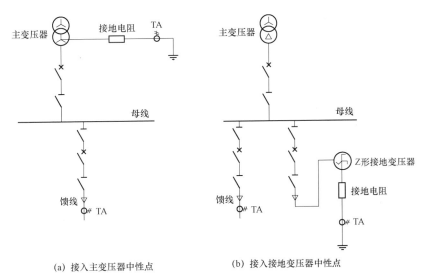

(a) 接入主变压器中性点　　　　(b) 接入接地变压器中性点

图 3-27　接地小电阻接线方式

十、母线

1. 母线的作用

母线是指在变电站中各级电压配电装置的连接，以及变压器等电气设备和相应配电装置的连接，大都采用矩形或圆形截面的裸导线或绞线。母线的作用是汇集、分配和传送电能。母线是构成电气接线的主要设备。

2. 母线的分类、特点及应用范围

（1）不同使用材料的各类型母线的特点及应用范围。

按使用材料划分，母线可分为铜母线、铝母线和钢母线。

1）铜母线。铜的机械强度高，电阻率低，防腐蚀性强，便于接触连接，是很好的母线材料，但是储量不多。

2）铝母线。铝的电导率约为铜的62%，质量为铜的30%，所以在长度和电阻相同的情况下，铝母线的重量仅为铜母线的一半。铝的价格也比铜低。

3）钢母线。导电性能差，电阻率大，机械强度最大，防腐性能最差，但价格便宜。

（2）不同截面形状的各类型母线特点及应用范围。

按截面形状划分，母线可分为矩形、圆形、槽形和管形等。

1）矩形截面。矩形母线的优点是散热条件好、集肤效应小、安装简单、连接方便。缺点是周围电场不均匀，易产生电晕。矩形截面积母线常用在35kV及以下的屋内配电装置中。

2）圆形截面。圆形母线的优点是周围电场较均匀，不易产生电晕。缺点是散热面积小、抗弯性能差。圆形截面母线常用在35kV以上的户外配电装置中。

3）槽形截面。当母线的工作电流很大，每相需要三条以上的矩形母线才能满足要求时，可以采用槽形母线。槽形母线与同截面的矩形母线相比具有集肤效应小、冷却条件好、金属材料的利用率高、机械强度高等优点，且槽形母线的电流分布较均匀。

4）管形截面。管形母线散热条件好、集肤效应小，且电晕放电电压高。在220kV及以上的户外配电装置中采用管形母线。

第三节　中压配电设备

中压配电网作用主要为按照区域和用户的实际情况，输送和分配电能、用以满足电力供应和用户用电需求。按结构形式可分为架空配电网、电缆配电网和混合配电网。混合配电网示意图如图3-28所示。

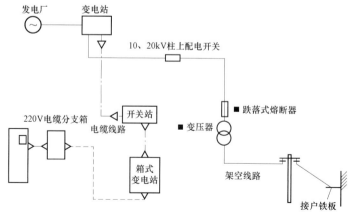

图3-28　混合配电网示意图

一、架空线路

配电网架空线路主要由杆塔、导线、避雷线、绝缘子、金具、拉线和基础，加上柱上开关、接地装置、变压器、故障指示器、避雷器等组成。采用绝缘子以及相应金具将导线悬空架设在杆塔上，连接发电厂、变电站及用户，以实现配送电能为目的的电力设施。

1. 杆塔

杆塔是支承架空线路导线，并使导线与导线之间，导线与杆塔之间，以及导线对大地和交叉跨越物之间有足够的安全距离。

（1）杆塔的种类。

配电线路杆塔的种类主要有钢筋混凝土杆、钢管杆、铁塔。

1）钢筋混凝土杆。钢筋混凝土杆按其制造工艺可分为普通型钢筋混凝土杆和预应力钢筋混凝土杆两种；按照杆的形状又可分为等径杆和锥形杆（又称拔稍杆）。电杆分段制造时，端头可采用法兰盘、钢板圈或其他接头形式。

2）钢管杆。钢管杆（钢杆）由于其具有杆型美观、能承受较大应力等优点，特别适用于狭窄道路、城市景观道路和无法安装拉线的地方架设。

3）铁塔构造多用于送电线路上。从全体安稳受力特征上又可分为自立式铁塔和拉线铁塔，自立式铁塔是靠本身根底坚持全体安稳性，而拉线铁塔首要式靠拉线坚持全体安稳性。

（2）杆塔的类型。

按杆塔用途分类，杆塔有直线杆、耐张杆、转角杆、终端杆、分支杆、跨越杆等类型。

1）直线杆。直线杆用在线路的直线段上，以支持导线、绝缘子、金属等重量，并能够承受导线的重量和水平风力荷载，但不能承受线路方向的导线张力；它的导线用线夹和悬式绝缘子串挂在横担下或用针式绝缘子固定在横担上。

2）耐张杆。耐张杆主要承受导线或架空线地线的水平张力，同时将线路分隔成若干耐张段（耐张段长度一般不超过 2km），以便于线路的施工和检修，并可在事故情况下限制倒杆断线的范围；导线用耐张线夹和耐张绝缘子串或用蝶式绝缘子固定在电杆上，电杆两边的导线用引流线连接起来。

3）转角杆。转角杆在线路方向需要改变的转角处，正常情况下除承受导线等垂直载荷和内角平分线方向的水平风力荷载外，还要承受内角平分线方向导线全部拉力的合力，在事故情况下还要能承受线路方向导线的重量，它有直线型和耐张型两种形式，具体采用哪种形式可根据转角的大小来确定。

4）终端杆。终端杆用在线路首末的两终端处，是耐张杆的一种，正常情况下除承受导线的重量和水平风力荷载外，还要承受顺线路方向导线全部拉力的合力。

5）分支杆。分支杆用在分支线路与主配电线路的连接处，在主干线方向上它可以是直线型或耐张型杆，在分支线方向上时则是终端杆；分支杆除承受直线杆塔所承受的载荷外，还要承受分支导线等垂直荷重、水平风力荷重和分支方向导线全部拉力。

6）跨越杆。跨越杆用在跨越公路和其他电力线等大跨越的地方；为保证导线具有必要的悬挂高度，一般要加高电杆；为加强线路安全，保证足够的强度，还需加装拉线。

（3）杆塔的基础。

将杆塔固定在地下部分的装置和杆塔自身埋入土壤中起固定作用部分的整体统称为杆塔的基础。杆塔的基础起着支撑塔杆全部荷载的作用，并保证杆塔在受外力作用时不发生倾倒或变形。杆塔基础包括电杆基础和铁塔基础。

1）电杆基础。钢筋混凝土电杆基础，根据土质的不同，可直接采用一定深度的杆坑或在杆坑加装底盘、卡盘和拉线盘，统称"三盘"。底盘作用是承受混凝土电杆的垂直下压荷载以防止电杆下沉；卡盘是当电杆所需承担的倾覆力较大时，增加抵抗电杆倾倒的力量；拉线盘依靠自身重量和填土方的总合力来承受拉线的上拔力，以保持杆塔的平衡。

2）铁塔基础。铁塔基础有混凝土和钢筋混凝土普通浇制基础、预制钢筋混凝土基础、金属基础和灌注桩基础。

（4）杆塔的推荐使用。

直线水泥杆在各供电区域内均可使用；无拉线转角水泥杆、直线钢管杆、耐张钢管杆在 A+、A、B、C 类供电区域内推荐使用；拉线转角水泥杆在 C、D、E 类供电区域内推荐使用。

2. 导线

配电线路的导线包括常用裸导线和绝缘导线。

（1）常用裸导线。

导线用以传导电流、输送电能，通过绝缘子串长期悬挂在杆塔上。导线常年在大气中运行，长期受风、冰、雪和温度变化等气象条件的影响，承受着变化拉力的作用，同时还受到空气中污染物的侵蚀。因此，除应具有良好的导电性能外，还必须有足够的机械强度和防腐性能，并要质轻价廉。常用裸导线包括裸铝导线、裸铜导线、钢芯铝绞线、镀锌钢绞线、铝合金绞线 5 种。

1）裸铝导线。铝的导电性仅次于银、铜，但由于铝的机械强度较低，铝线的耐腐蚀能力差，所以，裸铝线不宜架设在化工区和沿海地区，一般用在中、低压配电线路中，而且挡距一般不超过 100m。

2）裸铜导线。铜导线有很高的导电性能和足够的机械强度，但铜的资源少、价格贵。

3）钢芯铝绞线。钢芯铝绞线是充分利用钢绞线的机械强度高和铝的导电性能好的特点，把这两种金属线结合起来而形成。其结构特点是外部几层铝绞线包裹着内芯的 1 股或 7 股的钢丝或钢绞线，使得钢芯不受大气中有害气体的侵蚀。钢芯铝绞线有钢芯承担主要的机械应力，而由铝线承担输送电能的任务，而且铝绞线分布在导线的外层可减小交流电流产生的集肤效应（趋肤效应），提高铝绞线的利用率。钢芯铝线广泛应用在高压输电线路或大跨越挡距配电线路中。

4）镀锌钢绞线。镀锌钢绞线机械强度高，但是导电性能及抗腐蚀性能差，不宜用作电力线路导线。目前，镀锌钢绞线用来作避雷线、拉线以及集束低压绝缘导线和架空电缆的承力索用。

5）铝合金绞线。铝合金含 98% 的铝和少量的镁、硅、铁、锌等元素，它的密度与铝基本相同，导电率与铝接近，与相同截面积的铝绞线相比机械强度高，也是一种比较理想的导线材料。但铝合金线的耐振性能较差，不宜在大挡距的架空线路上使用。铝合金有热处理铝镁合金线和热处理铝镁硅稀土合金线（LHBJ）两种。

（2）绝缘导线。

架空绝缘配电线路适用于城市人口密集地区，线路走廊狭窄，架设裸导线线路与建筑物的间距不能满足安全要求的地区，以及风景绿化区、林带区和污秽严重的地区等。随着城市的发展，实施架空配电线路绝缘化是配电网发展的必然趋势。

1）绝缘导线分类。

架空配电线路绝缘导线按电压等级可分为中压绝缘导线、低压绝缘导线；按架设方式可分为分相架设、集束架设。绝缘导线的类型有中、低压单芯绝缘导线、低压集束型绝缘导线、中压集束型半导体屏蔽绝缘导线、中压集束型金属屏蔽绝缘导线等。

2）绝缘材料。

目前户外绝缘导线所采用的绝缘材料，一般为黑色耐气候型的交联聚乙烯、聚乙烯、高密度聚乙烯、聚氯乙烯等。这些绝缘材料一般具有较好的电气性能、抗老化及耐磨性能等，暴露在户外的材料添加有 1%左右的碳黑，以防日光老化。

（3）导线的推荐选用。

1）按照 Q/GDW 1738《配电网规划设计技术导则》的要求，出线走廊拥挤、树线矛盾突出、人口密集的 A+、A、B、C 类供电区域推荐采用 JKLYJ 系列铝芯交联聚乙烯绝缘架空电缆（简称绝缘导线）；出线走廊宽松、安全距离充足的城郊、乡村、牧区等 D、E 类供电区域可采用裸导线。

2）按照 Q/GDW 1738《配电网规划设计技术导则》的要求，根据各类供电区域变电站主变压器容量、10kV 出线间隔数量，确定 10kV 架空主干线及分支线的截面。主变压器容量与 10kV 出线间隔及线路导线截面配合详见表 3－5。

表 3－5　　　　　主变压器容量与 10kV 出线间隔及线路导线截面配合推荐表

35～110kV 主变压器容量（MVA）	10kV 出线间隔数	10kV 主干线截面积（mm²）		10kV 分支线截面积（mm²）	
		架空	电缆	架空	电缆
63	12 及以上	240、185	400、300	150、120	240、185
50、40	8～14	240、185、150	400、300、240	150、120、95	240、185、150
31.5	8～12	185、150	300、240	120、95	185、150
20	6～8	150、120	240、185	95、70	150、120
12.5、10、6.3	4～8	150、120、95	—	95、70、50	—
3.15、2	4～8	95、70	—	50	—

注　1. 中压架空线路通常为铝芯，沿海高盐雾地区可采用铜绞线，A+、A、B、C 类供电区域的中压架空线路宜采用架空绝缘线。

　　2. 表中推荐的电缆线路为铜芯，也可采用相同载流量的铝芯电缆。沿海或污秽严重地区，可选用电缆线路。

　　3. 对于专线用户较为集中的区域，可适当增加变电站 10kV 出线间隔数。

3）10kV 线路供电半径应满足末端电压质量的要求。原则上 A+、A、B 类供电区域供电半径不宜超过 3km；C 类不宜超过 5km；D 类不宜超过 15km；E 类供电区域供电半径应根据需要经计算确定。

4）按照 Q/GDW 519《配电网运行规范》的要求，各线路限额电流表如表 3－6 所示。

表 3 – 6　　　　　　　　　　　线 路 限 额 电 流 表

A 铝绞线载流量（A）（工作温度70℃）						
型号	LJ					
导体截面积（mm²）	环境温度（℃）					
	20	25	30	35	40	45
35	185	170	160	150	135	120
50	230	215	200	185	170	150
70	290	275	255	235	215	190
95	350	330	305	285	255	230
120	410	385	360	330	300	265
150	465	435	405	375	340	300
185	535	500	465	430	390	345
240	630	595	550	510	460	405
300	730	685	635	585	525	460

B 钢芯铝绞线载流量（A）（工作温度70℃）						
型号	LGJ　　　　　　LGJF					
导体截面积/钢芯截面积（mm²）	环境温度（℃）					
	20	25	30	35	40	45
35/6	180	170	160	150	135	120
50/8	220	210	195	180	165	150
50/30	225	210	200	185	170	155
70/10	270	255	240	220	205	180
70/40	265	250	240	225	205	185
95/15	355	335	310	285	260	230
95/20	325	305	285	265	245	220
95/55	315	300	285	265	245	225
120/7	405	380	355	330	300	265
120/20	405	380	355	325	295	260
120/25	375	350	330	305	280	255
120/70	355	340	320	300	280	255
150/8	460	435	405	370	335	300
150/20	470	440	410	375	340	300
150/25	475	450	415	385	345	305
150/35	475	450	415	385	345	305
185/10	535	505	470	430	390	345
185/25	595	560	520	475	430	380
185/30	540	510	475	435	395	345
185/45	550	520	480	445	400	355
240/30	655	615	570	525	475	415
240/40	645	605	565	520	470	410
240/55	655	615	570	525	475	420
300/15	730	685	635	585	530	465
300/20	740	695	645	595	540	475
300/25	745	700	650	600	540	475
300/40	745	700	650	600	540	475
300/70	765	715	665	610	550	485

续表

C 架空绝缘线载流量表（A）		
导体标称截面积（mm²）	铜导体	铝导体
35	211	164
50	255	198
70	320	249
95	393	304
120	454	352
150	520	403
185	600	465
240	712	553
300	824	639

3. 横担

横担用于支持绝缘子、导线及柱上配电设备，保护导线间有足够的安全距离。因此，横担要有一定的强度和长度。横担按材质的不同可分为铁横担和陶瓷横担等两种。近年来又出现了玻璃纤维环氧树脂材料的绝缘横担。

（1）铁横担。

铁横担一般采用等边角钢制成，要求热镀锌、锌层不小于 60um，因其为型钢，造价较低，并便于加工，所以使用最为广泛。

（2）瓷横担。

瓷横担可代替铁、木横担以及针式绝缘子、悬式绝缘子等作为绝缘和固定导线用。其优点是节省钢材或木材，在相同条件下使用，陶瓷横担可降低线路造价。但瓷横担机械强度较低，易出现折断事故。

（3）绝缘横担。

绝缘横担是利用玻璃纤维环氧树脂（玻璃钢）材料制作的横担，代替传统的铁横担，安装在中压配电线路上的一种新型横担。

4. 常用金具、绝缘子

（1）常用金具类型。

在架空配电线路中，用于连接、紧固导线的金属器具，具备导电、承载、固定的金属构件，统称为金具。金具按其性能和用途可分为悬吊金具（悬垂线夹）、耐张金具（耐张线夹）、接触金具（设备线夹）、连接金具、接续金具、拉线金具和防护金具等。

（2）绝缘子类型。

架空电力线路的导线是利用绝缘子和金具连接固定在杆塔上的。用于导线与杆塔绝缘的绝缘子，在运行中不但要承受工作电压的作用，还要受到过电压的作用，同时还要承受机械力的作用及气温变化和周围的环境的影响，所以绝缘子必须有良好的绝缘性能和一定的机械强度。通常，绝缘子的表面被做成波纹形。这是因为：① 可以增加绝缘子的泄漏距离（又称爬电距离），同时每个波纹又能起到阻断电弧的作用；② 当下雨时，从绝缘子上流下的污水不会直接从绝缘子上部流到下部，避免形成污水柱造成短路事故，起到阻断污水水流的作用；③ 当空气中的污秽物质落到绝缘子上时，由于绝缘子波纹的凹凸不平，污秽物质将不能均匀地附在绝缘子上，在一定程度上提高了绝缘子的抗污能力。

绝缘子按照材质分为瓷绝缘子、玻璃绝缘子和合成绝缘子三种。

（3）架空配电线路常用绝缘子。

架空配电线路常用的绝缘子有针式瓷绝缘子、柱式瓷绝缘子、悬式瓷绝缘子、蝴蝶式瓷绝缘子（又称茶台瓷瓶）、棒式瓷绝缘子、拉线瓷绝缘子、陶瓷横担绝缘子、放电箝位瓷绝缘子等。低压线路用的低压瓷瓶有针式和蝴蝶式两种。

5. 拉线

架空配电线路特别是农村低压配电线路为了平衡导线或风压对电杆的作用，通常采用拉线来加固电杆；拉线的设置是低压架空配电线路必不可少的一项安全措施。

根据配电线路设计的要求，架空配电线路中，为了使承受固定性不平衡荷载比较显著的电杆（如终端杆、转角杆、分支杆等）达到受力平衡的目的，均应装设拉线。同时，在土质松软的地区，为了避免线路受强大风力荷载破坏影响，增加电杆的稳定性，在线路的直线上一般每隔 5～10 根电杆需装设防风拉线。另外在城镇郊区的配电线路连续直线杆超过 10 基时，宜适当装设防风拉线。

二、电缆线路

配电网电缆线路是城市配电网的重要组成部分，主要应用于依据城市规划，明确要求采用电缆线路且具备相应条件的地区；负荷密度高的市中心区、建筑面积较大的新建居民住宅小区及高层建筑小区；走廊狭窄，架空线路难以通过而不能满足供电需求的地区；易受热带风暴侵袭沿海地区主要城市的重要供电区域；电网结构或运行安全的特殊需要。

1. 电力电缆的作用和特点

（1）电力电缆的优缺点。

电力电缆线路作为电网中输送和分配电能的主要方式之一，起着架空线线路所无法替代的重要作用，主要优点如下：

1）占用地面和空间小。由于线间绝缘距离很小，可以缩小空间，减少占地。

2）供电安全可靠。电缆线路除了露出地面暴露于大气中的户外终端部分外，不会受到自然环境的影响，外力破坏亦可减少到较低的程度，因此电缆线路供电的可靠性好。

3）触电可能性小。电缆线路埋于地下，无论发生何种故障，由于带电部分在接地屏蔽部分和大地内，只会造成跳闸，不会对人、畜有任何伤害，所以比较安全。

4）有利于提高电力系统的功率因数。电缆的结构相当于一个电容器，因此电缆线路整体特征呈容性，有较大的无功输出，对改善系统的功率因数、提高线路输送容量、降低线路损耗大有好处。

5）运行、维护工作简单方便。电缆线路在地下，维护量小，故一般情况只需定期进行路面观察、路径巡视防止外力损坏及 2～3 年做一次预防性试验即可。

6）有利于美化城市。电缆线路可沿已有建筑物墙壁或地下敷设，电缆做地下敷设，不占地面和地面上的空间，不用在地面架设杆塔和导线，有利于市容整齐美观。

电力电缆线路的主要缺点有：

1）一次性投资费用大。在同样的导线截面积情况下，电缆的输送容量比架空线小。如采用成本最低的直埋方式安装一条 35kV 电缆线路，其综合投资费用为相同输送容量架空线路的 4～7 倍。如果采用隧道或排管敷设综合投资在 10 倍以上。

2）线路不易变更。电缆线路在地下一般是固定的，所以线路变更的工作量和费用是很大的。因电缆的绝缘层的特殊性，来回搬迁将影响电缆的使用寿命，故安装后不宜再搬迁。

3）线路不易分支。要进行电缆线路的分支，必需建造特定的保护设施，采用专门的分支中间接头进行分支，或者在特定的地点采用电缆分接箱，制作电缆终端进行分支。

4）故障测寻困难、修复时间长。电缆线路在地下，故障点无法直接看到，必须使用专用仪器进行粗侧（测距）、定点，并且有一定专业技术水平的人员才能测的准确，结合运行资料才能精确定点，比较费时。

5）电缆接头附件的制作工艺要求高、费用高。电缆导电部分对地和相间的距离都很小，因此对绝缘强度的要求很高。同时为了使电缆的绝缘部分能长期使用，故又需对绝缘部分加以密封保护，对电缆接头附件也必须要求密封保护，为此电缆的接头制作工艺要求高。

（2）电力电缆的适用场合。

在人口稠密的城市和厂房设备拥挤的工厂，为减少占地，多采用电缆；在严重污秽地区，为了提高送电的可靠性，多采用电缆；对于跨越江河的输电线路，跨度大，不宜架设架空线，也多采用电缆；有的从国防工程的需要出发，为避免暴露目标而采用电缆；有的为建筑美观而采用电缆，也有的为减少电磁辐射，降低电磁污染而采用电缆。总之，电缆已成为现代电力系统不可或缺的组成部分。电缆线路特别适合应用于：

1）输电线路密集的发电厂和变电站，位于市区的变电站和配电所。

2）国际化大都市，现代化、中城市的繁华市区、高层建筑区和主要道路。

3）建筑面积大、负荷密度高的居民区和城市规划不能通过架空线的街道或地区。

4）重要线路和重要负荷用户。

5）重要风景名胜区。

2. 电力电缆的基本结构和种类

（1）电力电缆的基本结构。

电力电缆是指外包绝缘的交合导线，有的还包金属外皮并加以接地。因为是三相交流输电，所以必须保证三相送电导体相互间及对地间绝缘，因而必须有绝缘层。为了防止外力损坏还必须有铠装和护套等。另外，为了保护绝缘和防止高电场对外产生辐射干扰通信，在 6kV 及以上电缆导体外和绝缘层外还增加了屏蔽层。因此电力电缆的基本结构一般有由导体、绝缘层、护层三部分组成，6kV 及以上电缆导体外和绝缘层外还增加了屏蔽层。

1）导体。导体（线芯）是电缆的导电部分，用来输送电能。应采用导电性能好、机械性能良好、资源丰富的材料，以适宜制造和大量应用。大都采用高电导系数的金属铜或铝制造。

2）绝缘层。电缆绝缘层具有承受电网电压的功能，将导体（线芯）与大地以及不同相的导体（线芯）间在电气上彼此隔离，从而保证电能输送。电缆运行时绝缘层应具有稳定的特性，较高的绝缘电阻、击穿强度，优良的耐树脂放电和局部放电性能。电缆绝缘有挤包绝缘、油纸绝缘、压力电缆绝缘三种。

3）屏蔽层。屏蔽，是能够将电场控制在绝缘内部，同时能够使绝缘界面表面光滑，并借此消除界面空隙的导电层。电缆导体由多根导线绞合而成，它与绝缘层之间易形成气隙；而导体表面不光滑会造成电场集中。在导体表面加一层半导电材料的屏蔽层，它与被屏蔽的导体等电位，并与绝缘层良好接触，从而可避免在导体与绝缘层之间发生局部放电，这层屏蔽又称为内屏蔽层。

在绝缘表面和护套接触处，也可能存在间隙：电缆弯曲时，油纸电缆绝缘表面易造成裂纹或皱折，这都是引起局部放电的因素。在绝缘层表面加一层半导电材料的屏蔽层，它与被屏蔽的绝缘层有良好接触，与金属护套等电位，从而可避免在绝缘层与护套之间发生局部放电。这层屏蔽又成为外屏蔽层。

4）护层。电缆护层是覆盖在电缆绝缘层外面的保护层。典型的护层结构包括内护套和外护层。内护套贴紧绝缘层，是绝缘的直接保护层。包覆在内护套外面的是外护层。通常，外护层又由内衬层、铠装层和外被层组成。外护层的三个组成部分以同心圆形式层层相叠，成为一个整体。

护层的作用是保证电缆能够适应各种使用环境的要求，使电缆绝缘层在敷设和运行过程中免受机械或各种环境因素损坏，以长期保持稳定的电气性能。内护套的作用是阻止水分、潮气及其他有害物质侵入绝缘层，以确保绝缘层性能不变。内衬层的作用是保护内套不被铠装扎伤。铠装层是电缆具备必需的机械强度。外被层主要是用于保护铠装层或金属护套免受化学腐蚀及其他环境损害。

（2）电力电缆的种类。

1）按电压等级可分为低压、中压、高压和超高压四类。

a. 低压电缆：额定电压 U 小于 1kV。

b. 中压电缆：额定电压 U 介于 6～35kV。

c. 高压电缆：额定电压 U 介于 45～150kV。

d. 超高压电缆：额定电压 U 介于 220～500kV。

2）按电缆的结构，电力电缆安装电缆芯线的数量不同，可分为单芯电缆和多芯电缆。

a. 单芯电缆。指单独一相导体构成的电缆。一般在大截面积导体、高电压等级电缆多采用此种结构。

b. 多芯电缆。指由多相导体构成的电缆，有两芯、三芯、四芯、五芯等。该种结构一般在小截面积、中低压电缆中使用较多。

3）按电缆的绝缘材料分类不同，可分为油纸绝缘电缆、挤包绝缘电缆和压力电缆三大类。

（3）电力电缆的附件。

1）电缆终端。安装在电缆末端，以使电缆与其他电气设备或架空电线相连接，并维持绝缘直至连接点的装置。目前最常用的终端类型有热缩型、冷缩型，在使用上根据安装位置、现场环境等因素进行相应选择。不受阳光直接照射和雨淋的室内环境应选用户内终端。受阳光直接照射和雨淋的室外环境应选用户外终端。对电缆终端有特殊要求的，选用专用的电缆终端。10kV 交联电缆热塑式终端头局部解剖示意图如图 3-29 所示。

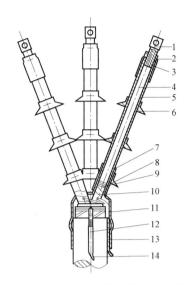

图 3 - 29　10kV 交联电缆热塑式终端头局部解剖示意图

1—接线端子；2—密封管；3—填充胶；4—主绝缘层；5—热缩绝缘管；6—单孔雨裙；7—应力管；8—三孔雨裙；
9—外半导电层；10—铜屏蔽带；11—分支套；12—铠装地线；13—铜屏蔽地线；14—外护层

2）电缆接头（中间接头）。连接电缆与电缆的导线、绝缘、屏蔽层和保护层，以使电缆线路连续的装置。三芯电缆中间接头应选用直通接头。目前最常用的有热缩型、冷缩型，考虑电缆敷设环境及施工工艺等因素进行相应选择。10kV 交联电缆热塑式中间接头解剖示意图如图 3－30 所示。

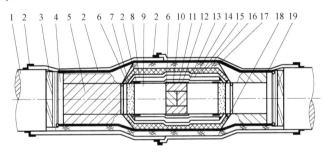

图 3 - 30　10kV 交联电缆热塑式中间接头解剖示意图

1—外护层；2—绝缘带；3—铠装；4—内衬层；5—铜屏蔽带；6—半导电带；7—外半导电层；8—应力带；
9—主绝缘层；10—线芯导体；11—连接管；12—内半导电管；13—内绝缘管；14—外绝缘管；
15—外半导电管；16—铜网；17—铜屏蔽地线；18—铠装地线；19—外护套管

3. 电力电缆的基本知识

（1）电力电缆额定电压 U_0/U 及其划分。

1）U_0/U 的概念。U_0 是指设计时采用的电缆任一导体与金属护套之间的额定工频电压。U 是指设计时采用的电缆任两个导体之间的额定工频电压。为了完整地表达同一电压等级下不同类别的电缆，现采用 U_0/U 表示电缆的额定电压。

2）我国对电缆额定电压 U_0/U 的划分。电缆 U_0/U 的划分与选择，实际是根据电网的运行情况、中性点接地方式和故障切除时间等因素来选择电缆绝缘的厚度。将 U_0 分为两类数值，电力电缆额定电压见表 3－7。

表 3-7 电力电缆额定电压 U_0/U

U（kV）	U_0（kV）		U（kV）	U_0（kV）	
	I	II		I	II
3	1.8	3	20	12	18
6	3.6	6	35	21	26
10	6	8.7	110	64	—
15	8.7	12	220	127	—

（2）电力电缆型号的编制原则。

为了便于按电力电缆的特点和用途统一称呼、订货、缆盘标记更为简易以及防止出现差错，专业单位用型号表示不同门类的产品，使其系列化、规范化、标准化、统一化。我国电力电缆产品的编制原则如下：

1）一般由有关汉字的汉语拼音字母的第一个大写字母表示电力电缆的类别特征、绝缘种类、导体材料、内护层材料及其他特征，电力电缆的类别特征、材料见表 3-8。

表 3-8 电力电缆的类别特征、材料

类别特征	绝缘种类	导体材料	内护层材料	其他特征
K—控制	Z—纸	T—铜芯（省略）	Q—铅包	D—不滴漏
C—船用	X—橡胶	L—铝芯	L—铝包	E—分相金属套
P—信号	V—聚氯乙烯（PVC）		Y—聚乙烯护套（PE）	P—屏蔽
B—绝缘电线	Y—聚乙烯（PE）		V—聚氯乙烯护套（PVC）	CY—充油
ZR—阻燃	YJ—交联聚氯乙烯（XLPE）			
NH—耐火				

2）对外护层的铝装类型和外被层类型则在汉语拼音字母之后用两个阿拉伯数字表示，第一位数字表示铠装层，第二位表示外被层，电力电缆护层代号见表 3-9。

表 3-9 电力电缆护层代号

代号	加强层	铠装层	外被层或外护套
0	—	物	—
1	径向铜带	联锁钢带	纤维外被
2	径向不锈钢带	双钢带	聚氯乙烯外护套
3	径、纵向铜带	细圆钢丝	聚乙烯外护套
4	径、纵向不锈钢带	粗圆钢丝	—

3）部分特点由一个典型汉字的第一个拼音字母或英文缩写来表示，如橡胶聚乙烯绝缘用橡（XIANG）的第一个字母 X 表示，铅（QIAN）包用 Q 表示等。为了减少型号字母的个数，最常见的代号可以省略，如导体材料在型号中只用 L 表示铝芯，铜芯 T 字省略，电力电缆符号省略。

（3）电力电缆载流量。

在一个确定的适用条件下，当电缆导体流过的电流在电缆各部分所产生的热量能够及时向四周媒质散发，使绝缘层温度不超过长期最高允许工作温度，这时电缆导体上所流过的电流值称为电缆载流量。电缆载流量是电力电缆在最高允许工作温度下，电缆导体允许通过的最大电流。电缆载流量见表 3-10。

表 3-10　　　　　　　　　　10kV 三芯电缆允许载流量　　　　　　　　　　单位：A

绝缘类型		不滴流纸		聚氯乙烯			
钢铠		有铠装		无铠装		有铠装	
电缆导体最高工作温度（℃）		90					
敷设方式		空气中	直埋	空气中	直埋	空气中	直埋
电缆导体截面积（mm²）	25	63	79	100	90	100	90
	35	77	95	123	110	123	105
	50	92	111	146	125	141	120
	70	118	138	178	152	173	152
	95	143	169	219	182	214	182
	120	168	196	251	205	246	205
	150	189	220	283	223	278	219
	185	218	246	324	252	323	247
	240	261	290	378	292	373	292
	300	295	325	433	332	428	328
	400	—	—	506	378	501	374
	500	—	—	579	428	574	424
土壤热阻系数（℃·m/W）		—	1.2	—	2.0	—	2.0
环境温度（℃）		40	25	40	25	40	25

注　适用于铝芯电缆，铜芯电缆的允许持续载流量值可乘以 1.29。

（4）电力电缆最高允许工作温度。

在电缆工作时，电缆各部分损耗所产生的热量以及外界的影响使电缆工作温度发生变化，电缆工作的温度过高，将加速绝缘老化，缩短使用寿命。因此必须规定电缆最高允许工作温度。电缆的最高允许温度主要取决于所用绝缘材料热老化性能。各种型号电缆的长期最高允许工作温度如表 3-11 所示。

表 3-11　　　　　　　　各种型号电缆的长期最高允许工作温度

电缆型式		最高允许工作温度（℃）	
		持续工作	短路暂态（最长持续 5s）
黏性浸渍至绝缘电缆	3kV 及以下	80	220
	6kV	65	220
	10kV	60	220
	20～30kV	50	220
	不滴流电缆	65	175

续表

电缆型式		最高允许工作温度（℃）	
		持续工作	短路暂态（最长持续 5s）
充油电缆	普通牛皮纸	80	160
	半合成纸	85	160
充气电缆		75	220
聚乙烯绝缘电缆		70	140
交联聚乙烯绝缘电缆		90	150
聚氯乙烯绝缘电缆		70	160
橡皮绝缘电缆		65	150
丁基橡皮电缆		80	220
乙丙橡胶电缆		90	220

4. 电缆的敷设方式

（1）直埋敷设及其特点。

将电缆敷设于地下壕沟中，沿沟底和电缆上覆盖有软土层或砂，且设有保护板再埋齐地坪的敷设方式称为电缆直埋敷设。

直埋敷设适用于电缆数量较少、敷设距离短（不宜超过 50m）、地面荷载比较小、地下管网比较简单、不易经常开挖和没有腐蚀土壤的地段，不适用于城市核心区域及向重要用户供电的电缆。

电缆直埋敷设的优点是电缆敷设后本体与空气不接触，防火性能好，有利于电缆散热。此敷设方式容易实施，投资少；缺点是此敷设方式抗外力破坏能力差，电缆敷设后如进行电缆更换，则难度较大。

（2）排管敷设及其特点。

随着城市的发展和工业的增长，电缆线路日益密集，采用直埋电缆敷设方式逐渐被排管敷设方式取代。将电缆敷设于预先建设好的地下排管中的安装方法，称为电缆排管敷设。

排管敷设一般适用于城市道路边人行道下、电缆与各种道路交叉处、广场区域及小区内电缆条数较多、敷设距离长等地段。

电缆排管敷设优点是受外力破坏影响少，占地小，能承受较大的荷重，电缆敷设无相互影响，电缆施工简单；缺点是土建成本高，不能直接转弯，散热条件差。

（3）沟道敷设及其特点。

沟道敷设分为电缆沟敷设和电缆隧道敷设。

1）电缆沟敷设。封闭式不通行、盖板与地面相齐或稍有上下、盖板可开启的电缆构筑物为电缆沟，将电缆敷设于预先建设好的电缆沟中的安装方式，称为电缆沟敷设。

电缆沟敷设方式与电缆排管、电缆工作井等敷设方式进行相互配合使用，适用于变电站出线、小区道路、电缆较多、道路弯曲或地坪高程变化较大的地段。

电缆沟敷设的优点是检修、更换电缆较方便，灵活多样，转弯方便，可根据地坪高程变化调整电缆敷设高程；缺点是施工检查及更换电缆时须搬运大量盖板，施工时外物不慎落入沟时易将电缆碰伤。

2）电缆隧道敷设。将电缆敷设于预先建设好的隧道中的安装方式，称为电缆隧道敷设。电缆隧道是指容纳电缆数量较多，有供安装和巡视的通道、全封闭的电缆构建物。

电缆隧道敷设的优点是维护、检修及更换电缆方便，能可靠地防止外力破坏，敷设时受外界条件影响小，能容纳大规模、多电压等级的电缆，寻找故障点、修复、恢复送电快；缺点是建设隧道工作量大、工程难度大、投资大、工期长、附属设施多。

5. 电缆分支箱

电缆分支箱是配电线路中，电缆与电缆、电缆与其他电器设备连接的中间部分，其连接组合方式简单方便、灵活，具有全绝缘、全封闭、防腐蚀、免维护等性能。电缆分支箱外形图如图 3−31 所示。

图 3−31　电缆分支箱外形图

（1）电缆分支箱的作用。

随着配电网电缆化进程的发展，当容量不大的独立负荷分布较集中时，可使用电缆分支箱进行电缆多分支的连接，因为分支箱不能直接对每路进行操作，仅作为电缆分支使用，电缆分支箱的主要作用是将电缆分接或转接。

1）电缆分接作用。

在一条距离比较长的线路上有多根小截面积电缆往往会造成电缆使用浪费，于是在出线到用电负荷中，往往使用主干大截面积电缆出线，然后在接近负荷的时候，使用电缆分支箱将主干电缆分成若干小截面积电缆，由小截面积电缆接入负荷。这样的接线方式广泛用于城市电网中的路灯供电、小用户供电。

2）电缆转接作用。

在一条比较长的线路上，电缆的长度无法满足线路的要求，那就必须使用电缆中间接头或者电缆分支箱，通常短距离时候采用电缆中间接头，但线路比较长的时候，根据经验，在 1000m 以上的电缆线路上，如果电缆中间有多个中间接头，为了确保安全，会在其中考虑电缆分支箱进行转接。

随着技术的进步，出现了 SF_6 负荷开关分断的电缆分支箱，可实现环网柜的功能，而且价格又低于环网柜，在户外起到代替开关站的重要作用，又便于维护试验和检修分支线路，减少停电损失的特点，特别是在线路走廊和建配电房较困难的情况下，更显现其优越性。

（2）电缆分支箱的结构。

常用电缆分支箱分为美式电缆分支箱和欧式电缆分支箱。

1）美式电缆分支箱。

美式电缆分支箱如图 3−32 所示，是一种广泛应用于北美地区电力配电网系统中的电缆化工程设备，它以单向开门、横向多通母排为主要特点，具有宽度小、组合灵活、全

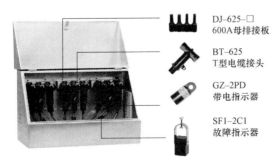

DJ−625−□
600A母排接板

BT−625
T型电缆接头

GZ−2PD
带电指示器

SF1−2C1
故障指示器

图 3−32　美式电缆分支箱

绝缘、全密封等显著优点。按照额定电流一般可以分为600A主回路和200A分支回路两种。600A主回路采用旋入式螺栓固定连接；200A分支回路采用拔插式连接，且可以带负荷拔插。美式电缆分支箱所采用的电缆接头符合IEEE 386标准。

2）欧式电缆分支箱。

欧式电缆分支箱是近几年来广泛用于电力配电网系统中的电缆化工程设备，它的主要特点是双向开门、利用穿墙套管作为连接母排，具有长度小、电缆排列清楚、三芯电缆不需大跨度交叉等显著优点。其所采用的电缆接头符合DIN 47636标准。一般采用额定电流630A螺栓固定连接式电缆接头。

三、开关类设备

随着我国经济社会的发展、用电量不断增加，同时客户对供电的可靠性及供电质量提出了更高的要求；10kV配电开关电器在配电网中分段和支线的合理应用，有利于提高供电的可靠性。但是由于我国各地区发展极不平衡，配电网的结构与布局日趋复杂，各种技术水平的开关设备有着不同的应用。

按触头灭弧能力，可以分为断路器、负荷开关、隔离开关；按控制器的功能可以分为断路器、重合器、分段器；按安装场所，可以分为户外设计、户内设计。部分设备如图3-33～图3-35所示。

图3-33 柱上配电开关负荷开关　　　　　图3-34 电缆配电开关图

图3-35 隔离开关

1. 跌落式熔断器

（1）跌落式熔断器的作用。

10kV 跌落式熔断器可装在杆上变压器高压侧、互感器和电容器与线路连接处，提供过载和短路保护，也可装在农村、山区的长线路末端或分支线路上，对继电保护保护不到的范围提供保护。

跌落式熔断器结构简单、价格便宜、维护方便、体积小巧，在配电网中应用广泛。如图 3-36 所示。

（2）跌落式熔断器的结构。

跌落式熔断器由上下导电部分、熔丝管、绝缘部分和固定部分组成。熔丝管又包括熔管、熔丝、管帽、操

图 3-36　RW3-10 跌落式熔断器

作环、上下动触头、短轴。熔丝材料一般为铜银合金，熔点高，并具有一定的机械强度。

安装熔丝、熔管时，用熔丝将熔管上的弹簧支架绷紧，将熔管推上，熔管在上静触头的压力下处于合闸位置。跌落式熔断器有良好的机械稳定性，一般的跌落式熔断器应能承受 200 次连续合分操作，负荷熔断器应能承受 300 次连续合分操作。

（3）跌落式熔断器的动作原理。

正常时，靠熔丝的张力使熔管上动触头与上静触头可靠接触；当故障时，过电流使熔丝熔断时，断口在熔管内产生电弧，熔管内衬的消弧管产气材料在电弧作用下产生高压力喷射气体，吹灭电弧。随后，弹簧支架迅速将熔丝从熔管内弹出，同时熔管在上、下弹性触头的推力和熔管自身重量的作用下迅速跌落，形成明显的隔离空间。在熔管的上端还有一个释放压力帽，放置低熔点熔片。当开断大电流时，上端帽的薄熔片融化形成双端排气；当开断小电流时，上端帽的薄熔片不动作，形成单端排气。

（4）常用跌落式熔断器。

跌落式熔断器的形式很多，RW10-10F 型（可选择带或不带消弧栅型）、RW11-10 型是目前常用的两种普通跌落式熔断器型如图 3-37、图 3-38 所示。两种型号各有其特点，前者构造主要利用圈簧的弹力压紧触头，而后者主要利用片簧的弹力压紧触头。RW10-10F 型熔断器上端装有灭弧室和弧触头，具备带电操作分合闸的能力，能达到分合 10kV 线路 100A，开断短路电流 11.55kA。同时为带电作业更换跌落式熔断器便利，RW10-10F 型跌落式熔断器在设计上引线接线端子采用固定螺母、螺栓可旋转带紧压线板的结构。

2. 柱上配电开关

柱上配电开关安装在户外 10kV 架空线路上，按性能来区分为断路器、负荷开关、重合器、隔离开关等。

（1）柱上配电开关用途及类型。

柱上负荷开关/断路器适用于 10kV 架空配电网或架空电缆混合网的任一种接地系统的单辐射、单环网、多分段多联络线路，与配电终端配套可实现相应自动化功能。

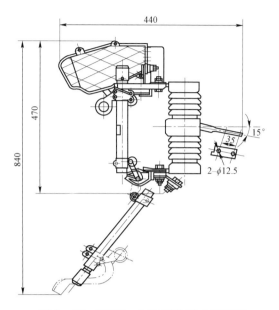

图 3-37 RW10-10F 型跌落式熔断器

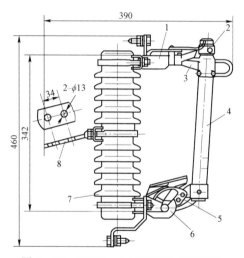

图 3-38 RW11-10 型跌落式熔断器

1—上静触头；2—释压帽；3—上动触头；4—熔管；5—下动触头；6—下支座；7—绝缘子；8—安装板

1）柱上断路器。

柱上断路器能够关合、承载和开断正常回路条件下电流，并能关合、在规定的时间内承载和开断异常回路条件（如短路）下的电流的机械开关设备。主要用于配电线路区间分段投切、控制、保护，能开断、关合短路电流。因此它不仅能安全地切合负载电流，而且更重要的是可靠和迅速地切除短路电流，并可配备含微机保护的控制器，可实现对分支线路的保护。

2）一、二次融合柱上断路器。

如图 3-39 所示，一、二次融合智能断路器由开关本体、智能终端和连接电缆等构成，内置电子式电压、电流传感器和取电传感器。设备坚固耐用、小型轻便、终端安全防护加固、安装运维便捷化，杜绝了传统于传统自动化开关常有如下问题：① 二次设备接口不匹配，兼容性、互换性、扩展性差；② 一、二次设备厂家责任纠纷；③ 遥信抖动、设备凝露现象等问题。

一、二次融合智能断路器具备如下功能：

a. 开关本体内应内置高精度、宽范围的电子式电压/电流传感器，满足故障检测、测量的要求。

b. 具备采集三相电流、三相电压、零序电流、零序电压及开关实时状态的能力，实现短路故障、单相接地故障的就地检测、区段定位与故障隔离。

c. 具备终端运行参数的当地及远方调阅与配置功能，配置参数包括短路及接地故障动作参数等。

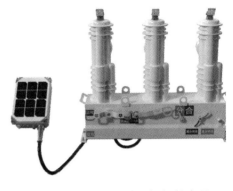

图 3-39 一、二次融合智能断路器

d. 具备短路故障、不同中性点接地方式的接地故障处理功能，并上送故障事件，故障事件信息至少包括故障遥信信息及故障发生时刻开关电压、电流值。

e. 具备后备电源自动充放电管理功能；磷酸铁锂电池作为后备电源时，应具备低电压报警、保护功能、报警信号上传主站等功能。

f. 具备同时为通信设备、开关动作提供配套电源的能力。

g. 支持历史数据远程调阅；历史数据包括：事件顺序记录、日冻结电量、功率定点数据、电压定点数据、电流定点数据、电压数据、电流数据等。

h. 具备就地/远方切换开关及控制回路独立的出口硬压板，可扩展控制出口软压板功能。

i. 具备保护程序及管理程序的远程升级功能，远程升级过程中应确保相关保护程序退出，装置不误动。

j. 具备暂态录波功能，具备故障录波功能，支持录波数据循环存储至少 64 组，并支持上传至主站。

3）柱上负荷开关。

柱上负荷开关能够在回路正常条件下（也可包括规定的过载条件）关合、承载和开断电流，以及在规定的回路异常条件（如短路）下，在规定的时间内承载电流的机械开关设备。

负荷开关是介于断路器和隔离开关之间的一种开关电器，具有简单的灭弧装置，能切断额定负荷电流和一定的过载电流，但不能切断故障电流。负荷开关与断路器的主要区别在于其不能开断短路电流。将负荷开关与高压熔断器串联形成负荷开关和熔断器的组合电器，用负荷开关切断负荷电流，用熔断器切断短路电流及过载电流，在功率不大或不太重要的场所，可代替价格昂贵的断路器使用，可降低配电装置的成本，而且其操作和维护也较简单。采用真空和 SF_6 灭弧，其主要配备智能控制器可以实现配电网自动化。

4）柱上隔离开关。

在分闸位置时，触头间有符合规定要求的绝缘距离和明显的断开标志；在合闸位置时，能承载正常回路条件下电流和在规定时间内异常条件（例如短路）下电流的开关设备，称为隔离开关。

柱上隔离开关主要用于隔离电路，分闸状态有明显断口，便于线路检修、重构运行方式、有三极联动、单极操作两种形式。隔离开关能承载工作电流和短路电流，但不能分断负荷电流。

5）重合器。

重合器开关本体与断路器完全相同，区别在于控制器的功能上，断路器的控制器功能简单，仅具备控制和线路电流保护功能，其他功能靠 FTU 实现。而重合器的控制器除了具备断路器控制器的所有功能外，还具有 3 次以上的重合闸、多种特性曲线、相位判断、程序恢复、运行程序储存、自主判断、与自动化系统的连接等功能，但价格较高。

（2）柱上开关操动机构的特点。

1）电磁操动机构。

电磁操动机构合闸电流大，零部件多，结构复杂。除电动分、合闸外，还可以手动分闸操作。不能手动合闸送电，只可以在没有电源的情况下用合闸手柄合上断路器，不能作为配电网自动化的理想选择产品。

2）永磁操动机构。

永磁操动机构是一种新概念的操动机构，有单稳态和双稳态之分。特点是结构简单，开关状态靠永久磁铁的磁力保持，机械传动部件非常少，机构密封程度较高，受外界影响较小。但其本质上还是电磁操动机构，瞬时功率大及机械特性控制是其难点，控制器较复杂，其启动电容以及电子控制线路的寿命、温度特性及可靠性是操动机构总体可靠性的"瓶颈"，应加以高度重视。永磁操动机构最为致命的缺点是没有手动合闸手柄，在合闸送电时，如果遇到控制器或合闸回路故障将会觉得非常棘手。

3）弹簧操动机构。

国产弹簧操动机构结构复杂、设计观念陈旧、气密性差、机械寿命短。进口弹簧操动机构目前以三角板式操动机构为代表，结构非常简单，零部件极少，整个机构密封在 SF_6 气体腔内，故障概率极低。其功能不但能满足电动操作，还可以进行手动分、合闸操作，即使控制器发生故障也能尽快手动恢复送电，是目前最为理想的操动机构。

（3）柱上开关的选用原则。

1）规划实施配电自动化的地区，开关性能及自动化原理应一致，并预留自动化接口。

2）对过长的架空线路，当变电站出线断路器保护段不满足要求时，可在线路中后部安装重合器，或安装带过流保护的断路器。

3．环网柜

环网柜安装在户外 10kV 电缆线路上，按使用场所可分为户内、户外环网柜。一般户内环网柜采用间隔式，称为环网柜；户外环网柜采用组合式，称为箱式开关站或户外环网单元。

（1）电缆配电开关的用途及类型。

1）环网柜。适用于接近负荷中心，利于用户接入，并充分考虑防潮、防洪、防污秽等要求的开关站或箱式开关站内。如图 3-40 所示。

2）环网单元。也称环网柜或开闭器，用于中压电缆线路分段、联络及分接负荷。设备选用气体绝缘环网柜（共箱式）和固体绝缘环网柜。适用于电缆走廊紧张区域公用配电站和小容量 10kV 供电客户的前置环网，以减少多回路放射双缆，节约路径资源和电缆工程投资；适宜地势狭小、选址困难区域。如图 3-41 所示。

图 3-40　环网柜

图 3-41　环网单元

目前环网柜主要有 SF_6 负荷开关环网柜、真空负荷开关环网柜、空气负荷开关环网柜、负荷开关—熔断器组合开关柜、断路器开关环网柜等类型。

1）SF_6 负荷开关环网柜。

SF_6 负荷开关环网柜是目前开关站普遍采用的 10kV 开关柜。SF_6 负荷开关环网柜一般分为两类：① 单独间隔式，是指一面环网柜内有一台 SF_6 负荷开关，有一个完整的 SF_6 气室，采用金属铠装结构；② 共气室式，是指多台 SF_6 负荷开关共用一个 SF_6 气室，开关柜的结构非常紧凑，设计时可通过模块式进行组合，通常情况下，一个 SF_6 气室最多可有 5~6 个单元。

目前在开关站中使用的 SF_6 负荷开关大多数为"三工位"负荷开关，配有一副三相旋转式触头，通过旋转，可分别处于触头闭合（即合闸）、触头断开（即分闸）、触头接地（即接地）3 个位置，三相旋转式触头被装入一个充满 SF_6 气体的气室内。

a. SF_6 负荷开关的开断原理：SF_6 气体具有优良的灭弧性能，分闸时，其电弧和气体之间产生相对运动熄灭电弧。当动静触头分离时，电弧出线在永久磁铁所产生的电磁场中，并和电弧作用使电弧绕静触头旋转，电弧拉长并依靠 SF_6 气体使其在电流过零时间熄灭，动静触头间的距离足以承受恢复过电压。该系统简单可靠，触头磨损很少，电气寿命长。SF_6 负荷开关只能开断小于自身额定电流的负荷电流。

b. SF_6 负荷开关的特点：① 使用寿命长；② 开关触头免维护；③ 电气寿命长；④ 操作过电压低；⑤ 操作简单安全。

c. SF_6 负荷开关环网柜的连锁机构：① 柜门关上，开关离开接地位置后，方可进行合闸操作；② 开关分闸后才能接地；③ 开关接地后，才能打开柜门；④ 打开柜门把开关锁定在分闸位置后，才能操作接地开关做试验。

2）真空负荷开关环网柜。

真空负荷开关环网柜也是目前普遍采用的开关站设备。

a. 真空负荷开关的开断原理：真空负荷开关真空泡保持高度真空状态，真空开关动静触头带电分离时，真空介质对动静触头间产生的电弧在电流过零时熄灭，电弧生成物迅速扩散，真空泡内绝缘水平迅速恢复。从而达到分断电路中电流的目的。真空负荷开关只能断开小于自身额定电流的负荷电流。

b. 真空负荷开关的特点：① 使用寿命长；② 开关触头免维护；③ 无油化；④ 操作安全。

c. 真空负荷开关环网柜的联锁装置：真空负荷开关环网柜内负荷开关、隔离开关、接地开关、柜门、隔板之间设有联锁装置，具有以下联锁功能：① 负荷开关合闸时，隔离开关不能分合闸，接地开关无法合闸，柜前门无法打开；② 负荷开关分闸时，隔离开关、接地开关在一方分闸时，另一方可以分合闸，当隔离开关处于分闸位置，接地开关处于合闸位置时，隔板插入后，柜前门可以打开；③ 隔离开关合闸时，负荷开关可以分合闸，接地开关无法合闸，柜前门无法打开；④ 隔离开关分闸时，负荷开关、接地开关可以分合闸，当接地开关处于合闸位置时，隔板插入后，柜前门可以打开；⑤ 接地开关合闸时，负荷开关可以分合闸，隔离开关无法合闸，隔板插入后，前门板可以打开；⑥ 接地开关分闸时，负荷开关分闸后，才可以分合隔离开关，前门板无法打开；⑦ 电缆线路进线柜中，在进线电缆有电时，无论负荷开关、隔离开关处于合闸或分闸，接地开关由电磁锁控制而无法合闸，前门板无法打开（除专用钥匙紧急解锁外）。

3）空气负荷开关环网柜。

空气负荷开关环网柜是 20 世纪 80 年代后期、90 年代初期普遍使用的开关站设备。其特点是体积小，操作简单。空气式负荷开关环网柜可分为产气式负荷开关环网柜和压气式负荷开关环网柜两类。

产气式负荷开关的灭弧原理为：产气式负荷开关主回路与辅助回路（灭弧管）并联，因辅助回路的电阻远大于主回路的电阻，当负荷开关处于合闸位置时，电流从主回路导通。当负荷开关分闸瞬间，主回路与静触头分离，主回路断开，电流转移到辅助回路，由于主触头继续运动致使灭弧管内的弹簧压缩到某一极限位置时，动触头与静触头快速分离产生电弧，电弧与灭弧管、灭弧棒接触，产生一定量的气体，吹向电弧，使电弧迅速熄灭。

压气式负荷开关的灭弧原理为：压气式负荷开关的导电部件和灭弧部件是分开设置的，动触头的内部有一个静止不动的活塞，当动触头向下快速作分闸运动时，动触头内部被压缩的空气从绝缘喷口中高速喷出，猛烈吹向电弧，使电弧过零熄灭。

空气负荷开关只能开断小于自身额定电流的负荷电流。

4）负荷开关—熔断器组合开关柜。

负荷开关—熔断器组合开关柜除能开断正常的负荷电流外，还具有保护功能，即当线路发生短路故障或过负荷时，引起熔断器一相或多相熔体熔断，在熔体熔断的瞬间触发负荷开关跳闸，从而切断故障电流，隔离故障点。

5）断路器开关环网柜。

断路器开关环网柜是指开关柜内安装断路器的环网柜。目前用于开关站的断路器环网柜主要有整体式真空断路器柜和永磁机构真空断路器柜等体积较小的断路器柜。

整体式真空断路器柜的断路器和操动机构不是相互独立的两部分，而是合为一个整体的，这就使得开关柜的体积较小，大小与真空负荷开关环网柜差不多。开关内的断路器、隔离开关、接地开关、柜门之间设有联锁装置。

a. 永磁机构真空断路器环网柜是在 20 世纪 90 年代中后期发展起来的一种真空断路器

环网柜，该开关柜具有以下特点：

a）活动部件少。该断路器具有三个独立的磁力操动机构，每相一个，所有元件与每极的中心对称布置，从而使活动部件减至最少。

b）可靠性高。开关操动机构的动铁芯通过一个直线运动的操作绝缘子与动触头刚性连接，双向直线运动，避免了使用旋转轴、轴承和曲柄。另外在机构的设计中，使用了一个电磁绕组来控制分合闸操作，简化了机械的整体结构，减小了机构体积，大大提高了操作的可靠性。

c）三相同期性好。三相永磁机构封装在一个金属框架内，并由一根同步轴相连，保证了在操作时三相同时进行分合闸。同时可利用此联动轴实现闭锁等辅助功能。

d）单稳态锁扣设计。合闸位置采用永磁锁扣，分闸采用机械锁扣，简单可靠。

b. 真空断路器的开断原理。真空断路器灭弧室的静态压力极低，只需要相当小的触头间隙就可达到很高的电介质强度，在分闸过程中，电流在触头间产生的电弧，在电流第一次自然过零时熄灭。分闸过程中的高温产生了金属蒸汽离子和电子组成的电弧等离子体，使电流持续一段很短的时间，由于触头上开有螺旋槽，电流曲折路径效应形成的磁场使电弧产生旋转运动，削弱了电弧的强度，同时也避免了触头表面的局部过热与不均匀的烧蚀。电弧熄灭时残留的电子和金属蒸汽只需在几分之一毫秒的时间内就可复合或凝聚在触头表面屏蔽罩上，因此，灭弧室断口的电介质强度恢复极快。断路器除能开断正常的负荷电流外，还能断开短路故障电流。

（2）电缆配电开关构成与技术特点。

环网柜由开关室（气箱）、低压室、操动机构室、熔断器室和电缆室组成。

1）开关室由密封在金属壳体内的各个功能回路（包括灭弧室、接地开关和隔离开关）及其回路间的母线等组成。

2）低压室位于环网柜正面，可配套安装保护装置或配电终端。

3）操动机构室位于环网柜正面，在每个功能回路中，配有人力（或电动）储能弹簧操动机构。

4）熔断器室安装熔管，可实现对容量不大于 1250kVA 变压器保护。

5）电缆室位于底部，进出线采用电缆头连接。

电缆配电开关内部构成如图 3-42 所示。

电缆配电开关技术特点如下：

1）真空或 SF_6 灭弧，配置隔离开关。

2）绝缘形式可分为气体绝缘和固体绝缘。

3）配置接地开关，具备"五防"联锁。

4）全绝缘、全密封，进出线采用电缆头连接。

5）组合形式灵活，负荷开关、断路器、组合电器可任意组配。

6）扩展形式多样化，可底部扩展、侧出扩展、顶部扩展。

7）配置灵活，加装不同功能的配电终端可实现相应自动化功能。

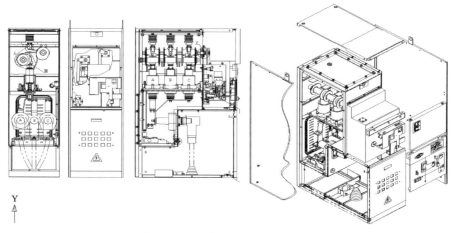

图3-42 电缆配电开关内部构成

4. 开关站

（1）开关站的作用。

10kV开关站是城市配电网的重要组成部分。它的主要作用是加强配电网的联络控制，提高配电网供电的灵活性和可靠性，是电缆线路的联络和支线节点，同时还具备变电站10kV母线的延伸作用。在不改变电压等级的情况下，对电能进行二次分配，为周围的用户提供供电电源。10kV开关站具有的这些作用，使得其在配电网中的应用愈来愈普遍。

在10kV配电网中，合理设置开关站，可加强对配电网的联络控制，提供配电网运行方式的灵活性。特别是遇到线路、设备检修或发生故障时，开关站运行方式和操作的灵活性优势就能体现出来，可通过一定的倒闸操作使停电范围缩到最小，甚至不停电。同时，开关站一般都有来自不同变电站或同一变电站不同10kV母线的两路或多路相互独立的可靠电源，能为用户提供双电源，以确保重要用户的可靠供电。因此，在重要用户附近或电网联络部位应设置开关站，如政府机关、电信枢纽、重要大楼、重要宾馆等。

由于开关站具有变电站10kV母线延伸功能，对电能进行二次分配，能方便地为周围用户提供供电电源，因此，在10kV用户比较集中的区域也应设置开关站，如高层建筑区、商业中心区、大型住宅区、工业园区等。

开关站内有大量的10kV开关柜等高压设备，这些设备对环境的要求比较高，为便于管理，要求开关站设置在通道顺畅、巡视检修方便，电缆进出方便的地方。一般情况下要求开关站设置在单独的建筑物中，或附设在建筑物一楼的群房中，尽量不要将开关站设置在大楼的地下室内。

（2）开关站的结构及典型接线。

10kV开关站的结构按电气主接线方式可分为单母线接线、单母线分段联络接线和单母线分段不联络接线三种；但按其在电网中的功能，又可分为环网型开关站和终端型开关站两种。

10kV开关站的电气主接线是开关站电气设计的首要部分，其接线方式的确定与10kV配电网及开关站本身运行的可靠性、灵活性和经济性密切相关，并对电气设备的选择、配电装置的布置有较大影响。因此，必须全面分析开关站在配电网中的地位、用途及配电网规划等有关因素，通过技术经济比较，合理确定其接线方案。

1）单母线接线。

单母线接线方式一般有 1～2 路 10kV 电源进线间隔，若干路出线间隔。单母线接线方式按照功能不同可分为环网型和终端型两种方式，典型接线如图 3-43 所示。环网型单母线接线有两路 10kV 电源进线间隔，一进一出构成环网；终端型单母线接线只有一路 10kV 电源进线间隔。电源进线间隔根据需要可选用断路器型开关柜或负荷开关型开关柜；用户出线柜根据需要可选用断路器型开关柜或负荷开关—熔断器组合型开关柜。

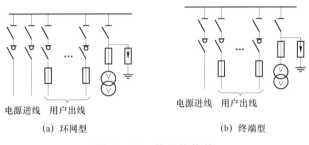

图 3-43　单母线接线

a. 优点：接线简单清晰、规模小、投资省。

b. 缺点：不够灵活可靠，站所任一设备发生故障，以及母线或进线开关检修时，均可能造成整个开关站停电。

c. 使用范围：一般适用于线路分段、环网，或为单电源用户设置的开关站。

2）单母线分段联络接线。

单母线分段接线方式一般有 2～4 路 10kV 电源进线间隔，若干路出线间隔，两段母线之间设有联络开关。单母线分段接线方式按照功能不同可分为环网型和终端型两种方式，典型接线如图 3-44 所示。环网型单母线分段接线有四路 10kV 电源进线间隔，每段母线有一进一出两回 10kV 电源进线间隔；终端型单母线分段接线一般每段母线只有一路 10kV 电源进线间隔。电源进线间隔根据需要可选用断路器型开关柜或负荷开关型开关柜；用户出线根据需要可选用断路器型开关柜或负荷开关—熔断器组合型开关柜。

a. 优点：任一路电源检修或故障时，都不会对用户停电，运行方式灵活，供电可靠性高；在一个开关站内可为重要用户提供双电源。

b. 缺点：母线联络需占用两个间隔的位置，增加了开关站的投资；在转移负荷时，系统运行方式变得相对复杂一些。

c. 使用范围：一般适用于为重要用户提供双电源、供电可靠性要求较高的开关站。

3）单母线分段不联络接线。

单母线分段不联络接线方式一般有 2～4 路 10kV 电源进线间隔，若干路出线间隔，两端母线之间没有联系。单母线分段不联络接线方式按照功能不同可分为环网型和终端型两种方式，典型接线如图 3-45 所示。环网型单母线分段不联络接线，每段母线有一进一出两回 10kV 电源进线间隔；终端型单母线分段不联络接线，每段母线一般只有一路 10kV 电源进线间隔。电源进线间隔根据需要可选用断路器型开关柜或负荷开关型开关柜；用户出线柜根据需要可选用断路器型开关柜或负荷开关—熔断器组合型开关柜。

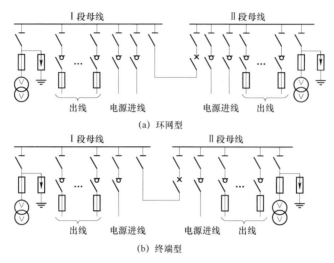

图 3-44　单母线分段联络接线

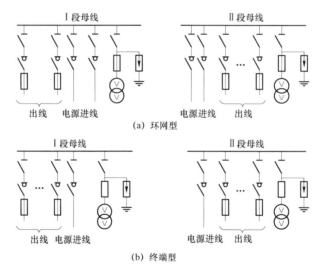

图 3-45　单母线分段不联络接线

a. 优点：供电可靠性较高；在一个开关站内可为重要用户提供双电源。

b. 缺点：系统运行方式的灵活性不够。

c. 适用范围：一般适用于为重要用户提供双电源、供电可靠性要求较高的开关站。

5. 配电室

配电室主要为低压用户配送电能，设有中压进线（可有少量出线）、配电变压器和低压配电装置，带有低压负荷的户内配电场所。即配电室是最后一级变压场所，通常将电网电压从 10kV（20kV）降至 400V，为了局部的电力供应，配电室可以分配电力资源的供应，含有变压器以及 400V 低压配电装置。

配电室可选用负荷开关—熔断器组合电器。配电室一般配置双路电源，10kV 侧一般采用环网开关，220/380V 侧为单母线分段接线。变压器接线组别一般采用 Dyn11。单台容量不宜超过 800kVA 设计，宜三相均衡接入负荷，建设初期按设计负荷选装变压器，低压为单母线分段，可装设低压母联断路器并装设自动无功补偿装置。

配电室一般独立建设。受条件所限必须进楼时，可设置在地下一层，但不宜设置在最底层。其配电变压器宜选用干式，并采取屏蔽、减振、防潮措施，并满足防火、防水和防小动物等要求。易涝区域配电室不应设置在地下。

四、配电变压器

1. 配电变压器概述

（1）配电变压器的用途。

用于配电系统将中压配电电压的功率变换成低压配电电压功率，以供各种低压电气设备用电的电力变压器，叫配电变压器。配电变压器容量小，一般在 2500kVA 及以下，一次电压也较低，都在 110kV 及以下，本章所指配电变压器均在 10kV 电压等级。配电变压器安装在电杆上、平台上、配电站内、箱式变压器内。

（2）配电变压器的基本结构。

构成配电变压器的基本部件是铁芯和绕组。套管和分接开关也是配电变压器的主要元件。另外不同的绝缘介质、冷却介质有相应的不同结构。

1）铁芯。

铁芯是变压器的基本部件之一，既是变压器的主磁路，又是变压器器身的机械骨架。如图 3-46 所示。

a. 铁芯按结构形式分为芯式和壳式两种：绕组被铁芯包围的结构形式称为壳式铁芯，铁芯被绕组包围的结构形式称为芯式铁芯。

b. 铁芯的材料对变压器的噪声和损耗、励磁电流有很大影响。为了减少铁芯产生的变压器噪声和损耗及励磁电流，目前铁芯大多采取 0.23～0.35mm 冷轧取向硅钢片，也可采用 0.02～0.06mm 薄带状非晶合金材料。

图 3-46　叠积式铁芯

c. 铁芯的装配一般有叠积和卷绕两种工艺。传统铁芯采用叠积工艺制成，近年出现了卷绕铁芯制作工艺铁，用卷铁芯制成的变压器具有空载损耗小（可降低 20%～30%）、噪声低、节省硅钢片（约减少 30%）等优点。芯通常采用一点接地，以消除因不接地而在铁芯或其他金属构件上产生的悬浮电位，避免造成铁芯对地放电。

2）绕组。

绕组是变压器的基本部件之一，是构成变压器电路的部件。

a. 变压器绕组分为层式和饼式，层式绕组有圆筒式和箔式。饼式绕组有连续式、纠结式、内屏蔽式、螺旋式、交错式等。配电变压器主要采用圆筒式、箔式、连续式、螺旋式绕组。

b. 绕组一般由电导率较高的铜导线和铜箔绕制而成。导线有圆导线和扁导线，铜箔厚度一般为 0.1～2.5mm。

c. 芯式变压器采用同芯式绕组，一般低压绕组靠近铁芯，高压绕组套在外面。高、低压绕组之间、低压绕组和铁芯之间留一定的绝缘间隙和油道（散热通道），并用绝缘纸筒隔开。如图 3－47 所示。

3）套管。

a. 套管主要用于将变压器内部绕组的高、低压引线与电力系统或用电设备进行电气连接，并保证引线对地绝缘。如图 3－48 所示。

图 3－47　芯式变压器绕组　　　　图 3－48　变压器绝缘套管

b. 配电变压器低压套管主要采用复合瓷绝缘式，高压套管主要采用单体瓷绝缘式。复合瓷绝缘套管如图 3－49 所示，套管上部接线头有杆式和板式两种，下部接线头有一软接线片、两件软接线片和板式三种；单体瓷绝缘式套管分为导电杆式（BD）（如图 3－50 所示）和穿缆式（BDL）（如图 3－51 所示）两种的单体瓷绝缘子。

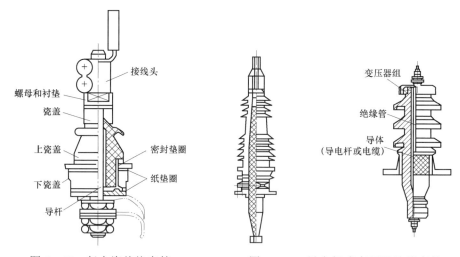

图 3－49　复合瓷绝缘套管　　　　　图 3－50　导电杆式变压器绝缘套管

c. 套管在油箱上排列顺序：从高压侧看，由左向右，三相变压器为高压 U1－V1－W1，低压 N－U2－V2－W2；单相变压器为高压 U1，低压 U2。

4）调压装置。

调压装置是控制变压器输出电压在指定范围内变动的调节组件，又称分接开关。工作原理是通过改变一次和二次绕组的匝数比来改变变压器的电压变化，从而达到调压的目的。调压装置分为无励磁调压装置和有载调压装置两种。

a. 无励磁调压装置也叫无励磁分接开关，俗称无载分接开关，是在变压器不带电条件下切换绕组中绕组抽头以实现调压的装置。常见的无励磁调压开关是三相中性点调压无励磁分接开关，主要型号有 WSPLL，俗称九头分接开关，直接固定在变压器箱盖上，采用手动操作，动触头片相距 120°，同时与定触头闭合，形成中性点。如图 3-52 所示。

b. 有载调压装置：也叫有载分接开关，是在变压器不中断运行的带电状态下进行调压的装置。工作原理为通过由电抗器或电阻构成的过渡电路限流，把负荷电流由一个分接头切换到另一个分接头上去，从而实现有载调压。

有载分接开关电路由过渡电路、选择电路、调压电路三部分组成。

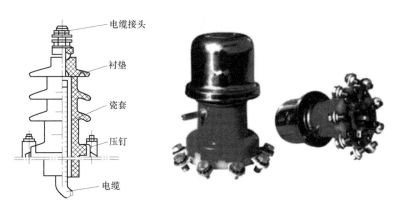

图 3-51　穿缆式变压器绝缘套管　　　图 3-52　WPS 分接开关外形图

（3）配电变压器的技术参数。

配电变压器铭牌主要技术数据包括相数、额定频率、额定容量、额定电压、变比、额定电流、负载损耗、空载电流、空载损耗、联结组别、冷却方式和温升。

1）相数：变压器分为单相和三相。

2）额定频率：指变压器设计时所规定的运行频率。用 f_N 表示，单位赫兹（Hz）。我国规定额定频率为 50Hz。

3）额定容量：指变压器工作状态下的输出功率，用视在功率表示。用 S_N 表示，单位为千伏安（kVA）或伏安（VA）。单相变压器 $S_N = U_N I_N$；三相变压器 $S_N = \sqrt{3}\, U_N I_N$。

4）额定电压：指单相或三相变压器出线端子之间施加的电压值。用 U_N 表示，单位为千伏（kV）或伏（V）。一次额定电压用 U_{N1} 表示，二次额定电压用 U_{N2} 表示。单相变压器 $U_N = S_N / I_N$；三相变压器 $U_N = S_N / (\sqrt{3}\, I_N)$。

5）变比：指变压器高压侧额定电压与低压侧额定电压之比，即 U_{N1}/U_{N2}。

6）额定电流：指在额定容量和允许温升条件下，通过变压器一、二次绕组出线端子的电流，用 I_N 表示，单位千安（kA）或安（A）。一次绕组电流用 I_{N1} 表示，二次绕组电流用 I_{N2} 表示。单相变压器 $I_N = S_N / U_N$；三相变压器 $I_N = S_N / (\sqrt{3}\, U_N)$。

7）负载损耗：也叫短路损耗、铜损，是指当带分接的绕组接在其主分接位置上并接入额定频率的电压，另一侧绕组的出线端子短路，流过绕组出线端子的电流为额定电流时，变压器所消耗的有功功率，用 P_K 表示，单位为瓦（W）或千瓦（kW）。负载损耗的大小取决于绕组的材质等，运行中的负载损耗大小随负荷的变化而变化。

8）空载电流：指变压器空载运行时的电流，用 I_0 表示。通常用空载电流占额定电流的百分数表示，即 $I_0（\%）=（I_0/I_N）\times 100\%$。变压器容量越大，数值越小。

9）空载损耗：也叫铁损，指当以额定频率的额定电压施加于一侧绕组的端子上，另一侧绕组出线开路时，变压器所吸取的有功功率，用 P_0 表示，单位为瓦（W）或千瓦（kW）。空载损耗主要为铁芯中磁滞损耗和涡流损耗，其值大小与铁芯材质、制作工艺密切相关，一般认为一台变压器的空载损耗不会随负荷大小的变化而变化。

10）联结组别：具体如下文介绍。

11）冷却方式：指绕组及油箱内外的冷却介质和循环方式。

12）温升：指考虑部位与外部冷却介质温度之差。对于空气冷却变压器，是指所考虑部位的温度与冷却空气温度之差。

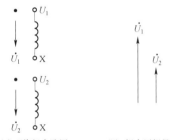

图 3-53　单相变压器接线组

（a）Ii绕组电路图　（b）相电压相量图

（4）配电变压器联结组别。

1）单相变压器高、低压绕组中同时产生感应电动势，在任何瞬间，两绕组中同时具有相同电动势极性的端子，称为同极性端（或同名端）。也就是当一次绕组的某一端的瞬时电位为正时，二次绕组也同时有一个电位为正的对应端子，这两个对应端子就称为同极性端。同理，一次、二次绕组余下另两个端子也称为同极性端。通常两绕组采取同极性标志端，如图 3-53 所示。由于需求及变压器容量不同，铁芯采用壳式或芯式，绕组采用一组组或两组绕组，采用两组绕组时多采取并联连接。

2）三相变压器绕组连接方式主要有星形、三角形两种，联结组别也称联结组标号，通常联结组标号用时钟表示法表示。把变压器高压侧的线电压相量作为时钟的长针（分针），并固定在 0 点钟的位置上，把低压侧相对应的线电压相量作为时钟的短针（时针），短针指在几点钟的位置上，就以此钟点数作为接线组标号。常用三相配电变压器的连接组标号有 Yyn0、Dyn11 两种。

a. 星形接线，用 Y 表示接线，是将三相绕组的末端（或首端）连接在一起形成中性点，另外 3 个线端为引出端线，低压侧有中性线引出时用 n 表示。

b. 三角形接线，用△表示，是将一相绕组首端与另一相绕组的末端连接在一起，在连接处引出端线。通常在绕组接线图中，由一个绕组的首端向另一个绕组的末端巡行时，采用连接线的走向自左向右，即左行△接线。

2. 杆上变压器

（1）杆上变压器的用途。

架设在电线杆上，或用铁支架支撑的变压器，称为杆上变压器。杆上变压器一般是小型变压器，可以把 10kV 变为 380/220V 的居民用电，供附近几户人家用电，不需要从终端变压器再牵很长的电线，达到节省投资的目的。

杆上变压器安装的优点是占地少、四周不需围墙或遮栏，带电部分距地面高，不易发生事故；缺点是台架用钢材较多，造价较高。

杆上变压器应按"小容量、密布点、短半径"的原则配置，应尽量靠近负荷中心，根据需要也可采用单相变压器。从技术经济性上看，单相配电方式在负荷密度低、负荷分散等条件下具有一定优势，以下情况可考虑采用单相配电方式：

1）用户分散或者呈团簇式分布区域，地形狭窄或狭长的区域。

2）纯单相负荷的农村居住区。

3）城镇低压供电系统需改造的老旧居住区。

4）单相供电的公共设施负荷，如路灯。

5）其他一些具有特别条件的区域。

（2）杆上变压器的安装分类。

1）单杆式。

单杆式配电变压器台又叫"丁字台"，当配电变压器容量在 30kVA 及以下时（含 30kVA），一般采用单杆配电变压器台架。将配电变压器、高压跌落式熔断器和高压避雷器装在一根水泥杆上，杆身应向组装配电变压器的反方向倾斜 13°～15°。优点为结构简单，安装方便，用料和占地都比较少。如图 3-54 所示。

2）双杆式。

双杆式配电变压器台又叫"H 台"，当配电变压器容量在 50～400kVA 时，一般采用双杆式配电变压器台。配电变压器台由一主杆水泥杆和另一根副助杆组成，主杆上装有高压跌落式熔断器及高压引下线，副杆上有二次反引线。双杆配电变压器台比单杆配电变压器坚固。如图 3-55 所示。

图 3-54　单杆式

图 3-55　双杆式

3. 箱式变电站

（1）箱式变电站的用途。

箱式变电站是指将高低压开关设备和变压器共同安装于一个封闭箱体内的户外配电装

置。主要作用就是为高压用户或低压用户提供所需电能。具有以下特点：

1）占地面积小。安装箱式变电站比建设同等规模的变电站能节省2/3以上的占地面积。

2）组合方式灵活。箱式变电站结构比较紧凑，每个箱均构成一个独立系统，这就使得组合方式灵活多变，使用单位可根据实际情况自由组合一些模式，以满足不同场所的需要。

3）外形美观，易与环境协调。箱体外壳可根据不同安装场所选用不同颜色，从而极易与周围环境协调一致，特别适用于城市居民住宅小区、车站、港口、机场、公园、绿化带等人口密集地区，它既可作为固定式变电站，也可作为移动式变电站。

4）投资省、建设周期短。箱式变电站较同规模常规变电站减少投资40%～50%，建设安装周期可大幅缩短。同时箱式变电站日常维护工作量也较小。

（2）箱式变电站的种类。

1）拼装式。将高低压成套装置和变压器装入金属箱体，高低压配电装置中留有操作走廊，这种箱式变电站体积较大，现很少采用。

2）组合装置型。不使用现有成套装置，而将高低压控制、保护电器设备直接装入箱内，成为一个整体。设计按免维护考虑，无操作走廊，箱体小，又叫欧式箱式变电站或普通型箱式变电站。

3）一体型。简化高压控制、保护装置，将高低压配电装置与变压器主体一齐装入变压器油箱，成为一个整体，体积更小，接近同容量油浸变压器，是欧式箱式变电站1/3，又叫美式箱式变电站或紧凑型箱式变电站。

（3）箱式变电站的结构。

1）欧式箱式变电站的结构。

我国多用欧式箱式变电站，三部分各为一室，组成"目"或"品"字结构，常用型号ZBW型和XWB型。外形图如图3-56所示，

图3-56 欧式箱式变电站外形图

断面图和接线图如图3-57所示。欧式箱式变电站高压室为环网、双线或终端单元负荷开关，体积较小，兼容环网柜。采用安全可靠的紧凑型设计，具有全面防误操作连锁功能，可靠性高，操作检修方便。高压设备一般采用负荷开关和熔断器组合电器，熔断器装有撞击器，熔断器熔断后，撞针顶动脱口机构，负荷开关三相同时跳开，避免缺相运行，同时若采用电动操动机构，可实施配电自动化功能。环网结构10kV电缆出线配置接地故障指示器零序传感器。变压器可采用油浸变压器或干式变压器，Dyn11接线，考虑到散热不利，可采用自然通风或顶部强迫通风。低压室设有计量和无功补偿，可根据用户需要设计二次回路及出线数量，满足不同需要。外壳采用钢板或SMC复合材料，双层顶盖，隔热好，外形及色彩可与环境协调一致。高压室，变压器室和低压室之间用隔板隔离成独立的小室。为了监视和检修，各小室设照明装置，由门控制照明开关。

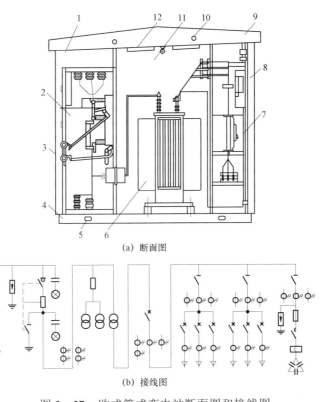

(a) 断面图

(b) 接线图

图 3-57　欧式箱式变电站断面图和接线图

1—高压室；2—环网柜；3—框架；4—底座；5—底部吊装轴；6—变压器；7—低压柜；8—低压室；
9—箱顶；10—顶部吊装支撑；11—变压器室；12—温控排风扇

图 3-58　美式箱式变电站外形图

2）美式箱式变电站的结构。

a. 美式箱式变电站将高压开关与变压器共一油箱，常用美式箱式变电站型号有 ZB1336 型、GE 型和 COOPER 型。美式箱式变电站外形图如图 3-58 所示，美式箱式变电站结构图如图 3-59 所示。

b. 变压器采用后备熔断器与插入式熔断器串联起来提供保护，后备熔断器安装在箱体内部，只在箱式变电站变压器发生内部相间故障时动作，用来保护高压线路，插入式熔断器在低压侧发生短路或过负荷时熔断。

（4）箱式变电站的运行。

1）箱式变电站应放置在较高处，不能放在低洼处，以免雨水灌入箱内影响设备运行。浇筑混凝土平台时要在高低压侧留有空档，便于电缆进出线的敷设。开挖地基时，如遇垃圾或腐蚀土堆积而成的地面，必须挖到实土，然后回填较好的土质夯实，再填三合土或道踏，确保基础稳固。

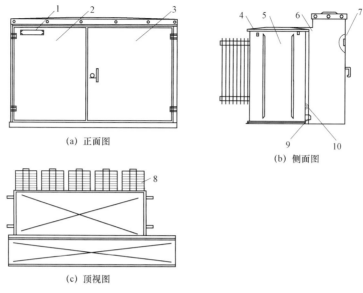

(a) 正面图

(b) 侧面图

(c) 顶视图

图 3-59　美式箱式变电站结构图

1—铭牌；2—高压室；3—低压室；4—箱顶盖；5—变压器室；6—吊装环；
7—压力释放阀；8—散热器；9—低压接地桩；10—箱体接地桩

2）箱式变电站接地和接零共用一个接地网。接地网一般采用在基础四角打接地桩，然后连为整体。箱式变电站与接地网必须有两处可靠连接。运行后，应经常检查接地连接，不松动，不锈蚀。定期测量接地电阻，不大于 4Ω。

3）箱式变电站以自然风循环冷却为主。因此其周围不能堆放杂物，尤其是变压器室门，还应经常清除百叶窗通风孔，确保设备不超过最大允许温度。

4）低压断路器跳闸后，应查明原因方可送电，防止事故扩大。

5）箱式变电站高压室应装设氧化锌避雷器，装设方式应便于试验及更换。

6）高压室中环网开关、变压器、避雷器等设备应定期巡视维护，及时发现缺陷并及时处理，定期进行绝缘预防性试验。超过 3 个月停用，再投运时应进行全项目预防性试验。

7）更换无开断能力的高压熔断器，必须将变压器停电，操作时要正确解除机械闭锁，并使用绝缘操作杆。

8）箱式变电站所有进出线电缆孔应封堵，防止小动物进入造成事故。

9）必须具有"高压危险"的警告标志和电气设备的铭牌编号。

4. 非晶合金变压器

（1）非晶合金材料。

在日常生活中人们接触的材料一般有两种，一种是晶态材料，另一种是非晶态材料。所谓晶态材料，是指材料内部的原子排列遵循一定的规律。反之，内部原子排列处于无规则状态，则为非晶态材料，一般的金属，其内部原子排列有序，都属于晶态材料。科学发现，金属在融化后，内部原子处于活跃状态，一旦金属开始冷却，原子就会随着温度的下降，而慢慢地按照一定的晶态规律有序地排列起来，形成晶体。如果冷却过程很快，原子还来不及重新排列就被凝固住了，由此就产生了非晶态合金。

非晶合金是将熔化的铁、硼、硅钢水喷铸在高速旋转的低温滚筒上，由于采用超急冷技术，钢水以每秒百万度的速度迅速冷却，仅用千分之一秒的时间就将 1300℃ 的钢水降到 200℃ 以下，使熔化的金属凝固速度高于结晶速度，形成玻璃状非晶体排列成的金属薄带。

（2）非晶合金变压器的结构及特点。

1）非晶合金铁芯特点。非晶合金是一种新型导磁性能突出的材料，采用快速急冷凝固生产工艺，其物理状态表现为金属原子呈无序非晶体排列，它与硅钢的晶体结构完全不同，更利于被磁化和去磁。典型的非晶态合金含 80% 的铁，而其他成分是硼和硅。非合金带材是生产低损耗变压器铁芯的理想材料，具有磁导力高、电阻率高、厚度薄、硬度高等优点。非晶合金难以剪切，只能卷翘，对应力敏感，制造工艺要求高。

2）非晶合金变压器的结构。非晶合金变压器铁芯由四个单独铁芯框在同一平面内组成三相五柱式，经退火处理，并带有交叉铁轭接缝，截面积形状呈长方形。在两个旁柱中流过零序磁通，磁通不经过箱体，不产生发热的结构损耗，使变压器能满足低噪声、低损耗、低温升、抗短路能力强的优势。其铁芯形状如图 3-60 所示。

3）非晶合金铁芯变压器的特点。非晶合金变压器采用 Dyn11 接线组别，最突出的特点是比硅钢片铁芯变压器的空载损耗和空载电流降低很多，它的空载损耗比传统的硅钢铁芯的变压器要降低 60%～80%，CO_2、SO_2 排放量大大减少，具有明显的节能和环保效果。

5. 干式变压器

（1）干式变压器的原理。

干式变压器的原理与普通油浸变压器的原理一致，都是利用电磁感应原理工作，其铁芯和绕组不浸渍在绝缘油中，可适应防火防爆的要求。

随着城市建设的发展，居民区和繁华商业区等用户对变压器的防灾性能要求越来越高，尤其是防水和防爆性能。干式变压器因没有油，也就没有火灾、爆炸、污染等问题。干式配电变压器安全、难燃防火、无污染，可直接安装在负荷中心。免维护、安装简便、综合运行成本低。

（2）干式变压器的种类。

1）环氧树脂干式变压器。

环氧树脂干式变压器如图 3-61 所示，机械强度高；具有较好的过负荷运行能力；具有难燃性和自熄性，电能损耗低，噪声低，体积小、质量轻，安装简单，可免去日常维护工作等优点。

图 3-60　非晶合金变压器

图 3-61　环氧树脂干式变压器

2）气体绝缘干式变压器。

气体绝缘干式变压器室在密封的箱壳内充以六氟化硫（SF_6）气体代替绝缘油，利用 SF_6 气体作为变压器的绝缘介质和冷却介质，它具有防火、防爆、无燃烧危险，绝缘性能好，防潮性能好，运行可靠性高，维修简单等优点；

但是它的缺陷也很明显的，SF_6 气体在金属过热时会被分解出一种 SF_4 的极毒物质，加上若制造工艺不好，产生泄露后会对大气造成污染，带来严重的危害。

（3）干式变压器的结构。

1）干式变压器形式。

a. 开启式。一种常用的形式，其器身与大气直接接触，适应于比较干燥而洁净的室内（环境温度20°时，湿度不应超过85%），有空气自冷和风冷两种冷却方式。

b. 封闭式。器身处在封闭的外壳内，与大气不直接接触（由于密封、散热条件差，主要用于矿用，它属于是防爆型的）。

c. 浇注式。用环氧树脂或其他树脂浇注作为主绝缘，它结构简单、体积小，适用于较小容量的变压器。

2）干式变压器的结构。

铁芯采用优质硅钢片，铁芯硅钢片采用 45° 全斜接缝，使磁通沿着硅钢片接缝方向通过。

绕组有以下几种：①缠绕式；②环氧树脂加石英砂填充浇注；③玻璃纤维增强环氧树脂浇注（即薄绝缘结构）；④多股玻璃丝浸渍环氧树脂缠绕式。

一般使用玻璃纤维增强环氧树脂浇注，它能有效地防止浇注的树脂开裂，提高了设备的可靠性。

高压绕组采用多层圆筒式或多层分段式结构。

低压绕组采用层式或箔式结构。

（4）干式变压器的应用。

1）干式变压器的特点。

a. 干式变压器的冷却。干式变压器没有油，冷却方式分为自然空气冷却（AN）和强迫空气冷却（AF）。自然空冷时，变压器可在额定容量下长期连续运行。强迫风冷时，变压器输出容量可提高50%。适用于短时过负荷运行，或应急事故过负荷运行；由于过负荷时负载损耗和阻抗电压增幅较大，处于非经济运行状态，故不应使其处于长时间连续过负荷运行。

b. 干式变压器的防护。根据使用环境特征及防护要求，干式变压器可选择不同的外壳。通常选用 IP20 防护外壳，可防止直径大于 12mm 的固体异物及鼠、蛇、猫、雀等小动物进入，造成短路停电等恶性故障，为带电部分提供安全屏障。若须将变压器安装在户外，则可选用 IP23 防护外壳，除上述 IP20 防护功能外，更可防止与垂直线成 60° 角以内的水滴入。但 IP23 外壳会使变压器冷却能力下降，选用时要注意其运行容量的降低。

c. 干式变压器的过载。干式变压器的过载能力与环境温度、过载前的负载情况（起始负载）、变压器的绝缘散热情况和发热时间常数等有关，可根据生产厂家关于干式变压器的过负荷曲线确定。通常可通过适当减小变压器计算容量或减少备用变压器数量在充分利用其过载能力。

2）干式配电变压器的应用。

干式配电变压器承受热冲击能力强、过负载能力大、难燃、防火性能高、对湿度，灰尘不敏感等优势，造就了其广泛的适应性。最适宜用于防火要求高，负荷波动大以及污秽潮湿的恶劣环境中，如机场、地铁、发电厂、冶金、医院、高层、购物中心、居民密集区、石化、核电、核潜艇等重要场所。

五、防雷保护

1. 避雷器

（1）氧化锌避雷器。

1）结构。

10kV 无间隙硅橡胶外套氧化锌避雷器结构如图 3-62
所示。电阻片采用氧化锌为基体，掺入少量其他氧化物，在 1100~1350℃ 高温下焙烧结成阀饼，若干阀饼叠装成柱，两端安装金属端子，然后用绝缘带滚胶缠绕制成芯棒。该工艺有利于避免芯棒内存空气，引发局部放电，造成避雷器损坏。芯棒干燥后，对其外部进行机加工整形，放置真空浇注机内，热压浇注硅橡胶外壳成型。棒芯也有采用将阀饼叠装进绝缘筒后，热压浇注硅橡胶外壳成型的。

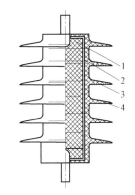

图 3-62 10kV 无间隙硅橡胶
外套氧化锌避雷器

1—金属电极；2—氧化锌电阻片；
3—环氧玻璃纤维包封层；4—硅橡胶外套

氧化锌避雷器阀片具有优异的非线性电压—电流特性，高电压导通，而低电压不导通，不需要串联间隙，可避免传统避雷器因火花间隙放电特性变化而带来的缺点。氧化锌避雷器具有保护特性好、吸收过电压能量大、结构简单等特点。

氧化锌避雷器在冲击过电压下动作后，没有工频续流通过，故不存在灭弧问题，保护水平只由氧化锌阀片的残压决定，避免了间隙放电特性变化的影响；由于没有串联间隙的绝缘隔离，氧化锌阀片不仅要承受雷电过电压、操作过电压，还要承受工频过电压和持续运行正常相电压（含发生线路单相接地故障时、健全相电压异常升高），在这些电压作用下，氧化锌阀片的特性将会劣化。此外，由于在小电流区域内，氧化锌阀片的电阻温度系数为负值，运行中吸收过电压能量后，所引起的温升可能会导致避雷器热稳定的破坏。氧化锌避雷器的这些特点，使得它与传统的阀型有间隙的碳化硅避雷器相比，电气性能、技术参数和试验方法有所不同，在使用中需加以注意。

2）主要电气参数。

a. 额定电压。无间隙氧化锌避雷器的额定电压为系统施加到其两端子间的最大允许工频电压有效值，它不等于系统的标称电压。如 10kV 电网中性点不接地或经消弧线圈接地的系统所采用的无间隙化锌避雷器的额定电压为 17kV。

b. 持续运行电压。无间隙氧化锌避雷器的持续运行电压为允许持久地施加在氧化锌避雷器端子间的工频电压有效值。

c. 冲击电流残压。包括陡波冲击电流残压、雷击冲击电流残压和操作冲击电流残压。

d. 直流 1mA 参考电压时避雷器在通过直流 1mA 时测出的避雷器上的电压。

3）应用。

在安装无间隙氧化锌避雷器时，应考虑系统中性点的接地方式，以及与被保护设备的配合。长期放置后安装或带电安装，应先进行直流 1mA 参考电压试验或进行绝缘电阻的测量，对 10kV 避雷器用 2500V 绝缘电阻表测量，绝缘电阻不低于 1000MΩ，合格后方可安装。

（2）阀型避雷器。

1）结构。

阀型避雷器主要由瓷套、火花间隙和阀型电阻片组成，其外形结构如图 3-63 所示，阀型避雷器的优点是运行经验成熟，缺点是密封不严，易受潮失效，甚至引发爆炸。

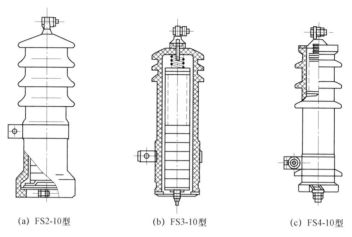

(a) FS2-10型　　　　　(b) FS3-10型　　　　　(c) FS4-10型

图 3-63　10kV 阀型避雷器外形结构图

2）工作原理。

在正常情况下，火花间隙有足够的绝缘强度，不会被正常工作电压击穿，当有雷电过电压时，火花间隙就被击穿放电。雷电压作用在阀型电阻上，电阻值会变得很小，把雷电流汇入大地。之后，作用在阀型电阻上的电压为正常的工作电压时，电阻值变得很大，限制工频电流通过，因此线路又恢复了正常对地绝缘。

3）主要电气参数。

a. 避雷器额定电压。避雷器能够可靠地工作并能完成预期动作的负荷试验的最大允许工频电压，称为避雷器的额定电压。

b. 工频放电电压。这是与火花间隙的结构、工艺水平有关的参数，其具有一定的分散性、一般取工频放电电压平均值的±（7%～10%），规定为其上限。

c. 冲击放电电压和冲击电流残压。是供绝缘配合计算用的重要数据。选取标准冲击放电电压和标称放电电流残压中的一个最大者作为避雷器的保护水平。保护水平与避雷器额定电压（峰值）之比成为保护比，它是避雷器保护特性的一个指标，其值越低，保护性能越优越。

2. 配电网的防雷措施

（1）配电线路防雷措施。

电力线路防雷的目的就是要使线路的雷害跳闸次数减少到最低限度。电力线路的防雷方式应根据线路的电压等级、负荷性质、系统运行方式、当地原有线路的运行经验、雷电活动的强弱、地形地貌的特点和土壤电阻率的高低条件，通过经济技术比较确定。

配电线路受到雷击时，雷电冲击波向导线两端流动，这种流动的冲击波又称作进行波。为了保护与线路连接电气设备免受进行波的冲击，在 10kV 及以下的配电系统中主要依靠加装金属氧化物避雷器作为防雷措施。

1）架空裸导线。

a. 装设避雷线。架空线路安装避雷线后，沿线及设备均可得到保护。10kV 架空线路一般不装避雷线，但特殊地段需装避雷线时，混凝土电杆都要按设计要求做接地处理。

b. 装设避雷器。对于 10kV 裸导线采用避雷器进行防雷保护的成本高，施工很不方便，目前基本上是一些雷电活动频繁的线段安装避雷器，同时按照要求做好杆塔的接地。但电杆上装设柱上断路器或电缆头时，需要装设避雷器来保护，设备的金属外壳和避雷器共同接地。

c. 改善配电网杆塔和防雷装置的接地：① 35kV 进线段有架空地线杆的接地电阻应不大于 10Ω，终端杆接地电阻应不大于 4Ω；② 避雷器等防雷设备的接地引下线要用圆钢或扁钢，应防止连接处锈蚀和地下部分锈蚀开路。

d. 电容电流大于 10A 的电网安装自动跟踪补偿消弧装置。雷电过电压虽幅值很高，但作用时间很短，绝缘子的热破坏多由雷电流过后的工频续流即电网的电容电流引起。而某些型号的自动跟踪补偿消弧装置能把补偿后的残流控制在 5A 以下，为雷电流过后的可靠熄弧创造条件。

2）低压架空线路。

低压架空线路分布较广，多数是直接引入户内。低压架空线路绝缘水平比较低，人身接触的机会又多，遭受雷击时，雷电冲击波可能沿线路侵入室内，引起人身和设备事故。为了降低雷电波的幅值，一般可采用以下保护措施：

a. 配电变压器采用 Yy0 接线时，宜在低压侧装设一组金属氧化物避雷器。

b. 进户线每一支持物或进户杆上的绝缘子螺杆（铁脚）及横担应一并接地。接地电阻不超过 30Ω。

c. 为防止雷击损坏事故，对柱上变压器低压计量配电箱出线处应装设一组低压避雷器作为防雷措施。

d. 在电箱（屏）处安装与其雷电防护分区相对应的电源电涌保护器（Surge Protection Device, SPD）并可靠接地。

（2）电缆线路的防雷和接地。

电力电缆由于其本身结构特点和与其他电气设施连接的要求，根据不同电压等级采取不同的防雷方法。

1）对于 35kV 及以下电压等级的电力电缆，基本上应采取在电缆终端头附近安装避雷器，同时终端头金属屏蔽、铠装必须接地良好。

2）对于 110kV 及以上的高压电缆，当电缆线路遭受雷电冲击电压作用时，在金属护套的不接地端或交叉互连处会出现过电压，可能会使护层绝缘发生击穿，应采取以下保护方案之一：

a. 电缆金属护套一端互联接地，另一端接保护器。

b. 电缆金属护套交叉互联，保护器 Y0 接线。

c. 电缆金属护套交叉互联，保护器星形接线或三角形接线。

d. 电缆金属护套一端互联接地加均压线。

e. 电缆金属护套一端互联接地加回流线。

（3）架空绝缘导线的防雷措施。

1）安装架空地线。

架空地线的作用，主要是将幅度值很大的雷电过电压转化为电流，经很低的杆塔接地电阻排泄出去，从而大幅度降低雷电过电压，使导线得到保护，这在绝缘水平很高的 110kV 等级以上线路中是作为防雷的主要措施。10kV 配电网绝缘水平较低，雷击架空地线后易造成反击闪络，仍然会发生工频续流烧断绝缘导线。而且根据统计，配电线路遭受直接雷击或绕击的概率很小，约占雷害事故的 20%，配电线路上 80%的雷电过电压故障时感应过电压。此种方法可行性和难度大，造价也高。因此，架空地线只能在直击雷频繁的区域使用。

2）安装防雷绝缘子。

为提高线路绝缘子防雷的耐压水平，将 10kV 绝缘子换为防雷绝缘子，可大大提高防雷水平。

a. 防雷支柱绝缘子防雷的基本原理。在绝缘子固定点将绝缘导线绝缘层剥离，绝缘导线导体与绝缘子上部放电金具紧密连接，绝缘子上部放电金具用于定位雷电闪络路径和固定工频电弧烧灼点，绝缘子下部有引弧板。当雷电过电压闪络后，工频短路电流在绝缘子上部放电金具与下端引弧板之间燃烧，放电金具保护了导体免受损伤。放电金具上加绝缘罩起绝缘作用，绝缘罩与放电金具间留有间隙作放电的通道。剥离的导体裸露部分与绝缘层之间加防水绝缘胶带起密封盒防水作用，绝缘罩两端用防水绝缘胶带固定。

b. 防雷支柱绝缘子的安装。每基直杆安装 1 组（3 只），直线跨越杆塔安装 2 组（6 只），根据运行经验，有条件的每 3 基电杆可加 1 处接地装置，接地电阻小于 10Ω。

3）安装放电线夹。

架空绝缘线路直线杆采用放电线夹，必须安装在针式绝缘子的负荷侧，如果雷雨季节线路改变运行方式负荷侧变为电源侧，则应在改后的负荷侧补装。

a. 采用穿刺形放电线夹应按季节气温配置扭矩螺母、扭断螺母、紧固线夹和扣绝缘护罩，绝缘子立瓶中心距线夹 250mm，误差±10mm，引弧板安装平直，如图 3-64 所示。

b. 采用裸露形放电线夹，应剥除相应线夹长度绝缘层，误差±5mm，紧固电线，并用绝缘自粘带包缠绝缘线端头封口 2 层，不允许裸露导线，引弧板安装平直，如图 3-65 所示。

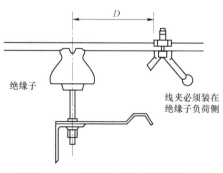

图 3-64　穿刺形放电线夹安装图

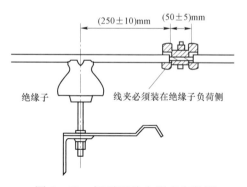

图 3-65　裸露形放电线夹安装图

4）安装线路过电压保护器。

这种线路过电压保护器，相当于带有外间隙的氧化锌避雷器。在多雷区，按照一定挡距，安装线路过电压保护器能有效减少雷击断线事故。

在雷电过电压作用下，带间隙的氧化锌避雷器的串联间隙击穿（在内过电压下，串联间隙不击穿，保护器不动作），间隙击穿后通过限流元件释放雷电能量，从而限制了雷电过电压，此时绝缘子不闪络。当工频续流产生后，氧化锌阀片能够有效截断工频续流。由于是带外串联间隙，在运行时不承受工频电压，因此具有使用寿命较长、免维护等优点。

5）延长闪络路径。

为使电弧容易熄灭，局部增加绝缘强度，如在导线与绝缘子相连处加强绝缘以及采用长闪络路径避雷器等。

6）局部剥离导线绝缘。

局部剥离导线绝缘，是指局部成为裸导线，从而使电弧能在剥离部分滑动，而不是固定在某一点燃蚀，同时也为以后施工时提供一个接地线的挂点。

绝缘导线雷击必断，这是其特性索然，在架设架空绝缘导线的地方，应重视雷击断线问题。在直击雷频繁的区域，可以架设架空地线，以减少直击雷的危害。如有可靠的密封防潮措施，采用氧化锌避雷器也是不错的选择。防弧金具能防止雷击断线，但导体裸露较长，存在绝缘、密封缺陷。线路过电压保护器防雷效果好，不破坏线路绝缘，免维护，值得推广。目前，我国架空绝缘导线运行中最突出的问题是断线和密封防水问题，因此，在做防雷措施时最好不要破坏线路的绝缘。

（4）柱上断路器的防雷措施。

配电线路上的柱上断路器，由于绝缘水平不高，极间距离越小，往往因雷击时引起闪络或短路故障，因此必须安装避雷器进行保护。3～10kV 柱上断路器和负荷开关应装设避雷器保护。经常开路运行而又带电的柱上断路器、负荷开关或隔离开关，应在带电侧（联络开关应两侧）装设避雷器，其接地线应与柱上断路器等的金属外壳连接，且接地电阻不应超过10Ω。

（5）配电变压器的防雷措施。

基于雷电波侵害配电变压器的机理分析可知，防止配电变压器受雷击损坏的关键是要防止配电变压器上的正、逆变换过电压。

1）在配电变压器高、低压侧安装避雷器。金属氧化物避雷器是配电变压器防雷保护的基本保护元件。3～10kV 线路配电变压器的防雷保护接线如图 3－66 所示。

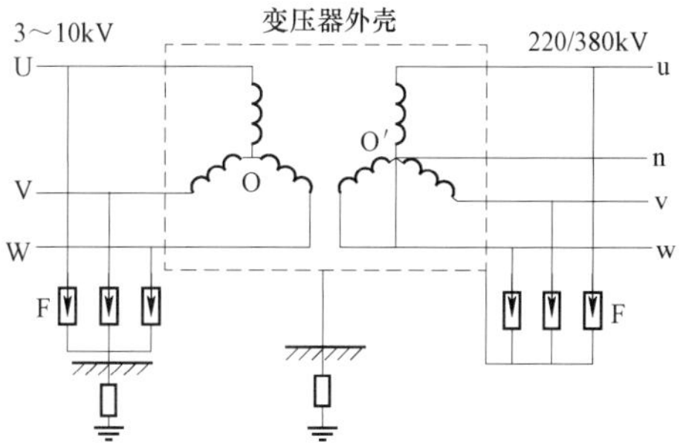

图 3－66　配电变压器的防雷保护接线

高压侧避雷器单独接地，低压侧避雷器、低压侧中性点及变压器金属外壳连接在一起的分开接地，这种接法的目的是保证当变压器高压侧受雷击经避雷器放电时，变压器主绝缘所承受的电压仅是避雷器的残压，而接地装置上的电压降并不作用在变压器主绝缘上，使避雷器与变压器得到较好的绝缘配合，能减少高、低压绕组间和高压绕组对变压器外壳之间发生绝缘击穿的危险。具体要求如下：

a. 3～10kV 配电系统中的配电变压器应装设避雷器保护。避雷器应尽量靠近变压器装设，其接地线应与变压器低压侧中性点（中性点不接地时则为中性点的击穿保险器的接地端）以及金属外壳等连在一起接地。

b. 3～10kV Yyn 和 Yy 接线的配电变压器，宜在低压侧装设一组避雷器或击穿保险器，以防止逆变换波和低压侧雷电侵入波击穿高压侧绝缘。但厂区内的配电变压器可根据运行经验确定。

2）避雷设施安装应规范。在避雷设施安装过程中，除保证安装工艺、质量要求外，避雷器接地线不得迂回盘缠；同时，安装避雷器时对支持物应保持垂直，不得倾斜；引线要连接可靠，不得松动。

3）避雷器的接地电阻应满足规程要求。户外配电变压器的接地装置，宜在地下敷设成围绕变压器台的闭合环形。户内配电变压器其接地装置应与接地网等相连。接地线必须用整根导线，中间不应有接头。垂直接地体最少不能少于 3 根，接地线和接地体必须掩埋于地，深埋不得小于 600mm，千万不可裸露，接地引下线应越短越好。

4）在重雷区，特别是配电变压器年损坏率较高的地区，采用综合防雷保护措施仍未收到较好的防雷效果后，应根据技术经济比较，在配电变压器铁芯上加装平衡绕组（即采用新型防雷避雷器），或在配电变压器内部安装金属氧化物避雷器。

（6）配电站的防雷措施。

配电站为防止侵入雷电波，应在每一路进（出）线及每一段母线上安装避雷器。具体接线要求如下：具有电缆进（出）线段的架空线路，应在架空线路与电缆终端盒接续处，装设避雷器并作集中接地装置。避雷器的接地线还应和电缆头（电缆）金属外皮相连，电缆另一端的终端盒与配电站的接地网相连。这种接地法的目的是，一旦线路落雷时，避雷器放电，雷电流经集中接地体流入大地的同时，有一部分雷电流沿电缆金属外皮流入变电站内接地网，这样在电缆外皮产生螺旋形磁场，相当于增加电缆的电感使波阻抗加大，因此，经电缆芯线侵入变电站的截断雷电波很快衰减，使波幅和陡度都有所减小，有利于保护变压器的安全。

第四节　低压配电设备

一、低压进户装置

1. 接户线

从低压配电线路到用户室外第一支持点的一段线路，或由一个用户接到另一个用户的线路，称为接户线。接户线示意图如图 3-67 所示。

2. 进户线

由接户线（自建筑物墙外第一支持物墙头铁板）到计量装置的一段导线称为进户线。进户线应采用护套线或硬管布线，其长度一般不宜超过6m，最长不得超过10m。进户线应是绝缘良好的导线，其截面积的选择应满足导线的安全载流量，即大于或等于表计容量。

同一用电单位，在同一受电点的照明、动力等不同电价的各种用电，以及居民集中的高层住宅需安装多只照明电能表时，原则上只允许一个进户点统一进户（但安装备用电源或厂区统一控制照明用电等特殊情况除外）。进户线示意图如图3-68所示。

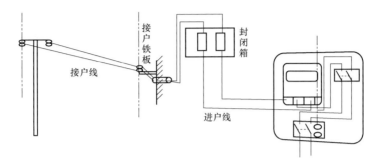

图 3-67　接户线示意图

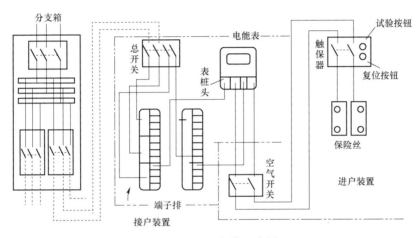

图 3-68　进户线示意图

3. 接户装置

接户线通过集装箱和室内配电箱的配电装置向每个用户供电。该集装箱或者室内配电箱的配电装置称为接户装置，一般是指单元总开关到电能表的进线端。

4. 进户装置

进户线通过集装箱和室内配电箱的配电装置向每个用户供电。该集装箱或者室内配电箱的配电装置称为进户装置，对于楼房，一般是指空气开关到内部保险丝之间部分，对于平房，一般是指封闭箱至保险丝之间部分。

二、低压电器

1. 低压电器的分类

低压电器可分为配电电器和控制电器两大类。

（1）配电电器：主要用于配电电路中，对电路及电气设备进行保护以及通断、转换电源或负载的电器。如断路器、熔断器等。

（2）控制电器：主要用于控制受电设备，使其达到预期工作状态的电器。如按钮、接触器、继电器等。

2. 常用低压电器

常用低压电器包括自动空气断路器、低压熔断器、低压刀开关、交流接触器等。

（1）自动空气断路器。

自动空气断路器又称自动开关，是一种既可以接通、分断电路，又能对负荷电路进行自动保护的低压电器。当负荷电路中发生短路、过载、电压过低（欠压）等故障时，能自动切断电路。

自动空气断路器的型式种类很多，但其基本结构和动作原理是相同的，一般主要由触头系统、灭弧系统、操动机构、脱扣器几部分组成。

1）框架式自动空气断路器。框架式自动空气断路器的特点是有一个钢制的框架，所有的部件都装在框架内，导电部分加装绝缘。DW10系列自动空气断路器是框架式自动开关的代表，如图3-69所示。

2）装置式自动空气断路器。装置式自动空气断路器又称塑料外壳式自动空气断路器。它把触头系统、灭弧室、操动机构及脱扣器等主要部件都安装在一个塑料压制的外壳内。DZ10系列为主要代表，如图3-70所示。

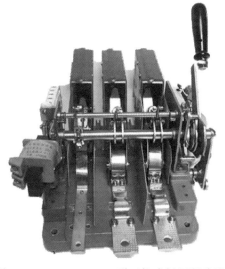 

图3-69　DW10-200型万能式低压断路器　　图3-70　DZ10-250/3型自动空气断路器

（2）低压熔断器。

1）瓷插式熔断器。

这种熔断器由于结构简单、价格便宜、更换熔体方便，所以广泛应用于500V以下的电路中，用来保护线路、照明设备和小容量电动机。它的额定电流为10～200A。60A以上的熔断器的瓷底座空腔内衬有编制石棉垫，以帮助熄弧。RC1A型瓷插式熔断器如图3-71所示。

2）螺旋管式熔断器。

螺旋管式熔断器如图3-72、图3-73所示。这种熔断器的优点是体积小、重量轻、安装面积小、价格低、更换熔体方便、运行安全可靠，而且因熔管内有石英砂，灭弧能力较强。其用途与瓷插式熔断器基本相同，其额定电流在60A。

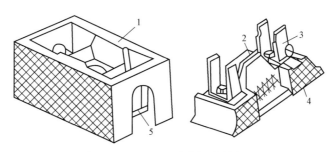

图 3-71 RC1A 型瓷插式熔断器

1—瓷底座；2—熔体；3—动触头；4—瓷插头；5—静触头

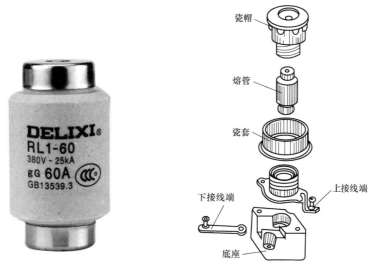

图 3-72 RL1 型螺旋管式熔断器 图 3-73 RL1 型螺旋管式熔断器结构图

3）无填料管式熔断器。

无填料管式熔断器如图3-74、图3-75所示。熔断器的熔体是用锌片制成截面形状。

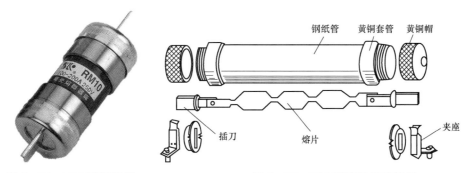

图 3-74 RM 型熔断器 图 3-75 RM 型熔断器结构图

当短路电流通过熔断器时，由于通过熔片的电流突然增大，使熔体狭窄部分的温度很快增高，所以，熔片是在狭窄处首先熔断。另外，纤维管（熔断管）在电弧的高温作用下，分解出大量气体，使管内压力迅速增大，促使电弧很快熄灭。

变截面积熔片熔断时，由于电弧是在狭窄处产生，此时金属蒸气较少，有利于灭弧。而且，当几处狭窄部分同时熔断后，宽阔部分下坠所造成的较大的弧隙，对灭弧更为有利。故变截面积结构的熔体，可以提高熔断器的断流能力。同时，这种熔断器具有快速灭弧和限流作用。

熔体变截面积的数目，决定于工作电压，一般交流380V、直流440V有4个小截面，交、直流220V只有两个小截面。

它的优点是断流能力高、特性好、更换方便、运行安全可靠。它被广泛应用于发电厂和变电站中作为电动机的保护、断路器合闸控制回路的保护等；缺点是价格较贵。

额定电流在60A以下的熔断器没有插刀。

4）填料封闭式熔断器。

填料封闭式熔断器如图3-76所示，具有很高的分断能力和良好的安秒特性，在低压电网保护中与其他保护电器，如自动开关、磁力起动器等相配合，能组成具有一定选择性的保护。因此，多被用于短路电流较大的低压网络和配电装置中。缺点是熔体熔断后不能更换，且制作工艺要求高。

5）快速熔断器。

快速熔断器主要作为硅整流器、晶闸管元件及其成套装置的短路保护之用。这是因为半导体整流器的热容量相当小及承受过载和过电压的能力很低，上述各种熔断器不能满足对它的保护要求，因而需要发展快速熔断器。RS0型快速熔断器如图3-77所示。

图3-76 填料封闭式熔断器　　　　图3-77 RS0型快速熔断器

（3）低压刀开关。

低压刀开关包含开启式负荷开关、封闭式负荷开关、隔离刀开关、熔断器式刀开关。

1）开启式负荷开关。

开启式负荷开关俗称胶盖闸，其结构如图3-78所示。由瓷质底座，静触座，接装熔丝的触头，上、下胶盖，带瓷质手柄的隔离开关等组成。它常用在不经常操作的电路中，使用时必须与熔断器串联配合使用，以便在短路或过负荷时，利用熔丝熔断来自动分断电路。

2）封闭式负荷开关。

封闭式负荷开关俗称铁壳开关。如图3-79所示，它由刀开关、瓷插式熔断器或封闭管式熔断器、灭弧装置、侧方操作手柄、操动机构及钢板（或铸铁）外壳等构成。三相动触刀固定在一根绝缘的方轴上，受操作手柄操纵，操作手柄有机械联锁装置，保证壳盖打开时不能合闸，而手柄处于闭合位置时，不能打开壳盖，以确保操作安全，避免发生触电事故。另外，操作机构中装有速动弹簧，使刀开关能快速接通或切断电路，其分合速度与手柄的操动速度无关，有利于迅速切断电弧，减少电弧对动触头和静触座的烧蚀。

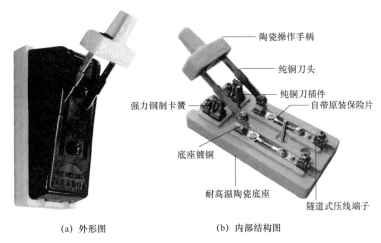

(a) 外形图　　　　　(b) 内部结构图

图 3 – 78　HK2 型开启式负荷开关结构图

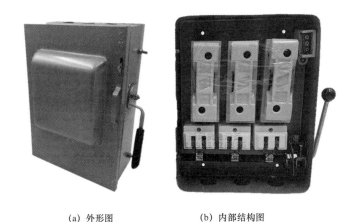

(a) 外形图　　　　　(b) 内部结构图

图 3 – 79　HH3 型封闭式负荷开关结构图

3）隔离刀开关。

隔离刀开关广泛用在500V 及以下的电压配电装置中，当作不频繁地接通和分断电路之用。各系列隔离刀开关主要由操作手柄或操动机构、动触头、静触座、灭弧罩和绝缘底板等组成。额定电流100～400A 的采用单刀片，额定电流600～1500A 的采用双刀片。触头压力由刀片两侧加装的弹簧片来取得。

a. 普通的刀开关如图3–80所示，不可以带负荷操作。它和自动空气开关配合使用，在自动开关分断电路后才能操作。刀开关起隔离电源的作用，有明显的绝缘断开点，以保证检修人员的安全。

b. 带有杠杆操动机构的刀开关如图3–81所示，均装有灭弧罩，可以用来分断不大于额定电流的负荷。灭弧罩是用绝缘纸板和钢板栅片拼铆而成，型号相同，规格不同的刀开关均采用同一形式的操动机构。操动机构具有明显的分合指示和可靠的定位装置，在和自动空气开关配合使用时，不会因空气开关操动时产生的电动力使刀开关位置偏移。

4）熔断器式刀开关。

熔断器式刀开关又称刀熔开关，如图3-82所示。熔断器式刀开关的熔断器固定在带有弹簧钩子锁板的绝缘梁上，在正常运行时，保证熔断器不脱扣。而熔体熔断后，熔断信号指示随即弹出。更换新熔断器时，只需按下弹簧钩子即可很方便地取下熔断器。

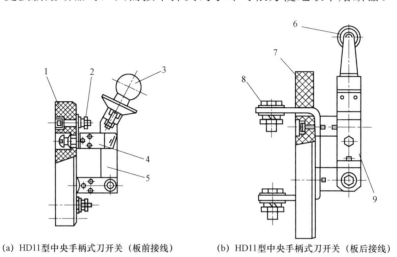

(a) HD11型中央手柄式刀开关（板前接线）　　(b) HD11型中央手柄式刀开关（板后接线）

图3-80　不带灭弧罩的隔离刀开关

1、7—绝缘底板；2、8—接线端子；3—操动手柄；4—静触座；5、9—动触刀；6—手柄

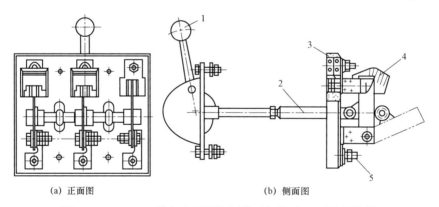

(a) 正面图　　　　　　　　　　　(b) 侧面图

图3-81　HD13型中央正面杠杆操动机构式刀开关结构图

1—操动手柄；2—操动机构；3—绝缘底板；4—灭弧罩；5—接线端子

（4）交流接触器。

接触器是利用电磁吸引力及弹簧的反作用力配合动作，使触头闭合与断开的一种电器。它操作方便，动作迅速，灭弧性能好，能频繁操作，并能实现远距离操作，而且具有欠压及零压保护作用。因此，广泛应用于电动机的控制电路及其他电气自动控制电路中。需要指出，接触器单独使用时，不能用来分断短路电流和过载电流，故需和熔断器配合使用，如图3-83所示。

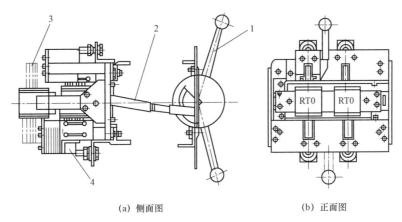

(a) 侧面图　　　　　　　　(b) 正面图

图 3-82　HR3 型熔断器式刀开关结构图

1—操动手柄；2—传动机构；3—熔断器触刀；4—静触座

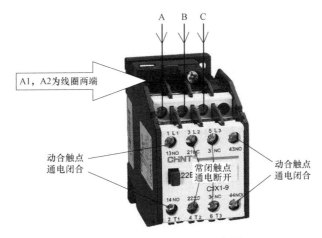

图 3-83　交流接触器示意图

3. 其他常用低压电器名词解释

（1）低压公共设备。

1）低压桩头：指变压器低压桩头（套管）等。

2）低压开关连接装置：包括第一端子板，位于相应的开关上，包括电连接至开关内部的一个或多个器件或附件的多个终端。

3）箱体：配电箱的外壳，是配电箱的重要组成部分。

4）剩余电流保护装置：是用来防止人身触电和漏电引起事故的一种接地保护装置，当电路或用电设备漏电电流大于装置的整定值，或人、动物发生触电危险时，它能迅速动作，切断事故电压，避免事故的扩大，保障人身，设备安全。

5）配电箱连接装置：配电箱的连续装置包括与箱门固定连接的连接板、连接轴、弹簧及插销，连接板一端设有一凹槽。

（2）低压分支箱（如图3-84所示）。

(a) 内部结构图　　　　(b) 外形图

图 3 - 84　低压分支箱

1）总、分开关：由母线系统及多个母线式或条形熔断器负荷隔离开关组成的系列。

2）母排：是指供电系统中，电柜中总制开关与各分路电路中的开关的连接铜排或铝排。表面有做绝缘处理。主要作用是做导线用。

3）箱体：低压分支箱的外壳，进出线分别可单独保护。

4）插拔头：为全绝缘，全密封，全屏蔽，后接头可以装在前接头后面，利用导电连接杆与前接头连接，可实现多分支供电，且旋紧力大，通流可靠。

5）连接装置：包括前部元件和后部元件。

第四章

配 电 网 继 电 保 护

第一节 继 电 保 护 概 述

一、主要作用

继电保护装置（Relay Protection）是指能反应电力系统中电气设备发生故障或不正常运行状态，并动作于断路器跳闸或发出信号的一种自动装置。

电力系统继电保护的基本任务是：

（1）自动、迅速、有选择地将故障元件从电力系统中地切除，使故障元件免于继续遭到损坏，其他无故障部分迅速恢复正常运行。

（2）反应电力设备的不正常运行状态，并根据运行维护条件和设备的承受能力，发出报警信号或延时跳闸。

电力系统安全自动装置是反应电力系统及其部件运行异常，并能自动控制其在尽可能短的时间内恢复到正常运行状态的控制装置或系统。配电网常用的安全自动装置包括备用电源自动投入装置、线路重合闸、低频低压减负荷。

二、基本原理

继电保护主要利用电力系统中元件发生短路或异常情况时的电气量（电流、电压、功率、频率等）的变化，构成继电保护动作的原理，也有其他的物理量，如变压器油箱内故障时伴随产生的大量瓦斯或油压强度的增高。不同状态下具有明显差异的电气量有流过电力元件的相电流、序电流、功率及其方向，元件的运行相电压幅值、序电压幅值，元件的电压与电流的比值即"测量阻抗"等。

1. 保护装置的构成

大多数情况下，不管反应哪种物理量，继电保护装置将包括测量部分（和定值调整部分）、逻辑部分、执行部分，如图4-1所示。

图 4-1　继电保护装置基本组成框图

（1）测量部分。保护装置通过被保护的电力元件的物理参量，并与给定的值进行比较，从而判断保护装置是否应该启动。微机保护装置中，CPU 通过模数转换器获得输入的电压、电流等模拟量和开关量，通过逻辑运算实现测量比较元件的功能。常用的测量比较量有：① 超过给定值动作的测量电气量，如过电流、过电压、高频等；② 低于给定值动作的测量电气量，如低电压、阻抗、低频等；③ 被测电压、电流之间相位角满足一定值而动作的功率方向元件。

（2）逻辑部分。根据测量部分输出逻辑信号的性质、先后顺序、持续时间等，使保护装置按一定的逻辑关系工作，最后确定是否应该使断路器跳闸、发出信号或不动作，并将对应的指令传给执行输出部分。

（3）执行部分。执行逻辑部分传来的指令，发出跳开断路器的跳闸脉冲及相应的动作信息、发出警报或不动作。

2. 继电保护的工作回路

图 4-2 为继电保护系统及其工作回路简易示意图。要完成继电保护的任务，除需要继电保护装置外，必须通过可靠的继电保护工作回路的正确动作，才能最后完成跳开故障元件的断路器、对系统或电力元件的不正常运行状态发出警报、正常运行时不动作的任务。

在继电保护的工作回路中一般包括：

（1）将一次设备的电流、电压线性地传变为适合继电保护等二次设备使用的电流、电压，并使一次设备与二次设备隔离的设备，如电流、电压互感器及其与保护装置连接的电缆。

（2）断路器跳闸线圈及与保护装置出口间的连接电缆，指示保护装置动作情况的信号设备。

（3）保护装置及跳闸、信号回路设备的工作电源等。

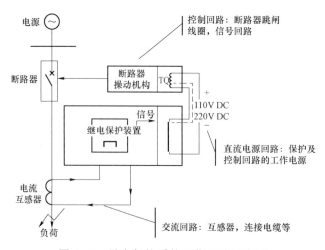

图 4-2　继电保护系统工作回路示意图

三、保护分类

电力系统中的电力设备和线路，应装设短路故障和异常运行的保护装置。电力设备和线路短路故障的保护应有主保护和后备保护，必要时可增设辅助保护。

保护范围划分的基本原则是任一个元件的故障都能可靠地被切除并且造成的停电范围最小，或对系统正常运行的影响最小。一般借助于断路器实现保护范围的划分。

（1）主保护是满足系统稳定和设备安全要求，能以最快速度有选择地切除被保护设备和线路故障的保护。

（2）后备保护是主保护或断路器拒动时，用以切除故障的保护。后备保护可分为远后备和近后备两种方式。

1）远后备是当主保护或断路器拒动时，由相邻电力设备或线路的保护实现后备。

2）近后备是当主保护拒动时，由该电力设备或线路的另一套保护实现后备的保护；当断路器拒动时，由断路器失灵保护来实现后备保护。

（3）辅助保护是为补充主保护和后备保护的性能或当主保护和后备保护退出运行而增设的简单保护。

（4）异常运行保护是反应被保护电力设备或线路异常运行状态的保护。

四、基本要求

继电保护装置应满足可靠性、选择性、灵敏性和速动性的要求。这"四性"之间紧密联系，既矛盾又统一。

（1）可靠性是指保护该动作时可靠动作，不该动作时应可靠不动作。

（2）选择性是指首先由故障设备或线路本身的保护切除故障，当故障设备或线路本身的保护或断路器拒动时，才允许由相邻设备保护、线路保护或断路器失灵保护切除故障。

在某些条件下必须加速切除短路时，可使保护无选择动作，但必须采取补救措施，例如采用自动重合闸或备用电源自动投入来补救。

如图 4-3 所示的网络中，当线路 L4 上 d2 点发生短路时，保护 6 动作跳开断路器 6DL，将 L4 切除，继电保护的这种动作是有选择性的。d2 点故障，若保护 5 动作，将 5DL 跳开，则变电站 C 和 D 都将停电，继电保护的这种动作是无选择性的。同样，d1 点故障时，保护 1 和保护 2 动作于跳开 1DL 和 2DL，将故障线路 L1 切除，才是有选择性的。

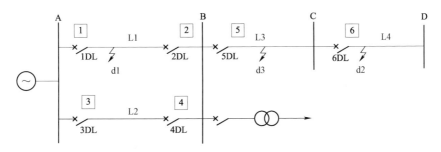

图 4-3 电网保护选择性动作说明图

（3）灵敏性是指在设备或线路的被保护范围内发生金属性短路时，保护装置应具有必要的灵敏系数，各类保护的最小灵敏系数在 DL/T 584《3kV～110kV 电网继电保护装置运行整定规程》中有具体规定。

灵敏系数应根据正常（含正常检修）运行方式和不利的故障类型计算。

对反应故障时参数量增大（例如电流）的保护：

$$K_{lm} = \frac{I_{dmin}}{I_{set}} \qquad (4-1)$$

式中　　I_{dmin}——保护范围末端金属短路时故障参数的最小计算值；

　　　　I_{set}——保护装置的动作参数量值。

对反应故障时参数量值降低（例如电压）的保护：

$$K_{lm} = \frac{U_{set}}{U_{dmax}} \qquad (4-2)$$

式中　　U_{set}——保护装置的动作参数量值；

　　　　U_{dmax}——保护范围末端金属短路时故障参数的最大计算值。

（4）速动性是指保护装置应尽快地切除短路故障，其目的是提高系统稳定性，减轻故障设备和线路的损坏程度，缩小故障波及范围，提高自动重合闸和备用电源或备用设备自动投入的效果等。

五、整定原则

3～110kV 配电网继电保护的整定应满足选择性、灵敏性和速动性的要求，如果由于电网运行方式、装置性能等原因，不能兼顾选择性、灵敏性和速动性的要求，则应在整定时，按照如下原则合理取舍：

（1）地区电网服从主系统电网。

（2）下一级电网服从上一级电网。

（3）局部问题自行消化。

（4）尽可能照顾地区电网和下一级电网的需要。

（5）保证重要用户供电。

第二节　变压器保护

变压器是现代电力系统中的主要电气设备之一，变压器发生故障时对电力系统稳定运行造成的影响很大，故应加强其继电保护装置的功能，以提高电力系统的安全运行水平。

一、变压器保护配置要求

（1）0.4MVA 及以上车间内油浸式变压器和 0.8MVA 及以上油浸式变压器，均应装设瓦斯保护，瓦斯保护是非电气量保护，作为变压器内部故障的主保护。

当壳内故障产生轻微瓦斯或油面下降时，应瞬时动作于信号；当壳内故障产生大量瓦斯时，应瞬时动作于断开变压器各侧断路器。带负荷调压变压器充油调压开关，也应装设瓦斯保护。

（2）对变压器的内部、套管及引出线的短路故障，按其容量及重要性的不同，应装设下列电气量保护作为主保护，并瞬时动作于断开变压器的各侧断路器：

1）电压在 10kV 及以下、容量在 10MVA 及以下的变压器，采用电流速断保护。

2）电压在 10kV 以上、容量在 10MVA 及以上的变压器，采用纵联差动保护。对于电压为 10kV 的重要变压器，当电流速断保护灵敏度不符合要求时，也可采用纵联差动保护。

（3）对外部相间短路引起的变压器过电流，变压器应装设相间短路后备保护。相间短路后备保护宜选择过电流保护、复合电压（常用负序电压）启动的过电流保护。

（4）中性点经小电阻接地的变压器，应装设零序过电流保护。

（5）110kV 中性点经间隙接地的变压器，装设反应间隙放电的零序电流保护和零序过电压保护。

（6）配电变压器熔断器保护：对于 400V 小容量配电变压器，中性点采用低电阻接地方式，高压侧应安装熔断器保护，利用电流的热效应，短路故障电流通过时，熔丝发热，间隙气化后电路被断开。

二、变压器保护基本原理

1. 瓦斯保护

重瓦斯保护是变压器油箱内绕组短路故障及异常的主要保护。其作用原理是：变压器内部故障时，在故障点产生有电弧的短路电流，造成油箱内局部过热并使变压器油分解、产生气体（瓦斯），进而造成喷油、冲动气体继电器，瓦斯保护动作。瓦斯保护示意图如图 4-1 所示。

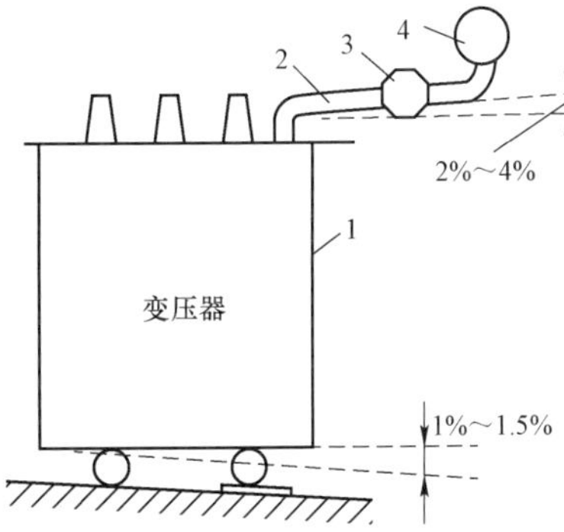

0.4MVA 及以上车间内油浸式变压器和 0.8MVA 及有上油浸式变压器，均应装设瓦斯保护。瓦斯保护分为轻瓦斯保护及重瓦斯保护两种。轻瓦斯保护作用于信号，重瓦斯保护作用于切除变压器。

此外，对于有载调压的变压器，在有载调压装置内也设置瓦斯保护。

图 4-4　瓦斯保护示意图
1—变压器油箱；2—连通管；
3—气体继电器；4—储油柜

2. 纵联差动保护

电压在 10kV 以上、容量在 10MVA 及以上的变压器，采用纵联差动保护作为主保护。变压器的纵联差动保护用来反映变压器绕组、引出线及套管上的各种短路故障，并瞬时动作于断开变压器的各侧断路器。

图 4-5 所示为变压器纵联差动保护的单相原理接线图。在变压器两侧装设互感器 1LH 和 2LH。1LH 和 2LH 一次绕组的同极性端均置于相同的一侧，二次绕组的不同极性端相连，差动电流继电器 CJ 并联在电流互感器二次绕组上，形成环流法比较接线。

在正常情况和外部故障时，其两侧流入和流出的一次电流之和为零，差动继电器不动作。实际上，此时会有不平衡电流流入继电器。

当变压器内部发生故障时，连接变压器两侧的电源都向变压器供给短路电流，各侧所供短路电流之和，流入差动继电器，差动继电器动作，瞬时切除故障。因此，纵联差动保护能正确区别变压器的内、外部故障，而不需要与其他保护配合。

3. 电流速断保护

对于电压在 10kV 及以下、容量在 10MVA 及以下的变压器，采用电流速断保护作为主保护。电流速断保护与瓦斯保护配合，以反应变压器绕组及变压器电源侧的引出线套管上的各种故障。保护动作于跳开各侧断路器。如图 4-6 所示。

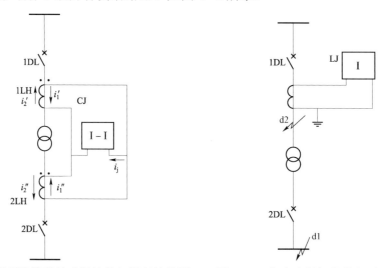

图 4-5 变压器纵联差动保护单相原理接线图　图 4-6 电流速断保护单相原理接线图

4. 复压过电流保护

对外部相间短路引起的变压器过电流，根据变压器容量的大小和系统短路电流的大小，可采用过电流保护、复合电压（常用负序电压）启动的过电流保护，既是变压器主保护的后备保护，又是相邻母线或线路的后备保护。

变压器复压过电流保护的装设可按以下原则确定：

（1）单侧电源的双绕组和三绕组变压器，复压过电流保护宜装于各侧。非电源侧保护带两段或三段时限，用第一时限断开本侧母联或分段断路器，缩小故障影响范围；用第二时限断开本侧断路器；用第三时限断开变压器各侧断路器。电源侧保护带一段时限，断开变压器各侧断路器。

（2）对于两侧或三侧有电源的双绕组和三绕组变压器。复压过电流保护应装设于变压器各侧，各侧相间短路过电流保护可带两段或三段时限。相间短路过电流保护可带方向，方向宜指向各侧母线，但断开变压器各侧断路器的后备保护不带方向。

（3）低压侧有分支，并接至分开运行母线段的降压变压器，除在电源侧装设保护外，还应在每个分支装设相间短路过电流保护。

如果变压器低压侧母线无母线差动保护，应按下述原则考虑保护问题：

如变压器高压侧的过电流保护对低压母线的灵敏系数满足规程规定时，则在变压器的低压侧断路器与高压侧断路器上配置的过电流保护将成为该低压母线的主保护及后备保护。在此种情况下，要求这两套过流保护由不同的保护装置（或保护单元）提供。

如变压器高压侧的过电流保护对低压母线的灵敏系数不满足规程规定时，则在变压器的低压侧断路器上应配置两套完全独立的过电流保护作为该低压母线的主保护及后备保护。在此种情况下，要求这两套过流保护接于电流互感器不同的绕组，经不同的直流熔断器供电并以不同时限作用于低压侧断路器与高压侧断路器（或变压器各侧断路器）。

5. 零序过电流保护

主变压器高压侧为中性点直接接地系统且主变压器高压侧中性点接地时，高压侧后备保护同时装设零序过电流保护，当主变压器或高压侧引线单相接地时，保护动作直接跳开变压器各侧断路器。

主变压器低压侧为经小电阻接地系统时，且接地电阻装设在主变压器低压侧引线上，主变压器低压侧后备保护同时装设分段式零序过电流保护，其动作电流及时限与出线零序过电流保护相配合，以较短时限动作于缩小故障影响范围，或动作于本侧断路器，以较长时限动作于断开变压器各侧断路器，如图 4-7 所示。在低压母线上接地变压器中性点处加装小电阻时，主变压器低压侧不流过零序电流。

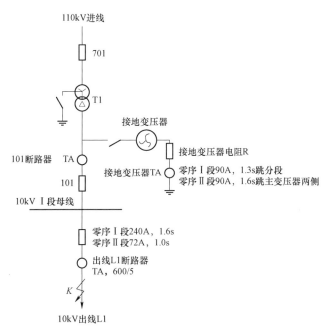

图 4-7　主变压器典型的零序电流后备保护配置示意图

6. 中性点间隙接地的接地保护

110kV 主变压器高压侧为中性点直接接地系统，对于低压侧有电源的变压器，为防止中性点接地运行或不接地运行时可能出现的中性点过电压，在变压器中性点应装设放电间隙，并装设反映间隙放电的中性点零序电流保护与中性点零序过电压保护，当变压器所接电网失去接地中性点又发生单相接地时，此电流电压保护动作，经 0.3～0.5s 时限动作调变压器各侧断路器。

7. 配电变压器熔断器保护

熔断器保护常安装在变压器的高压侧，根据安装点最大、最小短路容量选择熔断器的断流容量上限和下限两个参数。在 10kV 配电网中性点采用低电阻接地方式时，考虑到零序电流保护整定值很难与熔断器的熔断曲线配合，当配电变压器容量为 500kVA 及以下，应采用熔丝保护时，熔丝熔断特性应满足 200A 电流下，熔断时间小于 60ms。当配电变压器容量在 630kVA 及以上时，宜配置反映相间故障的电流保护和反映接地故障的零序保护。

熔断器的选择除满足上述条件外还需满足：① 100kVA 以下的变压器，一次侧熔丝容量可按 2～3 倍额定电流选择，考虑到熔丝的机械强度，一般一次侧熔丝容量不小于 10A，二次侧熔丝容量应按二次额定电流选择；② 100kVA 及以上的变压器，一次侧熔丝容量可按 1.5～2.0 倍额定电流选择，二次侧熔丝容量应按二次侧额定电流选择。

三、变压器保护整定原则和技术要求

（1）纵联差动保护应满足下列要求：

1）应能躲过励磁涌流和外部短路产生的不平衡电流。

2）在变压器过励磁时不应误动作。

3）在电流回路断线时应发生断线信号，电流回路断线允许差动保护动作跳闸。

4）在正常情况下，纵联差动保护的保护范围应包括变压器套管和引出线，如不能包括引出线时，应采取快速切除故障的辅助措施。

（2）电流速断保护的动作电流按以下两个条件计算，然后取其中较大者。

1）按大于变压器负荷侧母线上短路时流过保护的最大短路电流计算。

2）按大于变压器空载投入时的励磁涌流计算，通常取保护安装侧变压器额定电流的 3～5 倍。

灵敏度不应小于 2（按最小运行方式下保护安装处短路故障校验）。当灵敏度不满足要求时，若保护定值按躲过励磁涌流的条件决定，则可使电流速断保护带有少许延时（如带 0.2s 延时），这样保护定值可按保护安装侧变压器额定电流的 2～3 倍取值，以提高保护的灵敏度。

（3）对外部相间短路引起的变压器过电流，变压器应装设相间短路后备保护。35kV 及以下中小容量的降压变压器，宜采用过电流保护。保护的整定值要考虑变压器可能出现的过负荷。

（4）变压器电源侧过电流最末一段保护的整定，原则上主要考虑为保护变压器安全的最后一级跳闸保护，同时兼作其他侧母线及出线故障的后备保护，其动作时间及灵敏系数视情况可不作为一级保护参与选择配合，但动作时间必须大于所有出线后备保护的动作时间（包括变压器过流保护范围可能伸入的相邻和相隔线路）。

（5）对中低压侧接有并网电源的变压器，如变压器电源侧的过电流保护不能在变压器其他侧母线故障时可靠切除故障，则应由电源并网线的保护装置切除故障，或由母线保护切除。

第三节 线 路 保 护

一、线路保护配置原则

35kV 及以下线路保护一般采用远后备方式。

1. 单侧电源线路

（1）可装设三段过电流保护，第一段为不带时限的电流速断保护，保护范围不能伸出本线路；第二段为限时速断保护，限时速断保护能保护线路全长，并延伸至下一线路的首端。第三段为定时限过流保护，通常是指其动作电流按躲过线路最大负荷电流整定的一种保护。定时限过流保护不仅能保护本线路全长，且作本线路的近后备保护，而且还能保护相邻线路的全长甚至更远，作相邻线路的远后备。

（2）经低电阻接地单侧电源线路，除配置相间故障保护外，还应配置一段或两段式零序电流保护，作为接地故障的主保护和后备保护。

2. 双侧电源线路

（1）可装设带方向或不带方向的电流速断保护和过电流保护；

（2）短线路、电缆线路、并联连接的电缆线路宜采用光纤电流差动保护作为主保护，带方向或不带方向的电流保护作为后备保护。

（3）尽可能避免线路并列运行；当必须并列运行时，应配以光纤电流差动保护，带方向或不带方向的电流保护作为后备保护。

3. 环形网络线路

3～10kV 不宜出现环形网络的运行方式，应开环运行。当必须以环形方式运行时，为简化保护，可采用故障时将环网自动解列而后恢复的方法，对有不宜解列的线路，可参照双侧电源线路的规定执行。

此外，对可能出现过负荷的电缆线路或电缆与架空混合线路，应装设过负荷保护，保护宜带时限动作于信号，必要时可动作于跳闸。

单相接地短路应在发电厂和变电站的母线上装设反应零序电压的单相接地监视装置，动作于信号。

二、电流保护

1. 保护基本原理

当线路发生短路时，线路中的电流急剧增大，当电流流过某一预定值时，反应于电流升高而动作的保护装置，通常将电流速断保护、限时电流速断保护和过电流保护组合在一起，构成阶段式电流保护。配电线路主要采用的就是阶段式电流保护，如图 4–8 所示。图中 I 为保护的动作定值，I 对应在横坐标轴上的长度为保护区域，t 为保护的动作时限。各物理量的下标 1、2、3 分别表示 A、B、C 开关，各物理量的上标 Ⅰ、Ⅱ、Ⅲ 分别表示电流速断保护、限时电流速断保护和过电流保护。

2. 整定要求

（1）电流速断保护。

按躲过本线路末端最大三相短路电流整定。双侧电源线路，无方向的电流速断保护定值应按躲过本线路两侧母线最大三相短路电流整定。对双回线路，应以单回运行作为计算的运行方式，对环网线路，应以开环方式作为计算的运行方式。

（2）限时电流速断保护。

应对本线路末端故障有规定的灵敏系数，还应与相邻线路的测量元件定值相配合，时间定值按配合关系整定。

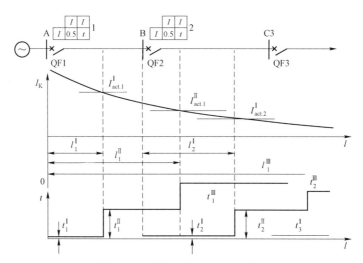

图 4-8　阶段式电流保护的保护区及时限配合特性

延时电流速断保护的测量元件定值在本线路末端故障时应满足如下灵敏系数的要求：① 20km 以下的线路不小于 1.5；② 20～50km 的线路不小于 1.4；③ 50km 以上的线路不小于 1.3。

（3）过电流保护。

电流定值应与相邻线路的延时段保护或过电流保护配合整定，同时，电流定值还应躲过最大负荷电流。

（4）低电阻接地系统的零序电流保护。

1）10～35kV 低电阻接地系统中接地电阻的选取宜为 6～30Ω，单相接地故障时零序电流以 1000A 左右为宜。

2）在低电阻接地系统中，应考虑线路经高电阻接地故障的灵敏度，线路零序电流保护的最末一段定值不宜过大。

3）低电阻接地系统必须且只能有一个中性点接地运行，当接地变压器或中性点电阻失去时，供电变压器的同级断路器必须同时打开。

三、配电线路多级级差保护

1. 配电线路多级级差保护基本原理

多级级差保护配合是指通过对变电站 10kV 出线开关和 10kV 支线开关设置不同的保护动作延时时间来实现保护配合。

对于供电半径较长、分段数较少的开环运行的农村配电线路，在线路上发生故障时，若故障位置上游各个分段开关处的短路电流水平差异比较明显，可以采取电流定值与延时级差配合的方式（如三段式过流保护或反时限过流保护）实现多级保护配合，有选择性地快速切除故障。

对于供电半径较短的开环运行的城市配电线路，在线路上发生故障时，故障位置上游各个分段开关处的短路电流水平往往差异比较小，无法针对不同的开关设置不同的电流定值，此时仅能依靠保护动作延时时间级差配合实现故障有选择性的切除。

2. 配电线路多级级差保护的配置原则

（1）两级级差保护的配置原则。

两级级差保护配合时，线路上开关类型组合选取及保护配置的原则为：

1）用户开关或分支开关采用断路器。

2）用户断路器或分支断路器保护动作延时时间设定为 0s，变电站出线断路器保护动作延时时间设置为一个时间级差 Δt。

采用上述两级级差保护配置后，具有下列优点：

1）分支或用户故障发生后，相应分支或用户断路器首先跳闸，而变电站出线断路器不跳闸，因此不会造成全馈线停电，有助于减少故障后导致停电的用户数。

2）不会发生开关多级跳闸或越级跳闸的现象，因此故障处理过程简单，操作的开关数少，瞬时性故障恢复供电时间短。

示例：对于图 4－9 所示的采用两级级差保护的辐射状架空馈线配电网，六边形代表电源点（采用断路器）、圆圈代表线路开关、方块代表用户断路器，实心代表合闸，空心代表分闸。

当区域 A（A3，A4，A6）发生故障后，S 跳闸切除故障，如 4－10 所示（折线为故障点）。

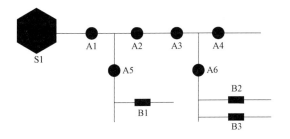

图 4－9 多级级差保护配置示意图

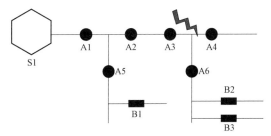

图 4－10 线路故障保护跳闸示例

当 B2 所在分支线路发生故障后，B2 跳闸切除故障，如图 4－11 所示（折线为故障点）。

（2）三级级差保护的配置方案。

1）变电站 10kV 出线开关、馈线分支开关与用户开关形成三级级差保护，如图 4－12 所示。其中用户开关保护动作延时时间设定为 0s；馈线分支开关保护动作延时时间设定为 Δt；变电站出线开关保护动作时间设定为 $2\Delta t$。图示方案适用于辐射状馈线或馈线的辐射状分支。

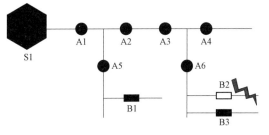

图 4－11 用户故障保护跳闸示例

三级级差保护虽然在缩小故障影响范围方面比二级级差保护更好，但对变电站出线开关的保护动作延时要求比二级级差保护更高。

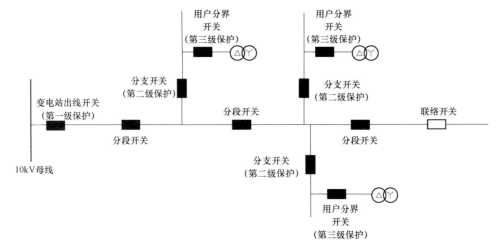

图 4-12   配电线路三级级差保护示意图

2）在满足选择性要求的前提下，可启用变电站出线开关保护、分段开关保护、分支开关保护、用户分界开关保护四级保护，配置简图见图 4-13，此配置目前为配网线路保护最大化配置。

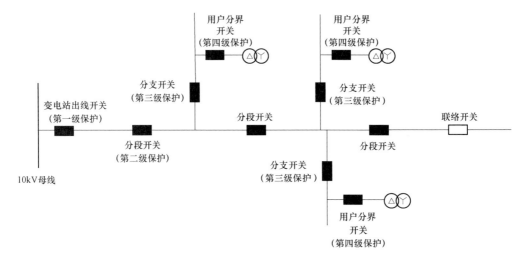

图 4-13   配电线路四级级差保护示意图

（3）配电线路多级级差保护其他要求。

1）分级保护同样需要满足继电保护"四性"的要求。因此，可以根据变电站出线定值的时限，合理选择分级保护的配置的级数。当上下级保护之间无法满足选择性要求时，可以通过重合闸或馈线自动化进行补救。

2）保护定值的整定参照电流保护的整定要求执行。

四、低压配电线路剩余电流动作保护

低压配电线路中各相（含中性线）电流矢量和不为零而产生的电流称为剩余电流。剩余电流动作保护（residual current operated protective device，RCD）又称漏电保护，作为配电装置中主干线或分支线的保护。一般用于低压电网的电源进线上。是防止人身触电事故的有效措施之一，也是防止因漏电引起电气火灾和电气设备损坏事故的技术措施。

1. 剩余电流动作保护装置的组成

剩余电流动作保护装置组成框图如图4-14所示，剩余电流动作保护装置由检测元件、中间环节（包括放大元件和比较元件）、执行机构三个基本环节及辅助电源和试验装置构成。

检测元件是一个零序电流互感器，作用是将漏电电流信号转换为电压或功率信号输出给中间环节。

中间环节通常含有放大器、比较器等，对来自零序电流互感器的漏电信号进行处理。

执行机构指漏电动作脱扣器等，用于接收中间环节的指令信号，实施动作。

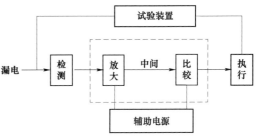

图4-14 剩余电流动作保护装置组成框图

辅助电源是提供电子电路工作所需的低压电源。

试验装置由一只限流电阻和检查按钮相串联的支路构成，模拟漏电的路径，以检验装置是否能够正常动作。

2. 剩余电流动作保护装置工作原理

正常情况下，三相负荷电流和对地漏电流基本平衡，流过互感器一次绕组电流的相量和约为零，即由它在铁芯中产生的总磁通为零，零序互感器二次绕组无输出。当发生触电时，触电电流通过大地构成回路，亦即产出了零序电流。这个电流不经过互感器一次绕组流回，破坏了平衡，于是铁芯中便有零序磁通，使二次绕组输出信号。这个信号经过放大、比较元件判断，如达到预定动作值，即发执行信号给执行元件动作掉闸，切断电源。

由工作原理可见，当三相对地阻抗差异大，三相对地漏电流相量和达到保护器动作值时，将使断路器掉闸或送不上电。同时三相漏电流和触电电流相位不一致或反相，会降低保护器的灵敏度。如图4-15所示。

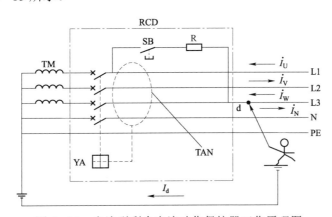

图4-15 电流型剩余电流动作保护器工作原理图

TM—电力变压器；SB—分闸试验按钮；RCD—剩余电流动作保护器；R—电阻；YA—电磁脱扣器；

TAN—零序电流互感器；I_d—故障电流；$\dot{i}_U$、$\dot{i}_V$、$\dot{i}_W$、$\dot{i}_N$—三相交流矢量电流

3. 剩余电流保护器技术指标的动作时间

额定电压为380V，额定电流最大为630A。额定剩余动作电流有30mA、100mA和300mA，分断时间有一般型和延时型两种。

（1）一般型剩余电流保护器。无故障延时的剩余电流保护器，主要作为分支线路和终端线路的漏电保护装置。一般型的分断时间不大于 0.2s。

（2）延时型剩余电流保护器。专门设计的对某一剩余动作电流值能达到一个预定的极限不动作时间的剩余电流保护器。延时型剩余电流保护器主要作为主干线或分支线的保护装置，可以与终端线路的保护装置配合，达到选择性保护的要求。延时型的延时时间有 0.2、0.4、0.8s 和 1s 等几种。

五、小电流接地系统单相接地故障选线

1. 小电流接地系统单相接地故障的危害

配电网架空线路与电缆混合区域常采用中性点不接地或经消弧线圈接地的小电流接地方式，当配电线路发生单相接地故障后，对设备安全、人身安全、电力系统稳定等都可能造成危害。

（1）危及设备安全。10kV 配电线路发生单相接地故障后，变电站 10kV 母线上的 TV 检测到零序电流，在开口三角形上产生零序电压，TV 铁芯饱和，励磁电流增加，如长时间运行，将烧毁 TV。单相接地故障后，也可能引起谐振过电压。几倍于正常电压的谐振过电压，危及变电站设备的绝缘，严重时使变电设备绝缘击穿。对于线路上的配电设备同样危害巨大，单相接地故障发生后，可能发生间歇性弧光接地，造成谐振过电压，产生几倍于正常电压的过电压，将进一步使线路绝缘子击穿，造成严重的短路事故，同时可能烧毁部分有缺陷的配电变压器，使线路上的避雷器、跌落开关绝缘击穿、烧毁。

（2）危害人身安全。如果是由于导线断裂落地造成的配电网系统单相接地，脱落的导线与大地接触，接地电流从接地点向四周流散，经过的人或牲畜可能发生跨步电压引起电击伤事故。

（3）影响供电可靠性。接地故障发生后如果不能准确快速发现接地线路，会采取试拉的方法查找接地线路，可能导致正常线路也发生停电，影响用户正常供电，降低供电可靠性。

2. 单相接地的判断

接地故障发生后 10kV 母线电压出现异常，而导致母线电压异常的原因有很多，值班调控员首先要进行的就是根据故障象征和上传信号判断是否是接地故障，然后迅速采取隔离措施。造成母线电压异常的原因包括系统谐振、TV 断线、线路断线、线路单相接地等，其电压变化情况见表 4-1。

表 4-1　　　　　　　　　不同故障类型的电压变化情况

故障类型	电压变化情况
谐振	三相电压无规律的波动
TV 一次侧熔断器熔断	一相降低，另外两相不变
TV 二次侧熔断器熔断	一相降低到零，另外两相不变
单相接地	一相降低，另外两相升高

系统发生单相金属性接地故障后，故障相电压降低到零，非故障相电压升高至线电压。系统发生非金属性接地后故障相电压降低，非故障相电压升高。

3. 小电流接地选线的原理

随着配电网结构的不断复杂化，发生单相接地故障的概率越来越大，严重影响到配电网的运行安全，及时找到故障位置发现故障线路甚为重要。单相接地选线基于以下几种原理：

（1）零序功率方向原理。

零序功率方向原理就是利用在系统发生单相接地故障时，故障与非故障线路零序电流反相，由零序功率继电器判别故障与非故障电流。

（2）谐波电流方向原理。

当中性点不接地系统发生单相接地故障时，在各线路中都会出现零序谐波电流。由于谐波次数的增加，相对应的感抗增加，容抗减小，所以总可以找到一个 m 次谐波，这时故障线路与非故障线路 m 次谐波电流方向相反，同时对所有大于 m 次谐波的电流均满足这一关系。

（3）外加高频信号电流原理。

当中性点不接地系统发生单相接地时，通过电压互感器二次绕组向母线接地相注入一种外加高频信号电流，该信号电流主要沿故障线路接地相的接地点入地，部分信号电流经其他非故障线路对地电容入地。用一只电磁感应及谐波原理制成的信号电流探测器，靠近线路导体接收该线路故障相流过信号电流的大小（故障线路接地相流过的信号电流大，非故障线路接地相流过的信号电流小，它们之间的比值大于 10 倍）判断故障线路与非故障线路。

高频信号电流发生器由电压互感器开口三角的电压起动。选用高频信号电流的频率与工频及各次谐波频率不同，因此，工频电流、各次谐波电流对信号探测器无感应信号。

在单相接地故障时，用信号电流探测器，对注入系统接地相的信号电流进行寻踪，还可以找到接地线路和接地点的确切位置。

（4）首半波原理。

首半波原理是基于接地故障信号发生在相电压接近最大值瞬间这一假设。当电压接近最大值时，若发生接地故障，则故障相电容电荷通过故障线路向故障点放电，故障线路分布电感和分布电容使电流具有衰减振荡特性，该电流不经过消弧线圈，故不受消弧线圈影响。但此原理的选线装置不能反映相电压较低时的接地故障，易受系统运行方式和接地电阻的影响，存在工作死区。

第四节 电力电容器、电抗器、接地变压器保护

一、电容器保护

1. 电力电容器的保护配置

常见电力电容器保护主要有以下类型：

（1）熔丝保护。电容器组的每台电容器上都装有单独的熔丝保护，只要配合得当，就能

够迅速将故障电容器切除，避免电容器的油箱发生爆炸，使附近的电容器免遭波及损坏。

（2）延时电流速断保护。主要反映电容器与断路器之间连接线的相间短路故障，保护动作于开关跳闸。

（3）过电流保护。过电流保护的任务，主要是保护电容器引线上的相间短路故障或在电容器组过负荷运行时使开关跳闸。

（4）过电压保护。电容器在过高的电压下运行时，其内部游离增大，可能发生局部放电，使介质损耗增大，局部过热，并可能发展到绝缘被击穿。过电压保护防止电容器组在超过最高容许的电压下运行，保护动作于开关跳闸。

（5）低电压保护。低电压保护主要是防止变电站事故跳闸、变电站停电等情况下，空载变压器与电容器同时合闸时工频过电压和振荡过电压对电容器的危害。

（6）单星形接线电容器组不平衡电压保护。电压取自放电线圈二次侧所构成的开口三角。在正常运行时，三相电压平衡，开口处电压为零，当单台电容器因故障被切除后，即出现差电压 U_0，保护采集到差电压后即动作跳闸。图 4-16 为单星形接线电容器组不平衡电压保护示意图。

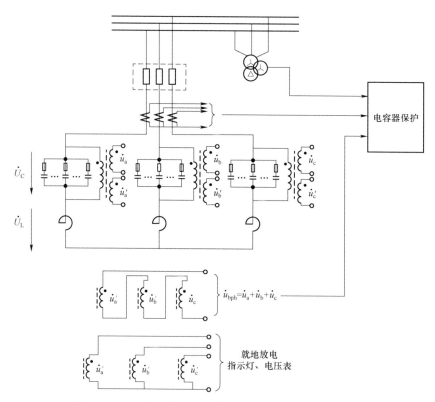

图 4-16　单星形接线电容器组不平衡电压保护示意图

（7）单星形接线电容器组差压保护。电容器差压保护原理就像电路分析中串联电阻的分压原理，是通过检测同相电容器两串联段之间的电压，并作比较。当设备正常时，两段的容抗相等，各自电压相等，因此两者的压差为零。当某段出现故障时，由于容抗的变化而使各自分压不再相等而产生压差,当压差超过允许值时,保护动作。图 4-17 为单星形接线电容器组差压保护示意图。

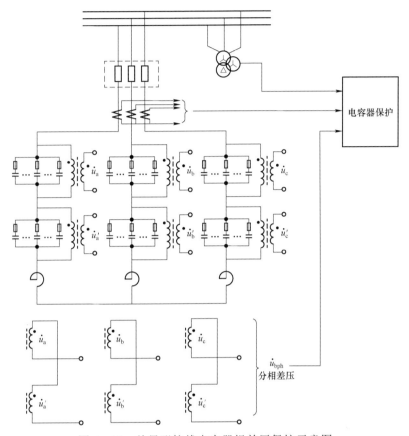

图 4-17　单星形接线电容器组差压保护示意图

(8)双星形接线电容器组的中性线不平衡电流保护。保护所用的低变比电流互感器串接于双星形接线的两组电容器的中性线上,在正常情况下,三相阻抗平衡,中性点间电压差为零,没有电流流过中性线。如果某一台或几台电容器发生故障,故障相的电压下降,中性点出现电压,中性线有不平衡电流 I_0 流过,保护采集到不平衡电流后即动作跳闸。图 4-18 为双星形接线电容器组的不平衡电流保护的示意图。

2. 电容器保护整定原则

(1)每台电容器分别装设的专用保护熔断器,熔丝的额定电流可为电容器额定电流的 1.5~2.0 倍。

(2)延时电流速断保护。

1)速断保护电流定值按电容器端部引线故障时有足够的灵敏系数整定,一般整定为 3~5 倍额定电流。

2)考虑电容器投入过渡过程的影响,速断保护动作时间一般整定为 0.1~0.2s。

3)在电容器端部引出线发生故障时灵敏系数不小于 2.0。

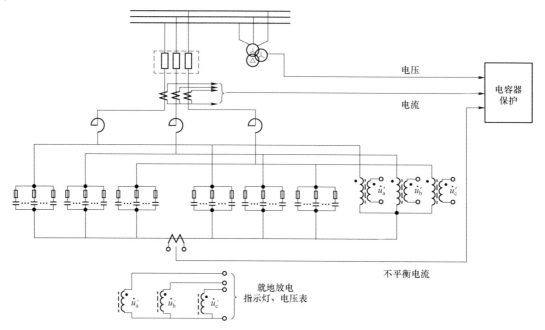

图 4—18　双星形接线电容器组的不平衡电流保护示意图

（3）过电流保护。

1）过电流保护应为三相式。

2）过电流保护电流定值应可靠躲电容器组额定电流，一般整定为 1.5～2 倍额定电流。

3）保护动作时间一般整定为 0.3～1s。

（4）过电压保护。

1）过电压保护定值应按电容器端电压不长时间超过 1.1 倍电容器额定电压的原则整定。

2）过电压保护动作时间应在 1min 以内。

3）过电压保护可根据实际情况选择跳闸或发信号。

（5）低电压保护。

低电压定值应能在电容器所接母线失压后可靠动作，而在母线电压恢复正常后可靠返回，如该母线作为备用电源自投装置的工作电源，则低电压定值还应高于备自投装置的低电压元件定值，一般整定为 0.2～0.5 倍额定电压。保护的动作时间应与本侧出线后备保护时间配合。

（6）单星形接线电容器组的开口三角电压保护。

电压定值按部分单台电容器（或单台电容器内小电容元件）切除或击穿后，故障相其余单台电容器所承受的电压（或单台电容器内小电容元件）不长期超过 1.1 倍额定电压的原则整定，同时，还应可靠躲过电容器组正常运行时的不平衡电压。动作时间一般整定为 0.1～0.2s。

电容器组正常运行时的不平衡电压应满足厂家要求和安装规程的规定。

（7）单星形接线电容器组电压差动保护。

差动电压定值按部分单台电容器（或单台电容器内小电容元件）切除或击穿后，故障相其余单台电容器所承受的电压不长期超过 1.1 倍额定电压的原则整定，同时，还应可靠躲过电容器组正常运行时的段间不平衡差电压。动作时间一般整定为 0.1～0.2s。

电容器组正常运行时的不平衡电压应满足厂家要求和安装规程的规定。

（8）双星形接线电容器组的中性线不平衡电流保护。

电流定值按部分单台电容器（或单台电容器内小电容元件）切除或击穿后，故障相其余单台电容器（或单台电容器内小电容元件）所承受的电压不长期超过 1.1 倍额定电压的原则整定，同时，还应可靠躲过电容器组正常运行时中性点间流过的不平衡电流。动作时间一般整定为 0.1～0.2s。

电容器组正常运行时中性点间流过的不平衡电流应满足厂家要求和安装规程的规定。

二、电抗器保护

并联电抗器可能发生以下故障：① 线圈的单相接地和匝间短路；② 引线的相间短路和单相接地短路；③ 有过电压引起的过负荷；④ 油面降低；⑤ 温度升高和冷却系统故障。

1. 电抗器保护配置

对于 63kV 及以下的油浸式、干式并联电抗器，一般不装设差动保护，仅装设电流保护，保护电流采样示意图见图 4-19。

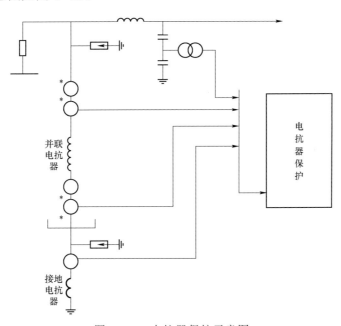

图 4-19　电抗器保护示意图

（1）电流速断保护。电抗器电流速断保护常采用两相或三相电流速断保护，是电抗器绕组及引线相间故障的主保护，当故障电流大于整定值时，保护瞬时动作于开关跳闸。

（2）过电流保护。电抗器过电流保护采用两相或三相电流保护，躲过电抗器最大额定电流，是电抗器相间故障的后备保护。

（3）过负荷保护。电抗器过负荷保护是在电抗器负荷电流越限时动作，一般不跳闸仅发信号。

（4）零序电流保护（低电阻接地系统）。电抗器零序电流保护通过检测电抗器中性点电流大小判断电抗器是否单相接地，当电抗器单相接地时电抗器中性点将存在不平衡电流，电抗器零序电流保护动作。

（5）非电量保护。对于油浸式电抗器需安装非电量保护即瓦斯保护，轻瓦斯动作与信号，重瓦斯动作于跳闸。

2. 电抗器保护整定原则

（1）电流速断保护。电流速断保护电流定值应躲过电抗器投入时的励磁涌流，一般整定为 3～5 倍的额定电流，在常见运行方式下，电抗器端部引线故障时，灵敏系数不小于 1.3。

（2）过电流保护。过电流保护电流定值应可靠躲过电抗器额定电流，一般整定为 1.5～2 倍额定电流，动作时间一般整定为 0.5～1.0s。

（3）过负荷保护。过负荷保护动作于信号，电流定值一般整定为 1.1～1.2 倍额定电流，动作时间一般整定为 4～6s。

（4）零序电流保护（小电阻接地系统）。对本间隔单相接地故障有灵敏度，且与相邻元件零序电流保护配合。

三、接地变压器保护

站用接地变压器一般装设过电流保护、高压侧零序保护（低电阻接地系统）及低压侧零序保护。站用接地变压器保护整定原则如下：

（1）电流速断保护。电流速断保护电流定值应躲过变压器励磁涌流及站用变压器低压侧故障，动作时间一般整定为 0s。

（2）过电流保护。过电流保护定值应躲过站用变压器额定电流整定，动作时间一般整定为 0.5～1.0s。

（3）零序电流保护（小电阻接地系统）。对本间隔单相接地故障有灵敏度，且与相邻元件零序电流保护配合。

第五节　母　线　保　护

35kV 及以下电力系统不存在稳定问题，对保护的快速性要求不高，一般较少配置专用母线保护，通常由发电机和变压器的后备保护实现对母线的保护。当母线有重要负荷或发电厂需要快速切除、或有选择第切除一段母线故障时，为保证重要负荷或发电厂设备安全，减少经济损失，应装设专用的母线保护。中压配电网母线保护主要有电流差动保护、简易母线保护、开关柜弧光保护等。

一、母线差动保护的功能和原理

1. 母线差动保护原理

当母线上发生故障时，一般情况下，各连接单元的电流流向母线；而在母线之外（线路上或变压器内部）发生故障时连接单元各的电流有流向母线的，有流出母线的。依据基尔霍夫定律判断流入、流出母线电流是否相等，当母线上故障时，母差保护动作；母线外故障时，母差保护可靠不动作。

总差动的保护范围涵盖了各段母线，总差动也常被称为"总差"或"大差"；分差动因其差动保护范围只是相应的一段母线，常称为"分差"或"小差"。

单母分段母线差动保护示意图如图 4-20 所示，大差回路是除分段开关以外的母线上所有其余支路电流所构成的差动回路；某段母线小差回路是与该母线相连接的各支路电流构成的差动回路，其中包括了与该段母线相关联的分段开关。

在图 4-20 中，Ⅰ 段母线上有线路 L1、L2、T1，流入母线电流分别为 I_4、I_5、I_2，Ⅱ 段母线上有线路 L3、L4、T2，流入母线电流分别为 I_6、I_7、I_{13}，Ⅰ 段、Ⅱ 段母联开关电流为 I_1，电流方向如图所示，则各差流计算公式为：

1）大差电流为：

$$I_d = I_2 + I_3 + I_4 + I_5 + I_6 + I_7 \tag{4-3}$$

2）Ⅰ 母小差电流为：

$$I_{d1} = I_2 + I_4 + I_5 + I_1 \tag{4-4}$$

3）Ⅱ 母小差电流为：

$$I_{d2} = I_3 + I_6 + I_7 - I_1 \tag{4-5}$$

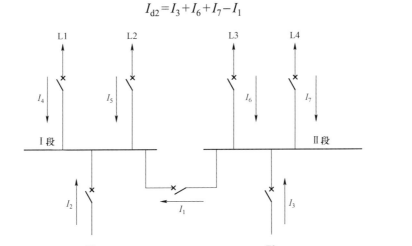

图 4-20　单母分段母线差动保护原理图

2. 母线差动保护整定原则

具有比率制动特点的母线保护的差电流启动元件、母线选择元件定值，应保证母线短路故障在母联断路器跳闸前后有足够的灵敏度，并尽可能躲过任一元件电流二次回路断线时由负荷电流引起的最大差电流：

$$I_{op} = K_k I_{Lmax} \tag{4-6}$$

式中　I_{op}——母线上任一元件在常见运行方式下的最大负荷电流；

　　K_k——可靠系数，取 1.1～1.3；

I_{Lmax}——任一元件电流二次回路断线时由负荷电流引起的最大差电流。

差电流启动元件、选择元件定值，按母线最不利的接线方式，最严重的故障类型，以最小动作电流为基准校验灵敏系数。灵敏系数一般不小于 2.0，以保证母线短路故障在母联断路器跳闸前后有足够的灵敏度。若灵敏系数小于 2.0，可适当降低电流二次回路断线的动作条件。

二、简易母线保护

1. 简易母线保护原理

简易母线保护不是单独的保护装置，由嵌入在变压器后备保护或母联（分段）装置中的动作元件和嵌入在母联（分段）和出线（包括线路、站用变压器、接地变压器、电容器、电抗器等，下同）保护装置中的闭锁元件组成。依赖母线上进线、分段的过流情况，结合出线保护发送的闭锁信号，实现母线故障的快速跳闸。简易母线差动保护动作逻辑关系如图 4-21 所示。

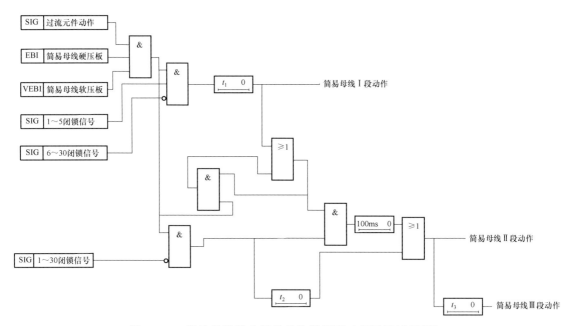

图 4-21　简易母线差动保护动作逻辑图（变压器低压侧）

由于简易母线保护需要在多个装置之间的传递启动闭锁信号，使得传统方式下各个出线保护、分段保护与简易母线保护之间存在较多硬开入连线，导致了二次回路比较复杂。近年来，智能变电站过程层网络技术日趋成熟，通过 SV、GOOSE 报文实现保护设备之间电气数据和跳闸命令信息交换，已应用于国家电网公司新一代智能变电站。

2. 简易母线保护动作逻辑

（1）无小电源动作逻辑

在图 4-22 中，设运行方式为 1 号主变压器带 I 母，分段 500A 打开，当 K1、K3、K5 处发生故障时，简易母线保护动作逻辑分别为：

1）K1 故障时动作逻辑为：各出线过流启动闭锁 1 号变压器低压侧简易母线保护和分段 500A 简易母线保护，经延时出线保护切除故障。出线保护跳闸后经延时，如线路仍有流，收回闭锁信号，1 号变压器低压侧简易母线保护开放，动作于主变压器低压 101 开关，作为出线开关的失灵保护。

2）K3 故障时动作逻辑为：出线过流不启动，分段过流不启动，经延时变压器低压侧简易母线保护跳闸；1 号变压器低压侧简易母线保护跳开低压侧开关后，故障电流不消失，经延时跳变高开关，作为变低开关的失灵保护。

3）K5 故障时动作逻辑为：1 号变压器低压侧简易母线保护跳开低压侧开关后，故障电流不消失，经延时跳变高开关。

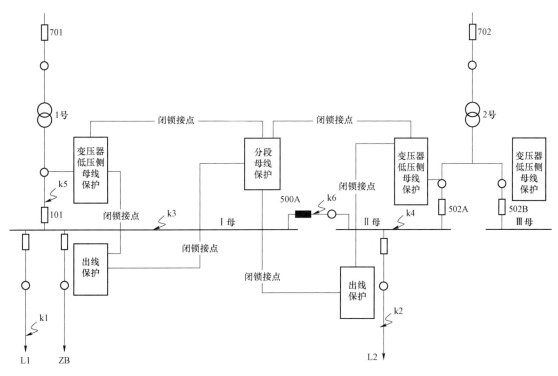

图 4-22　简易母差保护系统一次接线图示例

（2）母线上有第二电源时，简易母线保护动作逻辑。

母线侧有小电源并网线路时，母线区内故障，小电源并网线路将发 GOOSE 闭锁信号造成母线保护拒动。在常规站由于联跳信号采集困难，简易母线保护不能使用，但是在智能站很方便通过 GOOSE 报文解决这个问题，图 4-21 为变压器低压侧简易母线保护，1～5 闭锁信号输入源为小电源出线，现场将所有的小电源出线对应到这 5 个输入中。简易母线第一时限的跳闸出口不设定跳闸控制字，直接通过 GOOSE 跳开发送闭锁信号的小电源出线。

此时主变压器低压母线保护的逻辑分为三段时限：

1）第一段时限跳发 GOOSE 闭锁信号的小电源并网线。

2）第二段时限跳主变压器低压总开关。

3）第三时限跳变压器各侧开关。

分段母线保护的逻辑分为两段时限：

1）第一段时限跳发 GOOSE 闭锁信号的小电源并网线开关。

2）第二段时限跳分段开关。

3. 整定时限

理论上母线保护应在 30ms 内接收闭锁信号并闭锁保护，简易母线保护动作延时按照躲过闭锁信号整定，一般设为 100～300ms。

三、开关柜弧光保护的功能和原理

中、低压母线在发生故障时产生的电弧光对设备及人员造成极大的伤害。但是目前中、低压母线系统中一般不配置专用的快速母线保护，而是依赖上一级变压器的后备过电流保护来切除母线短路故障，这样导致了故障切除时间的延长，加大了设备的损伤程度。弧光保护系统采用弧光检验和过电流检测双判据原理，使保护动作快、可靠性高，填补了中、低压专用快速母线保护的空白。

1. 弧光保护的原理与方法

电弧是放电过程中发生的一种现象，当两点之间的电压超过其工频绝缘强度极限时就会发生。电力系统由于各种的短路原因可引起弧光，弧光会以 300m/s 的速度爆发，摧毁途中的任何物质，只要系统不断电，弧光就会一直存在。中、低压母线常常采用封闭柜体，在电弧的周围，会形成压力波，并导致温度的上升，电弧光中心温度为 10 000～20 000℃，导致铜排、铝排熔毁气化；电缆熔毁，电缆护套着火；开关设备剧烈振动，固定元件松脱；使上一级变压器承受近距离短路冲击，故障电流产生的电动力可能导致变压器绕组变形引起匝间短路。典型的燃弧对设备的影响见表 4-2。

表 4-2　　　　　　　各种燃弧时间长短对设备造成的损坏程度的评估

燃弧时间（ms）	设备损坏程度
35	没有显著的损坏，一般可以在检验绝缘电阻后投入使用
100	损坏较小，在开关柜再次投入运行以前需要进行清洁或某些小的修理
500	设备损坏很严重，在现场的人员也受到严重的伤害，必须更换部分设备才可以再投入运行

要想最大限度地减少弧光的危害，需要在发生弧光故障的时，安全、迅速地切断电弧光，保护操作人员不受伤害，并且降低财产损失程度，简称电弧光保护。电弧光保护是指在设备安装限制内部电弧效应的装置以防止内部出现故障电弧，有以下两种常见的、可行的方法：

（1）通过压力传感器进行监测。压力波是装置内出现电弧事故的效应之一，因此，安装一些压力传感器用于探测压力峰值，它将在电弧出现后的 10～15ms 后出现。当内部的压力达到设定值时，电弧监测装置发出动作指令。

（2）通过弧光（光纤）传感器进行监测。弧光监测器的操作逻辑如下：柜体内出现的弧光会被弧光传感器探测到，因为强烈的光辐射与电弧现象有关。弧光监控系统探测到故障，发出动作信号给断路器。这种情况的探测反应时间仅 1ms，是目前用于母线弧光保护的常用方法。

2. 母线弧光保护系统

弧光保护系统主要由控制单元（集成了电流单元）和采集单元组成。如图 4-23 所示，控制单元安装于开关柜之上。它检测弧光信号和故障电流，并对收到的两种信号进行判断、处理，在满足跳闸条件时，发出跳闸指令，快速继电器接收指令动作切除故障。采集单元采用光纤传感器作为电弧光探测单元。

弧光保护系统可接入若干个由采集单元传来的电弧光信号以及电流信号。采集单元可放置在开关设备的任何位置，通常安装在开关柜各间隔室中，也可沿母线放置。电弧光保护主要动作依据为故障产生的两个不同因素——弧光及电流增量。检测到弧光报警后，只有电流值也超过设定的电流最大值后，才会进行跳闸，弧光保护动作后瞬时跳开主变压器进线断路器，主变压器中/低压侧电流作为辅助判别元件，以防止误动。电流判别元件采用三相电流检测方式，整定值应按躲过该主变压器实际最大负荷电流整定，可靠系数取 1.1~1.3，电弧光保护原理如图 4-24 所示。

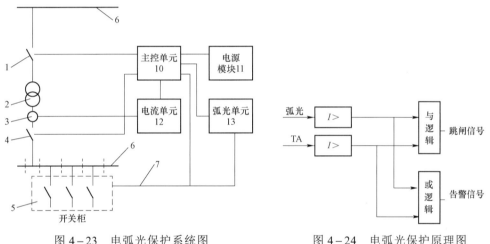

图 4-23　电弧光保护系统图　　　图 4-24　电弧光保护原理图

1—主变压器高压侧断路器；2—主变压器；3—主变压器低压侧电流互感器；
4—主变压器低压侧断路器；5—开关柜；6—母线；7—弧光保护二次回路

第六节　分布式电源保护

分布式电源按照并网形式分为逆变器类型分布式电源与旋转电机类型分布式电源。对于分布式电源相关保护和自动控制装置，其动作逻辑和参数设置与电网运行方式有关，并需要与电网中保护和安全自动装置相协调。

一、涉网线路保护

分布式电源不同的接入方式对保护配置及技术要求有较大影响，本节将按照中压配电网专线接入、T 接接入和经开关站（配电室、箱式变电站）接入三种典型接线，380V 电压等级接入典型接线，针对不同典型接线说明保护配置及相应的技术要求。分布式电源涉网保护整定应以保证公共电网的安全可靠性为主、涉网安全为辅的原则，在因系统动作时限受限无法满足选择性时，应优先考虑与上一级电网配合。

1. 电源专线接入中压配电网

（1）保护配置。

典型接线如图4-25所示，电源经专线接入时，用户变电站或开关站母线并网线路配置阶段式（方向）过电流保护或距离保护，经短线路、电缆线路并网造成保护整定或配合困难时，配置全线速动保护。

配电网侧专线并网联络线应满足重合闸检无压需求，下级电源防孤岛动作时间应与并网线路系统侧开关配合。储能电站并网线路重合闸停用，采用电缆线路并网的线路重合闸停用。

（2）保护整定。

全线速动保护包括光纤纵联差动保护或5G通信差动保护，按具体保护类型，参照相关整定规程整定。

2. 电源T接入中压配电线路

（1）保护配置。

典型接线如图4-26所示，用户高压总进线断路器处应配置阶段式（方向）过电流保护。用户侧分布式电源馈线断路器配置阶段式（方向）过电流保护、重合闸，为了保证用户其他负荷的供电可靠性，宜在分布式电源站侧配置电流速断保护反映内部故障。低电阻接地系统，上述过电流保护均含无方向零序过电流保护。

当T接点未配置断路器时，在配电网侧馈线处应配置阶段式过电流（方向）保护，需要时可配置距离保护。具备条件的T接线路，可配置多端差动保护。配电网侧馈线应配置线路TV，重合闸宜采用检无压重合，不具备条件时重合闸停用。

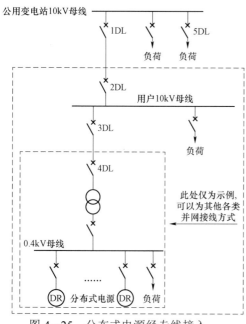

图4-25　分布式电源经专线接入
中压配电网典型接线

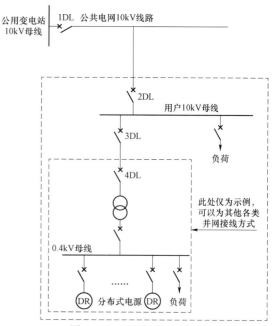

图4-26　分布式电源经T接入
中压配电网典型接线

（2）保护整定。

当分布式电源额定电流大于公用变电站馈线断路器处装设的保护装置末段电流保护整定值时，用户高压总进线断路器处配置的电流保护按方向指向用户母线整定，与变电站 T 接线配电网侧开关处配置的保护配合；反之，不经方向闭锁。用户高压总进线断路器和下级分布式电源馈线断路器处配置的保护均动作于跳总进线断路器；有多条分布式电源线路时，同时跳各个分布式电源馈线开关。

距离保护应按 DL/T 584《3kV～110kV 电网继电保护装置运行整定规程》中的阶段式距离保护整定原则整定。相间距离 I 段按可靠躲过本线路末端相间故障整定；相间距离 II 段按保本线路末端相间故障有不小于规定的灵敏系数整定，并与相邻线路相间距离 I 段或 II 段配合，动作时间按配合关系整定。

多端差动保护按具体保护类型，参照相关整定规程整定。

3. 电源经开关站（配电室、箱式变电站）接入中压配电网

（1）保护配置。

典型接线如图 4-27 所示，用户高压总进线开关处应配置阶段式（方向）过电流保护、故障解列。用户侧分布式电源馈线可配置阶段式过电流保护、重合闸。

用户高压总进线断路器处配置的过电流保护正方向指向线路时，动作于分布式电源馈线断路器；反之，则动作于跳总进线开关。用户高压总进线断路器处配置的故障解列动作于分布式电源馈线断路器。

（2）保护整定。

电流保护方向指向线路时，除按常规原则整定外，须保证公用变电站 10kV 母线故障有足够灵敏度。其中，逆变器类型分布式电源可按 110%～120%分布式电源额定电流整定。电流保护方向指向用户母线时，优先按开关站分布式电源馈线断路器处配置保护的配合要求整定，无法配合或配合后导致下级用户内部负荷开关处保护整定困难时，可按直接与电源接入的公共变电站馈线断路器处配置保护的配合要求整定。

4. 分布式电源接入 380V 配电网

分布式电源经专线或 T 接入 380V 配电网，用户侧低压进线开关及分布式电源出口处开关应具备短路瞬时、长延时保护功能和分励脱扣、欠压脱扣功能。

用户侧低压进线开关及分布式电源出

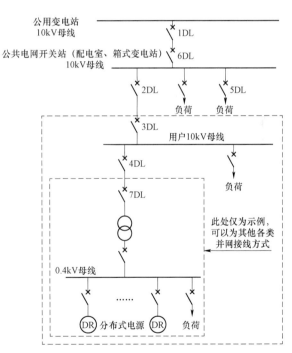

图 4-27　分布式电源经开关站（配电室、箱式变电站）接入中压配电网典型接线

口处开关处配置的保护定值中的电流、电压、时间等定值必要时应与上下级保护配合。

5. 系统侧相关保护校验及改造完善

（1）分布式电源接入配电网后，应对分布式电源送出线路相邻线路现有保护进行校验，当不满足要求时，应调整保护配置。

（2）分布式电源接入配电网后，应校验相邻线路的开关和电流互感器是否满足要求（最大短路电流）。

（3）分布式电源接入配电网后，必要时按双侧电源线路完善保护配置。

二、频率电压异常解列保护

1. 频率电压异常解列的作用

频率电压异常解列装置又称故障解列、小电源解列装置。装置通过相关故障量判断发电站出现故障，为避免本站的故障影响到电网，快速可靠地跳开发电站并网开关，将电站与电网分离开，避免对电网造成不必要的冲击。

2. 保护配置

分布式电源公共连接点（总进线开关）应配置频率电压异常解列装置，接入电源的公共变电站配电网侧母线可按照当地电源接入系统要求配置频率电压异常解列装置。装置功能包括风机过电压保护、风机低电压保护、风机频率异常保护、光伏逆变器过电压保护、光伏逆变器低电压保护、光伏逆变器频率异常保护等发电机组涉网保护，其配置和选型应符合GB/T 14285《继电保护和安全自动装置技术规程》及 DL/T 1631《并网风电场继电保护装置及整定技术规范》规定，在系统扰动下限制频率降低、有功过剩时限制频率升高，以及无功欠缺时限制电压降低。380/220V 电压等级接入时，不配置独立的故障解列装置。

3. 保护整定

（1）动作时间宜小于公用变电站故障解列或防孤岛保护动作时间，且有一定级差。

（2）低电压时间定值应躲过系统及用户母线上其他间隔故障切除时间，同时考虑符合系统重合闸时间配合要求。

（3）过电压定值、低/过频率定值按 DL/T 584《3kV～110 kV 电网继电保护装置运行整定规程》要求整定，低频定值一般整定为 48～49Hz，低电压定值一般整定为额定运行电压的 0.6～0.8 倍，动作时间一般整定为 0.2～0.5s。

三、防孤岛保护

1. 防孤岛的定义

（1）孤岛现象。电网失电时，分布式电源仍保持对失电电网中的某一部分线路继续供电的状态。孤岛现象可分为非计划性孤岛现象和计划性孤岛现象。

（2）防孤岛。防止非计划性孤岛的发生。非计划性孤岛现象发生时，由于系统供电状态未知，将造成以下不利影响：① 可能危及电网线路维护人员和用户的生命安全；② 干扰电网的正常合闸；③ 电网不能控制孤岛中的电压和频率，从而损坏配电设备和用户设备。

2. 防孤岛保护类型

（1）分类。变流器型并网电站，一般为光伏发电站，按照要求需装设防孤岛效应保护。

根据安装地点、技术原理等区别，防孤岛保护主要分为三种：① 适用于低压光伏电站，破坏孤岛效应的装置；② 适用于光伏电站侧，安装于公共连接点（PCC 点），检测发电站孤岛状态的独立保护装置或其他设备；③ 适用于电网侧变电站，主动检测变电站或母线是否处于孤岛运行状态，并将电源并网线路切除的装置。

（2）分布式光伏电站一般采用逆变器自身的防孤岛效应保护功能。

（3）防孤岛保护装置。当出现非计划孤岛效应时，及时准确地检测并迅速跳开并网开关，使整个电站脱网，从而保证人身与设备安全。

（4）反孤岛装置。通过改变电压或注入频率扰动等措施，破坏分布式电源孤岛运行的专用安全保护设备。反孤岛装置用于低压光伏电站，实现检修时的孤岛硬隔离以保证人身安全。

3. 防孤岛保护实现的原理

（1）被动式防孤岛保护。通过观察逆变器交流输出端电网的电压、频率以及相位的异常来判断有无孤岛产生。

（2）主动式防孤岛保护。通过引入扰动信号来监控系统中电压、频率以及阻抗的相应变化，以确定孤岛的存在与否，主要有频率偏离、有功功率变动、无功功率变动、电流脉冲注入引起阻抗变动等监测方法。

（3）低压反孤岛保护。通过在 220/380V 并网光伏电站送出线路的电网侧，安装"低压反孤岛装置"，一般由操作开关和扰动负载组成。在检修工作前，投入"低压防孤岛装置"，能够破坏并网光伏发电系统的孤岛效应，使光伏并网逆变器停止发电，保证检修人员的人身安全和用户设备安全，电气原理如图 4-28 所示。主要技术参数有：

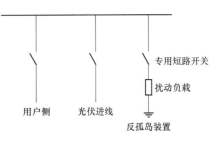

图 4-28　低压防孤岛装置接线图

1）防孤岛容量。该装置能够破坏的最大分布式光伏发电孤岛系统容量。

2）装置额定容量。该装置投入正常运行的电网中能承受的最大容量，即扰动负载容量。

3）防孤岛装置专用短路开关应与上级断路器互闭锁。

4. 防孤岛保护的配置要求

根据相关技术标准，以变流器方式并网的发电站应配置防孤岛效应保护，其中光伏电站应配置独立的防孤岛装置，分布式小电源变流器应具备防孤岛保护功能，低压电源应采用防孤岛装置。同步电机、感应电机类型分布式电源，无需专门设置防孤岛保护。

如果光伏系统供电量与电网负载需求相差较大，在孤岛产生后，负载端的电压及频率会产生较大的变动，此时可以利用被动式的方法来检测。若光伏系统供电量与负载需求匹配或差别不大时，则在孤岛产生以后，负载端的电压及频率变化量很小，被动式的检测方法就会失效。变流器方式并网的发电系统应至少设置各一种主动式和被动式防孤岛保护。

5. 防孤岛保护整定

（1）动作时间宜小于公用变电站故障解列装置或防孤岛保护动作时间，且有一定级差。

（2）低电压时间定值应躲过系统及用户母线上其他间隔故障切除时间，同时考虑符合系统重合闸时间配合要求。

（3）过电压定值、低/过频率定值按 DL/T 584《3kV～110kV 电网继电保护装置运行整定规程》要求整定，低频定值一般整定为 48～49Hz，低电压定值一般整定为额定运行电压的 0.6～0.8 倍，动作时间一般整定为 0.2～0.5s。

四、接入电源的公共变电站防孤岛措施

含电源联络线的变电站，根据接入电源特征及电网稳定运行要求，应具备主动侦测非计划性电气孤岛并断开与电源的联系，保证公共电网其他用户用电安全及检修安全。需要注意的是，电网侧主动防孤岛措施不能代替分布式电源自身的防孤岛功能。

1. 电网侧防孤岛功能配置要求

下列措施可根据现场实际情况联合部署或单独部署：

（1）含电源联络线的变电站，根据接入电源特征及电网稳定要求，可在站内接入母线的上一级更高电压等级配置频率电压异常解列装置或判断电气孤岛的安全自动装置，满足电网发生故障时断开电源并网开关的运行需求。故障解列宜以母线段为单位，应含低/过频保护、低/过电压保护，可含断面潮流突变量、断路器变位信息等判据，联跳电源联络线断路器。当以母线为单位配置故障解列功能时，若高压母线并列运行，各段母线的故障解列均应投入；若高压母线分列运行，与电源联络线所接入 10kV 母线对应的高压母线的故障解列应投入。在保证灵敏性的前提下，故障解列应综合考虑与重合闸、备自投等安全自动装置以及相邻线路或元件故障时暂态过程的协调。

（2）根据实际运行需要，必要时应采用主变压器保护动作联跳电源联络线断路器。

（3）非专线联络线电网侧应装设线路电压互感器，专线联络线电网侧宜装设线路电压互感器，以满足重合闸需求。在电源联络线满足重合闸条件的情况下，联络线电源侧宜配置重合闸。

（4）备自投必要时应联跳分布式电源联络线断路器。电网侧重合闸与备用电源自动投入装置的电压、时间等整定原则应按 DL/T 584《3kV～110kV 电网继电保护装置运行整定规程》的要求上下级配合，并保留一定时间级差。

2. 公共变电站实现防孤岛联合措施应用案例

对图 4-29 所示变电站 D 采取了多项主动防孤岛措施，功能分别为：

（1）D 站电源进线 L2 及上一级电源进线 L1 均采用光纤纵联差动保护，保证进线故障时负荷侧开关跳闸，防止下级分布式电源持续向故障点提供短路电流。

（2）D 站高压侧备自投联切 325、375、115 开关，1 号主变压器低压侧备用电源自动投入装置联切 115 开关，防止备用电源自动投入装置投入备用电源时，分布式电源依然供电，造成非同期合闸。

（3）D 站配置多断面判断功能的防孤岛安全自动装置，通过采集各断面电气量及开关状态，判断可能出现的非计划孤岛。如判 L2 失电，联切 325、375、115DL；判 1 号主变压器失电，联切 115DL。光伏 1、光伏 2、小燃机的防孤岛保护或故障解列装置的动作时间需与 D 站防孤岛安自装置时间配合；同时防孤岛安全自动装置在备用电源自动投入装置之前动作。

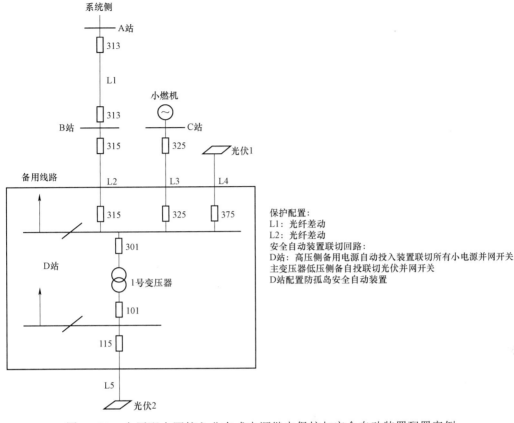

系统侧

A站 ── 313

L1

313 ── B站

小燃机

C站

315

325

光伏1

备用线路

L2　L3　L4

315　325　375

保护配置：
L1：光纤差动
L2：光纤差动
安全自动装置联切回路：
D站：高压侧备用电源自动投入装置联切所有小电源并网开关
主变压器低压侧备投联切光伏并网开关
D站配置防孤岛安全自动装置

301

D站

1号变压器

101

115

L5

光伏2

图4-29　中压配电网接入分布式电源继电保护与安全自动装置配置案例

第七节　安全自动装置

一、自动重合闸装置

1. 自动重合闸的作用

自动重合闸装置是线路因故障被断开后再进行一次合闸的自动装置。自动重合闸的采用，是电网运行的实际需要。使用重合闸的主要目的有：

（1）大大提高供电可靠性，特别是单侧电源单回线路。

（2）可以提高超高压输电系统的并列运行稳定性。

（3）为了自动恢复瞬时故障线路的运行，从而自动恢复整个系统的正常运行状态。

（4）可以纠正由于断路器或继电保护装置造成的误跳闸。

2. 自动重合闸的分类

（1）按作用于断路器的方式分类：

1）三相重合闸：单相故障、相间故障时均重合三相。

2）单相重合闸：单相故障时，重合单相；相间故障时，不重合。

3）综合重合闸：单相故障时，保护跳开单相，重合单相；相间故障时，保护跳开三相，重合三相。

（2）按重合闸次数分类：

1）一次重合闸：只重合一次。

2）两次重合闸：重合两次。

（3）按运行线路的结构分类：

1）单侧电源线路的自动重合闸。不存在非同步合闸的问题，110kV 及以下单侧电源线路普遍采用三相一次重合闸。不论配电线路发生相间短路、单相接地故障（大电流接地系统），继电保护同时跳开三相，然后重合三相。如果故障为瞬时性故障，重合成功；如果故障为永久性故障，继电保护再次跳开三相，不再重合。

2）双侧电源线路的自动重合闸。需要考虑同期问题，因此要注意两侧断路器重合闸时间配合问题。普遍采用的是检定无压和检定同期的三相自动重合闸：先重合的一侧检定无压，后重合的一侧检定同期。

3. 自动重合闸与继电保护的配合方式

自动重合闸一般与线路保护配合使用，是微机保护装置中的一个功能模块。

（1）自动重合闸前加速保护，简称"前加速"。当线路上发生故障时，靠近电源侧的保护首先无选择的瞬时性动作跳闸，而后自动重合闸来纠正这种无选择性的动作。

（2）自动重合闸后加速保护，简称"后加速"。当线路上发生故障时，首先由故障线路的保护有选择性动作，将故障切除，然后由故障线路的自动重合闸装置进行重合。如果是永久故障，加速切除故障的保护装置，使其不带延时地将故障再次切除。

4. 自动重合闸装置的基本要求

（1）自动重合闸装置可由保护起动或断路器控制状态与位置不对应起动。

（2）在运行人员人工操作或遥控操作断路器跳闸时，或手动合闸于故障线路而跳闸时，重合闸装置均不应进行重合闸。

（3）在任何情况下（包括装置本身的元件损坏，以及重合闸输出触点的粘住），自动重合闸装置的动作次数应符合预先的规定（如一次重合闸只应动作一次）。

（4）自动重合闸装置动作后，应能经整定的时间后自动复归。

（5）自动重合闸装置应具有接受外来闭锁信号的功能。

自动重合闸充电条件如图 4-30 所示。

5. 重合闸时间整定要求

（1）对单侧电源线路上的三相重合闸装置，其时限应大于下列时间：

1）故障点灭弧时间（计及负荷侧电动机反馈读灭弧时间的影响）及周围截至去游离时间。

2）断路器及操动机构准备好再次动作的时间。

（2）对两侧电源线路上的三相重合闸装置及单相重合闸装置，其动作时限除应考虑（1）的要求外，还应考虑：

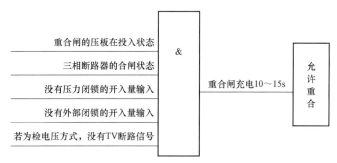

图 4-30 自动重合闸充电条件

1）线路两侧继电保护以不同时限切除故障的可能性。

2）故障点潜供电流对灭弧时间的影响。

(3）自动重合闸过程中，相邻线路发生故障，允许本线路后加速保护无选择性跳闸。

(4）手动合闸或重合闸重合于故障线路，应有速动保护快速切除故障。

二、备用电源自动投入装置

(1）在 10～35kV 电网中，常采用放射形的供电方式。为提高对用户供电的可靠性，可采用备用电源自动投入装置（简称备自投），能自动而且迅速地将备用电源投入工作，是一种提高对用户不间断供电的经济而又有效的重要技术措施之一。在下列情况下，应装设备自投：

1）具有备用电源的变电站所用电源。

2）由双电源供电，其中一个电源经常断开作为备用的电源。

3）降压变电站内有备用变压器或有互为备用的电源。

(2）备自投方式有进线电源备自投、桥（分段）备自投、变压器备自投。对备自投的基本要求如下：

1）除发电厂备用电源快速切换外，应保证在工作电源或设备断开后，才投入备用电源或设备。

2）工作电源或设备上的电压，不论何种原因消失，除有闭锁信号外，自动投入装置均应动作。

3）自动投入装置应保证只动作一次。

4）当备自投装置动作时，如备用电源或设备投于故障，应有保护加速跳闸。

5）应校核备用电源或备用设备自动投入时过负荷及电动机自启动情况，如过负荷超过允许限度或不能保证自启动时，应有备自投动作时自动减负荷的措施。

(3）备自投动作逻辑：备自投动作逻辑中设有充电条件、闭锁条件、启动条件。当充电条件全部满足，闭锁条件不满足时，经过一个固定的延时完成充电，备自投准备就绪；一旦出现启动条件，即动作出口。

(4）备自投动作基本过程：

1）满足充电条件。

2）工作母线失压（非 TV 断线造成）。

3）检查有无其他外部条件闭锁备自投。

4）跳开与原工作电源相连接的断路器，以免备用电源合闸于故障。

5）检查备用电源是否合格，如满足要求则合上工作母线与备用电源相连的断路器。

6）如图 4-31 所示，备自投动作原理如下：

a. 进线备自投：进线Ⅰ为工作电源、进线Ⅱ为备用电源，11DL、31DL 运行，21DL 热备用；进线Ⅰ失电后，备自投装置启动跳开 11DL，合上 21DL，由备用电源进线Ⅱ恢复对变电站供电。

b. 分段自备投：进线Ⅰ、进线Ⅱ运行，分段 31DL 热备用；进线Ⅰ失电后，备自投装置启动跳开 11DL，合上 31DL，恢复进线Ⅱ对 1D 供电。

c. 变压器备自投：1D 为工作变电器、2D 为备用变压器，即 12DL、13DL 运行，22DL、23DL 热备用，当 1D 故障或误跳 12DL、13DL 后，备自投动作跳开 12DL、13DL，合上 22DL、23DL，将备用变压器 2D 投入。

（5）目前有的备自投装置中增加了合环快速切换功能，实现变电站低压侧运行方式的快速切换，以图 4-32 的一次系统图为例。

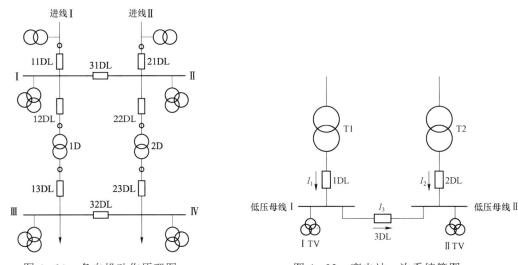

图 4-31　备自投动作原理图　　　　图 4-32　变电站一次系统简图

图 4-32 中的一次系统中，以切 1DL 为例，对快切的逻辑进行介绍。

1）操作前方式：1DL 合位，2DL 分位，3DL 合位。

2）快切方式选择：分 1DL。

3）动作逻辑：

a. 合 2DL。操作条件：

a）Ⅰ母电压、Ⅱ母电压正常。

b）1DL 合位、3DL 合位、3DL 在分位且无流。

c）合环开入从 0 变化为 1。

满足上述 3 个条件，合 2DL 开关。

b. 分 1DL。操作条件：

a） Ⅰ母电压、Ⅱ母电压正常。

b） 1DL 在合位、3DL 在合位、2DL 在合位。

c） 判定前次操作为合 2DL 开关。

满足上述 3 个条件，分 1DL。若仅满足 c）条件，不满足其他条件（或者有保护跳闸开入），则分 2DL 开关发合环失败告警。

（6）备自投装置的电压鉴定元件及动作时间按下述规定整定：

1）低电压元件：应能在所接母线失压后可靠动作，而在电网故障切除后可靠返回，为缩小低电压元件动作范围，低电压定值宜整定得较低，一般整定为 0.15～0.3 倍额定电压，如母线上接有并联电容器，则低电压定值应低于电容器低压保护电压定值。

2）有压检测元件：应能在所接母线电压正常时可靠动作，而在母线电压低到不允许自投装置动作时可靠返回，电压定值一般整定为 0.6～0.7 倍额定电压。

3）动作时间：电压鉴定元件动作后延时跳开工作电源，其动作时间应大于本级线路电源侧后备保护动作时间，需要考虑重合闸时，应大于本级线路电源侧后备保护动作时间与线路重合闸时间之和，同时，还应大于工作电源母线上运行电容器的低压保护动作时间。

三、低频低压减负荷

低频低压减负荷装置是电力系统第三道防线，当电网遇到概率很低的多重事故而破坏稳定时，依靠这些装置紧急切除负荷，在系统有功功率不足时阻止频率继续下降，在系统无功功率欠缺时限制电压降低甚至崩溃，防止事故扩大大面积停电。低频低压减负荷装置在变电站独立组屏或将功能集成在配电线路保护装置中。

（1）低频减负荷是限制频率降低的基本措施，当电力系统因故发生突然的有功功率缺额后，应能及时切除相应容量的部分负荷，使保留运行的系统部分能迅速恢复到额定频率附近继续运行，不发生频率崩溃，也不使事件后的系统频率长期悬浮于某一过高或过低数值。

（2）自动低压减负荷是自动限制电压降低、提高电力系统电压稳定性和防止电压崩溃事故发生的一种有效的紧急控制措施。当系统发生扰动后或负荷持续增加过程中，在电网中某些母线电压下降到不可接受的水平之前，通过自动切除一部分负荷，阻止电压的进一步下降，是保留运行的系统电压能够迅速恢复到一个较安全的水平之上，不发生电压崩溃，从而保证系统的安全稳定运行和向重要用户的不间断供电。

（3）低频低压减负荷的容量根据频率降低、电压降低及持续时间，按照若干轮次整定，每个地区减负荷总量及轮次，依据上级调控机构下达的限额进行合理分配，并保证实际电网可减负荷容量的偏差在合格范围内。

四、自动同期装置

自动同期装置是控制和调整发电机或微电网实现同步（转速接近同步转速、电压的相位、幅值相等或相近）并网的自动化设备。

分布式电源接入配电网系统的同期装置配置应满足以下要求：

（1）经同步电机直接接入配电网的分布式电源，应在必要位置配置同期装置。

（2）经感应电机直接接入配电网的分布式电源，应保证其并网过程不对系统产生严重不良影响，必要时采取适当的并网措施，如可在并网点加装软并网设备。

（3）接入配电网的变流器类型分布式电源属于频率跟随型时，不配置同期装置。

第八节　柔性直流配电网控制保护

为更好地满足高渗透率可再生能源接入、高可靠供电等需求，直流配电系统的规划与实践已呈快速发展趋势。配电网柔性互联提供了不同电能形式、不同电压等级、同一电压等级互联的柔性接口方式，使得配电系统出现了交直流混合配电网、蜂窝状配电网等多种新形态，在提高配电网调节手段、调节能力的同时，一定程度上改变了配电网的运行模式，其保护模式也与交流配电网不同，通过保护与控制之间的相互配合完成。

一、直流配电网典型故障特征

直流系统的关键设备包括 AC/DC 换流器与 DC/DC 换流器。AC/DC 换流器采用半桥 MMC 拓扑结构，无故障电流直流自清除能力，当系统发生故障时，MMC 采用的钳位双子模块（CDSM）拓扑具有闭锁能力，配合线路上的快速直流开关可以在故障发生后限制和切断故障电流。DC/DC 换流器可以闭锁低压侧故障电流。

1. 双极短路故障

直流线路双极短路故障后，AC/DC 换流器模块快速闭锁（1ms 内），以闭锁/控制切换为分界，形成闭锁前后两个阶段性故障电流，非线性强。针对换流器闭锁前的故障电路上升阶段，此时换流器中的电容快速放电，放电过程的简化等效电路如图 4-33 所示。短路故障电容放电电流 2ms 内达到 5～10 倍额定电流，电力电子器件无法耐受冲击电流，要求线路保护高速出口。

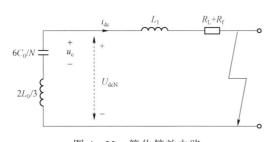

图 4-33　简化等效电路

由于直流线路的等效电阻一般较小，二阶电路以阻尼振荡的形式放电，根据图 4-33 可知，故障暂态电流为：

$$i_{dc} = \frac{U_{dcN}}{\omega(2L_0/3 + L_1)} e^{-\delta t} \sin(\omega t) - \frac{I_0 \omega_0}{\omega} e^{-\delta t} \sin(\omega t - \beta) \tag{4-7}$$

DC/DC 换流器高压侧发生双极短路故障时，由于高频变压器的电气隔离，故障等效电路类似。

2. 单极接地故障

图 4-34（a）为极对地故障的故障电路，故障极被钳位为零电位，在换流器子模块电容

的支撑下，非故障极电压上升到原来的两倍，但极间电压保持不变。故障等效电路如图 4-34
（b）所示，由于交流配电系统要求供电可靠性，通常采用高阻抗接地，直流线路上的故障电
流较小。

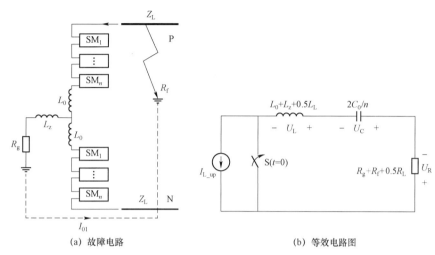

(a) 故障电路　　　　　　　　　　　　(b) 等效电路图

图 4-34　单极接地故障示意图

3. 断线故障

断线故障只会导致闭环直流系统中的潮流重新分配，通常直流系统仍能正常运行。直流
系统开环运行时，断线的正负极不能形成回路，直流系统功率出现不平衡。

对于恒压换流站，断线故障类似于减载，由于该端的恒压控制，极间电压略有波动，然
后稳定在额定水平。

对于恒功率换流站，由于持续传输功率，子模块的电容电压将不再稳定在额定值，而子
模块电容电压的变化与恒功率站的工作状态有关。当在整流模式下，交流系统将继续向直流
系统输送电能，使子模块的电容电压继续上升。当在逆变模式下，直流系统向交流系统输送
电能，使子模块的电容不断放电。二者非故障极的故障电流均表示为：

$$i_{dc} = (u_{dc} - U_{dcN})/(4R_g) \tag{4-8}$$

二、柔性直流保护配置及其整定

基于不同类型故障特点，柔性直流配电系统配置相应的保护方案，如表 4-3 所示。各
类保护的信号测量点如图 4-35 所示。

表 4-3　　　　　　　　　　　　直流配电系统保护配置方案

故障类型	保护方案	保护输出
双极短路故障	低压过电流保护	闭锁换流器
	电流差动保护	隔离开关跳闸
单极接地故障	直流电压不平衡保护	发送告警信号
断线故障	断线保护	切换至恒压控制模式

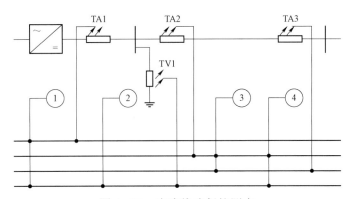

图 4-35　直流线路保护测点

①—低压过电流保护；②—直流电压不平衡保护；③—线路电流差动保护；④—断线保护

1. 低压过电流保护

双极短路故障会导致直流线路和换流器桥臂中均出现故障电流。实际工程中的换流器通常在桥臂上设置过流保护，因此低压过电流保护应配合桥臂过流保护。当任一保护准则满足要求时，保护可以向换流器发送闭锁信号以清除故障电流，保护判据为：

$$
\begin{cases}
\left| U_{\mathrm{dp}} - U_{\mathrm{dn}} \right| < U_{\mathrm{set\_S}} \\
\left| I_{\mathrm{dp}} \right| > I_{\mathrm{set\_S}} \cup \left| I_{\mathrm{dn}} \right| > I_{\mathrm{set\_S}} \\
U_{\mathrm{set\_S}} = K_{\mathrm{U}} U_{\mathrm{dcN}} \\
I_{\mathrm{set\_S}} = K_{\mathrm{I}} I_{\mathrm{N}} \\
\Delta t \geqslant \Delta t_{\mathrm{set\_LVOC}}
\end{cases}
\quad (4-9)
$$

式中　　U_{dp}——正极电压；

　　　　U_{dn}——负极电压；

　　　　$I_{\mathrm{set\_S}}$——过流门槛值；

　　　　$U_{\mathrm{set\_S}}$——低压门槛值；

　　　　I_{N}——直流额定电流；

　　　　U_{dcN}——直流额定电流电压。

2. 电流差动保护

直流线路正负极分别装有电流差动保护，选择性识别直流线路内外故障，保护判据如下：

$$
\begin{cases}
\left| i_1 + i_2 \right| > K \left| i_1 - i_2 \right| \\
\left| i_1 + i_2 \right| > I_{\mathrm{op}} \\
\Delta t \geqslant \Delta t_{\mathrm{set\_DIFF}}
\end{cases}
\quad (4-10)
$$

式中　　i_1、i_2——分别为两侧电流；

　　　　I_{op}——差动门槛。

为换流器闭锁后，CDSM-MMC 产生的故障电流迅速消失，DC/DC 换流器出口电容提供的故障电流逐渐减小到零。电流差动保护应在故障电流消失前完成故障识别。

3. 直流电压不平衡保护

根据电压偏移的故障特性，对单极接地故障配置直流电压不平衡保护，保护判据可以设置为：

$$\begin{cases} |U_{dp} + U_{dn}| > U_{set\_B} \\ \Delta t \geqslant \Delta t_{set\_B} \end{cases} \tag{4-11}$$

式中 U_{dp}——正极电压；

U_{dn}——负极电压；

U_{set_B}——动作门槛值。

单极接地故障无明显过电流，系统可在绝缘水平允许的情况下运行一段时间。增加一个时间延迟可以提高系统的可靠性，借鉴高压直流保护的经验，延时设置为 50～100ms。

4. 断线保护

断线故障会影响直流系统的绝缘水平并产生一定的故障电流，危及直流系统的安全。为此，断线保护被配置和安装在恒功率换流站中，根据其故障特点设计判据如下：

$$\begin{cases} |U_{dp} - U_{dn}| > U_{set\_H} \cup |U_{dp} - U_{dn}| < U_{set\_L} \\ |I_{dp}| < I_{set\_D} \cap |I_{dn}| < I_{set\_D} \\ \Delta t \geqslant \Delta t_{set\_D} \end{cases} \tag{4-12}$$

由于所运行的模式不同会导致断线故障下极间电压有较大差异，因此保护判据的 U_{set_H} 由整流模式下线路极间过压值确定，U_{set_L} 由逆变模式下线路极间欠压值确定。

三、直流控制保护系统

1. 系统整体架构

直流控制保护系统通过保护与控制之间的相互配合，形成自适应的柔直配电网保护系统。整体包括调度监控系统、协调控制系统、故障恢复系统、柔直换流器控制系统、直流变压器控制系统、直流线路差动保护装置、直流母线差动保护装置、直流后备电流保护装置。系统整体架构如图 4-36 所示。

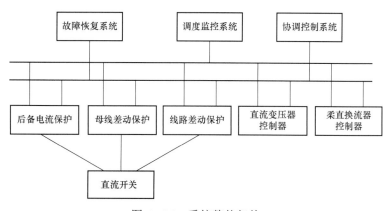

图 4-36 系统整体架构

2. 保护典型配置方案

某中压直流配电网示范工程采用双端环网结构，建设两座换流站、两座开关站，开关站采用单母分段接线方式，每一段母线分别与一座换流站相连。

中压直流配电网保护方案采用差动+过电流保护，如图 4-37 所示，每条母线配置 1 台直流母线差动保护装置，具备差动保护功能等；每条联络线两端各配置 1 台直流差动保护装置，具备差动保护功能。

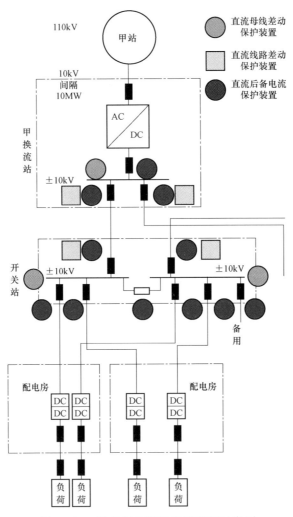

图 4-37　直流保护装置典型配置示意图

综上所述，根据 110kV 及以下配电网继电保护应用需要和管理经验，绘制了 110kV 及以下配电网典型保护配置图，如图 4-38 所示。

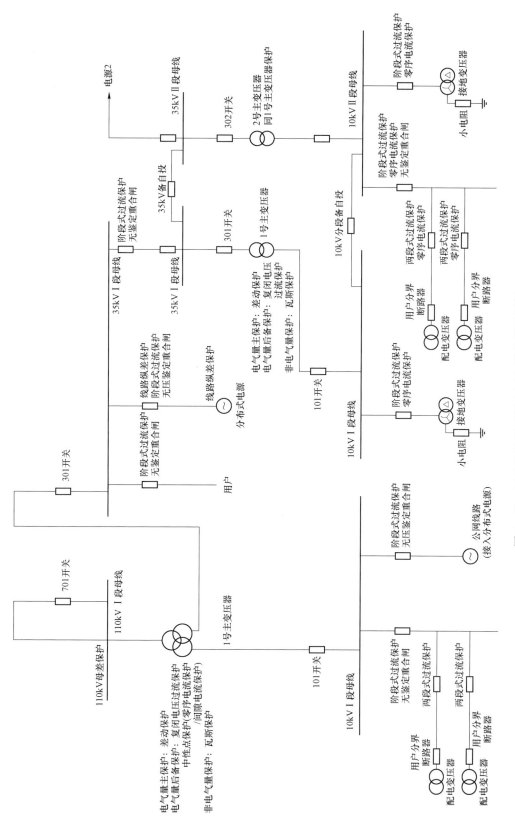

图 4-38　110kV 及以下配电网典型保护配置图

第九节　继电保护运行管理

一、继电保护定值管理

1. 继电保护装置整定计算范围及要求

（1）配电网调控机构负责管辖范围内电网与设备的继电保护及安全自动装置整定工作。

（2）配电网设备保护整定应满足上级调度机构下达的有关限额要求。

（3）整定方案应遵循局部服从全局、下一级电压系统服从上一级电压系统，并兼顾局部或下一级电压系统的要求。

（4）配调管辖范围变更，相关单位应提前一个月提供相关的继电保护和安全自动装置图纸、资料和整定单等，调控关系移交后一个月内由接管单位计算定值并重新下达。

2. 配电网继电保护定值管理

（1）继电保护定值单流转过程包括编制、复算、审核、批准、执行、归档6个环节。

（2）保护装置的定值重新整定或更新保护装置，在投运前，值班调控员应按整定通知单与现场运维人员核对无误，并在整定通知单上签写核对、投用日期和双方姓名。

3. 配电线路分级保护定值管理规定

（1）变电站10（20）kV出线断路器保护定值宜由管辖调度负责整定，并出具定值单。

（2）分级保护的整定原则，应结合管辖范围内配电线路实际运行情况进行整定。

1）配电线路分段开关、联络开关、分支开关、环网单元出线开关所配置的继电保护装置以及站所终端DTU、馈线终端FTU等配电终端设备的分级保护定值整定与执行，可根据各地区配网调控机构与设备运维单位职责分界面划分，应符合编制、审核、执行、归档的流程要求。

2）用户分界开关所配置的继电保护装置或FTU、DTU的保护定值由相应线路保护的整定部门出具定值单限额，由工程建设单位完成定值整定与执行。

（3）新投设备整定及验收流程：

1）施工单位在施工调试开始前10个工作日联系配电运维单位并告知工程概况。

2）配电运维单位根据工程概况、涉及线路分级处置功能配置情况确认新投设备是否需启用分级处置功能，如需则根据整定方案或原则出具定值单，并将选点方案提交配电网调控机构审核后，形成正式定值单给施工单位。

3）施工单位在出具变更单和进行停电申请时应清晰地注明配电线路分级保护启用情况和定值配置，并严格按照定值单进行定值配置和功能校验。

4）施工单位发起变更单流转时须先经配电运维单位相关专职进行审核，审核通过后由配电运维单位完成以下工作：完成PMS单线图中设备名称的变更维护；对配电线路分级保护功能进行验收，并在验收时确认配电终端启用故障录波功能、定值远方召测功能。

5）配电网调控部门在送电前应对新投运配电自动化终端保护定值设置情况开展主站

远方召测和校核，确认无误后方可允许送电。

4. 分布式电源定值管理

（1）配电网调控机构负责调度管辖范围内分布式电源涉网设备的继电保护及安全自动装置定值整定管理，下达管辖交界点发电并网设备的保护定值限额。

（2）分布式电源涉网定值整定工作流程为：配电网调控机构对发电方提供的继电保护整定初步方案进行审核并提出涉网整定要求，发电方在启动前按要求执行并告知配电网调控机构继电保护人员。在保护装置投运前，发电方应与配电网调控机构当值调控员核对，确认执行定值单与现场装置整定正确。

（3）接入 10（6）～35kV 配电网的分布式电源涉网保护定值资料应在配电网调控机构备案，备案包括如下内容：

1）并网点开断设备技术参数。

2）保护功能配置。

3）故障解列定值。

4）逆变器防孤岛保护定值。

5）阶段式过电流保护定值。

6）重合闸相关定值。

二、继电保护运行管理

1. 继电保护运行管理的内容

继电保护运行管理的主要任务是确保调度管辖范围内保护及安全自动装置按照运行方案正确运行、发挥作用。具体包含保护运行方式的制定、变更及恢复管理，保护运行状态操作管理，电网一、二次运行方式核查，保护运行方式问题分析及提出对一次系统的建设要求等。

2. 继电保护运行基本原则

（1）任何电力设备（电力线路、母线、变压器等）都不允许无保护运行，主变压器瓦斯保护和差动保护不得同时退出运行。

（2）继电保护与安全自动装置的整定、运行与电网运行方式密切相关。调度运行专业应与继电保护专业相互协调，密切配合，以保证充分发挥作用。

（3）继电保护特殊运行方式应经所在单位分管领导批准，必要时应纳入电网安全风险管理，并备案说明。

3. 继电保护及安全自动装置启停管理

（1）在电力设备由一种运行方式转为另一种运行方式的操作过程中，被操作的有关设备均应在保护范围内，允许部分保护装置在操作过程中失去选择性。

（2）在保护装置上进行试验时，除了必须停用该保护装置外，还应断开保护装置启动其他系统保护装置和安全自动装置的相关回路。

（3）运行中的设备更改保护定值或二次回路切换，保护可以短时停用。

（4）邻盘上作业有较大的振动，以致可能引起某些瞬时动作的保护误动作时，保护可以短时停用。

（5）变压器开始投运时重瓦斯保护就应投入跳闸位置。运行中的变压器主保护如需停用应由现场运维人员向值班调控员提出。变压器差动保护及重瓦斯保护不能同时停用。

（6）电压互感器二次失压，可能引起某些保护或安全自动装置的误动，应在电压互感器二次回路停用期间，先停用有关保护和安全自动装置。

（7）必须利用负荷电流进行接线正确性检验的保护装置（差动、方向保护等测量六角图），在做好有关措施及气候正常的情况下允许短时停用。此类工作必须由现场事先向值班调控员提出申请，由值班调控员在设备带负荷前通知停用有关保护，待试验正确后投入。

（8）线路或设备上带电作业中及开关跳闸次数达到允许跳闸次数，需停用自动重合闸。

4. 继电保护及安全自动装置操作管理

（1）继电保护及安全自动装置状态的改变（停用、启用、信号、弱馈应答及更改定值等），必须事先得到值班调控员的指令或同意。

（2）继电保护及安全自动装置的检修、校验等需停役者应办理申请手续。

（3）继电保护及安全自动装置工作需要停用一次设备时，值班调控员只操作一次设备，并履行许可手续。有关二次设备的操作，由现场自行考虑。工作结束后，由现场运维人员自行恢复该保护装置的运行状态。

（4）继电保护及安全自动装置的启停用，值班调控员只发令启停用某套保护及自动装置（特殊情况下也可通知投退某块压板），现场运维人员应根据保护结线操作有关压板。

5. 保护运行对配电网运行方式的要求

（1）继电保护能否保证电网安全稳定运行，与调度运行方式的安排密切相关。在安排运行方式时，下列问题应综合考虑：

1）避免在同一变电站母线上同时断开所连接的两个及以上运行设备（线路、变压器），当两个变电站母线之间的电气距离很近时，也要避免同时断开两个及以上运行设备。

2）在电网的某些点上以及与主网相连的有电源的地区电网中，应设置合适的解列点，以便采取有效的解列措施，确保主网的安全和地区电网重要用户供电。

3）避免采用多级串供的终端运行方式。

4）避免采用不同电压等级的电磁环网运行方式。

5）不允许平行双回线上的双 T 接变压器并列运行。

（2）因部分继电保护装置检验或故障停运导致继电保护性能降低，影响电网安全稳定运行时，应合理安排检修方式，采取下列措施提高继电保护的有效性：

1）酌情停运部分电力设备，或改变电网运行接线、调整运行潮流，使运行中的继电保护动作性能满足电网安全稳定运行的要求。

2）临时更改继电保护整定值，对保护的选择性、灵敏性、速动性进行合理取舍。

（3）对于正常设置全线速动保护的线路，因检修或其他原因全线速动保护退出运行时，应根据电网要求采取调整运行方式或调整线路后备保护动作时间的办法，保证电网安全。

（4）完善新能源电站二次方式管理，细化含小电源线路的一次、二次方式变更单管理。

建立新能源并网通道保护台账，明确新能源经不同通道并网时上级主变压器、线路二次方式调整要求，如主变压器间隙保护联跳功能，线路光差保护、重合闸投入等；编制三端光差等特殊保护的运行说明，绘制保护功能图解，说明各种运方下保护、重合闸功能投退要求，指导运维单位完善现场运行规程。

6. 保护运行方式对配电网架结构的需求

合理的电网结构是电力系统安全稳定运行的基础，继电保护装置能否发挥积极作用，与电网结构及电力设备的布置是否合理有密切关系，必须把它们作为一个有机整体统筹考虑，全面安排。对严重影响继电保护装置保护性能的电网结构和电力设备的布置、厂站主接线等，应限制使用，下列问题应综合考虑：

（1）宜采用环网布置，开环运行的方式。

（2）宜采用双回线布置，单回线—变压器组运行的终端供电方式。

（3）向多处供电的单电源终端线路，宜采用 T 接的方式接入供电变压器。

（4）以上三种方式均以自动重合闸和备用电源自动投入来增加供电的可靠性。

（5）宜在电厂向电网送电的主干线上接入分支线或支接变压器。

（6）尽量避免短线路成串成环的接线方式。

（7）加强电源并网通道变更管理，保证并网通道一、二次设备在改造扩建、迁移工程时，保护方案满足系统安全运行要求。

7. 保护与馈线自动化（FA）配合运行要求

在使用配电网多级级差保护时，应与馈线自动化协调配合。变电站外设备的保护动作信息应能准确上送至配电自动化主站中，并能够启动 FA。

一般来说，配电线路分级保护负责就近快速切除故障电流，馈线自动化功能负责在故障跳闸后进行故障区段隔离和非故障区段的供电恢复，两者相互配合，实现更小的停电影响范围以及更快速的转供恢复供电。配合示意图如图 4−39 所示。

配电线路分级保护与馈线自动化的故障处置配合流程如下：

（1）故障切除过程。配电线路发生故障后，故障点上游具备保护功能的分段开关 2 就近快速动作，切除故障电流。并将保护动作信号上送至配电自动化主站。

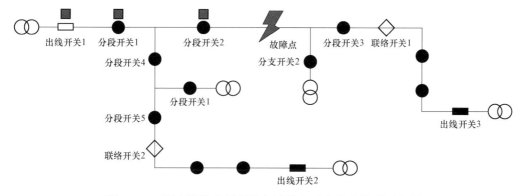

图 4−39　配电线路分级保护与馈线自动化配合关系示意图

（2）故障自愈过程。配电自动化主站收到上送的保护动作信息后，启动 FA 功能：跳分段开关 3，完成故障区段隔离；合联络开关 1，实现非故障区段恢复供电，故障自愈过程如图 4-40 所示。

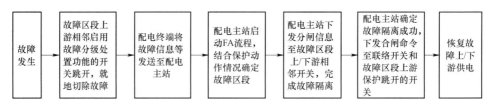

图 4-40　故障分级处置与配电自动化协同示意图

第五章

配 电 网 自 动 化

第一节 配电自动化概述

配电自动化（Distribution Automation，DA）是以一次网架和设备为基础，综合利用计算机、信息及通信等技术，以配电自动化系统为核心，实现对配电系统的监测、控制和快速故障隔离，并通过与相关应用系统的信息集成，实现配电系统的科学管理。配电自动化是提高供电可靠性和供电质量，提升供电能力，实现配电网高效经济运行的重要手段，也是实现智能电网的重要内容之一。配电自动化主要涉及以下相关术语。

（1）配电自动化系统（Distribution Automation System，DAS）。实现配电网运行监视和控制的自动化系统，具备配电 SCADA（Supervisory Control and Data Acquisition）、故障处理、分析应用及与相关应用系统互连等功能，主要由配电自动化系统主站、配电自动化系统子站（可选）、配电自动化终端和通信网络等部分组成。

（2）馈线自动化（Feeder Automation，FA）。利用自动化装置或系统，监视配电网的运行状况，及时发现配电网故障，进行故障定位、隔离和恢复对非故障区域的供电。

（3）配电自动化主站系统（Master Station System of Distribution Automation）。配电自动化系统主站（即配电网调度控制系统，简称配电主站），主要实现配电网数据采集、运行监控、馈线自动化、故障处理等功能，为调度运行、生产及故障抢修指挥服务。

（4）配电自动化终端（Remote Terminal Unit of Distribution Automation System）。配电终端是安装在配电网的各种远方监测、控制单元的总称，完成数据采集、控制、通信等功能。

（5）配电自动化子站系统（Slave Station of Distribution Automation System）。配电子站是配电主站与配电终端之间的中间层，实现所辖范围内的信息汇集、处理、通信监视等功能。

（6）信息交换（Information Exchange）。系统间的信息交换与服务共享。

（7）信息交换总线（Information Exchange Bus）。遵循 IEC 61968 标准、基于消息机制的中间件平台，支持安全跨区信息传输和服务。

（8）多态模型（Multi-context Model）。针对配电网在不同应用阶段和应用状态下操作控制需要，建立的多场景配电网模型，一般分为实时态、研究态、未来态等。

一、配电自动化功能

配电自动化功能主要包括配电网运行和管理两方面。

1. 配电网运行方面

（1）数据采集与监控。数据采集与监控功能是"三遥"（遥测、遥信、遥控）的具体体现与扩展，实现配电网及设备的数据采集、运行状态监视和故障告警等功能并对相关电力设备进行远程操作。数据采集与监控是配电自动化的基础功能。

（2）故障自动隔离与恢复供电。在线路发生永久性故障后，配电自动化系统自动定位故障点，隔离故障区段，恢复非故障线路的供电，缩小故障停电范围，加快故障抢修速度，减少停电时间，提供电可靠性。

（3）电压及无功管理。配电自动化系统可以通过高级应用软件对配电网的无功分布进行全局优化，调整变压器分接头挡位，控制无功补偿设备的投切，以保证供电电压合格、线损最小；也可以采用现场自动装置，以某控制点的电压及功率因数为控制参数，就地调整变压器分接头挡位、投切无功补偿电容器。

2. 配电网管理方面

（1）设备管理。设备管理功能可实现在地理信息系统平台上，应用自动绘图工具，以地理图形为背景绘出并分层显示网络接线、用户位置、配电设备及属性数据等。该功能还支持设备档案的计算机检索、调阅，并可查询、统计某区域设备数量、负荷、用电量等。

（2）运行趋势分析。利用配电自动化数据，对配电网运行进行趋势分析，实现提前预警。支持对配电变压器、线路重载、过载趋势分析与预警，重要用户丢失电源或电源重载等安全运行预警，配电网运行方式调整时的供电安全分析与预警，设备异常趋势分析与告警等。

（3）数据质量管控。对采集到的实时数据和历史数据质量进行分析处理。实时数据质量管控支持设备电流、电压、有功功率、无功功率、电量合理性校验等；历史数据质量管控支持历史数据完整性校验、补招和补全功能等。

（4）规划与设计管理。配电自动化系统对配电网规划所需的地理、经济、负荷等数据进行集中存储、管理，并提供负荷预测、网络拓扑分析、短路电流计算等功能，不仅可以加速配电网规划与设计过程，而且还可使规划与设计方案更加经济、高效。

二、配电自动化的意义

（1）提高供电可靠性。配电自动化的首要作用是提高供电可靠性：① 实现故障隔离及自动恢复供电功能，减少故障停电范围；② 通过提高电网正常的施工、检修和事故抢修工作效率，减少计划及故障停电时间；③ 通过电网的实时监视，实施状态检修，及时发现、处理事故隐患，提高设备的运行可靠率。

（2）提高供电质量。配电自动化可以通过各种配电终端实时监视供电电压的变化，及时调整运行方式，调节变压器分接头挡位或投切无功补偿电容器组，保证用户电压在合格的范围内；同时，还能够使配电网无功就地平衡，减少线路损失。

（3）提高服务质量。在停电故障发生后，配电自动化能够及时确定故障点位置、故障原因及停电范围并大致估算恢复供电时间，及时处理用户报修和投诉，还可由计算机系统制订故障恢复或抢修方案，及时恢复供电，提高用户满意度。

（4）提高管理效率。配电自动化对配电网设备运行状态进行远程实时监视及操作控制，能够及时地确定线路故障点及原因，可减少大量的人工现场巡查；同时，配电生产管理实现自动化、信息化，可以很方便地录入、获取各种数据，并通过计算机辅助分析软件进行分析、决策，制作各种表格、通知单、报告，将人们从繁重的工作中解放出来，提高工作效率与质量。

（5）提高设备利用率。基于多分段多联络等接线模式，在发生故障时采用模式化故障处理措施，发挥多分段多联络和多供一等接线模式提高设备利用率的作用，有效地调整、转移负荷潮流，提高设备利用率，压缩备用容量，减少建设投资。

三、配电自动化系统的组成

配电自动化系统主要由主站、子站（可选）、终端和通信网络组成，通过信息交换总线实现与其他相关应用系统互连，实现数据共享和功能扩展，配电自动化系统构成如图5-1所示。

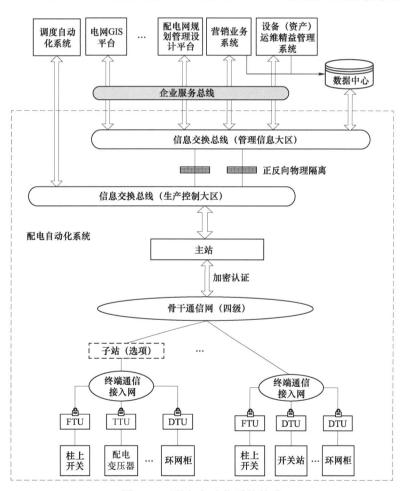

图5-1　配电自动化系统构成

1. 配电自动化主站

配电自动化主站是实现数据采集、处理及存储、人机联系和各种应用功能的核心，主要由计算机硬件、操作系统、支撑平台软件和配电网应用软件组成。其中支撑平台包括系统数据总线和平台的多项基本服务，配电网应用软件包括配电 SCADA 等基本功能以及电网分析应用、智能化应用等扩展功能，支持通过信息交互总线实现与其他相关系统的信息交互。

2. 配电自动化子站

配电自动化子站是主站和终端连接的中间层设备，一般用于通信汇集，也可根据需要实现区域监控，子站通常根据配电自动化系统分层结构的情况而选用。

3. 配电自动化终端

配电终端为安装于中压配电网现场的各种远方监测、控制单元的总称，根据具体应用对象选择不同的类型，直接采集一次系统的信息并进行处理，接收配电站子站或主站的命令并执行，主要包括馈线终端、站所终端、配电变压器终端等，外观如图 5-2 所示。

图 5-2　配电终端示意图

（1）馈线终端（Feeder Terminal Unit，FTU），安装在配电网架空线路杆塔等处的配电终端，按照功能分为"三遥"终端和"二遥"终端，其中"二遥"终端又可分为基本型终端、标准型终端和动作型终端。FTU 通常具有模拟量信息的采集与处理、数字量信息的采集与处理、控制、统计、设置、对时、事故记录、自检和自恢复、通信等功能。

（2）站所终端（Distribution Terminal Unit，DTU），安装在配电网开关站、配电室、环网单元、箱式变电站、电缆分支箱等处的配电终端，依照功能分为"三遥"终端和"二遥"终端，其中"二遥"终端又可分为标准型终端和动作型终端。DTU 通常具有状态量采集与监控、模拟量采集与监控、控制、设置、通信、自诊断等功能。

（3）配电变压器终端（Transformer Terminal Unit，TTU），安装在配电变压器低压出线处，用于监测配电变压器各种运行参数的配电终端。TTU 通常具有信息采集和控制、通信等功能。

（4）故障指示器（Fault Indicator），安装在配电线路上用于检测线路发生短路和单相接地并发出报警信息的装置。主要有：

1）架空线型故障指示器。其传感器和显示部分集成于一个单元内，通过机械方式固定于架空线路的某一相线路上。

2）电缆（母排）型故障指示器。其传感器和显示部分集成于一个单元内，通过机械方式固定于某一相电缆线路上，通常安装在电缆分支箱、环网柜、开关柜等配电设备上。

3）面板型故障指示器。其由传感器和显示单元组成，通常显示单元镶嵌于环网柜、开关柜的操作面板上。传感器和显示单元采用光纤或无线等方式进行通信，一次和二次部分之间应可靠绝缘。

4. 配电自动化通信网络

通信网络是连接配电主站、配电子站和配电终端之间实现信息传输的通信网络，配电通信分为骨干网和接入网两层，骨干网的建设宜选用已建成的 SDH 光纤传输网扩容的方式，接入网的建设方案采用光纤 EPON、工业以太网、无线专网、无线公网 GPRS/CDMA//等通信方式相结合。

四、配电自动化发展趋势

未来的配电网将更加智能，具备可控性、灵活性、自愈性、经济性等内涵和特征，能够满足不同用户对电能质量供应的要求，这些都必须依赖于配电自动化技术的进步。适应于智能配电网技术发展要求，配电自动化技术的发展呈现下列趋势：

（1）智能终端功能日益丰富。融合录波功能的新型配电终端以及暂态录波型故障指示器等新型终端将得到大批量应用，利于实现配电网接地故障判断和处理分析；同时新型配电终端还可以实现电能计量和线损计算，进一步丰富配电终端的功能；基于 IEC 61850 实现配电终端的自描述和自动识别，从而使得配电终端可以更快捷接入配电主站。

（2）馈线自动化模式多种多样。虽然馈线自动化集中智能模式目前仍是国内配电自动化的主流，但智能分布式馈线自动化模式已在不少地区开始应用。同时就地馈线自动化技术，如电压时间型、电压电流型、电压电流后加速型等技术将在不同的应用场景得到应用，进一步丰富了馈线自动化的实现模式。

（3）主站高级应用功能逐步得到拓展。随着配电自动化技术的不断进步，大量的采集数据将汇聚并得到充分利用，配电主站中状态估计、潮流计算、无功电压分层分区控制等高级应用功能将逐步实现实用化，配电网的智能化水平得到大幅度提升。

（4）物联网技术逐步渗透。配电自动化系统建设与电力物联网是最为融洽的应用，配电物联网"云、管、边、端"技术路线通过配电自动化系统平台的云、管、边、端的数据传输通道，满足配电网业务灵活、高效、可靠、多样的自动运行需求；同时根据配电物联网中的数据汇聚、计算和应用，为供电企业和电力用户架构了可靠坚实的基础平台，配电自动化系统建设是构建配电物联网海量数据的可靠基础。

（5）适应分布式电源接入。随着智能电网建设，光伏发电、风电、小型燃气轮机、大容量储能系统等分布式电源都有可能分散接入配电网，一方面对配电网的短路电流、潮流分布、保护配合等带来一定影响；另一方面又能在故障时支撑孤岛供电，增强应急能力。因此，适应分布式电源接入并发挥其作用也是配电自动化的发展趋势之一。

第二节　配电自动化主站系统

配电自动化主站系统是配电网调度的重要技术支持系统，支撑配电网调度运行、故障研判及抢修调度等业务管理需求，实现配电网安全、经济、优质运行。

配电自动化主站系统应采用标准通用的软硬件平台，宜按照"地县一体化"构架进行设计，根据各地区（城市）的配电网规模、可靠性要求、配电自动化应用基础等情况，合理选择和配置软硬件。系统应按照标准性、可靠性、可用性、安全性、扩展性、先进性原则进行建设。

配电自动化主站系统图形、模型及对外接口规范等应遵循相关技术标准。系统在横向上应贯通生产控制大区与信息管理大区，按照"源端唯一、全局共享"的原则实现与相关系统之间信息资源共享，满足应用业务需求；系统在纵向上应满足系统协调运行需要，实现上下级调度技术支持系统间的一体化运行和模型、数据、画面的源端维护与信息共享。系统应满足电力二次系统安全防护有关规定，遥控应具备安全加密认证功能。

一、系统架构

配电主站主要由计算机硬件、操作系统、支撑平台软件和配电网应用软件组成。其中，支撑平台包括系统信息交换总线和基础服务，配电网应用软件包括配电网运行监控与配电网运行状态管控两大类应用。总体系统架构见图5-3。

（1）"三遥"配电终端接入生产控制大区，"二遥"配电终端以及其他配电采集装置根据各地市供电公司要求和具体情况接入管理信息大区或生产控制大区。

（2）配电运行监控应用部署在生产控制大区，从管理信息大区调取所需实时数据、历史数据及分析结果。

（3）配电运行状态管控应用部署在管理信息大区，接收从生产控制大区推送的实时数据及分析结果。

（4）生产控制大区与管理信息大区基于统一支撑平台，通过协同管控机制实现权限、责任区、告警定义等的分区维护、统一管理，并保证管理信息大区不向生产控制大区发送权限修改、遥控等操作性指令。

（5）外部系统通过信息交换总线与配电主站实现信息交互。

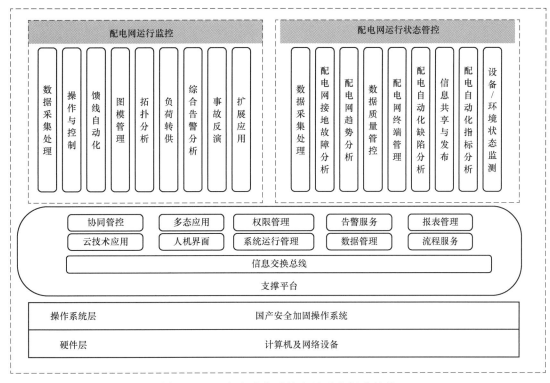

图 5-3　配电自动化系统主站功能组成结构

（6）硬件采用物理计算机或虚拟化资源，操作系统采用国产化安全加固操作系统。

（7）主配电网自动化主站系统如采用一体化建设，应遵循主配电网模型、信息采集、图形、告警分布存储的规范，实现统一用户界面实现主配电网画面和数据的集中调用、分解融合、无缝切换，支持覆盖主配电网系统的图形、告警、操作控制等需求，并在此基础上实现保供电区域分级运行风险分析、故障影响范围分析及快速恢复辅助策略等应用。

二、系统应用功能

主站是配电自动化系统的核心，配电自动化系统的绝大部分功能都是由主站独立完成，或是在主站的统一控制和管理下，与子站/终端配合共同完成，还有一些综合应用功能需要与外部系统进行信息交互来实现。

1. 主配一体支撑平台

支撑平台是配电网自动化主站系统开发和运行的基础，包含硬件、操作系统、数据管理、信息传输与交换、公共服务和功能 6 个层次，是指建立在计算机操作系统基础之上的基本平台和服务模块，采用面向服务的体系架构，为各类应用的开发、运行和管理提供通用的技术支撑，为整个系统的集成和高效可靠运行提供保障，为配电自动化系统横向集成、纵向贯通提供基础技术支撑。支撑平台层次结构如图 5-4 所示。

以经济适用、资源复用、信息共享、安全可靠原则，充分借鉴已有调度自动化先期建设成果，与主网自动化主站系统使用统一支撑平台，通过数据资源、技术资源、设备资源的共享，在已有调度自动化系统上扩展配网数据采集与监视、配电网应用功能，实现主配电网主站系统的一体化。

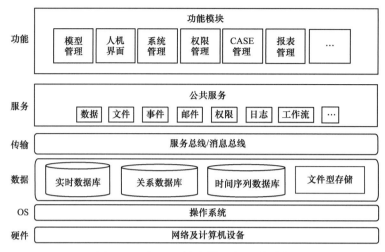

图 5-4　主配一体支撑平台层次结构

2. 配电运行监控功能

（1）配电数据采集与处理。

配电数据采集与处理也成为 DSCADA，它是由若干最基本的实时监控功能组成，通过人机交互，实现配电网的运行监视和远方控制，为配电网调度和生产指挥提供服务，是配电自动化主站系统必须首先实现的应用功能。

1）数据采集。数据应具备对电力一次设备（线路、变压器、母线、开关等）有功、无功、电流、电压值以及主变压器挡位（有载调压分接头挡位）等模拟量和开关位置、保护动作状态以及远方控制投退信号等其他各种开关量和多状态数字量等实时数据的采集，满足配电网实时监测的需要。

2）数据处理。数据处理应具备模拟量处理、状态量处理、非实测数据处理、点多源处理、数据质量码、平衡率计算、计算及统计等功能。

3）数据记录。数据记录应具备对上一级电网调度自动化系统（一般指地调 EMS）或配电终端发生的事件顺序记录（SOE）、主站系统内所有实测数据和非实测数据进行周期采样以及自定义的数据点变化存储等提供数据记录功能。

4）操作与控制。操作和控制应能对变电站内或线路上的自动化装置和电气设备实现人工置数、标识牌操作、闭锁和解锁操作、远方控制与调节功能，并且具有相应的操作权限控制功能。

（2）模型/图形管理。

模型/图形管理分为网络建模、模型校验、设备移动管理、图形模型发布、图模数与终端调试等。

1）网络建模。根据站所图、单线图等构成配电网络的图形和相应的模型数据，自动生成全网的静态网络拓扑模型，从电网 GIS 平台导入中压配网模型，以及从电网调度控制系统导入上级电网模型，并实现主配电网的模型拼接，支持全网模型拼接与抽取。

2）模型校验。根据电网模型信息及设备连接关系对图模数据进行静态分析。

3）设备异动管理。满足对配电网动态变化管理的需要，反映配电网模型的动态变化过程，提供配电网各态模型的转换、比较、同步和维护功能。

（3）综合告警分析。

综合告警分析实现告警信息在线综合处理、显示与推理，应支持汇集和处理各类告警信息，对大量告警信息进行分类管理和综合/压缩，利用形象直观的方式提供全面综合的告警提示，主要包括告警信息分类、告警智能推理、信息分区监管及分级通告、告警智能显示等。

（4）馈线自动化。

当配电线路发生故障时，该功能根据从 EMS 和配电终端的故障信息进行自动化快速故障定位，并与配电终端配合进行故障隔离和非故障区域的恢复供电。该功能还支持各种拓扑结构的故障分析，并保证在电网的运行方式发生改变时对馈线自动化的处理不造成影响。

（5）拓扑分析应用。

1）拓扑分析。可以根据电网连接关系和设备的运行状态进行动态分析，分析结果可以应用于配电监控、安全约束等，也可以针对复杂的配电网络模型形成状态估计、潮流计算使用的计算模型。

2）网络拓扑着色。网络拓扑着色对于配电网调度应用是一个实用型很强的功能。它可根据配电网开关的实时状态，确定系统中各种电气设备的带电状态，分析供电源点和各点供电路径，并将结果在人机界面上用不同的颜色表示出来。其主要包括电网运行状态着色、供电范围及供电路径着色、动态电源着色、负荷转供着色、故障指示着色、变电站供电范围着色等。

3）负荷转供。负荷转供根据目标设备分析其影响负荷，并将受影响负荷安全转至新电源点，提出包括转供路径、转供容量在内的负荷转供操作方案。

4）事故反演。系统检测到预定义的事故时，应能自动记录事故时刻前后一段时间的所有实时稳态信息，以便事后进行查看、分析和反演。

（6）选配功能。

1）分布式电源接入与控制。满足分布式电源/储能/微网接入带来的多电源、双向潮流分布情况下对配电网的运行监视和对多电源的接入、退出等控制和管理功能。实现分布式电源/储能/微网接入系统的配电网安全保护、独立运行以及多电源运行机制分析等功能。

2）专题图生成。以导入的全网模型为基础，应用拓扑分析技术进行局部抽取并做适当简化，生成相关电气图形。

3）状态估计。利用实时量测的冗余性，应用估计算法来检测与剔除坏数据，提高数据精度，实现配电网不良量测数据的辨识，并通过负荷估计及其他相容性分析方法进行数据修复和补充。

4）潮流计算。根据配电网络制定运行状态下的拓扑结构、负荷类设备的运行功率等数据，计算节点电压、支路潮流及功率分布，计算结果可支撑其他应用功能做进一步分析。

5）负荷预测。针对 6~20kV 母线、区域配电网进行负荷预测，在对系统历史负荷数据、气象因素、节假日，以及特殊事件等信息分析的基础上，挖掘配电网负荷变化规律，建立预测模型，选择适合策略预测未来系统负荷变化。

6）解合环分析。与调度自动化系统进行信息交互，获取端口阻抗、潮流计算等计算结果，对指定方式下的解合环操作进行计算分析，结合计算分析结果对该解合环操作进行风险评估。

7）网络重构。配电网网络重构的目标是在满足安全约束的前提下，通过开关操作等方法改变配电线路的运行方式，消除支路过载和电压越限，平衡馈线负荷，降低线损。

8）自愈控制。配电网自愈控制综合应用配电网故障处理、安全运行分析、配电网状态估计和潮流计算等分析结果，循环诊断配电网当前所处运行状态，并进行控制策略决策，实现对配电网一、二次设备的自动控制，解除配电网故障，消除运行隐患，促使配电网转向更好的运行状态。

9）配电网经济运行。配电网经济优化运行的目标是在支持分布式电源分散接入条件下，从经济、安全方面对配电网运行方式进行分析，给出分布式电压无功资源协调控制方法，提高配电网经济运行水平。

3. 配电运行状态管控功能

（1）配电数据采集与处理。具体功能与配电运行监控功能中该部分相同，在此不再赘述。

（2）配电接地故障分析。当配电线路发生单相接地故障时，根据配电终端暂态录波的信息对接地故障进行判断和分析，主要包括故障录波数据采集和处理、故障录波信息分析与展现、线路单相接地定位分析、地理位置定位、单相接地故障处理、历史数据应用等。

（3）配电网运行趋势分析。配电网运行趋势分析利用配电自动化数据，对配电网运行进行趋势分析，实现提前预警，支持对配电变压器/线路重载/过载趋势分析与预警、重要用户丢失电源或电源重载等安全运行预警/配电网运行方式调整时的供电安全分析与预警、设备异常趋势分析与告警等。

（4）数据质量管控。数据管控对采集到的实时数据和历史数据的质量进行分析处理。实时数据质量管控支持设备电流、电压、有功功率、无功功率、电量合理性校验，支持母线量测不平衡检查，支持设备状态遥测、遥信一致性校核，支持馈线遥测一致性检查；历史数据质量管控支持历史数据完整性校验、补招和补全功能。

（5）配电终端管理。终端管理实现配电终端的综合监视与管理，实现配电终端参数远程调阅及设定、历史数据查询与处理、蓄电池远程管理、运行工况监视及统计分析、通信通道流量统计及异常报警等功能。

（6）配电网供电能力分析评估。利用配电自动化运行数据，结合已有配电网模型及参数，对配电网供电能力进行评估分析，支持对配电网网架供电能力薄弱环节分析；支持对配电网负荷分布统计分析，对负荷区域分布、时段分布、区域负荷密度、负荷增长率等数据的分析计算；支持线路和设备重载、过载、季节性用电特性分析与预警；支持线路在线 $N-1$ 分析。

4. 集成用电信息采集系统数据

用电信息采集系统数据接入配电自动化系统，贯通营销基础平台、用电信息采集系统和配电自动化系统，能够进一步提升配电网可观可测能力。总体架构如图 5-5 所示。

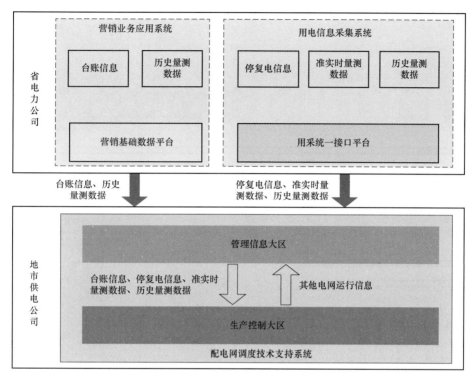

图 5-5 集成用电信息采集系统数据总体架构图

配电自动化系统从营销系统获取台账信息和配电变压器历史数据,从用电信息采集系统获取配电变压器停复电事件和准实时量测数据,并具备通过用电信息采集获取历史量测数据的功能。

集成用电信息采集系统数据目前可实现或优化的应用功能主要包括故障停电研判、配电变压器运行趋势分析、配电变压器运行负荷查询、配电变压器停复电事件查询、配电变压器运行状态着色、配电变压器数据透抄等。

三、典型产品简介

配电自动化主站系统在国内外已经有较长的发展历史,得到了很普遍的应用,已成为配电网调度、控制和管理的重要手段和工具。以下简要介绍国内两种典型的配电自动化主站系统。

1. 北京四方公司 CSGC-3000/DMS 配电网自动化主站系统

CSGC-3000/DMS 系统基于四方公司 CSGC-3000 平台开发,充分利用通用平台对底层硬件和操作系统的封装,获得更好的可靠性、灵活性和可移植性。系统采用商用关系数据库管理系统,支持 Oracle、SQL Server、DB2、Sybase 等主流商用关系数据库系统,也支持 My SQL 等开源数据库管理系统。

系统的标准型结构如图 5-6 所示。按照《全国电力二次系统安全防护总体方案》中对安全区的划分,配电网自动化主站系统主要部分处于安全区Ⅰ,与处于安全区Ⅱ、安全区Ⅲ的其他信息系统之间必须进行有效隔离,Web 服务器一般配置到安全Ⅲ区,系统总体框架如

图 5-6 所示。

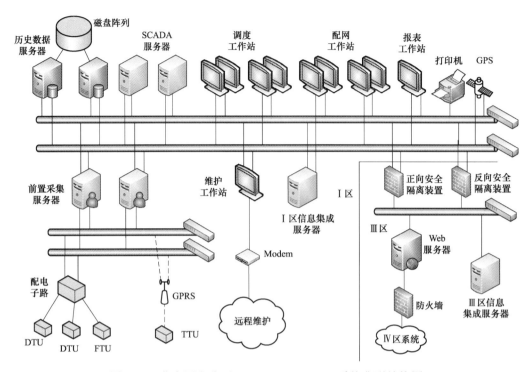

图 5-6 北京四方公司 CSGC-3000/DMS 系统典型结构图

系统典型配置适用于地市级或县城配电网自动化主站系统。且可根据需要灵活剪裁，最简单的情形下可以把各种应用功能高度集成到 1～2 台工作站上，对"集成型"的系统可以扩充配电网高级应用服务器。

系统主要特点包括：

（1）分层分布的组件化设计，实现"即插即用"的灵活集成。

（2）全面支持 IEC 61970/61850 标准，保证平台的开放性。

（3）实现负载分担与多重冗余备份。

（4）高性能、大容量、分布式实时数据库，为网络数据统一提供技术支持。

（5）确保系统不间断运行的增量/在线修改机制。

（6）面向配电网核心业务，提供成熟、稳定、可靠、实用的配电网运行和分析功能。

（7）密切配合终端设备，可灵活配置馈线自动化运行方式，实现配电网故障的智能处理。

（8）可充分利用已有图形和数据，构建完整的配电网数据模型。

（9）将图形建模工具与生产流程相结合，建立基于馈线的图资管理系统。

（10）完善的配电网高级应用功能，为配电网优化运行提供支撑平台。

（11）支持调配一体化的应用软件，可适用于调配控一体化场合。

（12）基于 UIB 实现企业信息集成和综合应用，实现数据共享。

（13）强大的前置通信及数据转发能力，适应配电网海量数据采集。

（14）完备的系统安全保证，全面满足安全需求。

2. 国电南瑞 OPEN-5200 系统

国电南瑞 OPEN-5200 新一代配电自动化主站系统是在"全面遵循 IEC 61970/61968 国际标准，以 SCADA 为基础，以配电网调度作业管理为应用核心，覆盖全部配电网设备，强调信息的共享集成及综合利用，涵盖整个配电网调度指挥的全部业务流程，实现配电网流程化的业务管理，全面提升配电网调度管理水平，向科学化的管理要效益"的设计理念指导之下，以"做精智能化调度控制，做强精益化运维检修，信息安全防护加固"为目标而研发的，系统总体结构如图 5-7 所示。

系统由"一个支撑平台、两大应用"构成，应用主体为大运行与大检修，信息交换总线贯通生产控制大区与信息管理大区，与各业务系统交互所需数据，为"两个应用"提供数据与业务流程技术支撑；"两个应用"分别服务于调度与运检。

（1）一体化支撑平台改造。

一体化支撑平台应遵循标准形、开发性、扩展性、先进行、安全性等原则，为系统各类应用的开发、运行和管理提供通用的技术支撑，提供统一的交换服务、模型管理、数据管理、图形管理，满足配电网调度各项实时、准实时和生产管理业务的需求，统一支撑配网运行监控及配电网运行管理两个应用。

（2）两大业务应用部署。

以统一支撑平台为基础，构建配电网运行监控和状态管控两个应用服务：① 配电运行监控应用部署在生产控制大区，并通过信息交换总线从管理信息大区调取所需实时数据、历史数据及分析结果；② 配电运行状态管控应用部署在管理信息大区，并通过信息交换总线接收从生产控制大区推送的实时数据及分析结果。

生产控制大区与管理信息大区基于统一支撑平台，通过协同管控机制实现跨区业务应用支撑。主要包括：① 支撑平台协同管控：在生产控制大区统一管控下，实现分区权限管理、数据管理、告警定义、系统运行管理等；支持配电主站支撑平台跨区业务流程统一管理；支持配电主站支撑平台跨区数据同步。② 应用协同管控：支持终端分区接入、维护，共享终端运行工况、配置参数、维护记录等信息；支持馈线自动化在管理信息大区的应用，支持基于录波的接地故障定位在生产控制大区的应用，以及多重故障跨区协同处理和展示；支持管理信息大区分析应用在生产控制大区调用和结果展示。

四、主配一体化主站系统

伴随着城市大电网快速建设发展，主配电网间相互依赖的运行特性愈加凸显：① 供电可靠性需求的提升亟须调配运方计划调整的一体化，输电网在制定运行方式计划中更加注重对配电侧重要用户的影响，尤其是在保电的过程中，需要垂直贯通主配电网一体化监控，清晰反映上级主网电源至保电用户整个供电路径的运行情况；② 应对上级电网突发故障的应急响应亟须主配协调控制的一体化，一旦出现变电站全站失电的情况，配电网大面积负荷的快速转移需要在大电网层面统筹协调控制，避免负荷转移过程中产生二次越限事故；③ 分布式电源以及多元负荷的引入亟须主配电网分析能力的一体化，越来越多的智能园区、微电网等新型有源负荷并入配电网，需要有主配一体化的分析手段来支撑大电网的安全稳定运行。由此，面对日益涌现的上述主配一体化调控需求，构建实现主配电网调度自动化系统的

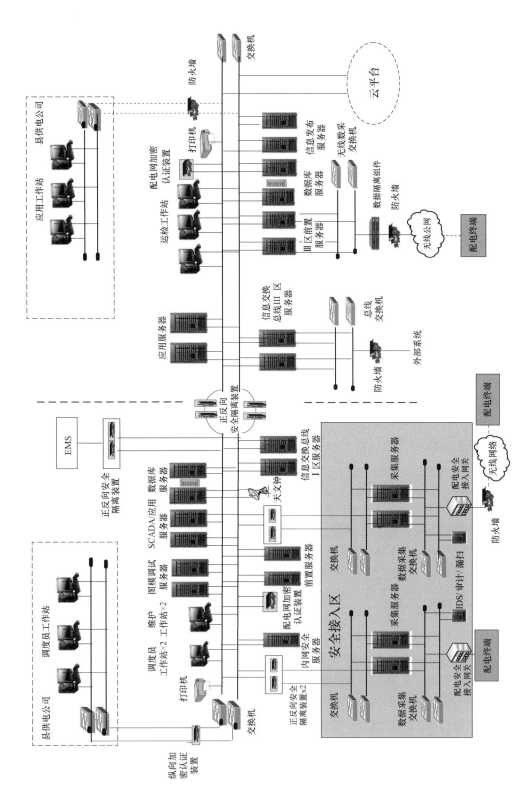

图 5 – 7　国电南瑞 OPEN–5200 配电自动化系统典型结构图

一体化、标准化、互动化，大幅减少调配独立维护工作量，适应管理模式转变，提高电网调度运行的可靠性和经济性，已经成为重要的发展方面。

建设主配一体化调度自动化系统，解决各个不同电压等级的电网、发电、用电信息资源与数据分布接入控制系统后的融合问题，依据《国调中心关于进一步完善配电网调度技术支持系统图形模型的通知》（调技〔2017〕54 号），提出主配电网模型、信息采集、图形、告警分布存储的规范，实现主配电网画面和数据的集中调用、分解融合、无缝切换，支持覆盖主配电网系统的图形、告警、操作控制等需求，并在此基础上实现保供电区域分级运行风险分析、故障影响范围分析及快速恢复辅助策略等应用。

主配一体化调度自动化系统总体功能架构如图5-8所示。

主配一体化协同运行架构综合考虑调配电自动化系统运行可靠性、可维护性以及弹性扩展等特点，采用动态耦合方式的实现主配电网高级应用协同运行，即主、配电网调度控制系统基于统一模型，通过信息交互总线实现调配间计算服务的动态调用和分析结果的按需共享，该模式既能满足当前电力调度控制系统和配电自动化系统独立建设、独立运行的特点，也能满足调配协同运行的业务需求：

（1）主配一体化系统运行模式和架构。

（2）主配一体化模型存储与校核。

（3）主配一体化监视与操作控制。

（4）主配协同网络拓扑分析。

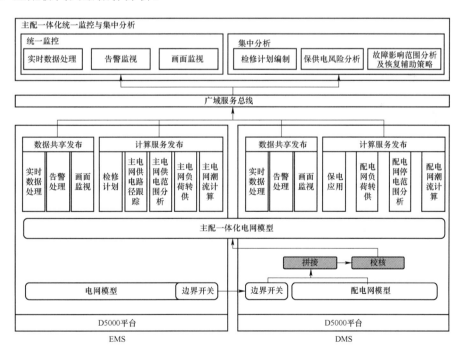

图5-8 主配一体化调度自动化系统总体功能架构

（5）主配协同潮流计算。

（6）主配协同合环计算。

（7）主配协同负荷转供。

（8）主配协同电网运行风险评估。

（9）主配协同电网故障处理。

第三节　馈　线　自　动　化

馈线自动化（Feeder Automation，FA）又称配电线路自动化，是配电自动化的重要组成部分，是配电自动化的基础，也是实现配电自动化的主要监控系统之一。馈线自动化是指在正常情况下，远方实时监视馈线分段断路器与联络断路器的状态和馈线电流、电压情况，并实现线路断路器的远方合闸和分闸操作，在故障时获取故障记录，并自动判别和隔离馈线故障区段，恢复对非故障区域供电。

馈线自动化是电力系统现代化的必然趋势，其意义在于：① 当配电网发生故障时，能够迅速查出故障区域，自动隔离故障区域，及时恢复非故障区域用户的供电，因此缩短了用户的停电时间，减少了停电面积，提高了供电可靠性；② 馈线自动化可以实时监控配电网及其设备的运行状态，为进一步加强电网建设并逐步实现配电自动化提供依据。

实现配电网自动化是电力系统发展的需求，而馈线自动化技术是配电网自动化的核心。馈线自动化是配电网提高供电可靠性，减少供电损失直接有效的技术手段和重要保证，因此是配电网建设与改造的重点。馈线自动化能够使电网运行更加智能化，从而逐步实现配电自动化的发展要求。

一、FA 主要功能

馈线自动化是提高配电网可靠性的关键技术之一。配电网的可靠、经济运行在很大程度上取决于配电网结构的合理性、可靠性、灵活性和经济性，这些又与配电网的自动化程度紧密相关。通过实施馈线自动化技术，可以使馈线在运行中发生故障时，能自动进行故障定位，实施故障隔离和恢复对健全区域的供电，提高供电可靠性。传统的 FA 依赖重合器顺序重合或主站遥控实现其控制功能，处理时间约数分钟。高级配电自动化中的 FA 应用分布式智能控制技术，能将控制时间减少至 1s 以内，同时应用闭环运行、动态电压恢复、DER、微网等技术，实现馈线故障无缝自愈。馈线自动化主要有以下几个功能：

（1）运行状态监测。主要进行馈线运行数据的采集与监控。监控内容主要包括所有被监控的线路（包括主干线和各支路）的电压幅值、电流、有功功率、无功功率、功率因数、电能量等电气参数，配电网络运行工况的实时显示（实时监视 110/10kV 变电站的 10kV 侧断路器，线路分段断路器，联络断路器等设备运行状态：状态线路分段断路器和联络断路器的遥控）；故障记录和越限报警处理；事件顺序记录；扰动后记录；报表生成和打印；必备的计算和图形编辑。通过运行状态的监测，可以实现远动或者"四遥"（遥信、遥测、遥控、遥调）功能。

（2）控制功能。分为远方控制和就地控制，与配电网中可控设备（主要是开关设备）的功能有关。如果开关设备是电动负荷开关，并有通信设备，那就可以实现远方控制分闸或合闸；如果开关设备是重合器、分段器、重合分段器，它们的分闸或合闸是由这些设备被设定的自身功能所控制，这称为就地控制远方控制又可以分为集中式和分散式两类。所谓集中式，是指由 SCADA 系统根据从 FTU 获得的信息，经过判断进行的控制，也可以称为主从式；分散式是指 FTU 向馈线中相关的开关控制设备发出信息，各控制器根据收到的信息综合判断后实施对所控开关设备的控制，也称为 Peer to Peer 方式。除了上述事故状态下的控制以外，在正常运行时还可以实行优化控制，如选择线损最小或较小的运行方式对开关设备进行控制。

（3）故障定位和网络重构。在配电网中，若发生永久性故障，通过开关设备的顺序动作实现故障区隔离，在环网运行或环网结构、开环运行的配电网中实现负荷转供，恢复供电。当切除了配电网中的故障设备后，在满足一定约束的条件下，为了减少停电面积从而尽可能地保证用户供电而进行的网络结构调整，称为配电网故障后重构。这一过程是自动进行的。在发生瞬时性故障时，因切断故障电流后故障自动消失，所以可以通过开关自动重合而恢复对负荷的供电。

（4）无功补偿和调压。馈线自动化主要是通过线路上无功补偿电容器组的自动投切控制和电压调节器调节实现电压控制。配电网中无功补偿设备主要有安装在变电站和安装在用户端两种。前者在变电站自动化中加以控制和调节；后者一般为就地控制。但是在小容量配电变压器难以实现就地补偿的情况下，在中压的配电线路上进行无功补偿仍有广泛的应用。通常采用自动投切开关或安装控制器两种方法加以实施。配电网内无功补偿设备的投切一般不作全网络的无功优化计算，而是以某个控制点（通常是补偿设备的接入点）的电压幅值为控制参数，有的还采用线路或变压器潮流的功率因数和电压幅值两个参数的组合作为控制参数。这一功能旨在保持电压水平，提高电压质量，并减少线损。

二、FA 主要类型

馈线自动化主要采用就地、集中两种方式实现。配电主干环路主要采用集中控制的方式，通过主站系统协调，借助通信信息来实现控制；支线、辐射供电多采用就地控制方式，局部范围实现快速控制。近些年来，随着自动化程度的提升，还增加了主站集中式与就地分布式协调配合的智能分布式控制方式。

1. 主站集中式

集中式 FA 主要功能是通过分析主网 EMS 系统、配电终端设备等上送的开关变位、保护动作、故障指示等信号，实现对配电网故障的实时检测和故障定位，并生成故障处理方案，可根据具体情况由人工确认或者自动执行相应的开关控制操作实现对故障区域的隔离和非故障停电区域的恢复供电。

主站集中式 FA 主要由配电网主站利用通信系统通过与主网 EMS 系统、配电终端设备进行通信，采集变电站内电网设备、配电网开关、架空和电缆线段的正常运行信息以及配电网故障时的开关位置、保护信号、故障指示等变位信号，结合配电网的拓扑信息实现配电网故障的定位、隔离和非故障区域恢复供电功能。主站集中式 FA 功能需要配电网主站、配电终端设备、主网 EMS 系统、通信系统等相互配合完成，其处理架构如图 5-9 所示。

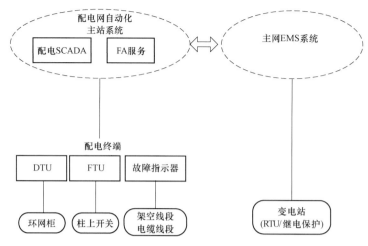

图 5-9　集中式 FA 处理架构

主站集中式 FA 通过全面采集主网 EMS、配电终端上送运行和故障信息以及配电网络拓扑信息，实现配电网故障的识别、定位、隔离和恢复功能，具有很强的灵活性。下面以故障定位和隔离为例，对处理过程加以阐述。

（1）故障定位。

故障定位功能实现识别配电网发生瞬时故障或永久故障，并确定故障可能出现的最小范围区域。根据 FA 启动馈线的相关上送开关变位信号、保护动作信号和故障信号，按照故障前的配电网供电拓扑关系，根据故障发生在最末端上报故障信号的配电终端之后的原则可确定具体的故障位置区段。故障区域范围是由可上报故障信号能力的设备和故障前处于分闸状态的开关作为边界的范围区域。对于瞬时故障，只进行故障定位处理。对于永久性故障，则进行后续的故障隔离和非故障区恢复供电处理。

1）开环运行馈线的故障点确定：故障点位于上报了过流故障信号（事故总、各种过流保护动作等）或单相接地故障信号的设备之后，并且位于具备上报过流故障信号或单相接地故障信号能力但是没有上报对应故障信号的设备之前。从电源点（变电站出口开关）出发进行拓扑搜索，如果某上报了故障信号设备之后没有设备上报故障信号，则说明故障点在此设备之后。

2）对于环网运行供电线路，如果上送故障信号中需包含故障方向信息，则结合故障方向信息，按照故障点只有故障流入方向没有故障流出方向的原则进行识别故障点设备。如果不具备故障方向信号，则环网运行时将只进行故障启动定位，不进行故障隔离和故障恢复功能。

3）故障区域及边界确定：以故障点位置为起点，根据拓扑关系搜索所连接设备，直到遇到以下情况之一停止：

a. 分闸的开关设备。

b. 具备上报对应故障信号能力且 FA 功能未被闭锁以及设备通信正常。

c. 停止继续搜索的设备是故障边界设备，搜索路径上的设备属于故障区域内设备，可实现故障区域着色。

4）瞬时/永久短路故障识别，统计此故障发生引起的跳闸开关信息，检查故障点上游的跳闸开关当前开关状态是否为合闸，确定故障点当前是否带电，如果故障点带电，则说明通过重合闸已经恢复了故障区供电，认为是瞬时故障，否则认为是永久故障。

5）对于瞬时故障，只给出定位结果。不进行后续的故障隔离和恢复。

如图 5-10 所示，根据拓扑分析可确定故障点在开关 FS2 之后，并搜索故障区域边界，由于 FS3 和 YS2 开关具备上送过流动作信号能力但是没有相关信号动作变位信息，因此确定故障发生在 FS2、FS3 和 YS2 开关之间的区域。

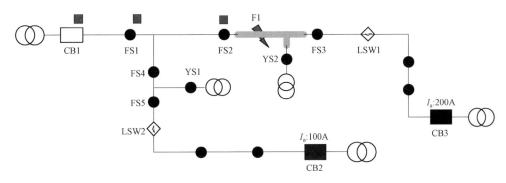

图 5-10　故障定位示意图

CB1～CB3 表示变电站 10kV 出线开关；

FS1～FS5/YS1～YS2 表示具备配电自动化功能的柱上断路器或负荷开关（分段）；

LSW1/LSW2 表示具备配电自动化功能的柱上断路器（联络）。

（2）故障隔离。

根据故障定位出的故障区域范围，搜索故障区域的边界开关（对应开关安装了配电终端的或者是分闸状态的开关，则对应开关就是边界开关），故障前处于合闸状态的边界开关就是故障隔离方案中需操作的开关。对故障后仍处于合闸位置的开关进行分闸操作（可人工或者自动执行），就可完成对故障的隔离。变电站出线开关由相应的保护装置实现隔离操作，不包含在配电主站的隔离方案中。如果配置为自动故障隔离，则直接自动下发开关遥控操作命令，实现故障区域隔离。

故障隔离的关键处理过程如下：

1）从故障点向外进行拓扑连接搜索，确定故障区域的自动化边界开关设备。如果是自动隔离，则边界开关需要当前具备支持遥控功能，如果是人工隔离，则"二遥"开关可作为边界开关。

2）搜索到的故障前为合闸状态的边界开关形成故障隔离方案。

3）根据具体配置情况，可实现对负荷分支开关、分布式电源并网开关是否参与故障隔离，以减少隔离开关操作数量以及确保分布式电源可靠离网。

4）检查故障边界开关的当前开关状态，如果当前开关状态为分闸，则说明此开关已经被就地自动化操作执行成功了，记录操作时间。

5）如果是开关当前为合闸且是自动隔离模式，则下发遥控命令给当前处于合闸的边界开关，实现故障隔离。如果遥控操作失败，则可进行扩大故障范围搜索开关实现故障隔离扩控处理。

如图 5-11 所示，根据故障隔离方案搜索方法，从故障点向外搜索可查找到可遥控操作的开关包括 FS2、FS3、YS2 开关，因此故障隔离方案为分闸 FS2、FS3，开关 YS2（配置了隔离负荷分支开关时）。

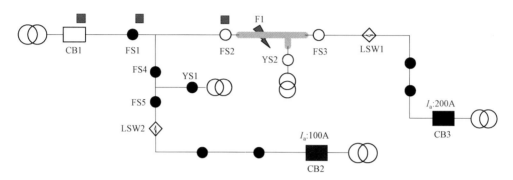

图 5-11　故障隔离示意图

CB1~CB3 表示变电站 10kV 出线开关；

FS1~FS5/YS1~YS2 表示具备配电自动化功能的柱上断路器或负荷开关（分段）；

LSW1/LSW2 表示具备配电自动化功能的柱上断路器（联络）。

2. 传统就地型

传统就地型主要以电压—时间型为主，使用区域多为 C/D 类供电区域，大多为架空线路，供电可靠性要求相对低，综合考虑用户重要性、供电可靠性和投资规模，采用无线通信方式，实现就地型馈线自动化，其典型应用配置如图 5-12 所示。

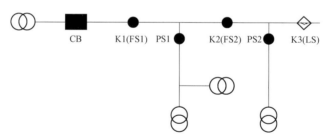

图 5-12　就地自动化典型应用配置图

CB 表示变电站 10kV 出线开关；

K1（FS1）表示具有接地故障选线功能的柱上断路器；

K2/K3（FS2/LS）表示具有选段功能的电压型负荷开关（分段/联络）；

PS1~PS2 表示柱上分界负荷开关。

电压—时间型馈线自动化具备小电流接地系统单相接地故障选线功能，不依赖于通信和配电自动化主站，有效识别各种接地系统的瞬时性和永久性故障，就地快速定位、可靠隔离线路单相接地和相间短路故障。同时，利用无线通信接入网络，依托现有配电自动化主站升级扩容，实现远方日常监视和控制、快速恢复供电。下面分别以瞬时性故障和永久性故障为例，对处理过程简要阐述，其动作逻辑关键参数见表 5-1。

表 5−1　　　　　　　　　　　　　　　　　动 作 逻 辑 关 键 参 数

序号	参数名称	单位		默认值	参数含义
1	选线断路器	s		—	3 次重合闸； 与 CB 具备时间级差
2	S/L 模式	—		0/1	分段或联络模式
3	X—时间	s		7	开关关合前电源侧故障检测时间
4	XL—时间	s		45	联络开关合闸等待时间（自动投入时）
5	Y 时间	s		5	开关关合后负荷侧故障确认时间
6	Z 时间	s		3.5	瞬时性故障确认时间

（1）瞬时性故障。

1）10kV 线路瞬时性故障动作逻辑。线路短路故障发生时，选线断路器跳闸，1.5s 重合，由于重合时间小于 Z 时间（3.5s），选段开关不延时合闸快速恢复送电。图 5−12 中，接地故障发生时由选线断路器跳闸、重合，快速恢复送电。CB 开关具备 1 次重合闸，重合闸时间为 1.5（或 2.5）s。线路短路故障发生时，若选线断路器拒动或 CB 开关先于选线断路器跳闸，则 CB 开关 1.5s 重合，由于重合时间小于 Z 时间（3.5s），选段开关不延时合闸快速恢复送电。

2）上级线路瞬时性故障动作逻辑。变电站 110kV 备自投装置动作，4.5～5s 切除故障电源，0.5s 投入备用电源；10/20kV 备自投装置动作，5～5.5s 切除故障电源，0.5s 投入备用电源。上级线路发生瞬时性故障时，10/20kV 开关失电、不分闸，10kV 线路选线断路器不分闸、选段开关分闸［同时馈线终端 FTU 未检测到故障电流（线路未发生故障）］，在备自投装置动作投入备用电源后，线路恢复供电时间（约 6s）虽大于 Z 时间（3.5s），但因 FTU 并未检测到故障电流，选段开关得电后不延时立即合闸，线路快速恢复供电。

（2）永久性故障。

1）短路故障发生时，先经历 10kV 线路瞬时性故障动作逻辑过程（躲避瞬时性故障），在选线断路器第 2 次重合闸（10s）后，线路选段开关 X 时间依次延时合闸，合到故障点，故障点前端开关 Y 时间内跳闸并闭锁合闸，故障点后端开关 X 时间内跳闸并闭锁合闸，隔离故障区段。

2）接地故障发生时，变电站接地告警，选线断路器接地保护跳闸选出故障线路，选段开关因线路失电而分闸，然后选线断路器延时重合，选段开关依据零序电压—时间逻辑隔离故障。

3. 智能分布式

随着光纤通信技术的成熟和成本的大幅降低、CPU 处理能力的大幅提升、主网的差动保护技术得以在配电网中应用；同时随着电力可靠供电要求的逐步提升，高可靠性供电区域要求能够实现电力不间断持续供电，将事故隔离时间缩短至毫秒级，实现区域不停电服务，这对传统配电自动化的处理能力和时延等提出了更加严峻的挑战。未来随着分布式新能源的接入、电动汽车充电负荷的大量接入也对当前配电网的保护模式和运维方式提出了严峻的考验。因此，智能分布式 FA 成为当前的研究重点，并且应用范围逐步扩大，必将成为未来配电网自动化发展的方向和趋势之一。

　　智能分布式 FA 是利用良好的网络通信实现的具有特殊原理的全线区域性馈线保护，其采用了一种全新的保护配合思路，来解决传统保护和集中仲裁式保护存在的问题。其基本原理是：在线路发生故障后，终端检出故障，并与相邻终端彼此相互通信，收集相邻开关的故障信息，综合比较后确定出发生故障的区段，最终隔离故障，并恢复非故障区的供电。智能分布式由于具有快速、简单、拓扑变化维护量小、简单统一等优点，因此，逐步得到了越来越多的应用。

　　基于光纤通信的分布式馈线自动化是一种集传统的"三遥"以及快速的配电网故障定位、隔离和非故障区域快速恢复供电的配电网自动化解决方案。它通过配电终端之间互相连接的光纤网络实时交互瞬时采样信息、就地监视信息以及实时拓扑信息从而实现配电网故障定位、故障隔离和非故障区域恢复供电，并将故障处理的结果上报给配电主站。它同时通过光纤网络与配电自动化后台连接实现传统配电自动化的"三遥"功能。被保护区域内，各核心单元之间采用手拉手光纤实现通信连接；相邻设备之间实时交互模拟量采样数据，以实现针对被保护区域内主干线路的纵联电流差动保护；所有设备之间实时交互系统状态信息（断路器位置状态、有压无压等），用于故障隔离与自愈合闸。各核心单元基于就地采集的母线上各支路电流，采用母差或简易母差算法实现母线保护功能；基于就地模拟量信息，采用三段式过流保护和三段式零序过流保护，实现针对馈出线的保护功能。基于 12 800Hz 高速采样，采用暂态法与稳态法相结合的方法实现小电流接地方向判别，并基于方向判别结果实现小电流接地选线与定位。在故障定位的基础上，核心单元基于实时交互的系统状态信息，快速实现故障隔离和非故障失电区域供电。终端同时具备针对所有馈线的"三遥"功能，可实时上送本地状态信息和接收主站遥控命令，"三遥"功能可经加密。

第四节　网络安全防护

　　现场配电终端主要通过光纤、无线网络等通信方式接入配电自动化系统，由于目前安全防护措施相对薄弱以及黑客攻击手段的增强，致使点多面广、分布广泛的配电自动化系统面临来自公网或专网的网络攻击风险，进而影响配电系统对用户的安全可靠供电。同时，当前国际安全形势出现了新的变化，攻击者存在通过配电终端误报故障信息等方式迂回攻击主站，进而造成更大范围的安全威胁。

一、总体要求

1. 防护目标
抵御黑客、恶意代码等通过各种形式对配电自动化系统发起的恶意破坏和攻击，以及其他非法操作，防止系统瘫痪和失控，并由此导致的配电网一次系统事故。

2. 防护原则
（1）参照"安全分区、网络专用、横向隔离、纵向认证"的原则，针对配电自动化系统点多面广、分布广泛、户外运行等特点，采用基于数字证书的认证技术及基于国产商用密码算法的加密技术，实现配电主站与配电终端间的双向身份鉴别及业务数据的加密，确保完整性和机密性。

（2）加强配电主站边界安全防护，与主网调度自动化系统之间采用横向单向安全隔离装置，接入生产控制大区的配电终端均通过安全接入区接入配电主站；加强配电终端服务和端口管理、密码管理、运维管控、内嵌安全芯片等措施。提高终端的防护水平。

二、边界划分

1. 整体要求

无论采用光纤或无线的通信方式，都应采用基于数字证书的认证技术及基于国产商用密码算法的加密技术进行安全防护。

（1）当采用 EPON、GPON 或光以太网络等技术时，应使用独立纤芯或波长。

（2）当采用 230MHz 等电力无线专网时，应采用相应安全防护措施。

（3）当采用 GPRS/CDMA 等公共无线网络时，应当启用公网自身提供的安全措施，包括：

1）采用 APN+VPN 或 VPDN 技术实现无线虚拟专有通道。

2）通过认证服务器对接入终端进行身份认证和地址分配。

3）在主站系统和公共网络采用有线专线+GRE 等手段。

2. 典型边界结构

配电自动化系统的典型结构如图 5-13 所示。按照配电自化系统的结构，安全防护分为以下 7 个部分：

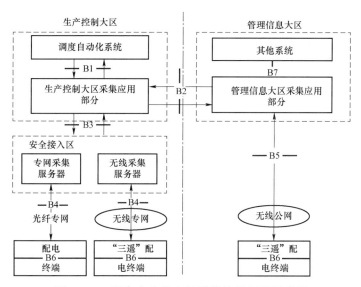

图 5-13　配电自动化主站系统边界划分示意图

（1）生产控制大区采集应用部分与调度自动化系统边界的安全防护（B1）。

（2）生产控制大区采集应用部分与管理信息大区采集应用部分边界的安全防护（B2）。

（3）生产控制大区采集应用部分与安全接入区边界的安全防护（B3）。

（4）安全接入区纵向通信的安全防护（B4）。

（5）管理信息大区采集应用部分纵向通信的安全防护（B5）。

（6）配电终端的安全防护（B6）。

（7）管理信息大区采集应用部分与其他系统边界的安全防护（B7）。

三、安全防护方案

1. 生产控制大区的安全防护

（1）内部安全防护。

无论采用何种通信方式，生产控制大区采集应用部分主机应采用经国家指定部门认证的安全加固的操作系统，采用用户名/强口令、动态口令、物理设备、生物识别、数字证书等2种或2种以上组合方式，实现用户身份认证及账号管理。

生产控制大区采集应用部分应配置配电加密认证装置，对下行控制命令、远程参数设置等报文采用国产商用非对称密码算法（SM2、SM3）进行签名操作，实现配电终端对配电主站的身份鉴别与报文完整性保护；对配电终端与主站之间的业务数据采用国产商用对称密码算法（SM1）进行加解密操作，保障业务数据的安全性。

（2）边界安全防护。

1）生产控制大区采集应用部分与调度自动化系统边界B1，应部署电力专用横向单向安全隔离装置（部署正、反向隔离装置）。

2）生产控制大区采集应用部分与管理信息大区采集应用部分边界B2，应部署电力专用横向单向安全隔离装置（部署正、反向隔离装置）。

3）生产控制大区采集应用部分与安全接入区边界B3，应部署电力专用横向单向安全隔离装置（部署正、反向隔离装置）。

2. 安全接入区纵向通信的安全防护

安全接入区纵向通信的安全防护B4，必须采用经国家指定部门认证的安全加固操作系统，采用用户名/强口令、动态口令、物理设备、生物识别、数字证书等至少一种措施，实现用户身份认证及账号管理。

（1）当采用专用通信网络时，相关的安全防护措施包括：

1）应当使用独立纤芯（或波长），保证网络隔离通信安全。

2）应在安全接入区配置配电安全接入网关，采用国产商用非对称密码算法实现配电安全接入网关与配电终端的双向身份认证。

（2）当采用无线专网时，相关安全防护措施包括：

1）应启用无线网络自身提供的链路接入安全措施。

2）应在安全接入区配置配电安全接入网关，采用国产商用非对称密码算法实现配电安全接入网关与配电终端的双向身份认证。

3）应配置硬件防火墙，实现无线网络与安全接入区的隔离。

3. 管理信息大区采集应用部分纵向通信的安全防护B5

配电终端主要通过公共无线网络接入管理信息大区采集应用部分，应启用公网自身提供的安全措施；采用硬件防火墙、数据隔离组件和配电加密认证装置。方案如图5-14所示。

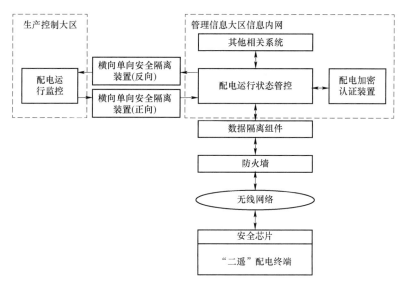

图 5-14 "硬件防火墙+数据隔离组件+配电加密认证装置"方案

硬件防火墙采取访问控制措施,对应用层数据流进行有效的监视和控制。数据隔离组件提供双向访问控制、网络安全隔离、内网资源保护、数据交换管理、数据内容过滤等功能,实现边界安全隔离,防止非法链接穿透内网直接进行访问。

配电加密认证装置对远程参数设置、远程版本升级等信息采用国产商用非对称密码算法进行签名操作,实现配电终端对配电主站的身份鉴别与报文完整性保护;对配电终端与主站之间的业务数据采用国产商用对称密码算法进行加解密操作,保障业务数据的安全性。

4. 配电终端的安全防护 B6

配电终端设备应具有防窃、防火、防破坏等物理安全防护措施。

(1)接入生产控制大区采集应用部分的配电终端。

1)接入生产控制大区采集应用部分的配电终端,内嵌支持国产商用密码算法的安全芯片,采用国产商用非密码算法在配电终端和配电安全接入网关之间建立 VPN 专用通道,实现配电终端与配电安全接入网关的双向身份认证,保证链路通信安全。

2)利用内嵌的安全芯片,实现配电终端与配电主站之间基于国产非对称密码算法的双向身份鉴别,对来源于主站系统的控制命令、远程参数设置采取安全鉴别和数据完整性验证措施。

3)配电终端与主站之间的业务数据采用基于国产对称密码算法的加密措施,确保数据的保密性和完整性。

4)对存量配电终端进行升级改造,可通过在配电终端外串接内嵌安全芯片的配电加密盒,满足上述1)、2)条的安全防护强度要求。

(2)接入管理信息大区采集应用部分的配电终端。

1)利用内嵌的安全芯片,实现配电终端与配电主站之间基于国产非对称密码算法的双向身份鉴别,对来源于配电主站的远程参数设置和远程升级指令采取安全鉴别和数据完整性验证措施。

2)配电终端与主站之间的业务数据应采取基于国产对称密码算法的数据加密和数据

完整性验证，确保传输数据保密性和完整性。

5. 管理信息大区采集用应用部分内系统间的安全防护 B7

管理信息大区采集应用部分与不同等级安全域之间的边界，应采用硬件防火墙等设备实现横向域间安全防护。

第五节　配电自动化建设及配置要求

一、总体要求

（1）配电自动化建设应以一次网架和设备为基础，运用计算机、信息与通信等技术，实现对配电网的实时监视与运行控制。通过快速故障处理，提高供电可靠性；通过优化运行方式，改善供电质量、提升电网运营效率和效益。

（2）配电自动化建设应纳入配电网整体规划，依据本地区经济发展、配电网网架结构、设备现状、负荷水平以及供电可靠性实际需求进行规划设计，综合进行技术经济比较，合理投资，分区域、分阶段实施，力求功能实用、技术先进、运行可靠。

（3）配电自动化建设与改造应遵循国家电网公司配电自动化技术标准体系，并满足相关国际、行业、企业标准及相关技术规范要求。

（4）配电自动化建设与改造应根据设定目标，合理选择主站建设规模、终端配置和通信网络等配套设施建设模式。

（5）配电自动化建设与改造应遵循"标准化设计，差异化实施"原则，结合配电网规划，实现同步设计、同步建设、同步投运，并按照设备全寿命周期管理要求，充分利用已有资源，因地制宜地做好通信、信息等配电自动化配套建设。

（6）配电自动化系统建设应以配电网调控运行为应用主体，满足规划、运检、营销、调度等横向业务协同需求，提升配电网精益化管理水平。

（7）主干线联络开关、分段开关、进出线较多的开关站、环网单元和配电室宜采用"三遥"终端。

（8）配电自动化系统应满足电力二次系统安全防护有关规定，遥控应具备安全加密认证功能。

（9）配电自动化系统相关设备与装置应通过国家级或行业级检定机构的技术检测。

二、配电自动化统筹建设要求

（1）配电自动化建设应纳入配电网整体规划，依据本地区经济发展、配电网网架结构、设备现状、负荷水平以及供电可靠性实际需求进行设计，综合进行技术经济比较，合理投资，分区域、分阶段实施，力求功能实用、技术先进、运行可靠。

（2）配电自动化改造的二次设备应结合一次设备的改造同步建设、投运，并结合运行监控要求，合理选择配电自动化终端及通信方式。

（3）配电网站点基、改建工程中涉及电缆沟道、管井改造、建设及市政管道建设时应一并考虑光缆通信，并同期敷设。

（4）配电自动化改造应充分利用带电作业等手段，减少设备现场改造、调试所占用的停电时间，降低改造过程对供电可靠性的影响。

三、主站建设改造及配置原则

1. 总体要求

（1）配电主站监控范围为变电站 10kV 母线至 10kV 变压器（含公用、专用变压器），含 10kV 配电网络线路和开关类设备监测或控制，可通过信息交互方式对低压配电网进行监测。

（2）配电主站应根据地区配电网规模和应用需求，宜按照"地县一体化"构架进行设计，配电网实时信息量在 30 万点以上的大型县供电公司可单独建设主站。配电主站规模按照实施地区 3～5 年后配电网实时信息总量进行设定，并按照大、中、小型进行差异化配置。

（3）配电主站功能应符合 Q/GDW 1513《配电自动化系统主站功能规范》相关要求。

2. 主站规模分类

配电主站规模分类应遵循以下原则：

（1）配电网实时信息量在 10 万点以下的建设小型主站。

（2）配电网实时信息量在 10 万～50 万点之间的建设中型主站。

（3）配电网实时信息量在 50 万点以上的建设大型主站。

3. 主站配置要求

（1）主站的关键设备应采用双机、双网冗余配置，满足可靠性和系统性能指标要求，应具备安全、可靠的供电电源保障。

（2）服务器应采用 UNIX 或 LINUX 操作系统，满足相关技术标准和规范要求，在硬件技术条件满足应用需求的前提下，应优先采用国产设备。

（3）应根据城市定位、供电可靠性需求、配电网规模、接入容量等条件合理配置主站功能。

（4）配电终端宜优先直接接入主站；若确需配置子站，应根据配电网结构、通信方式、终端数量等合理配置。

四、馈线自动化实施原则

（1）对于主站与终端之间具备可靠通信条件，且开关具备遥控功能的区域，可采用集中型全自动式或半自动式。

（2）对于电缆环网等一次网架结构成熟稳定，且配电终端之间具备对等通信条件的区域，可采用就地型智能分布式。

（3）对于不具备通信条件的区域，可采用就地型重合器式。

五、配电终端配置要求

根据配电网规划和供电可靠性需求，按照经济适用的原则，应差异化配置配电终端，并合理控制"三遥"节点配置比例。

（1）对网架中的关键性节点，如主干线开关、联络开关，进出线较多的开关站、环网单元和配电室，应配置"三遥"终端；对一般性节点，如分支开关、无联络的末端站室，应配置"两遥"终端。

（2）配电变压器终端宜与营销用电信息采集系统共用。

六、信息交互要求

配电自动化系统信息交互应符合电力企业整体信息集成交互构架体系，信息交互应遵循图形、模型、数据来源及维护的唯一性原则和设备编码的统一性原则，遵循 IEC 61968 标准，采用信息交换总线方式，实现各系统之间信息共享，满足业务集成应用需求。配电自动化系统信息交互对象包括调度自动化系统、PMS 系统、电网 GIS 平台、营销业务系统等，交互内容应包含主网、配电网模型和图形信息，配电网设备相关参数、应用分析数据、故障信息和实时数据等内容。

信息交互数据来源见表 5-2。

表 5-2 　　　　　　　　　　　信 息 交 互 数 据 来 源

序号	系统	提供数据
1	调度自动化系统	高压配电网模型、网络拓扑、变电站图形、实时数据
2	设备（资产）运维精益管理系统	中低压配电网模型、相关设备参数、配电网设备计划检修信息
3	电网 GIS 平台	中低压配电网模型、中低压配电网络图、电气接线图、单线图、地理图、线路地理沿布图、网络拓扑等
4	调度管理系统 OMS	计划停电、设备变更等信息
5	用电信息采集	配电变压器及户表相关信息
6	营销业务系统	专用变压器相关信息，用户信息等

第六节　配电自动化运维管理

一、运行与监控管理

（1）各运维单位应定期进行配电自动化系统设备巡视、检查工作，做好记录，发现异常并及时处理。

（2）应每日检查配电主站运行环境、主服务器进程、系统主要功能、配电图模、采集通道及数据、系统每日定期自动备份等运行情况，并填写配电自动化系统运行日志；每月检查主服务器的硬盘及数据库剩余空间，统计分析 CPU 负载率，及时进行数据备份和空间清理；每季度对前置服务器、SCADA 服务器、数据库服务器、应用服务器、双网通信通道等进行一次人工切换。

（3）配电自动化通信设备巡视以网管状态监视为主，现场巡视作为辅助手段，通信网管系统应设专人监控，发现通信设备故障时应及时通知配电主站及终端运行维护部门。配电网光纤系统网管状态监视包括端口 CRC 校验、收/发包状态、端口 ping 包数据统计、设备 CPU 利用率、设备端口流量统计等。配电网通信系统运维人员应定期对通信骨干网和 10kV 通信接入网相关设备进行现场巡视，巡视周期应至少为每半年一次。

（4）配电自动化线路故障抢修、运行方式调整和计划性停送电的倒闸操作，应坚持"应遥必遥"原则，"三遥"开关应采用遥控操作。

二、图模管理

（1）配电网图模应包括配电变压器及以上所有调管设备的图形和模型，满足配电网调度图形模型规范要求。

（2）遵循图模信息源端维护原则，保证配电网图模信息的唯一性和准确性；严格落实配电网电子接线图异动管理要求和应用，实现配电网图实一致，状态相符。

（3）未建独立配电自动化系统主站的单位，应在调度自动化系统中完成图模建设。已建独立配电自动化系统主站的单位，应在配电主站和调度自动化主站中同步完成图模建设。

（4）应建立配电网技术支持系统图形模型建设完善工作评价考核机制。

三、缺陷管理

（1）配电自动化系统缺陷分为危急缺陷、严重缺陷、一般缺陷三个等级。

1）危急缺陷通常是指威胁人身或设备安全，严重影响设备运行、使用寿命及可能造成配电自动化系统失效，危及电力系统安全、稳定和经济运行的缺陷。此类缺陷须在 24h 内消除。

2）严重缺陷通常是指对设备功能、使用寿命及系统正常运行有一定影响或可能发展成为危急缺陷，但允许其带缺陷继续运行或动态跟踪一段时间的缺陷。此类缺陷须在 5 个工作日内消除。

3）一般缺陷通常是指对人身和设备无威胁，对设备功能及系统稳定运行没有立即、明显的影响、且不至于发展为严重缺陷的缺陷。此类缺陷应列入检修计划尽快处理。

（2）当发生的缺陷威胁到其他系统或一次设备正常运行时，运维单位应及时采取有效的安全技术措施进行隔离，缺陷消除前，加强监视，防止缺陷升级。

（3）配电自动化设备缺陷纳入生产管理系统、调度管理系统，实现缺陷闭环管理。

（4）运维检修部应每月组织各运维单位开展一次集中运行分析工作，组织对缺陷原因、处理情况进行分析，对系统运行中存在的问题制定解决方案，并形成分析报告。

四、检修管理

（1）配电自动化系统各运维单位应根据设备的实际运行状况和缺陷分类及处理响应要求，结合状态检修等相关规定，制定应急预案和处理流程，对配电主站、配电终端、配电通信设备的检修工作进行组织和管理，合理安排、制定检修计划和检修方式。

（2）终端运维单位应结合一次设备停电，开展停电范围内终端及二次接线的检查工作。

（3）运行中的设备遥信、遥测、遥控回路和通信通道变动时，应对变动部分的相关功能进行校验。

1）当遥信回路变动时应进行遥信校验：核对一次设备开关位置与主站中开关位置一致，做遥信变位试验，验证遥信回路正确性。当保护出口回路变动时应进行保护功能校验：在终端处加二次电流，验证保护出口回路正确性。

2）当 TA、TV、遥测回路、遥测系数等变动时应进行遥测校验：在一次侧或二次侧加电流、电压，核对主站端电流、电压的正确性。

3）当遥控加密文件、遥控回路等变动时应进行遥控校验：通过解合环试验对遥控预置、开关遥控功能进行验证。

4）当通信模块、ONU、OLT 等变动时应进行通信系统校验，主要方式是通过主站召测数据、遥控预置的方式观察报文收发的正确性。检查 IP 设置是否正确，PING 主站前置服务器 IP 地址，确认网络连接是否正常。

（4）当一次设备停电检修时，应按照停电、验电、接地、悬挂标示牌和装设遮拦（围栏）顺序进行操作，同时配电自动化装置要配合将操作方式选择开关由"远方"切至"就地"位置，退出开关遥控分合闸压板，将开关的电动操动机构电源空气开关拉开，防止开关误动，并将相应的安全措施按顺序列入对应的安全措施票，按步骤执行和恢复。

（5）一次设备不停电对配电自动化设备进行检修时，应按照《国家电网公司电力安全工作规程》及《配电自动化设备检修安全措施》做好安全防范工作，采取有效措施防止 TV 短路、TA 开路，防止开关误动。将相应的安全措施按顺序列入对应的安全措施票，按步骤执行和恢复。

（6）配电自动化开关操作应按照《配电自动化开关设备典型操作票》编写操作票，做好防止开关误动措施。

（7）配电自动化设备备品应结合缺陷处理情况，定期检查备品备件库存，以保证消缺的需求。所有备品应登记在册，按产品说明中有关温度、湿度等存放环境等方面的要求妥善保管。

（8）各运维单位应按照《配电自动化用蓄电池管理要求》加强蓄电池管理，并依据平均寿命建立轮换机制。

（9）新安装的配电自动化设备的验收检验应按 Q/GDW 576《配电自动化系统验收技术规范》要求进行。配电终端的检测工作相关的检测条件、检测方法、检测项目及技术指标参照 Q/GDW 639《配电自动化终端设备检测规程》。设备检验应采用专用仪器，所有仪器应具备检验合格证。

五、配电终端投运和退役管理

（1）根据终端信息表，配调运行部门通过配电主站监控画面对遥信、遥测及遥控进行功能验收，经现场与主站联调、验收合格后，方可投运。

（2）对存在严重故障或现场重大变更、且在 72h 内无法恢复运行的配电终端，拟退出运行时，应履行审批手续方可执行，并通知配电主站进行变更维护。

六、安全防护管理

（1）配电自动化系统安全防护应严格按照《电力监控系统安全防护规定》（国家发改委第 14 号令）、《国家能源局关于印发电力监控系统安全防护总体方案等安全防护方案和评估规范的通知》（国能安全〔2015〕36 号）、《配电自动化系统网络安全防护方案》（国网运检三〔2017〕6 号）和《中低压电网自动化系统安全防护补充规定（试行）》（国家电网调〔2011〕168 号）等要求执行。

（2）配电终端及通信设备接入配电主站须满足电力监控系统安全防护方案的相关要求。

（3）应及时对相关系统软件（操作系统、数据库系统、各种工具软件）漏洞发布信息，及时获得补救措施或软件补丁，对软件进行升级。

（4）应在配电自动化系统内部署、升级防病毒软件，并检查该软件检、杀病毒的情况。

（5）应定期对配电自动化业务与应用系统数据进行备份，确保在数据损坏或系统崩溃情况下快速恢复数据，保证系统数据安全性、可靠性。

（6）依据《信息安全等级保护管理办法》（公通字〔2007〕43 号）、《电力行业信息安全等级保护管理办法》（国能安全〔2014〕318 号），配电自动化系统应每年进行信息安全等级保护测评工作。

七、版本管理

同型号主站软件版本应全省统一。各主站运行单位每月将配电主站系统使用过程中发现的缺陷和功能需求，提交省公司确认并测试，并出具测试报告，合格后由省公司联合发布。

八、技术资料管理

（1）配电自动化系统运维单位应设专人对工程资料、运行资料、磁（光）记录介质等进行归档管理，保证相关资料齐全、准确；建立技术资料目录及借阅制度。配电自动化系统相关设备因维修、改造等发生变动，运维单位应及时更新资料并归档保存。

（2）新安装配电自动化系统应具备下列技术资料：

1）设计单位提供的设计资料（设计图纸、概、预算、技术说明书、远动信息参数表、设备材料清册等）。

2）设备制造厂提供的技术资料（设备和软件的技术说明书、操作手册、软件备份、设备合格证明、质量检测证明、软件使用许可证和出厂试验报告等）。

3）施工单位、监理单位提供的竣工资料（竣工图纸资料、技术规范书、设计联络和工程协调会议纪要、调试报告、监理报告等）。

4）各运维单位的验收资料。

（3）正式运行的配电自动化系统应具备下列技术资料：

1）配电自动化系统相关的运维与检修管理规定、办法。

2）设计单位提供的设计资料。

3）现场安装接线图、原理图和现场调试、测试记录。

4）设备投运和退役的相关记录。

5）各类设备运行记录（如运行日志、巡视记录、缺陷记录、设备检测记录、系统备份记录等）。

6）设备故障和处理记录。

7）软件资料（如程序框图、文本及说明书、软件介质及软件维护记录簿等）。

8）配电自动化系统运行报表、运行分析。

第七节　低压配电网自动化

作为供电服务"最后一公里"，低压配电网直接承担着用户的供电服务，低压配电网的运行管理水平直接影响着用户的供电质量。长期以来，低压配电网自动化程度落后，同时面临着管理需求变化快、管理设备规模大、服务要求高三大挑战。近年来随着电动汽车、分布式能源、微电网、储能装置等设施大量接入以及电力市场开放和各种用电需求的出现，对配电网的安全性、经济性、适应性提出更高要求。

为应对低压配电网设备众多、结构复杂、管理困难、运维工作量大的问题，开展以新型智能融合终端为核心的电力物联网建设与应用。实现柱上变压器、箱式变压器、配电房的自动化改造，配合新一代配电自动化主站，实现台区全景监测、提升区域能源管理能力，满足分布式能源接入、多元化负荷管控需求。以低成本的软件 App 方式，实现低压配电网业务的灵活、快速部署。实现主动抢修、电能质量综合治理等配电业务，实现低压故障风险预警、开关状态管理、分路分段线损统计等台区精益化管理，依托站端协同管理和就地化决策机制，助推低压配电网由被动管理向主动管理模式变革，提升台区精益化管理水平。

一、系统架构

配电网运行环境复杂，设备种类繁多，用户故障频发，依托配电物联网技术广泛部署感知层，突出实效性，以新型断路器、跌落式熔断器、0.4kV 低压监测终端等物联设备为基础，通过光纤、电力载波、无线通信网络、电力专网等网络层构建配电网用户侧管理云数据平台层，并完成包括手机 App、客户端、Web 端、短信端在内等定制化综合分析应用层的研发设计。全面支撑配电网业务智慧化运营，提升配电网用户侧的精益化管理及运维水平。低压配电网自动化示意图如图 5-15 所示。

二、物联网云主站系统

物联网云主站通过智能配电变压器终端上送的综合用户停电信息、配电变压器低压出线和分支故障信息，实现低压故障的主动感知、精准定位，同时结合配电自动化系统的中、低压故障信息，进行综合故障研判，将故障结果推送至供服系统，供服系统下派工单至抢修人员进行精准抢修，实现低压故障的主动抢修，保证了电网的可靠性和安全性。配电云主站系统数据流如图 5-16 所示。

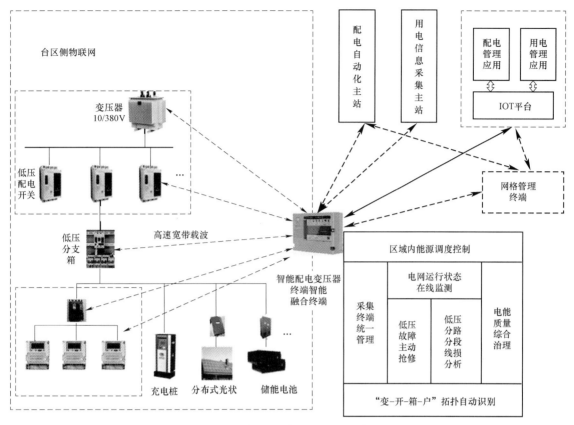

图 5-15　低压配电网自动化示意图

实现功能如下：

（1）低压拓扑自主校验。借助于智能配电变压器终端 TTU、低压传感器（故障指示器）检测技术，利用台区网络通信形成二次设备拓扑层次关系，并形成低压拓扑文件及户变关系文件，云主站采用可视化的方式展示 TTU 上送的低压台区层次拓扑关系，对单位周期内的拓扑变化信息推送至供电服务指挥系统，供电服务指挥系统与 PMS2.5 中的低压拓扑和户变关系进行对比校验，向相关人员派发校核工单。

（2）图模关系批量维护。利用图模导入工具可以批量的导入从 PMS2.5 获取的一次设备和二次设备对应关系和图形。

（3）故障综合研判。综合中、低压各层级告警信息，结合检修类停电计划，分级分层综合研判，将停运信息按结构化数据存储，包括停运类型、停电性质、停运范围、故障区间、关联影响配电变压器和影响用户，并推送告警信息至供服系统和手持终端。

（4）低压台区线损精细化管理。利用智能配电变压器终端和计量级低压传感器，依据线路拓扑实现对各节点的供入电量、供出电量、线损和线损率分时统计、日统计、月统计，当线损率超过理论最大值或波动异常发出异常报警，云主站将告警信息推送至供电服务指挥平台，便于开展户变关系核查、计量装置检查和用电检查，降低线损率，提高经济指标。

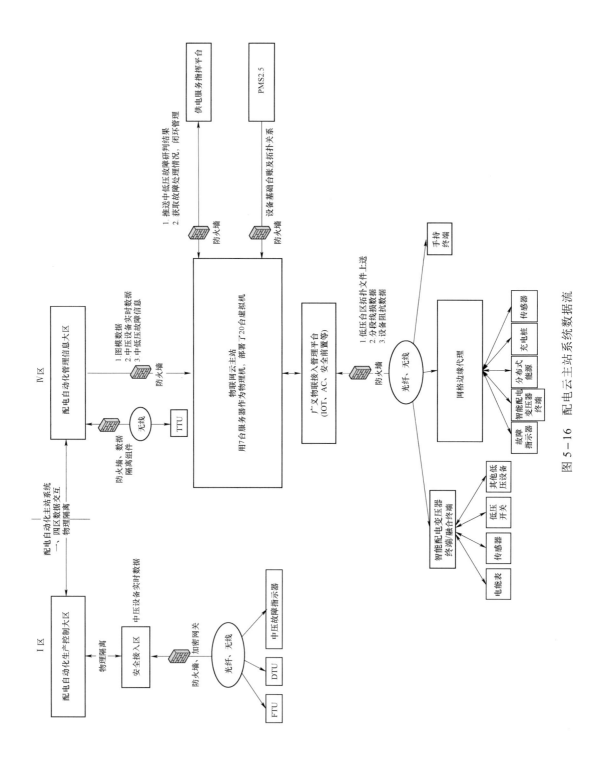

图 5-16 配电云主站系统数据流

（5）低压故障预知和提前排故。基于 TTU 边缘计算能力，实现低压配电网阻抗参数在线动态辨识、监测变压器电缆终端和桩头温度异常，提前发现设备异常，云主站分析异常，并推送至供电服务指挥平台，下派工单完成异常排故。

三、应用功能

1. 设备数字化运行与感知

（1）低压状态全感知。通过在配电变压器、分支箱、户表、充电桩、分布式能源等关键节点应用具有智能识别和感知技术的低压智能检测终端（LETU），对配电网的运行工况、设备状态、环境情况等信息全面采集。应用配用电统一模型 SG CIM4.0、物联网通用标准协议 MQTT 和 CoAP，实现配电侧、用电侧各类感知终端互联互通，通过线路拓扑、电源相位、户变关系的自动识别支持"站–线–变–户"关系自动适配，推动跨专业数据同源采集，实现配电网状态全感知、信息全融合、业务全管控。

（2）故障定位及精准抢修。发挥边缘计算优势，快速研判故障，提升配电网智能处置能力。云端结合电网拓扑关系和地理信息，开展故障停电分析，展示故障点和停电地理分布，综合考虑人员技能约束、物料可用约束，通过智能的优化算法，制定抢修计划，变被动抢修为主动服务，提高故障抢修效率与优质服务水平。智能融合终端采集台区侧电流、电压、有功、无功和谐波数据，结合低压感知设备采集并上传的各相负载电压和电流数据，经过边缘计算技术分析、计算三相不平衡、无功、谐波等电能质量问题，根据主站下发的电能质量智能调节策略。

（3）电网设备预先检修。利用配电网历史和现状的全息感知信息，针对异常开展分级评级，建立配电网及设备的动态风险管理和预警体系建立，依据生成策略或者预案组织针对性主动检修。

（4）台区能源自治与电能质量优化。发挥智能融合终端边缘计算优势和就地管控能力，统筹协调换相开关、智能电容器、SVG、能源路由器等设备，实现对电网的三相不平衡、无功、谐波等电能质量问题快速响应及治理，满足用户高质量用电需求。

（5）基于台区负荷预测的需求辅助决策。智能融合终端基于配电台区实时采集的基础数据，重过载、低电压、三相不平衡等异常事件信息，通过边缘计算 App 的整合分析，结合政府规划，构建负荷预测模型，对配电变压器负荷进行近期、中期预测，为项目立项提供数据支撑，提高配电变压器新增布点和扩容项目储备及立项的科学性、针对性、合理性。利用台区负荷预测 App，有针对性地提前解决局部配电变压器重超载问题。

2. 数字化分析与决策

（1）资产精益管理与设备全寿命管控。基于统一的配电设备资产信息模型，涵盖设备参数、缺陷记录、隐患记录、故障记录、巡检记录等信息数据，实现全寿命核心价值链。通过高水平本地通信、实物 ID、地理信息系统、智能传感等实用技术，实现配电设备资产检测、运行缺陷信息全环节集成共享，从源头提升设备质量和物资运营能力，提高配电网生产管理系统的深度、广度和精度，助推资产精益管理水平。

（2）供电可靠性提升与影响因素定位。通过配电物联网对运行设备的全面感知，边端完成本地用户停电时间、停电类型、事件性质的统计汇总，云端通过统计用户停电数量和停电时长，实现中低压供电可靠性指标和参考指标的实时自动计算，并根据实时及历史数据对供电可靠率性不合格的区域制定相应提高策略。通过 ETL、WebService 等方式获取营配调的基础台账、运行数据、停电计划、用户报修等信息，全面分析计划停电、故障停电等数据，完成供电可靠性基础数据校验、可靠性指标管控、可靠性过程管控及可靠性影响因素分析等。

（3）线损实时分析与区域综合降损。通过边端设备采集感知设备信息，实时获取电压、电流等关键数据，利用边缘计算就地开展台区线损统计分析，及时上送异常等各类情况至云端后台，实现对中低压线损进行实时监管，有效支撑线损治理等工作开展。

（4）停电准确定位与精准透明发布。利用各类智能终端和边缘计算，为用户提供末端配网事件处理服务，监视并主动发现用户用电异常，制定解决方案并提供处理服务；同时结合智能感知的停复电事件，云端自动识别停电影响范围及重要敏感用户，自动生成结构化停电信息并通过短信或微信等手段，点对点精准推送至用电客户，全面提升客户的用电体验和互动感知。

3. 对外业务应用

（1）新能源灵活消纳。满足用户在低压配网光伏新能源大量、快速、安全接入，协助用户对电源的管理，优化设备工作性能，形成符合用户用能方式的新能源工作策略，同时实现配电网谐波治理，对系统运行方式的灵活调节，并监视、削减谐波影响。同时，有效配合配电网故障处理和日常检修，构建满足高新能源渗透率的配电网低压物联系统。

（2）电动汽车有序充电与充电桩布点优化。根据边缘计算节点的日负荷预测信息、当前区域用电信息和用户充电信息，实时拟合当天区域充电曲线，预测用户充电情况，向用户反馈充电完成情况。根据分时电价、用户申请充电模式和预测负荷曲线，提供多种优化充电策略，引导用户选择适当充电方式，实现充电效益最大化和电网消峰填谷要求，并为后续充电桩布点优化提供支撑。

四、主要设备

1. 智能融合终端/智能配电变压器终端（TTU）

智能融合终端集配电台区供用电信息采集、各采集终端或电能表数据收集、设备状态监测及通信组网、就地化分析决策、协同计算等功能于一体。

典型智能融合终端/智能配电变压器终端如图 5-17 所示。

2. LTU-低压故障传感器

低压故障传感器主要用于解决目前配电网数据无法监测以及低压拓扑错误的问题，适应多种现场环境，满足监测线路电压和电流故障、停复电上报、冻结电量、拓扑识别、线损分析、电量采集、即插即用等功能。

图 5-17　典型智能融合终端/智能配电变压器终端

低压故障传感器一套含 4 只分路监测单元和一台汇集单元，用于监测线路电气量，监测故障状态。如图 5-18 所示。

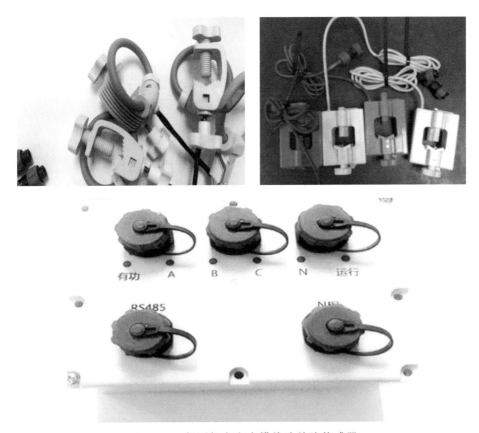

图 5-18　低压架空和电缆线路故障传感器

图 5-19　低压一、二次智能融合开关

3. 一、二次智能融合开关

低压一、二次智能融合开关具有过载长延时、短路短延时、短路瞬时三段保护功能，支持载波通信，具备拓扑识别功能。如图 5-19 所示。

4. 拓扑识别模块/即插即用通信单元

即插即用通信单元/拓扑识别末端主要面向智能电网的发展需求，为传统低压设备（开关、电能表）、传感器、新能源、电动汽车充电桩等提供高速载波接入，完成低压设备数据向智能终端的转发，具备拓扑信号发生及识别功能。

5. 具备 HPLC 模块的智能电能表

HPLC（低压电力线高速载波通信技术）通信模块比电力线窄带模块在通信速率与稳定性方面可提升 7～10 倍，对于智能电能表的停电实时上报、台区拓扑识别信息、台区相位识别、低压客户电压电流检测、通信模块 ID 管理方面可发挥重要作用，可在智能电能表在配电网设备监测、故障研判、运维管理等方面起到重要支撑作用。充分挖掘与客户关联性最高的智能电能表功能，全面提升客户服务响应度和配电网运营管理水平。

五、典型接入方案

1. 三层台区架构（智能融合终端与 I 型集中器+采集器+电能表）改造方案

如图 5-20 所示，该方案不改变三层用电信息采集架构，针对现场使用 I 型采集器的台区可直接将 I 型采集器现有通信模块更换为 HPLC 模块；针对现场使用 II 型采集器的台区，由于采集器现有通信模块不可插拔，需整体更换为使用 HPLC 通信模块的 II 型采集器。I 型/II 型采集器与智能电能表通信，仍采用 RS485 的方式；台区侧由智能融合终端通过 HPLC 宽带载波的方式与 I 型/II 型采集器通信，采集智能电能表数据，通过 4G 公网/专网，分别上送用采主站与配电自动化主站，或物联网 IOT 平台。

2. 两层架构（智能融合终端+电能表）改造方案

如图 5-21 所示，该方案需将现有 II 型集中器和台区总表取消，将用户电表更换为 HPLC 模块电能表，台区侧由智能融合终端通过 HPLC 宽带载波的方式与电能表通信，数据交互遵循多功能电能表通信协议（DL/T 645）。智能融合终端采集智能电能表数据，通过 4G 公网/专网，分别上送用采主站与配电自动化主站，或物联网 IOT 平台。

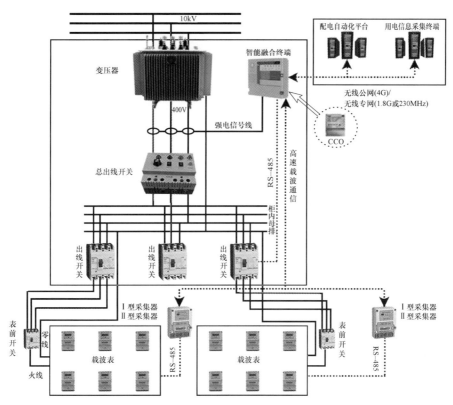

图 5-20　改造方案一示意图

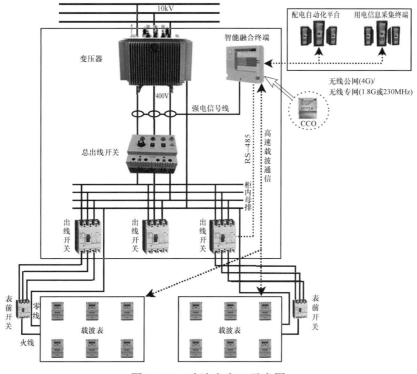

图 5-21　改造方案二示意图

第六章

配 电 网 通 信

第一节　配电网通信系统概述

一、电力通信网介绍

电力通信网是支撑和保障电网生产运行,由覆盖各电压等级电力设施、各级调度等电网生产运行场所的电力通信设备所组成的系统,是确保电网安全、稳定、经济运行的重要手段,是电力系统的重要基础设施。近年来随着信息通信技术的大力发展,电力行业信息化程度越来越高,各类新型业务应运而生,电力通信网对电力能源互联网建设、保障电网安全和实现国家电网公司管理现代化的支撑作用愈加明显和突出,未来电力行业的发展离不开电力通信网的大力支撑。

1. 电力通信网的特点

电力系统为了安全、经济地发供电,合理地分配电能,保证电力质量指标,及时地处理和防止系统事故,就要求集中管理、统一调度,建立与之相适应的通信网。因此电力系统通信是电力系统不可缺少的重要组成部分,是电网实现调度自动化和管理现代化的基础,是确保电网安全、经济调度的重要技术手段。

由于电力系统生产的不容间断性和运行状态变化的突然性,要求电力通信网高度可靠、传输迅速,因此需要建立与电力系统安全运行相适应的专用通信网,对于在系统运行中具有重要意义的发电厂、变电站应具备互为备用的通信通道。

2. 电力通信网的分类

(1)按网络层级分,电力通信网可分为骨干通信网、终端通信接入网。

1)骨干通信网。涵盖 35kV 及以上电网厂站及国家电网公司系统各类生产办公场所,由省际骨干通信网(缩写 GW)、省级骨干通信网(缩写 SW)、地市骨干通信网(缩写 DW)构成。省际骨干通信网为国家电网公司总部(分部)至省电力公司、直调发电厂及变电站以及分部之间、省电力公司之间的通信系统组成;省级骨干通信网为省电力公司至所辖地市供电公司、直调发电厂及变电站以及辖区内各地市供电公司之间的通信系统组成;地市骨干通信网为地（市）供电公司至所属县供电公司、直调发电厂和 35kV 及以上变电站、供电所及营业厅等的通信系统组成。

2）终端通信接入网。主要涵盖 35kV 以下配电自动化应用、用电信息采集等各类终端场所，是电力系统骨干通信网络的延伸，是电力通信网的重要组成部分，由业务节点接口（SNI）和用户网络接口（UNI）之间一系列传送实体（如线路设施和传输设施等）组成，以骨干通信网节点为通信接入点，提供配电、用电业务终端同电力骨干通信网的连接，实现配用电业务终端与系统间的信息交互，具有业务承载和信息传送功能。终端通信接入网模型如图 6-1 所示。

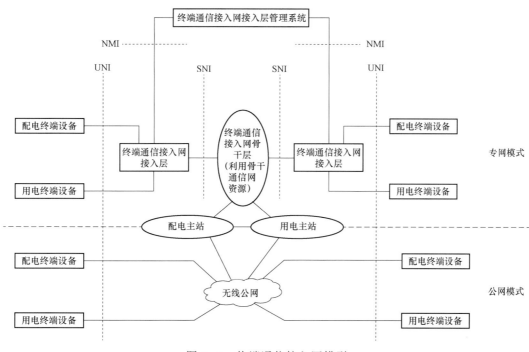

图 6-1　终端通信接入网模型

（2）按网络功能分，电力通信网可分为传输网、业务网、支撑网。

1）传输网。包括有线传输网和无线传输网两大类，其中有线传输包括光纤、电力线载波、电缆等传输方式，无线传输包括微波、卫星、无线专网等传输方式，传输网承载语音、数据、自动化、保护、监控等多种业务，为各类数据提供传输通道。

目前，传输网以光纤传输为主，主要技术体制有 PDH、SDH（MSTP）、OTN、PTN、xPON 等。

a. PDH。Plesiochronous Digital Hierarchy 准同步数字系列。无统一的数字接口，网管能力弱，带宽小，目前已不多用。

b. SDH。Synchronous Digital Hierarchy 同步数字系列。MSTP（Multi-Service Transport Platform 多业务传送平台）中的一种，是由一些基本网络单元（NE）组成的，在传输媒质上（如光纤、微波等）进行同步信息传输、复用、分插和交叉连接的传送网络。能提供 64K、2M、155M、622M、2.5G、10G 等小颗粒业务。图 6-2 为中兴 SDH 设备。

图 6-2　中兴 SDH 设备

　　c. OTN。Optical Transport Network 光传送网络。以波分复用技术为基础、在光层组织网络的传送网，是下一代的骨干传送网，提供 1G 以上大带宽、大颗粒业务，满足大业务容量需求。图 6-3 为华为 OTN 设备。

图 6-3　华为 OTN 设备

　　d. PTN：Packet Transport Network 分组包交换网络。是一种以分组作为传送单位，承载电信级以太网业务为主，兼容 TDM（时分复用）、ATM（Asynchronous Transfer Mode 异步传输模式）等业务的综合传送技术。图 6-4 为华为 PTN 设备。

　　e. xPON：x-Passive Optical Network 无源光网络。PON 是一种基于点到多点（P2MP）结构的单纤双向光接入网络，根据底层承载协议的不同可以分为 APON（异步传输模式 ATM-PON）、EPON（以太网 Ethernet-PON）、GPON（千兆 PON）等（详见本章第二节配电网通信接入技术）。

2）业务网。根据不同业务种类，业务网可以分为继电保护、安控、调度数据网、调度/行政电话交换网、配电自动化、用电信息采集、数据通信网、电视电话会议系统等各类业务。

图 6-4　华为 PTN 设备

3）支撑网。支撑传输、业务正常运行的支撑网络，包括同步时钟、网管系统、应急通信、动力环境等。

二、配电网通信系统介绍

1. 配电网通信系统概念及组成

配电网通信系统（Communication for Distribution System）包括通信线路设施、汇聚设备、终端通信设备、主站系统、网管平台等，应满足配电自动化系统、用电信息采集系统、分布式电源、电动汽车充换电设施及储能设施等源网荷储终端的远程通信通道接入需求，实现各类终端与主站系统间的信息交互，具有多业务承载、信息传送、信息安全防护、网络管理等功能。配电网通信系统通过综合利用多种经济合理、先进成熟的通信技术，实现不同区域、不同配电网架结构以及复杂的运行环境下各类终端的灵活高效接入，其网络结构复杂、终端节点数量多、通信节点分散、双向，对通信网络的可靠性、生存性、信息安全性要求较高。其逻辑结构如图 6-5 所示。

配电网通信系统以骨干通信网节点为通信接入点，向下覆盖到配电网开关站、配电室、环网柜、柱上开关、配电变压器、分布式电源、电动汽车充换电站、智能电能表等设备，是支撑配电环节通信多种业务共用的通信接入平台。

配电网通信网按电压等级可划分为中压配电通信网和低压配电通信网，中压配电通信网主要用于承载 10（20）kV 中压配电自动化相关业务，低压配电通信网主要用于承载低压配电自动化、用电信息采集等相关业务。

配电网通信网主要采用光纤、无线公网、无线专网覆盖，对于"三遥"节点采用光纤通信方式和无线专网方式，光纤通信方式的光缆类型主要为 ADSS 光缆或普通光缆，主要型式包括架空光缆、管道光缆，光缆芯数多为 24 芯；对于"二遥"节点一般采用无线公网，少量采用无线专网、光纤通信方式，光纤通信的技术体制一般采用 xPON，无线专网的技术体制采用 TD-LTE。

2. 典型配电网通信系统模型

典型配电网通信系统模型如图 6-6 所示。配电终端通过不同的通信接入技术（如 xPON、工业以太网、无线专网等）就近接入变电站 SDH 设备，经由通信传输接入网 SDH 汇聚至骨干网 SDH，将配电终端数据传至配电主站，实现信息之间的交互，支撑配电业务应用服务。

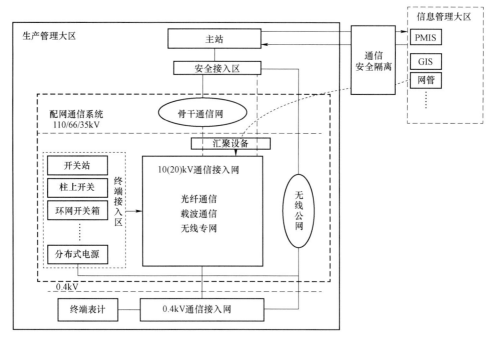

图 6-5　配电网通信系统构成

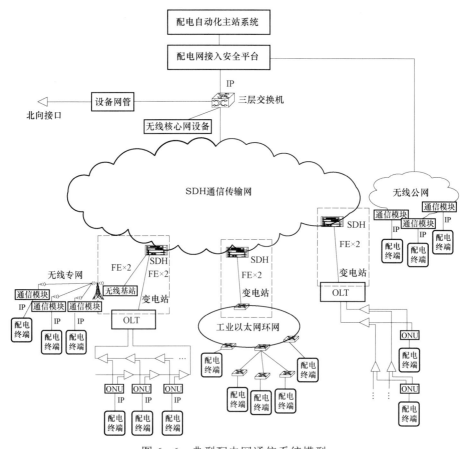

图 6-6　典型配电网通信系统模型

配电通信接入网为配电网系统数据的交互提供最底层的业务接入,并上联至骨干通信网进行数据汇聚,实现主站系统与现场终端间的数据交互。

传统配电网"二遥"终端主要通过运营商无线公网完成业务接入,并通过公网实现与主站系统的数据交互;配电网"三遥"终端因考虑其控制功能的安全性,由配电通信接入网(光纤通信、无线专网)完成业务接入,并通过骨干通信网实现配电网数据交互,摆脱了运营商公网的限制,提高了安全可靠性能。

第二节　配电网通信接入技术

配电网通信接入技术主要包括有线通信接入技术和无线通信接入技术两大类。有线通信包括光纤通信 xPON、工业以太网技术及电力线载波通信。无线通信包括无线专网、无线公网等。配电网通信技术分类如图 6-7 所示。

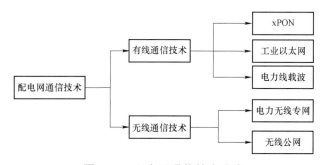

图 6-7　配电网通信技术分类

一、配电网有线通信接入技术

1. xPON（x-Passive Optical Network，无源光网络）

PON 是一种基于点到多点（P2MP）结构的单纤双向光接入网络。PON 系统由局端的光线路终端（Optical Line Terminal，OLT）、光分配网络（Optical Distribution Network，ODN）和用户侧的光网络单元（Optical Network Unit，ONU）或光网络终端（Optical Network Terminal，ONT）组成,为单纤双向系统。在下行方向（OLT 到 ONU），OLT 发送的信号通过 ODN 到达各个 ONU。在上行方向（ONU 到 OLT），ONU 发送的信号只会到达 OLT,而不会到达其他 ONU。为了避免数据冲突并提高网络效率,上行方向采用 TDMA 多址接入方式,并对各 ONU 的数据发送进行管理。ODN 在 OLT 和 ONU 间提供光通道。

根据底层承载协议的不同可以分为 APON（异步传输模式 ATM-PON）、EPON（以太网 Ethernet-PON）、GPON（千兆 PON）等。APON 以 ATM 为承载协议,结构复杂,只支持低速率。EPON 以 Ethernet 以太网为承载协议,最高速率支持 1.25G/s,可以支持更多用户。GPON 支持 1G/s 以上速率的 PON 技术,结构复杂,成本更高。目前配电网通信运用最多的主要是 EPON 技术,EPON 技术始于 20 世纪 90 年代,如今已发展到大规模商用阶段。EPON 系统设备由三部分组成,分别是线路侧设备（OLT）、中间分光设备（ODN）、用户侧设备（ONU 或 ONT），系统结构图如图 6-8 所示。

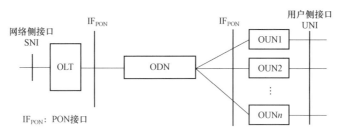

图 6-8　EPON 系统参考结构图

（1）OLT。光线路终端（Optical Line Terminal），提供业务网络与 ODN 之间的光接口，一般安装于变电站内，通过以太网接口上联骨干通信传输网 SDH 设备，将配电网数据通过骨干通信网传至自动化主站；通过 ODN 下联 ONU 设备，采集配电网数据，用于业务汇聚。图 6-9 和图 6-10 分别为中兴和华为 OLT 设备。

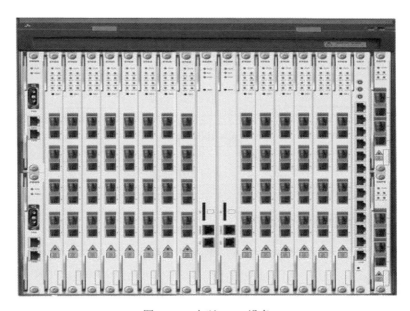

图 6-9　中兴 OLT 设备

图 6-10　华为 OLT 设备

（2）ODN。光分配电网，无源器件，为 OLT 与 ONU 之间提供光传输手段，通过光缆上联 OLT，下联 ONU 和下一级分光器，通过不同的分光比例实现光信号分配和站点级联。其主要功能是完成 OLT 与 ONU 之间的信息传输和分发作用，建立 ONU 与 OLT 之间的端到端的信息传送通道，ODN 的配置通常为点到多点方式，即多个 ONU 通过一个 ODN 与一个 OLT 相连。图 6-11 为 ODN 示意图。

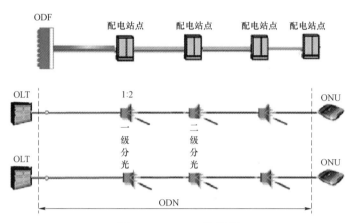

图 6-11　ODN 示意图

（3）ONU。光网络单元（Optical Network Unit），一般安装在 10kV 配电站或配电设施附近，通过分光器上联 OLT，下联配电终端设备（如 DTU、FTU 等），用于业务接入。目前部分中兴 ONU 已集成 ODN 功能。图 6-12 和图 6-13 分别为中兴及华为 ONU 设备。

图 6-12　中兴 ONU 设备

图 6-13　华为 ONU 设备

EPON 网络拓扑结构主要有星形、链形、总线形、环形、手拉手形等，典型拓扑如图 6-14 所示。

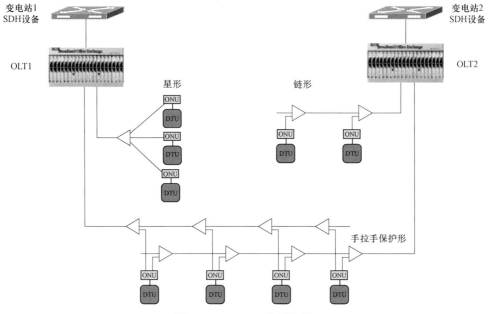

图 6-14　EPON 典型拓扑

EPON 主要技术特点如下：

（1）采用单纤波分复用技术（下行 1490nm，上行 1310nm），单纤实现信号上下行传输。

（2）覆盖范围小于 20km，建设成本较高。

（3）具有抗多点失效功能。

（4）采用无源器件，故障率低。

（5）安全防护性能好。

（6）支持多种业务，满足不同的 QoS 要求。

在配电网 EPON 通信网中，ONU 终端的取电通常可以通过电压互感器变换电压，就近配电变压器取电等方式进行，工程实际中，开关站、负荷中心、用户电表处取电相对方便，环网柜、柱上开关、变压器等处可采用电压互感器＋蓄电池（UPS）方式取电。

2. 工业以太网

工业以太网是基于 IEEE 802.3（Ethernet）的强大的区域和单元网络，主要由工业以太网交换机和光缆组成。配用电自动化系统现场环境错综复杂，传统的民用交换机在复杂的电磁环境和恶劣的温湿度环境中不能满足现场的可靠性要求。工业级以太网交换机采用工业化设计手段，能够满足工业网络的需求，为用户搭建安全可靠的通信环境。

工业以太网组网宜采用环形拓扑结构，在变电站放置三层交换机，在各配用电终端配置工业以太网交换机。通过光缆组成配电区域交换机环网，上联骨干通信网 SDH 设备，下联各类配电业务终端，汇聚配电网数据，通过骨干通信网传至自动化主站系统。变电站的三层交换机支持 OSPF、RIP 路由协议，对接入的工业以太网交换机而言，主要起到 VLAN 间路由和广播的隔离作用。同一环内节点数目不宜超过 20 个。

系统组网图如图 6−15 所示。

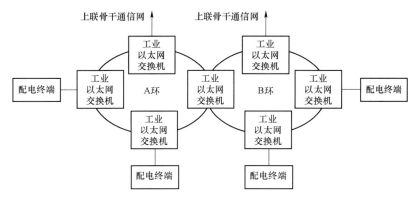

图 6−15　工业以太网交换机组网图

工业以太网主要技术特点如下：

（1）采用以太网交换技术，覆盖范围大于 20km，建设成本高。

（2）一般采用链型、环状拓扑结构组网。

（3）实时性高，但不具有抗多点失效功能。

（4）安全防护性能较好。

3. 电力线载波通信

电力线载波通信以电力线为通信媒介来实现信息传输，最突出的技术优势在于无需敷设专用的通信电缆，具有丰富的媒介资源。根据应用的电压等级可分为中压电力线（10kV、35kV 电压等级）载波通信和低压电力线（380V 及以下电压等级）载波通信。根据工作频段的不同分为窄带（采用 3kHz～500kHz 工作频带）载波通信和宽带（采用 1MHz～30MHz 工作频带）载波通信，窄带载波通信传输速率在 10kbps～50kbps 左右；宽带载波通信传输速率在 10Mbps～100Mbps 左右，支持 IP 协议，可以满足 IP 业务需求。

电力线载波通信利用现有电力线进行传输，是电力系统特有的通信方式，属于专网通信，可以用于配电自动化、用电信息采集等系统中，作为 A＋类、A 类、B 类供电区域不具备铺设光缆的情况下的一种技术补充。

目前在配电网系统应用较多的是电力线载波通信（PLC），利用现有配电线路作为通信传输介质进行透明传输，通过载波通信集中器采集配电网设备数据传至系统主站。典型系统组网图如图 6−16 所示。

PLC 主要技术特点如下：

（1）投资小，建网速度快，无需改变原有线路。

（2）既有宽带系统高速、准确的优点，也有窄带系统成本低、安装方便的优势。

（3）载波信道干扰严重、时变衰减大、阻抗变化大。

（4）传输速率、可靠性、损耗、传输时延都存在问题。

电力线载波通信技术按传输的频带宽度区分，可以分为宽带电力线技术和窄带电力线技术。随着智能电能表功能需求的不断增加，窄带载波技术已不能满足要求。宽带电力线载波

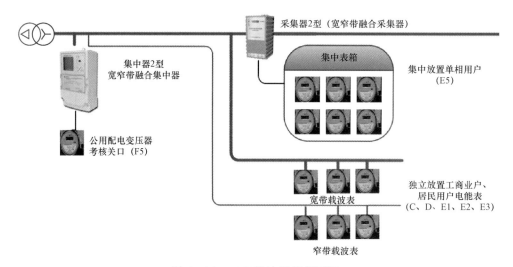

图 6-16　PLC 载波通信组网图

技术（HPLC）具有高实时性、高速率、抗干扰能力强、可靠性高等优点，在实时数据采集和高速传输方面有很大优势。HPLC 采用 OPDM（正交频分复用）技术、多载波调制 DMT（离散多音频）等调制技术来解决电力线载波通信长期存在的不稳定、信号衰减大、传输带宽和距离受限的问题。通过将可用的信道带宽划分为若干理想的子信道，并在预定的频带内使用若干正交载波信号，有效解决电力线路数据传输中的干扰问题。

二、配电网无线通信接入技术

1. 无线专网技术

电力无线专网是依托变电站等自有物业及骨干网络设施建设的全环节自有的无线通信网络，主要包括业务承载网、核心网、回传网、基站（铁塔）及终端五部分。无线专网网络拓扑如图 6-17 所示。

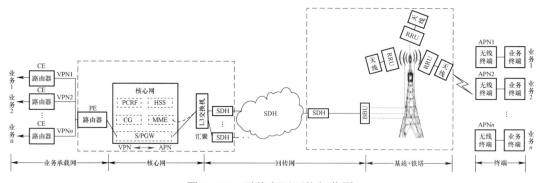

图 6-17　无线专网网络拓扑图

（1）业务承载网。通信主站至业务系统的一系列网络实体，实现业务系统与核心网互联。

（2）核心网。一般部署在地市供电公司通信机房，主要用于数据处理与转发、用户信息存储、信令处理、用户管理、流量统计及 QoS 策略控制等。

（3）回传网。由现有的通信骨干 SDH 网络承载，基于现有 SDH 网络建立专线或共享通道，实现核心侧与接入侧终端之间的数据互通。

（4）基站（铁塔）。基站根据覆盖需要，依托变电站等自有物业，设置在相应的变电站、办公场所等地，一般分为 3 个扇区，可使用 1.8GHz 或 230MHz 两种频率，对附近地区实现无线覆盖，为配用电等终端提供无线接入。天馈线应根据周围环境以及覆盖需要灵活选择全向天线或定向天线，天馈线应可靠接地。

（5）终端。包括通信终端和业务终端。通信终端实现业务终端与基站之间的互联互通，业务终端采集各类业务数据，通过无线方式汇聚至接入变电站，再通过回传网、核心网上传至主站系统。

国家电网公司从 2016 年开始在部分省份试点建设电力无线专网，主要采用 230MHz 和 1.8GHz 两个频段，用于接入配电自动化、配电变压器监测、源网荷、用电信息采集、视频监控等各类业务。

无线专网主要技术特点如下：

（1）建网速度快、建设成本低、扩展能力强、灵活性高。

（2）部署灵活，配置伸缩性强，可平滑升级。

（3）传输速率、可靠性、损耗、传输时延、信息安全性问题都不如光纤。

（4）频谱资源紧张，需提前申请。

2. 无线公网技术

无线公网通信是指采用租用运营商的网络，使配用电终端设备通过无线通信模块接入到无线公网，再经由专用光纤网络接入到主站系统的通信方式，目前无线公网通信主要包括 GPRS（2.5G 技术，通用分组无线业务）、CDMA（2G 技术，码分多址）、3G、4G 等，所承载业务必须满足安全分区要求，通常采用 APN 专线方式接入，系统组网图如图 6-18 所示。

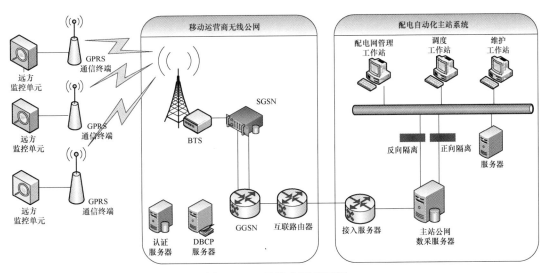

图 6-18　无线公网组网图

相较于无线专网方式，采用无线公网传输终端业务数据，不需要通过电力骨干通信网，而直接通过运营商的无线网络将数据传送至电力系统业务主站。

无线公网主要技术特点如下：

（1）采用移动通信技术，覆盖范围约等于全覆盖，建设成本低。

（2）灵活组网，随时随地接入。

（3）实时性低，租用网络，网络不受控，可靠性难以保证。

（4）安全防护性能低。

三、配电网各类通信接入技术特点

（1）光纤专网通信方式带宽高、容量大、覆盖范围广，可靠性、实时性、安全性都很高，适用于接入通信领域的所有业务，能够对将来智能配用电领域视频监控、双向营销互动等业务以及"多网融合"的目标进行支撑，和其他通信方式相比优势明显，但光纤专网通信方式建设成本比较高。

（2）中压电力线载波通信技术为电力系统特有的通信方式，利用 10kV 配电线路为媒质进行通信，无需布线，具有成本低、安全性好等优点，但由于频带限制，中压窄带电力线通信技术的传输带宽和实时性较低，不能满足将来视频业务和双向营销互动业务的需求。

（3）无线专网通信技术目前主要以 TD-LTE 为主，主要应用在 1.8GHz、230MHz，带宽高、系统容量大、扩展性好，实时性较好，能够满足配用电领域的业务发展需求，但无线宽带通信技术的无线频谱资源的分配，政策导向尚不明朗，1.8GHz 频率申请难度较大，230M 频谱目前只能使用电力系统的 40 个频点，与负控电台频点有冲突。

（4）无线公网（GPRS/CDMA/3G/4G）通信方式具有建设成本较低等优点，但无线公网技术由于带宽和安全可靠性的原因对高带宽需求（如双向营销互动业务）及控制类业务无法支持。同时因受无线公网基站设置位置、基站维护或调整、覆盖范围等不可控制因素影响，公网信号不稳定，采集成功率的提高受到一定限制。

第三节 5G 通信技术介绍

第五代移动通信技术（5th generation mobile networks 或 5th generation wireless systems、5th-Generation，简称 5G 或 5G 技术）是最新一代蜂窝移动通信技术，也是继 4G（LTE-A、WiMax）、3G（UMTS、LTE）和 2G（GSM）系统之后的延伸。5G 的性能目标是高数据速率、减少延迟、节省能源、降低成本、提高系统容量和大规模设备连接。

一、5G 网络特点

5G 技术是为了应对爆炸性的移动数据流量增长、海量的设备连接、不断涌现的各类新业务和应用场景，同时与行业深度融合，满足垂直行业终端互联的多样化需求，实现真正的"万物互联"，构建社会经济数字化转型的基石。

1. 全新的应用场景规划

ITU 为 5G 定义了增强移动宽带（eMBB）、低时延高可靠（URLLC）、海量大连接（mMTC）三大应用场景。实际上不同行业往往在多个关键指标上存在差异化要求。5G 目标为多样化的应用场景提供定制化的应用服务，差异化安全服务，用于满足用户需求，提升用户体验，保护用户隐私并支持提供开放的安全能力。应用场景如图 6-19 所示。

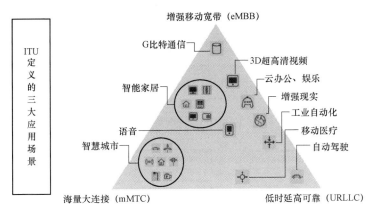

图 6-19　应用场景图

（1）增强移动宽带。在用户密集区为用户提供 1Gbps 用户体验速率和 10Gbps 峰值速率，较 4G 接入速率提升 10 倍。典型应用包括超高清视频、虚拟现实、增强现实等。

（2）低时延高可靠。超高可靠与低延迟的通信。提供毫秒级的端到端时延和接近 100% 的业务可靠性保证，适用于无人驾驶、工业自动化等低时延高可靠业务。

（3）海量大连接。大规模物联类通信。提供具备超千亿网络连接支持能力，适用于大规模传感和数据采集业务。典型应用包括智慧城市、智能家居等。这类应用对连接密度要求较高，同时呈现行业多样性和差异化。

2. 更高效的性能目标

为了匹配 5G 三大应用场景以及多样化的行业需求，5G 提出了较之 4G 更高效的性能目标。5G 与 4G 关键能力对比见表 6-1。

表 6-1　　　　　　　　　　　　　5G 与 4G 关键能力对比表

关键性能指标	定义	4G 参考值	5G 目标值	提升倍数
用户体验速率（bps）	真实网络环境下用户可获得的最低传输速率	100M	0.1～1G	10～100 倍
连接数密度（/km²）	单位面积上支持的在线设备总和	10 万	100 万	10 倍
端到端时延（ms）	数据包从源节点开始传输到被目的节点正确接收的时间	10	1	0.1 倍
移动性	满足一定性能要求时，收发双方间的最大相对移动速度	350km/h	500＋km/h	1.43 倍
流量密度（bps/km²）	单位面积区域内的总流量	0.1	10T	100 倍
用户峰值速率（bps）	单用户可获得的最高传输速率	1G	20G	20 倍
能效	单位能耗所产生的数据效率	1 倍	100 倍	100 倍
频谱效率	数字调制方式的效率、净比特率	1 倍	3～5 倍	3～5 倍

3. 新空口技术

5G 网络的演进催生出各型新技术，主要体现在新空口技术上。5G 无线通信基于 OFDM

（正交频分复用）设计了全新的空口协议，称为 5G 新空口（5GNR-New Radio）协议，5GNR 通过灵活可配置的帧结构、带宽和系统参数，以及多天线等关键技术，满足 5G 多场景和多样化的业务需求，提升网络的整体性能。新空口示意如图 6-20 所示。

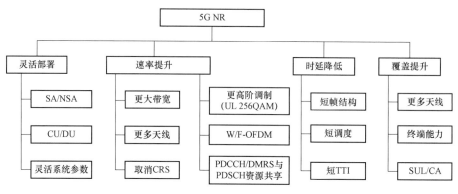

图 6-20　5G 新空口示意图

二、5G 组网技术

1. 系统架构及组网方案

5G 为了适应新的技术标准和行业应用需求而提出了新的系统架构和组网方案。5G 网络架构如图 6-21 所示，可以大体分为核心网部分、回传网部分、无线接入网部分及前传网部分。

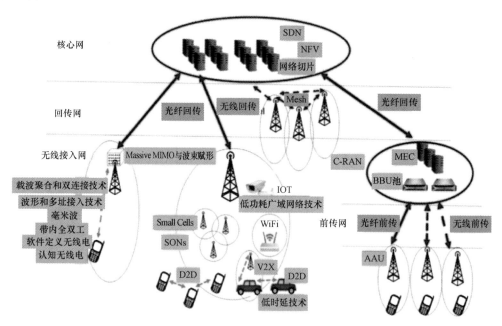

图 6-21　5G 网络系统架构

2. 网络切片

5G 技术变化的根本原因是为了满足 5G 不同场景的需要，满足多场景业务需求的关键在于"切片"。切片就是把一张物理上的网络，按应用场景划分为 N 张逻辑网络。不同的逻辑网络，服务于不同场景，如图 6-22 所示。

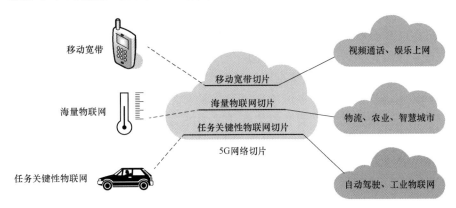

图 6-22　5G 切片下的业务场景

5G 网络切片特点如下：

（1）网络功能定制化。5G 切片应用网络功能虚拟化技术，可以灵活定制网络功能，与不同行业需求、应用场景适配。

（2）资源动态分配。切片网络结束后，用户可以向其他切片释放网络资源，动态分配网络资源，实现灵活化调整，全面提升网络资源利用率。

（3）资源隔离。5G 切片应用安全隔离技术，可以建立安全资源通道，隔离不同切片网络资源、私有数据，提升网络可靠性。

不同的应用场景有不同的网络切片，比如超高清视频、VR、大规模物联网、车联网等，不同的场景对网络的移动性、安全性、时延、可靠性、甚至是计费方式的要求是不一样的，因此，需要将一张物理网络分成多个虚拟网络，每个虚拟网络面向不同的应用场景需求。虚拟网络间是逻辑独立的，互不影响。

三、5G 通信技术在配电网保护中的应用

5G 通信技术因其大带宽、低时延、高可靠等特性，在配电网保护、配电自动化、精准负荷控制、虚拟电厂等方面具有广阔的应用前景，特别是在配电网保护领域，在国家电网系统多家网省电力公司均以开展相关试点工作，能够实现配电网故障快速隔离，是未来有效提升配电网运行水平的重要技术手段。

1. 业务定义

配电网保护种类分为过电流保护、零序电流保护、距离保护、电压保护、纵联保护等，其中涉及信息交互的是纵联保护。纵联保护在配电网中主要分为纵联电流差动保护与纵联命令式保护。

2. 业务应用

（1）纵联电流差动保护（简称差动保护）。

配电网差动保护使用电缆与电流互感器连接完成电流采样，通过网线与 CPE 设备以太网口连接，采用 UDP/IP 报文协议。同时需接入 B 码对时信号，该信号可以由 CPE 设备提

供，或由独立的对时装置提供，对时接口可采用 485 电口或光纤口。目前电信设备商提供的 5G CPE 设备尚不具备对时接口，这是因为 5G 标准里没有对 CPE 提出对时要求。发生故障后通过控制电缆作用间隔断路器进行保护跳闸，保护动作信息通过控制电缆以遥信方式传至二次终端，二次终端通过网线连接 ONU，最终 ONU 通过光纤以 IEC 104 规约报文传送至配电自动化主站。差动保护原理图 6-23 所示。

5G 通道的延时偏差是影响差流准确性的重要因素，当无线信道延时过大时，由于延时补偿过大，两侧电流在同步过程中可能出现混叠现象（两侧电流角差可能增大或减小），进而会导致保护的误动或拒动。目前保护装置通过 GPS 独立授时实现基于时钟的同步采样，不受通道传输的影响，但是，同步时标依赖外部对时信号的可靠性，恶劣天气下对时系统发生异常概率增加，此时应闭锁保护，防止保护误动或拒动。

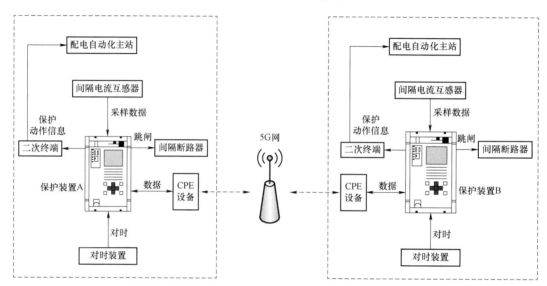

图 6-23　差动保护原理图

（2）网络拓扑保护。

配电网的网络拓扑保护是一种纵联命令式保护，不同于传统意义上的两端电气量特定关系比对，而是比对相邻点保护装置启动、故障方向。利用配电网保护装置间的横向通信，相互传递过流标记、过流方向标记等信号，从而准确定位故障点，且无需考虑配电网多级开关的级差配合，原理如图 6-24 所示。下面举例说明其具体实现。

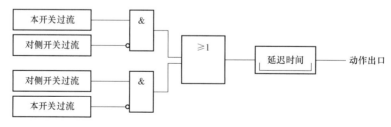

图 6-24　配电网网络拓扑保护动作逻辑图

图 6-25 为一条简单的单电源辐射状线路，现假定开关 4 之后不再有开关，仅有负荷存

在。开关 1～开关 4 配置网络拓扑保护装置。

图 6-25　配网网络拓扑保护示意图

1）通信机制。各配电网保护装置与其相邻终端通信，图 6-25 中开关 1 与开关 2 通信，开关 2 同时与开关 1 和开关 3 通信，开关 3 同时与开关 2 和开关 4 通信，开关 4 仅与开关 3 通信。

2）保护逻辑。除首端开关外，当自身电流大于过流门槛值，且相邻一侧的开关均未达到门槛值时，即可判定自身为故障点上游；当自身电流未达到过流门槛值，且相邻一侧的开关中，有且仅有一个达到过流门槛值时，即可判定为故障点下游。要求在同一时间窗口持续接收来自对侧装置的启动信号，该时间窗可根据通道的最大传输延时设置。当地有小电源时，需增加电压互感器，保护装置增加功率方向判断功能。

3. 安全要求

（1）业务安全。

配电网差动保护业务属于生产控制大区（Ⅰ、Ⅱ区），应采用专用通道承载相应业务，与管理信息大区（Ⅲ、Ⅳ区）业务物理隔离。

应采用双向认证及加密方式实现配电主站与装置间的双向身份鉴别，确保数据机密性和完整性。加强配电主站边界安全防护，通过无线网络接入生产控制大区的装置均通过安全接入区接入配电主站；加强装置安全防护，通过身份认证、运维管控等措施，提高装置的防护水平。

（2）通道安全。

差动保护装置与纵向通信网络之间应部署电力专用纵向加密认证装置，采用电力专用加密算法，在装置和配电主站前置机之间建立安全通道，实现基于电力调度数字证书的双向身份认证和数据加密，保证链路通信安全。

第四节　配电网通信建设要求

一、总体原则

（1）配电网通信接入应按照"多措并举、因地制宜，集成整合、无缝衔接，业务透明、监控同意、安全可靠、优质高效"的原则，统一规划和建设"多手段、多功能、全业务、全覆盖"的配电通信接入网，保障配电网安全稳定运行。

（2）以国家电网公司通信网规划为依据，统筹多业务需求、深化建设应用协同，建成安全可靠、开放兼容的配电通信接入网体系，提高业务承载和支撑保障能力。

（3）遵循统一技术标准和技术体制，不断建立完善标准体系。技术标准应执行国家标准、行业标准和企业标准。暂未规定的标准按等同、等效的原则执行 ISO、ITU、IEC 等相关标准和建议。

（4）充分利用现有网络资源，提高网络可靠性、兼容性及网络效率，提高投资效益，提高对智能电网业务的服务质量。

（5）配电网通信技术政策应符合国家电网公司的集约化、扁平化、专业化的管理运营模式。

（6）配电网通信新技术采用应以积极研究、稳妥采用为原则，在认真研究和掌握新技术的同时，更要注重技术标准的成熟性、有效性及新技术在智能电网中应用的适用性，结合智能电网通信业务特点采用先进、实用、成熟技术。

二、接入技术原则

配电网通信建设应以光纤专网、无线专网通信方式为主，无线公网等通信方式为辅。网络建设遵循"多措并举、因地制宜"的原则，根据区域经济和电网发展现状、业务实际需求以及已建网络情况，因地制宜采用多种通信手段，形成全业务支撑能力。

1. 根据不同供电区域选择适宜的通信方式

（1）A+类、A 类、B 类供电区域。可选择 EPON 或者工业以太网交换机等光通信技术进行组网；在光缆无法铺设区域，无线专网覆盖区域优选无线专网，未覆盖区域可选择光与载波融合技术组网。

（2）C 类供电区域。可选择光通信技术、无线专网和无线公网技术，无线专网覆盖区域优选无线专网，未覆盖区域且具备光缆铺设的区域，优先选择光通信方式，在兼顾成本因素的条件，可选择光与无线融合技术进行组网。

（3）D 类/E 类区域。无线专网覆盖区域优选无线专网，未覆盖区域优先选择无线公网技术，载波可作为备选方式。

2. 各类型通信技术适用原则

（1）光纤通信技术。一般用于"三遥"终端信号传输。应优先使用 EPON 技术组网方案，改造或者特殊需要也可选工业以太网交换机等光纤通信技术进行组网。

（2）中压载波技术。A+类、A 类、B 类供电区域不具备铺设光缆及无线专网未覆盖的情况下，可选择中压载波通信技术作为补充。在其他供电区域可采用中压载波通信方式或者"EPON＋中压载波通信"方式进行补充。

（3）无线专网技术。在无法铺设光纤的 A+类、A 类、B 类供电区域，可选用无线专网方式进行补充；在 C 类、D 类区域，可优先采用无线专网方式传输配电业务。如 TD－LTE230M，1.8G 4G LTE 技术等。

（4）无线公网技术。一般用于"二遥"终端信号传输。所承载业务必须满足安全防护要求，优先采用 APN/VPDN 集中接入方式，须采取可靠的安全隔离和认证措施。

三、设备及网管配置要求

1. 配电网通信终端设备配置要求

（1）配电网通信的各类设备选型应符合集成度高、体积小、功耗低等绿色环保的要求。

各类系统应易于维护、管理。

（2）配电网通信网络应与上级互联互通，接口协议应符合上级规范要求，各级网络互联接口及协议应统一、规范。

（3）采用 xPON 技术，光线路终端（OLT）宜布置在站室内，接入骨干通信网（四级）；光网络单元（ONU）端口、通道宜采用冗余方式建设。ONU 应支持双 PON 口、双 MAC 地址，至少满足 4 个 10M/100M 以太网电口、2 个 RS232/485 串行接口的接入要求。ONU 应采用直流 24V 供电，额定功耗不应大于 10W，瞬时最大功耗不应大于 15W（持续时间小于 50ms）。

（4）采用工业以太网技术，汇聚交换机宜配置在站室内，接入骨干通信网（四级）；工业以太网应使用环网结构，具备全保护自愈功能。工业以太网交换机光以太网口不少于 2 个，电以太网口不少于 4 个。应采用直流 24V 供电，额定功耗不应大于 10W，瞬时最大功耗不应大于 40W（持续时间小于 50ms）。

（5）采用无线公网技术时，应满足《国家电网公司电力二次系统安全防护管理规定》[国网（调/4）337—2014]等有关要求，采用基于 VPN 的组网方式，并支持用户优先级管理。

（6）采用的无线通信模块额定功耗不应大于 3W，瞬时最大功耗不应大于 5W（持续时间小于 50ms）。

（7）无线专网可采用 230MHz、1800MHz 复用等技术。

（8）应跟踪通信新技术，积极探索新技术在配电网通信应用的研究。

2. 配电通信网网管配置要求

（1）在建设配电网通信网络时，应同期建成配电网通信设备网管，地市供电公司配置系统平台，县供电公司配置终端。

（2）配电网通信管理系统（AMS）应与骨干通信网相对独立配置，全省集中部署，省电力公司配置 AMS 核心平台，地市供电公司配置采集系统和客户端，与骨干通信网管理系统（TMS）在省电力公司通过横向互联交互数据。

（3）采用公网方式承载的业务，通信通道应考虑足够安全，通信网管由无线公网运营商负责建设及运维。

四、通信网络配置要求

1. 骨干层配置要求

（1）配电网通信骨干层利用现有骨干通信传输网资源，适当扩充业务板卡，将配用电信息在变电站汇聚后通过 SDH 通信网络实时传送至地市供电公司配用电主站，拓扑结构优先采用 MSTP 共享环，环网结构应与 SDH 网络一致，分为接入层和汇聚层，带宽应保证 4Mb/站带宽需求，通常在骨干网接入层按 155M 带宽共享环配置，在骨干网汇聚层按 622M 带宽共享环配置。终端通信接入网与骨干互联接口按 FE 配置。

（2）对于配电网通信已配置 OLT 的变电站，应不再配置以太网交换机，对于未配置 OLT 或以太网交换机的汇聚层支环变电站，且该站点已汇聚接入层通信接入网业务时，应配置三层网络交换机。交换机可考虑按双电源、双板卡端口冗余配置。

（3）对于有建设配电网通信需要的 35kV 及以上电压等级变电站，应有配电网通信设备安装位置，新建变电站，二次设备室需要至少预留2面专用终端通信网通信设备屏位（其中1面设备柜，1面光配柜），与通信设备集中布置。

（4）配电网通信变电站侧通信节点故障，引起系统区片中断，属于"危急缺陷"，因此变电站侧终端通信接入网设备应支持双回路电源供电方式，供电电源宜按双重化配置，以提高站用通信电源的可靠性，确保通信设备稳定运行。

（5）配电网通信主站宜在市公司集中部署，应配置三层核心交换机。

2. 接入层配置要求

（1）按"保障性、可靠性、整体性、统一性、先进性、经济性、实用性、差异性"的原则，开展配电网通信接入层规划。

（2）配电网通信接入层组网要求扁平化，终端设备宜选用一体化、小型化、低功耗设备。

（3）EPON网络拓扑结构应根据配电网架结构、配电变压器分布情况、网络安全性、可靠性、经济性和可维护性等多种因素综合考虑，选用链形、星形等接入形式灵活组网。采用星形组网方式时分光级数应满足光功率计算要求，一般不宜超过3级；采用链形组网方式时分光级数应满足光功率计算要求，一般不宜超过8级。

（4）变电站侧设备包括OLT设备、三层以太网交换机、主载波机、无线基站等，应至少提供以太网接口（GE接口、FE接口）、网络管理接口等，变电站侧接入骨干通信网时，网络接口应选择与之相适应的、成熟的技术体制和标准接口。一般采用FE接口互联。

（5）配电终端侧设备包括ONU设备、工业以太网交换机、从载波机、无线专网终端和无线公网通信终端等，依据具体的业务选择合适的接口，应至少提供FE以太网接口、RS232/RS485串口等。ODN、光配及ONU宜部署在同一机柜（箱）内，ODN设备宜内置在ONU设备内，ODN厂家宜与ONU厂家一致。若光配与ONU需分离部署时，ODN宜随光配部署。

（6）通信远端设备宜与配电终端统一安置在同一机箱（柜）内，但应保持相对独立。配电终端侧通信设备电源应与配电终端电源一体化配置。

（7）配电通信光缆的芯数应满足设计要求并作适当预留，原则上不少于24芯。光缆路由的设计应当满足配电自动化规划布局的要求，兼顾其他业务的扩展应用，对于沟道和隧道敷设的光缆应充分考虑防水、防火措施。架空线路优先采用在线路下方加挂ADSS光缆，地下电缆可沿沟（管、隧）道铺设阻燃型管道光缆，直埋电缆可在电缆旁以符合电气安全和地埋工艺要求的方式同时铺设光缆。

（8）配电网通信所采用的光缆应与配电网一次网架同步规划、同步建设，应预留相应位置和管道，满足配电自动化中、长期建设和业务发展需求。

（9）工业以太网组网宜采用环形拓扑结构，同一环内节点数目不宜超过20个。

（10）中压电力线载波组网采用一主多从组网方式，一台主载波机可带多台从载波机，组成一个逻辑网络。主载波机宜安装在变电站或开关站，从载波机宜安装在10kV配电室或配电设施附近。配电自动化和用电信息采集要通过不同的主载波机传送信号。

（11）中压电力线载波的通道设计，对于架空线路，耦合方式宜采用电容耦合方式时，传输距离宜小10km；对于地埋电力电缆线路，可利用电力电缆的屏蔽层传输数据信息，耦合方式有注入式电感耦合和卡接式电感耦合两种方式时，传输距离宜小于6km。

（12）无线专网，优先选取 TD-LTE 技术体制，采用地市供电公司统一汇聚方式承载接入业务，应委托第三方测试机构开展测试并编制测试分析报告。

（13）无线公网应选用专线 APN 或 VPN 访问控制、认证加密等安全措施。

（14）"三遥"节点接入路径上有"二遥""一遥"节点，在投资不大幅度增加情况下可考虑"二遥""一遥"节点采用光纤接入或无线专网方式。

3. 网络安全

（1）网络安全应严格遵循"安全分区、网络专用、横向隔离、纵向认证"的原则，符合《国家电网公司电力二次系统安全防护管理规定》[国网（调/4）337—2014]的相关要求，生产控制大区（Ⅰ、Ⅱ区）和管理信息大区业务（Ⅲ、Ⅳ区）应实现物理隔离，做到合理保护，合理冗余。

（2）光通信系统采用同一光缆的不同纤芯、SDH 中采用不同虚通道、电力线载波系统采用同一条电力线路中的不同载波频段均可视为物理隔离。

（3）同一台 EPON/工业以太网设备的不同端口/板卡、同一台 EPON 设备 PON 接口的上行/下行波长、以太网划分 VLAN 均视为非物理隔离。

（4）根据部分业务安全特殊需求，光纤专网与无线专网需通过安全加密终端、安全接入区/安全接入平台实现业务终端与业务系统的连接。

（5）无线公网通信终端经由运营商网络专用 VPN/VPDN 隧道至国家电网公司网络边界，通过安全接入平台与管理信息大区互联。

（6）在专网和公网混合组网的场合，可以建立统一的安全接入平台整合两个网。

第五节　配电网通信运维管理

一、运维管理职责分工

（1）配电自动化设备运维检修管理原则上按设备管辖关系进行管理,配电自动化专业与通信专业运维与检修工作界面为主站通信机房光纤配线架或通信设备出口;配电运检专业与通信专业的检修工作界面为配电终端箱内光纤配线单元。

（2）配电运检单位负责编制配电终端及其相关设备的现场运维与检修管理制度;负责配电终端及其相关设备的运维与检修管理工作;负责所辖范围内配电通信网终端设备（ONU、工业以太网交换机、电力线载波、无线终端设备等）的日常巡视、运维和故障消缺工作;负责所辖范围内配电通信网通道（含通信光缆）的日常巡视,配合通信专业完成其所辖范围内配电通信光缆的检修和消缺工作;负责编制配电终端的检修计划,并按批复实施;结合一次设备停电,开展停电范围内通信终端及二次接线的检查工作;负责对配电终端及其相关设备运维和检修情况进行统计分析,提出相应改进措施和建议。

（3）通信运维单位负责所辖范围内配电通信网主站端设备的运行与检修工作;负责所辖范围内配电通信网通信光缆、变电站端设备（OLT、工业以太网交换机、电力线载波设备等）的检修工作;负责配合无线公网运营商开展通信通道运维工作,监督评价无线公网运营商提供的通信通道质量；负责配合配电运检单位完成其所辖范围内配电通信网终端设备（ONU，工业以太网交换机、电力线载波设备、无线终端设备等）的检修和消缺工作；负责组织配电通信网设备生产技改大修项目可研审查工作，并按可研批复组织实施；负责对配电通信网运维和检修情况进行统计分析，提出相应改进措施和建议。

二、巡视及监控管理

配电网通信运维与检修人员应定期进行巡视、检查、记录；发现异常应及时处理，做好记录并按有关规定上报。

（1）配电网通信设备巡视可以网管状态监视为主，现场巡视作为辅助手段，通信网管系统应设专人监控，发现通信设备故障时应及时通知主站及终端运行维护部门。

（2）配电网通信设备现场巡视周期应至少为每半年一次，巡视工作可结合一次设备（终端设备）综合检修、状态检修和设备巡视检查工作同步进行。

（3）遇有下列情况，通信系统终端设备应加强巡视，每月至少一次：① 新设备投运；② 设备有严重缺陷；③ 遇特殊恶劣气候；④ 重要时段及重要保电任务。

（4）配电网通信设备网管巡视通信专业负责，周期为 1 个月，巡视内容包括端口 CRC 校验、收/发包状态、端口 ping 包数据统计、设备 CPU 利用率、设备端口流量统计等。

（5）配电网通信系统终端设备的定期巡视由配电运行部门结合一次设备巡视同步进行，以掌握通信系统终端设备的运行状况为目的，定期巡视内容包括：① 终端箱有无锈蚀、损坏，标识、标牌是否齐全，终端箱门是否变形等异常现象；② 光缆缆进出孔封堵是否完好；接线有无松动；③ 配电终端运行指示灯有无异常；④ 设备的接地是否牢固可靠等。

（6）各类维护操作如影响到系统正常使用，应提前向通信专业提出申请，获得准许并办理手续后方可进行。

三、缺陷管理

1. 缺陷分级

配电自动化通信系统缺陷应按照影响大小分为危急缺陷、严重缺陷、一般缺陷三个等级。

（1）危急缺陷是指威胁人身或设备安全，严重影响设备运行、使用寿命及可能造成自动化系统失效，危及电力系统安全、稳定和经济运行的缺陷。

此类缺陷必须在 24h 内消除。主要包括：

1）配电通信系统主站侧设备故障，引起大面积站点通信中断。

2）配电通信系统变电站侧通信节点故障，引起系统区片 5 台及以上配电自动化终端中断。

（2）严重缺陷是指对设备功能、使用寿命及系统正常运行有一定影响或可能发展成为危急缺陷，但允许其带缺陷继续运行或动态跟踪一段时间的缺陷。

此类缺陷时必须在 72h 内消除或降低缺陷等级。主要包括：

1）配电网通信系统终端侧通信节点故障，引起单点终端通信中断或通道频繁投退（每天投退 10 次以上或单台终端在线率低于 80%）。

2）配电网通信设备核心板卡故障或引起通信系统自愈保护功能失效的故障。

（3）一般缺陷是指对人身和设备无威胁，对设备功能及系统稳定运行没有立即、明显的影响且不至于发展为严重缺陷的缺陷。

此类缺陷应列入检修计划尽快处理。主要包括：

1）单台配电自动化终端设备通信通道存在投退现象（每天投退小于 10 次）。

2）其他一般缺陷。

2. 缺陷处理

（1）当发生的缺陷威胁到其他系统或一次设备正常运行时，运维单位应及时采取有效的安全技术措施进行隔离，缺陷消除前，加强监视，防止缺陷升级。发生紧急或重大缺陷时，须立即上报属地公司相关职能管理部门协调解决。

（2）各运维单位应根据设备的实际运行状况和缺陷分类及处理响应要求，结合状态检修等相关规定，制定应急预案和处理流程，对配电通信设备的检修工作进行组织和管理，合理安排、制定检修计划和检修方式，并适时进行应急演练，提高应对设备故障的处置能力。

（3）各运维单位应结合缺陷处理情况，定期检查备品备件库存，以保证消缺的需求。备品由各运维单位保管，所有备品应登记在册，按产品说明中有关温度、湿度等存放环境等方面的要求妥善保管。

（4）各运维单位应定期组织召开通信缺陷分析专题会议，对典型缺陷的发生、处理以及存在的问题进行综合分析，对频繁发生的缺陷进行专题分析并编制分析报告。

（5）各运维单位应设专人对运行资料进行管理，保证相关资料齐全、准确；建立技术资料目录及借阅制度，相关设备因维修、改造等发生变动，运维单位应及时更新资料并归档保存。

3. 典型故障缺陷类型及处理

（1）光缆通道故障。

配电网光缆中断是配电网自动化运维中经常出现的故障，当故障发生时，首先通过对告警、性能事件、业务流向的分析，初步判断故障点范围；通过逐段测试，排除外部故障或将故障定位到单个自动化终端；最后根据具体问题，排除故障。故障定位关键是将故障点准确地定位到单站，日常应做好配电网光缆定期巡检，发现缺陷及时处理；不断完善线路图纸资料，如线路长度、接头点位置、线路通道交叉跨越等关键信息确保图实相符。

典型故障：如图 6-26 所示，配电自动化某段光缆故障，其他设备正常，会造成断点远离 OLT 设备方向的站点（ONU3）所传业务中断，断点至 OLT 设备之间的站点（ONU2、ONU1）所传业务不受影响。

（2）EPON 终端设备故障。

1）端口下单个或多个 ONU 无法注册。

ONU 注册是指在 ONU 上电后，在 OLT 上能够发现 ONU，同时建立与 ONU 的通信连接，在 OLT 上能够对 ONU 下发各种配置，并且配置后 ONU 状态为正常。

常见的 ONU 无法注册故障包括以下三种情况：

a. PON 端口下单个或多个 ONU 无法注册。

b. PON 端口下所有 ONU 都无法注册。

c. 单板下所有 ONU 都无法注册。

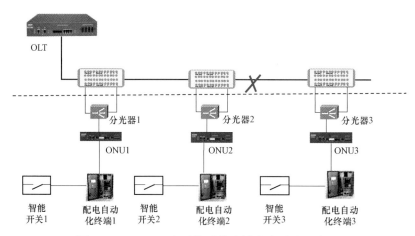

图 6-26　EPON 光通信系统光缆中断故障示意图

原因分析：

a. ONU 未添加。

b. ONU 状态不正常。

c. PON 端口下存在 ONU MAC 地址冲突。

d. PON 端口下存在流氓 ONU 或长发光设备。

e. 光路有问题（光衰减过大或过小、分光比错误等）。

f. 最大最小距离设置不合理。

一般处理步骤：

a. 检查 ONU 是否已经添加。

b. 查看 ONU 状态是否正常，通过 display onu int olt 命令查看当前接口下的 ONU 状态，up 为上线，offline 为不在线。

c. 使用 display onu int olt 命令查看 OLT 上已经注册的所有 ONU 的 MAC 地址，与无法注册的 ONU 的 MAC 地址进行比对，更换存在冲突的 ONU 后重新注册。

d. 检查端口下是否存在流氓 ONU 或者长发光设备：① 端口下存在流氓 ONU，会导致其他 ONU 无法注册；② 端口下存在长发光设备，长发光设备对 PON 系统的影响与流氓 ONU 类似。

e. 实际查看无法注册的 ONU 与 OLT 之间的距离，必要时更换 ONU。

f. 检查光纤线路，可以使用 OTDR 测量线路状况，确认线路正常，同时检查分光器的连接是否正常，使用光功率计测量 ONU 收发光功率。

2）ONU 频繁掉线。

ONU 频繁掉线是指在 ONU 在 OLT 上成功完成注册后，一段时间内频繁的上下线。常见的 ONU 频繁掉线故障包括以下两种情况：

a. PON 端口下单个 ONU 频繁掉线。

原因分析：

a）ONU 未添加。

b）ONU 状态不正常。

c）PON 端口下存在 ONU MAC 地址冲突。

d）PON 端口下存在流氓 ONU 或长发光设备。

e）光路有问题（光衰减过大或过小、分光比错误等）。

f）最大最小距离设置不合理。

一般处理步骤：

a）在 OLT 上使用命令查看 ONU 是否上报了 ONU 掉电告警；如果上报了告警，在现场使用万用表测量测试电压，确保供电稳定且正常。如果未上报告警，则重启 ONU。

b）更换其他 ONU 进行测试，更换后恢复正常，说明此 ONU 故障，更换此 ONU。

c）检查光纤是否插好、光纤是否严重弯曲、光纤是否有断纤，检查分光器的连接是否正常，目前版本 EPON 最多支持 1:32 分光，即一个端口下最多可以接 32 个 ONU。

d）使用光功率计测量 ONU 收发光功率。检查平均发送光功率是否正常、接受光灵敏度是否正常。

b. PON 端口下所有 ONU 都频繁掉线。

端口下单个 ONU 频繁掉线故障的可能原因如下：

a）ONU 电压不稳定；

b）光纤线路故障或连接不规范；

c）光路衰减过大或过小；

d）ONU 故障。

端口下所有 ONU 都频繁掉线故障的可能原因如下：

a）端口光模块故障；

b）主干光纤故障；

c）PON 端口下存在流氓 ONU 或长发光设备。

一般处理步骤：

a）使用光功率计测量 EPON 端口光模块发送光功率，光功率处于最大最小值的临界点时，PON 端口下的 ONU 不稳定，容易频繁发生掉线。检查光纤线路，可以使用光功率计或 OTDR 测量线路状况，确认线路正常；

b）检查端口下是否存在流氓 ONU 或者长发光设备，端口下存在流氓 ONU，会导致其他 ONU 无法注册，端口下存在长发光设备，长发光设备对 PON 系统的影响与流氓 ONU 类似。

c）日常处理 OTN 故障，重点关注以下几点：① 对于 ONU 无法注册的问题，首先要测光功率，对于一个 PON 下大量的 ONU 故障，则可能怀疑流氓 ONU 的存在，通过在分光器主干光纤测光功率判断。② 对于 ONU 频繁掉线的问题，如果是单个 ONU，首先要测量该 ONU 的电压和光功率，判断是 ONU 故障还是线路原因。对于所有端口下所有 ONU 都频繁掉线的问题，则考虑是主干光纤故障或者有流氓 ONU 存在。

典型故障 1：如图 6-27 所示，某 FTU 站点 ONU 故障，其他设备正常，会造成本站点配电自动化业务中断，其他站点不受影响。

典型故障 2：EPON 光通信系统 ONU 故障示意图如图 6-28 所示，FTU 站点分光器故障，其他设备正常，会造成本站点及远离 OLT 设备的站点（ONU2、ONU3）所传业务中断，该站至 OLT 设备之间的站点（ONU1）所传业务不受影响。

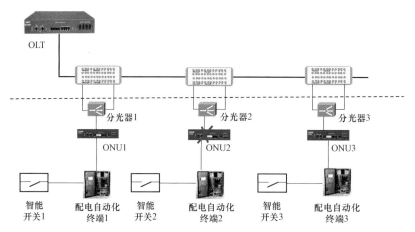

图 6-27　EPON 光通信系统 ONU 故障示意图

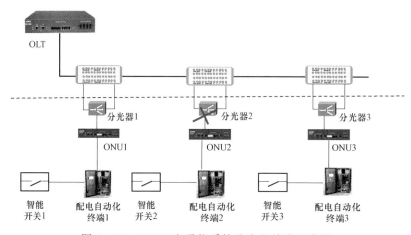

图 6-28　EPON 光通信系统分光器故障示意图

典型故障 3：如图 6-29 所示，FTU 站点 ONU 设备与自动化终端设备之间的网线故障、自动化终端故障或 IP 地址配置不正确，会造成主站至配电站点 ONU 设备之间通信正常，本站点配电自动化业务中断。

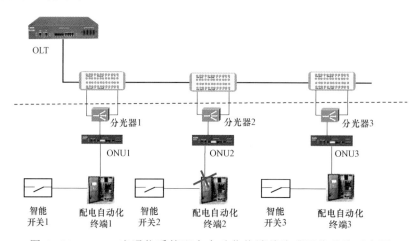

图 6-29　EPON 光通信系统配电自动化终端故障或网线故障示意图

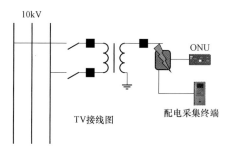

图 6-30 FTU 站点电源系统图

典型故障 4：如图 6-30 所示，安装在 FTU 站点的配电通信系统 ONU 终端设备失电故障。影响业务：ONU 及配电自动化终端设备无法访问，本站点配电自动化业务中断，其他站点不受影响。

（3）无线公网常见故障。

1）VPN 通道故障。

典型故障 1：如图 6-31 所示，自动化终端至无线通信模块之间的网线故障，会造成主站至配电站无线通信模块之间通信正常，本站点配电自动化业务中断。

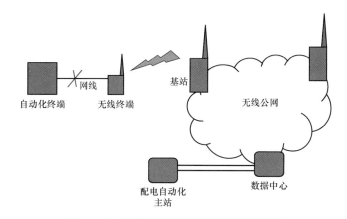

图 6-31 无线公网站点网线故障示意图

典型故障 2：如图 6-32 所示，自动化主站至电信运营商数据中心之间 VPN 通道故障，会造成采用本无线公网组网的所有站点业务中断，造成群路中断的危急故障。

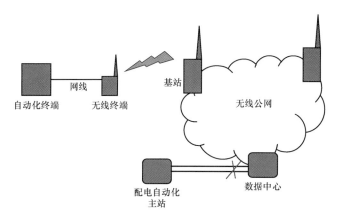

图 6-32 配电自动化主站至无线公网数据中心的 VPN 通道故障示意图

2）无线终端设备故障。

典型故障：如图 6-33 所示，无线公网站点无线终端设备故障，会造成主站至配电站无线通信模块之间通信中断，本站点配电自动化业务中断。

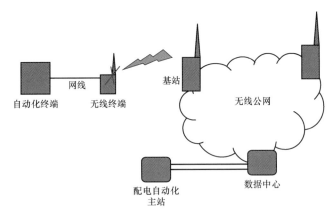

图 6-33　无线公网无线通信模块故障示意图

四、各专业运维界面划分

对于不同安全分区业务，按光纤专网、无线专网、无线公网承载模式，配电网通信网络模型可分为六种方式，其运维职责划分如下：

1. 光纤专网承载Ⅰ、Ⅱ区业务运维职责划分（如图 6-34 所示）

（1）调控专业：负责自动化主站机房相关设备运维管理。

（2）通信专业：负责通信主站机房网管、交换机、SDH 设备等，变电站内 SDH 设备、OLT 设备及相应附属设施的运维管理；负责变电站至终端设施间通信光缆的运维管理。

（3）运检专业：负责终端设施（如环网柜、柱上开关等）内相关设备的运维管理（含ONU、交换机、分光器、尾纤、配电网终端等）。

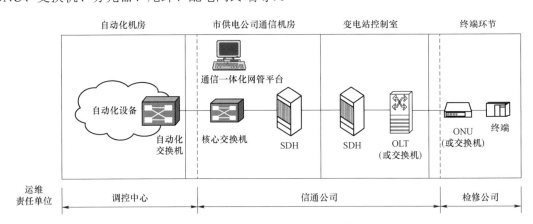

图 6-34　光纤专网承载Ⅰ、Ⅱ区业务运维职责划分图

2. 无线专网承载Ⅰ、Ⅱ区业务运维职责划分（如图 6-35 所示）

（1）调控专业：负责自动化主站机房相关设备运维管理。

（2）通信专业：负责通信主站机房网管、交换机、SDH 设备等，变电站内 SDH 设备、基站设备及相应附属设施的运维管理；负责变电站至终端设施间通信光缆的运维管理。

（3）运检专业：负责终端设施（如环网柜、柱上开关等）内相关设备的运维管理（含无线模块、配网终端等）。

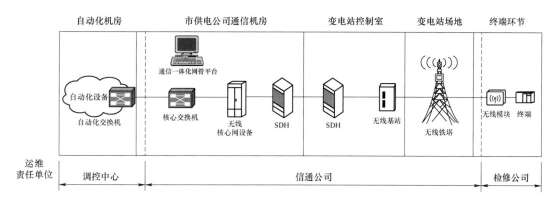

图 6-35　无线专网承载Ⅰ、Ⅱ区业务运维职责划分图

3. 无线公网承载Ⅰ、Ⅱ区业务运维职责划分（如图 6-36 所示）

（1）调控专业：负责自动化主站机房相关设备运维管理。

（2）运营商：负责无线公网设备及相应附属设施的运维管理；负责为相关业务部门提供网络通道服务。

（3）运检专业：负责终端设施（如环网柜、柱上开关等）内相关设备的运维管理（含无线模块、配网终端等）。

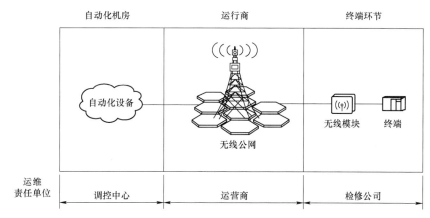

图 6-36　无线公网承载Ⅰ、Ⅱ区业务运维职责划分图

4. 光纤专网承载Ⅲ、Ⅳ区业务运维职责划分（如图 6-37 所示）

（1）业务部门（如营销、运检等）：负责业务部门机房对应业务设备、交换机的运维管理；负责终端设施内相关设备的运维管理（含 ONU、交换机、通信光配、尾纤、配电网终端等）。

（2）通信专业：负责通信主站机房交换机，变电站内信息内网（MIS）设备、OLT 及相应附属设施的运维管理；负责变电站至终端设施间通信光缆的运维管理。

5. 无线专网承载Ⅲ、Ⅳ区业务运维职责划分（如图 6-38 所示）

（1）业务部门（如营销、运检等）：负责业务部门机房对应业务设备、交换机的运维管理；负责终端设施（如环网柜、柱上开关等）内相关设备的运维管理（含无线模块、配电网终端等）；

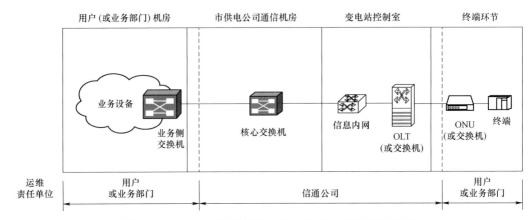

图 6-37　光纤专网承载Ⅲ、Ⅳ区业务运维职责划分图

（2）通信专业：负责通信主站机房网管、无线核心网、SDH 设备等，变电站内 SDH 设备、基站设备及相应附属设施的运维管理；负责变电站至终端设施间通信光缆的运维管理。

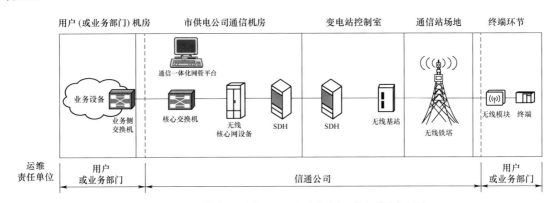

图 6-38　无线专网承载Ⅲ、Ⅳ区业务运维职责划分图

6. 无线公网承载Ⅲ、Ⅳ区业务运维职责划分（如图 6-39 所示）

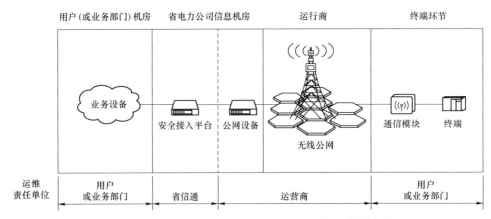

图 6-39　无线公网承载Ⅲ、Ⅳ区业务运维职责划分图

（1）业务部门（如营销、运检等）：负责业务部门机房对应业务设备的运维管理；负责

终端设施（如环网柜、柱上开关等）内相关设备的运维管理（含通信模块、配电网终端等）。

（2）通信专业：负责业务系统与运营商无线公网间安全接入平台系统及设备的运维管理，负责安全准入的相关审批工作。

（3）运营商：负责无线公网设备及相应附属设施的运维管理；负责为相关业务部门提供网络通道服务。

第七章

配 电 网 新 业 态

第 一 节 分 布 式 电 源

一、分布式电源概念

分布式电源是指接入 35kV 及以下电网,在用户所在场地或附近建设安装,运行方式以用户侧自发自用为主、多余电量上网,且在配电网系统平衡调节为特征的发电设施或有电力输出的能量综合梯级利用多联供设施。分布式电源主要包括太阳能、天然气、生物质能、风能、地热能、海洋能、小水电、资源综合利用发电(含煤矿瓦斯发电)等。

分布式电源一般以较低电压等级就近接入用户内部电网或公共配电网,与传统的大容量电源、直接并入高电压等级电网不同,分布式电源形式多种多样,既有通过变流器并网的,又有同步电机、异步电机并网的,各种类型电源都有自身的运行特性;且分布式电源靠近用户侧,这将改变传统的电力系统辐射状的供电结构,对电网的安全稳定运行将产生一定的影响。

1. 光伏发电

(1)光伏发电的原理。光伏发电原理就是利用光伏电池板的光生伏打效应,将太阳辐射能转换成电能。光生伏打效应也称光伏效应,就是物体受到光照,其内部电荷分布状态发生变化而产生电动势和电流的一种效应。能产生光伏效应的材料有许多种,如单晶硅、多晶硅、非晶硅、砷化镓、硒铟铜等。

(2)光伏发电系统构成。光伏并网发电系统典型结构如图 7-1 所示,主要由光伏组件、汇流箱、逆变器、变压器和并网开关柜等部件组成。

1)光伏组件。光伏组件由光伏电池片串并联组成,是整个发电系统里的核心部分。由于单片光伏电池片的电流和电压都很小,所以要先串联获得高电压,再并联获得高电流,通过一个二极管(防止电流回输)输出,然后封装在一个不锈钢、铝或其他非金属边框上,安装好上面的玻璃及背面的背板、充入氮气、密封,形成光伏组件。把光伏组件串联、并联组合起来,就成了光伏组件阵列。图 7-2 为各类型光伏组件实物图。

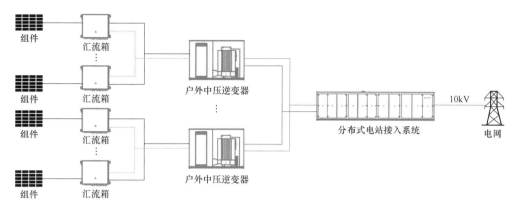

图 7-1　光伏并网发电系统结构图

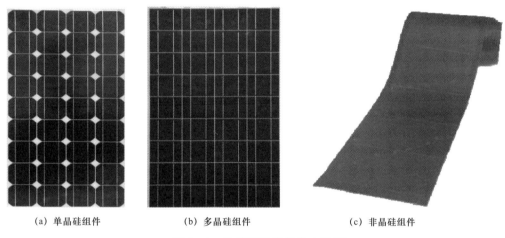

　（a）单晶硅组件　　　　　　　（b）多晶硅组件　　　　　　　（c）非晶硅组件

图 7-2　各类型光伏组件实物图

2）直流汇流箱。直流汇流箱是光伏发电系统中承接逆变器与光伏阵列的重要组成部分。其主要作用就是对光伏电池阵列的输出进行汇流，减少光电池阵列接入到逆变器的连线，优化系统结构，提高可靠性和可维护性。图 7-3 为直流汇流箱实物图。

　　（a）直流汇流箱外观　　　　　　　　　　　（b）直流汇流箱内部接线图

图 7-3　直流汇流箱实物图

3）逆变器。逆变器是一种将光伏发电产生的直流电转换为交流电的装置，可以配合一般交流供电的设备使用。光伏发电系统的逆变器具有配合光伏组件阵列的特殊功能，例如最大功率点追踪及孤岛效应保护。图 7-4 为光伏逆变器的实物图。

(a) 15kW 光伏逆变器   (b) 500kW 光伏逆变器

图 7-4 光伏逆变器实物图

4）变压器。变压器将逆变器出口电压转换为更高等级电压，一般用于 10kV 以上并网等级的光伏发电系统。在一些光伏发电系统中，会将变压器和逆变器集成一个柜体，如图 7-5 所示，在高效发电的同时节省投资。

图 7-5 中压逆变器

5）并网开关柜。并网开关柜是光伏发电系统与电网的关键连接部件，如图 7-6 所示，集成计量、监测、数据存储等各项功能。

图 7-6 并网开关柜

（3）光伏发电特点。

1）典型日出力特征。

光伏发电系统出力日变化的特点主要由光伏发电系统所在纬度的太阳高度角的日内变化所决定。就我国大部分地区而言，天气状况良好的情况，光伏发电系统出力处理一般在中午时分会达到一天中的最大值。某光伏电站典型日出力曲线如图7-7所示。

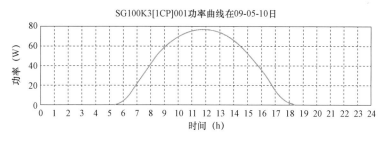

图7-7　某光伏电站典型日出力曲线

2）光伏发电优点。

a. 主要由电子元器件构成，不涉及机械部件，也没有回转运动部件，运行没有噪声。

b. 没有燃烧过程，发电过程不需要燃料。

c. 发电过程没有废气污染，没有废水、废物排放。

d. 设备安装和维护都十分简便，维修保养简单，维护费用低，运行可靠稳定，使用寿命长达到25年。

e. 环境条件适应性强，可在不同环境下正常工作。

f. 能够在长期无人值守的条件下正常稳定工作。

g. 根据需要很容易进行容量扩展，扩大发电规模。

3）光伏发电缺点。

a. 能量密度低、占地面积大。辐射度在绝大多数地区和日照时间低于$1kW/m^2$，同时每10kW光伏发电功率占地约需$100m^2$。

b. 转换效率低。光伏发电的转换效率指光能转换为电能的比率。目前晶体硅光伏电池转换效率13%～17%，非晶硅光伏电池只有5%～8%。由于光电转换效率低，从而使发电功率密度低。

c. 受地域、气候环境及昼夜气象条件限制，发电状态及发电功率影响很大。

（4）光伏发电系统并网对电网的影响。

光伏发电出力的随机性变化特性会导致并网后的各种负荷分布变化情况交替出现，使配电网潮流也具有一定的随机性。光伏发电大规模接入电网后，将会导致电网调峰面临严峻的考验。

光伏午间大发特性会导致部分线路潮汐反复，对配电网保护及第三道防线的动作逻辑产生影响。

光伏发电系统通过电力电子逆变器并网，对配电网的电能质量会产生影响。易产生谐波、间隙波；大量接入低压配电网易造成三相电压不平衡；输出功率随机性易造成电网电压波动和闪变。

2．风力发电

（1）风力发电的原理。

风力发电的原理，是利用风力带动风车叶片旋转，再通过增速机将旋转的速度提升，进而使发电机发电。由于风能是时刻变化的，且不能被存储，因此风力发电机组的运行与风的特性相对应。图 7-8 是风力发电系统示意图，图中包括风能、机械能以及电能 3 种能量状态，风能通过带有几片叶片的风力机转化为机械能，发电机将机械能转化为电能。风力发电系统主要由风力机、发电机、变速器及有关控制器组成。

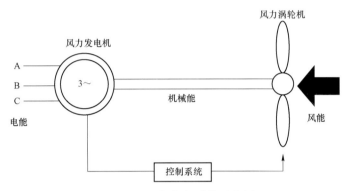

图 7-8　风力发电系统示意图

（2）风力发电系统构成。

风力发电系统含有 4 个子系统构成的能量转换链：① 空气动力子系统，主要包括由叶片组成的风力机风轮和支撑叶片的轮毂组成；② 传动链，一般由与轮毂相连的低速轴、增速器和驱动发电机的高速轴组成；③ 电磁子系统，主要由发电机组成；④ 电力子系统，包括与电网相连的部件和内部链接的部件，具体见图 7-9。能量转换链中会有一些能量的损失，此外，由运动规律可知，运动、传递和电能的产生都会有摩擦损耗和焦耳效应引起的损耗。能量转换链中元件相互耦合、相互作用、相互影响各自的运行。下面重点介绍风力发电系统几个主要组成部分。

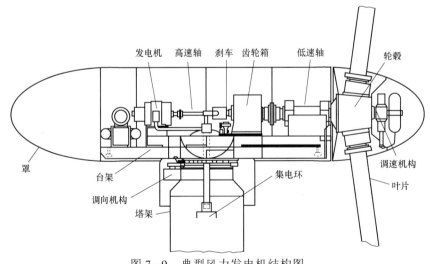

图 7-9　典型风力发电机结构图

1）空气动力子系统。

风力发电系统的空气动力子系统的结构形式多种多样，最常见是按照风轮机转轴的位置和方向不同进行分类，主要有水平轴风力发电机组和垂直轴风力发电机组 2 类，如图 7-10 所示。

（a）水平轴风力发电机组　　　　　　（b）垂直轴风力发电机组

图 7-10　根据转轴方向的风电机组分类

2）传动链子系统。

风力发电系统的传动链子系统一般包括与风轮轮毂相连接的主轴、传动和制动机构等。一般大型风电机组的风轮设计转速较低，需要根据发电机组的要求，通过传动链按一定的速比传递风轮产生的扭矩，使输入发电机的转速满足发电机组的需要。同时，传动链子系统还要设置可靠的制动机构，以保证风电机组的安全运行。一般来说，风力发电传动链子系统会封装成一个整体，如图 7-11 所示。

3）电磁子系统。

目前，国内外广泛使用的风力发电机组类型包括采用笼型异步发电机的定桨失速风力发电机组、使用双馈异步发电机的变速恒频风力发电机组和采用低速永磁同步发电机的直驱式变速恒频风力发电机组这 3 种。

图 7-11　风力发电系统传动机构

根据风力发电机的运行特征和控制方式分为恒速恒频（constant speed constant frequency，CSCF）风力发电系统和变速恒频（variable speed constant frequency，VSCF）风力发电系统。

a. 恒速恒频风力发电系统。

恒速风力发电系统多采用直接并网的鼠笼式异步发电机，如图 7-12 所示。该种类型的风力发电系统，其机组容量已达 MW 级，具有性能可靠、成本低、控制与结构简单的特点。由于鼠笼式异步发电机的转速变化范围非常小，在额定转速的 1%～2%，故这种风力发电机组系统常称为恒速恒频风力发电系统。但这种风电发电系统不能根据风速的波动来调整转速，会引起驱动链上转矩的波动，因此当风速发生变化时，风力机的转速不变，风力机必偏离最佳转速，风能利用率值也会偏离最大值，导致输出功率下降，浪费了风力资源，大大降低了发电效率。

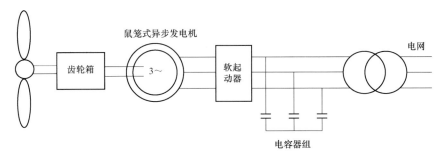

图 7－12　恒速恒频风力发电系统

b. 变速恒频风力发电系统。

对变速风力机组来说，最主要优势是在特定的风速区域可以获得更多的能量，尽管变流器降低了电气效率，但通过变速极大地提高了气动效率，气动效率的提高将抵消并超过电气效率的降低，因此会提高整体效率。变速恒频风力发电系统可以使风力机在很大风速范围内按最佳效率运行，这个优点正越来越引起人们的重视。变速恒频风电系统中发电机一般采用双馈异步发电机（doubly－fed induction generator，DFIG）或永磁同步发电机（permanent magnetic synchronous generator，PMSG），分别如图 7－13、图 7－14 所示。当低于额定风速时，变速恒频系统中的变速发电机通过整流器和逆变器来控制其电磁转矩，实现对风力机的转速控制；当高于额定风速时，可通过调节节距将多余能量除去。

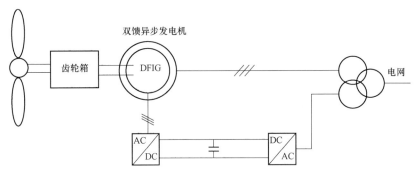

图 7－13　双馈变速恒频风力发电系统

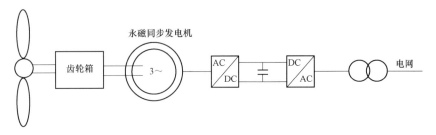

图 7－14　永磁变速恒频风力发电系统

（3）风力发电特点。

1）风力发电典型出力特征。

受气象要素的变化特性影响，单个风电机组的出力具有湍流特性强、日变幅显著的特点。以 1.5MW 变速恒频机组为例，风电机组出力常难以维持稳定出力，如图 7-15 所示。

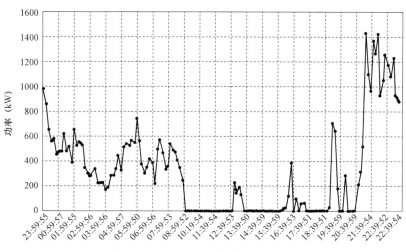

图 7-15 风电机组典型日出力特性

2）系统特点。

各类风力发电机组的优缺点对比见表 7-1。

表 7-1 主流风力发电机组优缺点对比

风机类型	优点	缺点
笼型异步风力发电机	（1）结构简单，无需安装滑环等电气装置； （2）直接与电网相连，可根据电力系统频率由增速机构实现叶片等速旋转	（1）需要从电网吸收无功功率为其提供励磁电流； （2）生成感应磁场的过程励磁电流可能会发生突变，难以保证发电量的恒定
双馈风力发电机组	（1）可实现变频恒速； （2）变流器容量小； （3）功率可灵活调节； （4）定子直接接电网，系统具有很强的抗干扰性	增速齿轮箱降低风电转换效率
直驱风力发电机组	（1）无齿轮箱，系统运行噪声小，机械故障少，维护成本低； （2）发电机转子上没有滑环，运行可靠性好	（1）永磁电机采用铷铁硼等磁性材料，成本高； （2）变流器容量与发电机容量相当，系统损耗较高

（4）风力发电并网对电网的影响。

风力发电的渗透率不断增长会对配电网的特性产生很大影响，如正常运行时风速的随机波动性引起输出功率的变化会给电网带来波动与闪变、风速低于切出风速时风机从额定运行状态退出、短路电流水平增大引起的电压暂降特征的改变等。虽然风电并网产生了一些负面影响，但同时也有积极的一面。当风机在负荷中心并网时，可缓解向负荷中心传输电力的输电线路及断面过负荷或越限压力。风机为旋转设备，向电网提供一定转动惯量。

3．小水电

（1）小水电发电原理。

小水电通常是指装机容量很小的水电站或者水力发电装置。目前各国对小水电没有一致的定义和容量范围的划分界限。在现阶段，我国小水电通常指装机容量在 50MW 及以下的水电站。

水力发电的原理是指利用河流、水库的水位能转换成电能，具有环保、成本低、设备简单等优点。利用水位能就必须要有落差，但河流自然落差一般沿河流逐渐形成，在较短距离内水流自然落差较低，需通过适当的工程措施，人工提高落差，也就是将分散的自然落差集中，形成可利用的水头。

（2）小水电系统构成。

根据常用的集中落差方式，小水电系统有筑坝、引水方式或两者混合这几种构成方式。

1）筑坝发电方式。

在落差较大的河段修水坝，建立水库蓄水提高水位，在坝外安装水轮机，水库的水流通过输水道（引水道）到坝外低处的水轮机，水流通过水轮机旋转带动发电机发电，然后通过尾水渠到下游河道，这是筑坝建库发电的方式。图 7-16 是坝式发电原理图。

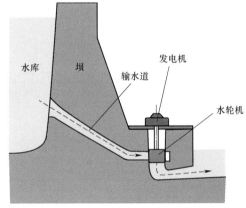

图 7-16　筑坝建库发电原理图

由于坝内水库水面与坝外水轮机出水面有较大的水位差，水库里大量的水通过较大的势能做功，可获得较高的水资源利用率，采用筑坝集中落差的方法建立的水电站称坝式水电站，主要有坝后式水电站与河床式水电站。

2）引水发电方式。

在河流高处建立水库蓄水提高水位，在较低的下游安装水轮机，通过引水道把上游水库的水引到下游低处的水轮机，水流推动水轮机旋转带动发电机发电，然后通过尾水渠到下游河道，引水道较长并穿过山体，这是一种引水发电的方式。图 7-17 是引水发电原理图。

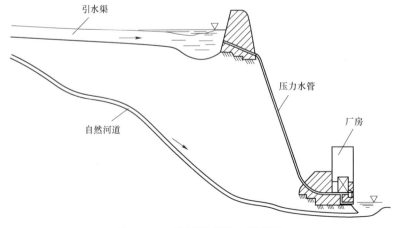

图 7-17　筑坝建库发电原理图

由于上游水库水面与下游水轮机出水面有较大的水位差，水库里大量的水通过较大的势能做功，可获得很高的水资源利用率。采用引水方式集中落差的水电站称为引水式水电站，主要有有压引水式水电站与无压引水式水电站。

小水电多存在于山区，就近 T 接到 10 kV 馈线，实现并网发电。然而，山区负荷分散、负荷密度低，变电站偏少，使得 10 kV 馈线供电距离往往长达 10～20km。小水电以分布式发电的形式在配电网大规模并网发电，改变了传统的配电网运行方式，从原来的无源网络变为有源网络、单向潮流变为双向潮流，尤其是沿线电压分布不均和电压大幅波动的情况日益凸显。由于小水电容量较小，因此克服河流水量季节性变化的能力差，发电时馈线沿线电压偏高；不发电时馈线末端电压偏低。因此，10kV 馈线电压水平随着沿线小水电出力的变化运行特点呈现越上限或越下限两个极端，在降水季节性变化大的地区，小水电的出力波动性大。

（3）小水电特点。

1）小水电能源转换效率高。

能源转换效率即经一系列生产技术环节转换出的二次能源产量与能源加工转换投入量的比。在发电过程中，此技术指标还应包括将一次能源转化为电能的流程复杂程度及运作次数。目前效率较高的现代化火电厂与大规模风电场其能源转换效率不高于 60%，而水电因中间环节少、损耗低，在正常高水位和额定水头情况下其发电的能源转换效率可达 90%以上。

2）小水电负荷调节响应快。

相对于火电而言，小水电的负荷调节优势体现在启停时间和调节速率两方面。一般而言小水电的开机时间只需 2～5min，停机在 1min 内即可完成。而火电机组冷态启动需 7～9h，停机则需 30min～1h 不等。快速的启停特性决定了其可作为电网顶峰负荷备用，而在调度进行事故处理时，小水电又可作为区内临时电源大大缓解断面压力，作为事故备用。

在负荷调节速率方面，小水电较火电而言亦有着显著优势。火电厂的调节速率受多方因素影响，如煤质、辅机工况、机组性能等，在面临负荷大幅度或剧烈波动时，火电机组的调节性能不佳。而小水电的负荷响应速度很快，一般 1min 内即可带轻负荷或满载，其灵活快速的调节特性适用于有冲击性负荷或者用电负荷大幅剧烈波动的情况，不仅避免了输电线路功率的频繁剧烈变化，也使火电机组能在较稳定工况下运行，延长了火电机组的运行寿命，节约了宝贵的煤炭资源。同时调峰给小水电提供了可观的经济效益，也为电网安全经济调度提供了可靠保证。

（4）小水电并网对电网的影响。

1）无功功率和电压问题。小水电站的功率因数高达 0.98～0.99，其不发无功功率或者是无功功率发不出的现象普遍存在，且较为严重。由于小水电发电量受来水量影响，不同季节发电量差异很大，特别是出现负荷高峰时发电量较低、负荷低谷时发电量较高的情况，电压波动幅度尤为明显。小水电常见的电压问题有：丰水期时变电站母线电压偏高；小水电接10kV 线路导致电压偏高；枯水期时长线路电压偏低；此外，小水电启停、故障也对电网电压造成冲击。

2）监测不足问题。小水电不受电网统一调度管理，大量小水电无序并网使得配电网的电压问题难以控制，难以保证电能质量。

3）调峰问题。小水电大多为径流式无库容，多为日调节或无调节能力，丰水期时集中同时满发，对电网调峰带来压力。

4. 潮汐发电

（1）潮汐发电原理。

由于引潮力的作用，使海水不断地涨潮、落潮。涨潮时，大量海水汹涌而来，具有很大的动能；同时，水位逐渐升高，动能转化为势能。落潮时，海水奔腾而归，水位陆续下降，势能又转化为动能。海水在运动时所具有的动能和势能统称为潮汐能。

潮汐能的重要应用之一是发电，潮汐发电就是在海湾或有潮汐的河口建筑一座拦水堤坝，形成水库，并在坝中或坝旁放置水轮发电机组，利用潮汐涨落时海水水位的升降，使海水通过水轮机时推动水轮发电机组发电。从能量的角度说，就是利用海水的势能和动能，通过水轮发电机转化为电能。

（2）潮汐发电构成。

如图7-18所示，潮汐发电系统和水利发电系统类似，主要有水坝、水库、涡轮机、并网机构组成。

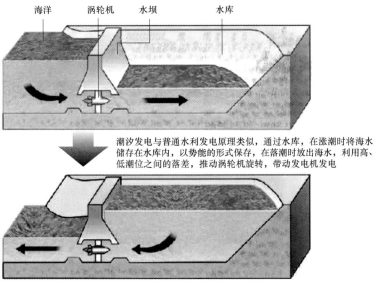

图7-18 潮汐发电站结构

潮汐发电系统有单库单向电站、单库双向电站、双库双向电站三种形式。

1）单库单向电站。即只有一个水库，仅在涨潮（或落潮）时发电，我国浙江温岭县沙山潮汐电站就是这种类型。

2）单库双向电站。只有一个水库，但是涨潮与落潮时均可发电，在平潮时不能发电，广东省东莞市的镇口潮汐电站及浙江省温岭县江厦潮汐电站，就是这种形式。

3）双库双向电站。它是用两个相邻水库，使一个水库在涨潮时进水，另一个水库在落潮时放水，这样前一个水库的水位总比后一个水库的水位高，故前者称为上水库，后者称为下水库。水轮发电机组放在两水库之间的隔坝内，两水库始终保持着水位差，故可以全天发电。

5. 地热发电

（1）地热发电原理。

地热能是由地壳抽取的天然热能，这种能量来自地球内部的熔岩，并以热力形式存在。地球内部的温度高达 7000℃，而在 80～100km 的深度处，温度会降至 650～1200℃。透过地下水的流动和熔岩涌至离地面 1～5km 的地壳，热力得以被转送至较接近地面的地方。地热发电实际上就是把地下的热能转变为机械能，然后再将机械能转变为电能的能量转变过程。地热能是无污染的清洁能源，且如果热量提取速度不超过补充的速度，那么地热能是可再生的。

（2）地热发电系统构成。

地热发电主要分为蒸汽型地热发电、热水型地热发电、联合循环发电和利用地下热岩石发电 4 种主要方式。

1）蒸汽型地热发电。

蒸汽型地热发电主要分为背压式和凝汽式两种发电形式。

a. 背压式汽轮机发电是把干蒸汽从蒸汽井中引出，先加以净化后经过分离器分离出所含的固体杂质，然后使蒸汽推动汽轮发电机组发电，排汽放空（或送热用户）。这是最简单的发电方式，大多用于地热蒸汽中不凝结气体含量很高的场合，或者综合利用于工农业生产和生活用水，如图 7-19 所示。

b. 凝汽式汽轮机发电通过蒸汽在汽轮机内部推动叶片膨胀做功，带动汽轮机转子高速旋转并带动发电机向外供电。做功后的蒸汽通常排入混合式凝汽器，冷却后再排出，在该系统中，蒸汽在汽轮机中能膨胀到很低的压力，所以能做出更多的功。这种系统适用于高温 160℃的地热田的发电，系统简单，如图 7-20 所示。

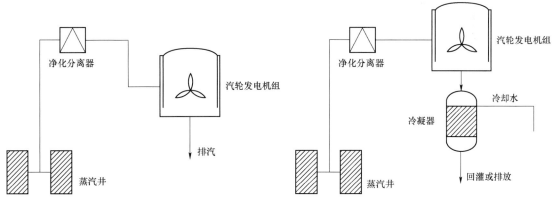

图 7-19　热蒸汽背压式发电原理图　　　图 7-20　凝汽式汽轮机发电原理图

2）热水型地热发电。

热水型地热发电是地热发电的主要方式，目前热水型地热电站有闪蒸法地热发电和中间介质法地热发电两种类型。

a. 采用闪蒸法的地热电站，热水温度低于 100℃时，全热力系统处于负压状态。这种电站，设备简单，易于制造，可以采用混合式热交换器。缺点是，设备尺寸大，容易腐蚀结垢，热效率低。由于系直接以地下热水蒸汽为工质，因而对于地下热水的温度、矿化度以及不凝气体含量等有较高的要求。如图 7—21 所示。

b. 中间介质法地热发电通过热交换器利用地下热水来加热某种沸点的工质，使之变为蒸汽，然后以此蒸汽去推动汽轮机，并带动发电机发电。因此，在此种发电系统中，采用两种流体：① 采用地热流体作为热源，它在蒸汽发生器中被冷却后排入环境或打入地下；② 采用低沸点工质流体作为一种工作介质（如氟利昂、异戊烷、异丁烷、正丁烷等），这种工质在蒸汽发生器内由于吸收了地热水放出的热量而汽化，产生的低沸点工质蒸汽送入汽轮机发电机组。做完功后的蒸汽，由汽轮机排出并在冷凝器冷凝成液体，然后经循环泵打回蒸汽发生器在循环工作。如图 7—22 所示。

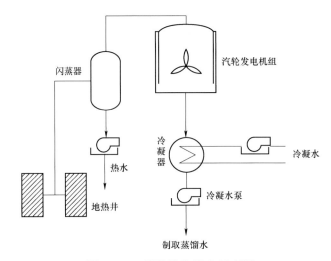

图 7—21　蒸法地热发电原理图

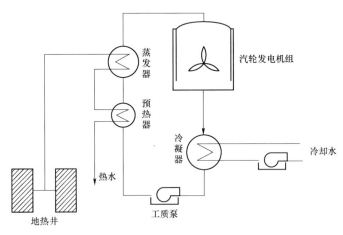

图 7—22　中间介质法地热发电原理图

这种发电方法的优点是利用低温位热能的热效率高，设备紧凑，汽轮机的尺寸小，易于适应化学成分比较复杂的地下热水。缺点是不像扩容法那样可以方便地使用混合式蒸发器和冷凝器；大部分低沸点工质传热性都比水差，采用此方式需有相当大的金属换热面积；低沸点工质价格较高，来源欠广，有些低沸点工质还有易燃、易爆、有毒、不稳定、对金属有腐蚀等特性。

3）联合循环发电。

联合循环地热发电系统就是把蒸汽发电和地热水发电两种系统合二为一，这种地热发电系统最大优点就是适用于大于 150℃的高温地热流体发电，经过一次发电后的流体，在不低于 120℃的工况下，在进入双工质发电系统，进行二次做功，重复利用了地热流体的热能，既提高了发电效率又将以往经过一次发电后的排放尾水进行再利用，大大节约了资源。如图 7-23 所示。

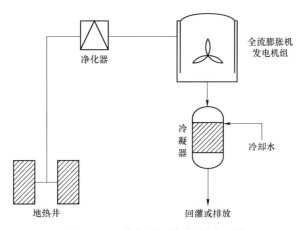

图 7-23 联合循环法发电原理图

该系统从生产井到发电，再到最后回灌到热储，整个过程都是在全封闭系统中运行的，因此即使是矿化程度很高的热卤水也可以用来发电，不存在对环境的污染。同时，由于是全封闭的系统，在地热电站也没有刺鼻的硫化氢味道，因而是 100%的环保型地热系统。这种地热发电系统进行 100%的地热水回灌，从而延长了地热田的使用寿命。

4）利用地下热岩石发电。

主要有热干岩发电和岩浆发电两种。

a. 热干岩过程法不受地理限制，可以在任何地方进行热能开采。首先将水通过压力泵压入地下 4～6km 深处，在此处岩石层的温度大约在 200℃左右。水在高温岩石层被加热后通过管道加压被取到地面并输入各热交换器中。热交换器推动汽轮机将热能转化成电能。而推动汽轮机工作的热水剂冷却后再重新输入地下供循环水使用。这种地热发电机成本与其他再生能源的发电成本相比是有竞争力的，而且这种方法在发电过程中不产生废水、废气等污染。如图 7-24 所示。

b. 岩浆发电就是把井钻至岩浆，直接获取那里的热量。到目前为止，夏威夷进行了钻井研究，想用喷水式钻头把井钻到岩浆温度为 1020～1170℃的岩浆中，并深入岩浆 29m，可这是浅地表岩浆发电的应用，如何利用更深处的岩浆发电还在进行研究。

6. 生物质能发电

（1）生物质能发电的原理。

生物质是指通过光合作用而形成的各种有机体，包括所有的动植物和微生物。而所谓生

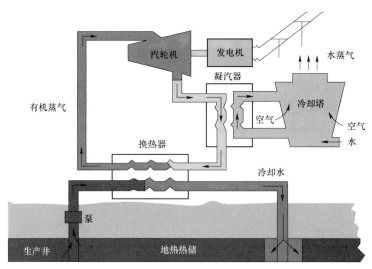

图 7-24　热干岩发电应用原理图

物质能，就是太阳能以化学能形式贮存在生物质中的能量形式，即以生物质为载体的能量。它直接或间接地来源于绿色植物的光合作用，可转化为常态的固态、液态和气态燃料，取之不尽，用之不竭，是一种可再生能源，同时也是唯一一种可再生的碳源。

　　生物质发电主要是利用农业、林业和工业废弃物为原料，也可以将城市垃圾为原料，采取直接燃烧或气化的发电方式。发电原理如图 7-25 所示。

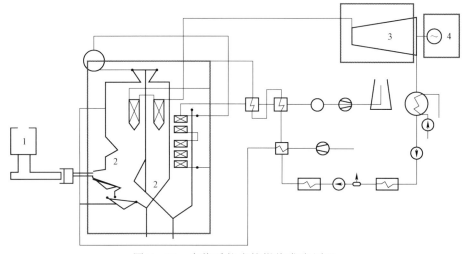

图 7-25　生物质能直接燃烧发电原理

1—生物质能储存区；2—锅炉；3—汽轮机；4—发电机

　　生物质直接燃烧发电与燃煤火力发电在原理上没有本质区别，主要区别体现在原料上，火力发电的原料是煤，而生物质直接燃烧发电的原料主要是农林废弃物和秸秆。生物质直接燃烧发电是把生物质原料送入适合生物质燃烧的特定蒸汽锅炉中，产生蒸汽，驱动蒸汽机转动从而带动发电机发电。

　　具体流程如下：将秸秆等生物质加工成适于锅炉燃烧的形式（粉状或块状），送入锅炉内充分燃烧,使储存于生物质燃料中的化学能转变成热能;锅炉内的水烧热后产生饱和蒸汽,饱和蒸汽在过热器内继续加热成过热蒸汽进入汽轮机,驱动汽轮发电机组旋转,将蒸汽的内能转换成机械能,最后由发电机将机械能变成电能。

　　生物质能发电厂的发电设备和同样规模的燃煤发电设备是非常相似的,目前我国大多数生物质直燃发电厂内所使用的燃烧工具主要包括生物质水冷振动炉排锅炉、生物质循环流化床锅炉以及联合炉排锅炉,其中运用最广泛的是水冷振动炉排锅炉。蒸汽发电机组多采用高温高压抽凝式汽轮机组。

　　(2)典型生物质能发电厂类型及特点。

　　1)直接燃烧发电工程。在直接燃烧发电工程中,锅炉是生物质燃烧发电的关键设备。

　　2)混合燃烧发电工程。在传统燃煤锅炉中混燃小于总换热量20%的生物质,在技术上已成熟。只是随着混燃燃煤锅炉容量较大,所需要生物质量的增大,在秸秆前期处理上存在一些问题。

　　3)气化发电的工程。其主要技术难点集中在如何低成本、有效地去除焦油。

二、分布式电源接入系统的典型接线方式

1. 分布式电源接入系统相关定义
分布式电源接入电网的典型接线如图7-26所示。

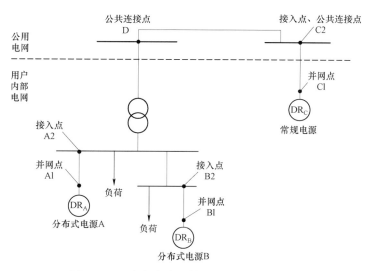

图7-26　分布式电源接入电网的典型接线

　　(1)并网点。对于有升压站的分布式电源,并网点为分布式电源升压站高压侧母线或节点;对于无升压站的分布式电源,并网点为分布式电源的输出汇总点。A1、B1点分别为分布式电源A、B的并网点,C1点为常规电源C的并网点。

　　(2)接入点。主要指电源接入电网的连接处,该电网既可能是公共电网,也可能是用户电网。A2、B2点分别为分布式电源A、B的接入点,C2为常规电源C的接入点。

　　(3)公共连接点。主要指用户系统(发电或用电)接入公用电网的连接处。C2、D点均为公共连接点,A2、B2点不是公共连接点。

（4）专线接入。主要指分布式电源接入点处设置分布式电源专用的开关设备（间隔），如分布式电源直接接入变电站、开关站、配电室母线或环网柜等方式。

（5）T 接。指分布式电源接入点处未设置专用的开关设备（间隔），如分布式电源直接接入架空或电缆线路方式。

2. 分布式电源接入系统的典型接线方式

根据分布式电源容量的大小，分布式电源接入配电网有不同的方式。一般 8kW 及以下接入 220V 配电网；8～400kW 接入 380V 配电网；400～6000kW 接入 10kV 配电网，接入方式大致分为以下 7 种。

（1）专线接入 10kV 公共电网。

该种方式是在分布式电站的出线端，利用 10kV 电缆直接与公共电网的 10kV 母线相连接。其中公共电网的 10kV 母线，主要为开关站的出线间隔或变电站的出线间隔，如图 7-27 所示。

第一种接入方法最大的问题在于，变电站和开关站的间隔资源的有限性。特别是在主城区和用电量较为集中的工业园区内，由于用电项目非常多，区域内的间隔几乎是用完的，通过改造增加间隔的成本和时间非常长，并且由于专线接入的投资比较大，主要投资包括升压变压器、电缆、电缆路径通道施工、通信光缆的改造及施工、保护配置相对较多。因此，此类接入方式应该使用于容量较大的项目（1MW 以上），该种项目对接入成本增加的敏感度较低，并且适合全额上网的分布式电源项目。

（2）T 接接入 10kV 公共电网。

该种方法是将分布式发电出线电缆在线路上加装并网点开关达到并入 10kV 电网，如图 7-28 所示。

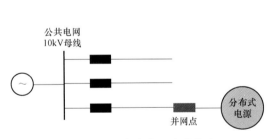

图 7-27　分布式电源专线接入
10kV 公共电网示意图

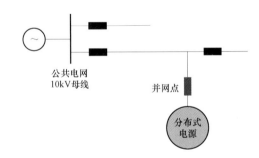

图 7-28　分布式电源 T 接接入
10kV 公共电网示意图

第二种接入方法的问题在于，由于并网点为 10kV 架空线路中，目前公共电网架空线上，一般无法加装光纤通信设备，第二种方法无法实现对分布式电站的调度和控制。

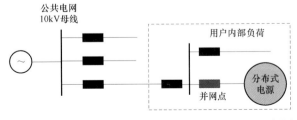

图 7-29　分布式电源专线接入用户 10kV 电网示意图

（3）接入专线用户 10kV 电网。

第三种接入方式是最典型一种自发自用、余量上网的模式。分布式电源发电用户在满足内部负荷后仍有出力盈余情况下，在用不完的情况下，可以送入电网，接入方式如图 7-29 所示。

（4）接入 T 接用户 10kV 电网。

第四种接入方式如图 7-30 所示，如果用户为架空线 T 接用户，由于线路上对于调度通信的装置的缺失，这种方式并不适合需要和电网建立调度关系的 10kV 并网分布式发电项目。

自发自用余量上网是目前国家最为鼓励的一种分布式能源利用方式。分布式电源项目建设往往是在厂用电申请完成之后才会进行。因此，第四种接入方法带来的最大的好处是电缆路径和开关站间隔资源已经落实，只需增加通信设备的投资即可，在接入电网方面可以节省较多的投资费用。

（5）专线接入 380V 公共电网。

分布式电源接入 380V 低压母线的接入方式如图 7-31 所示。

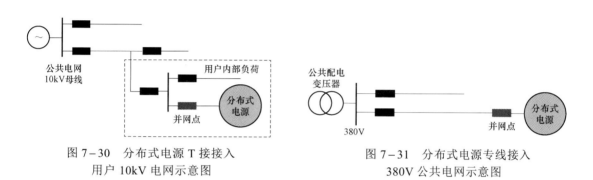

图 7-30　分布式电源 T 接接入
用户 10kV 电网示意图

图 7-31　分布式电源专线接入
380V 公共电网示意图

（6）T 接接入 380V 公共电网。

分布式电源接入 380V 低压分支配电箱如图 7-32 所示。

与 10kV 的项目不同，低压项目往往受到场地的限制，所安装的分布式电源容量有限，多为 50kW 以下的项目。其电能量输送的上级变压器为公用变压器，返送的电量不跨越变压器，而在 380V 的母线范围内被其他用户所消纳。

第五和第六种接入方式均为分布式发电系统直接通过电缆，接入变压器或开关站 380V 低压出线，只不过是接入的一级设备的不同。无论是直接接入低压总配电箱还是分支箱开关，都需要牵涉到放电缆线，开挖线路通道等费用，投资较大。最典型的接入方式为先接入用户内部电网，通过用户原有的线路与公共电网的 380V 线母线进行连接，这样可以较多的节省通道投资的费用。

为了能让电能更好地在母线上消纳，分布式电源的装机容量以不超过配电变压器的 25% 为宜。如果有集中项目（如别墅群项目全部安装分布式发电模式），则需要更换变压器或增加储能装置。该两种接入方式是目前居民家庭分布式发电项目的主要模式。

（7）接入用户 220/380V 电网。

接入 220/380V 用户内部电网如图 7-33 所示。该种模式一般用在用户侧负荷相对分布式发电装机容量较大且用电负荷持续的项目。如果一旦用户用电无法消纳的时候，会通过变压器倒送到上一级电网，对于上一级电网以及用户配电变压器设备产生安全隐患和损害，因此需要在上送的端口安装防逆流的装置，避免倒送电。

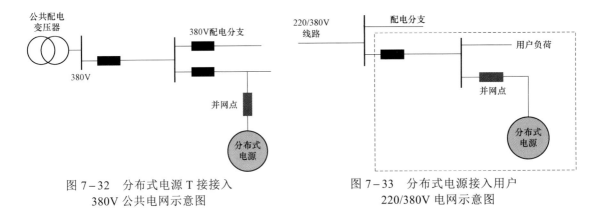

图 7-32　分布式电源 T 接接入
380V 公共电网示意图

图 7-33　分布式电源接入用户
220/380V 电网示意图

对于辐射型和双电源环网结构的配电网，分布式电源可专线接入，也可 T 接接入；对于多电源环网，分布式电源宜专线接入公共电网以降低调度运行操作以及保护配置的复杂性。我国目前的分布式发电工程，主要是接入辐射型结构的配电网为主，且以线路末端接入居多。

3. 接入系统电压等级选择

（1）并网点的确定原则为电源并入电网后能有效输送电力并且能确保电网的安全稳定运行。

（2）接有分布式电源的 10kV 配电台区，不得与其他台片建立低压联络（配电室、箱式变电站低压母线间联络除外）。

（3）分布式电源并网电压等级可根据装机容量进行初步选择，参考标准如下：① 8kW 及以下可接入 220V；② 8kW～400kW 可接入 380V；③ 400kW～6000kW 可接入 10kV；④ 5000kW～30 000kW 以上可接入 35kV。最终并网电压等级应根据电网条件，通过技术经济比选论证确定。若高低两级电压均具备接入条件，优先采用低电压等级接入。

三、分布式电源接入系统的技术原则

1. 安全要求

（1）为保证设备和人身安全，分布式电源必须具备相应继电保护功能，以保证电网和发电设备的安全运行，确保维修人员和公众人身安全，其保护装置的配置和选型必须满足所辖电网的技术规范和反事故措施。

（2）分布式电源的接地方式应和电网侧的接地方式保持一致，并应满足人身设备安全和保护配合的要求。

（3）分布式电源必须在并网点设置易于操作、可闭锁、具有明显断开点的并网断开装置，以确保电力设施检修维护人员的人身安全。

2. 电能质量要求

分布式电源向当地交流负载提供电能和向电网发送电能的质量，在谐波、电压偏差、电压不平衡度、电压波动和闪变等方面应满足相关的国家标准。同时，当并网点的谐波、电压偏差、电压不平衡度、电压波动和闪变满足相关的国家标准时，分布式电源应能正常运行。

（1）电压偏差。分布式电源并网后，公共连接点的电压偏差应满足 GB/T 12325《电能质量 供电电压偏差》的规定，即：

1）35kV 公共连接点电压正、负偏差的绝对值之和不超过标称电压的 10%［如供电电压上下偏差同号（均为正或负）时，按较大的偏差绝对值作为衡量依据］。

2）20kV 及以下三相公共连接点电压偏差不超过标称电压的 ±7%。

3）220V 单相公共连接点电压偏差不超过标称电压的 −10%～7%。

（2）电压不平衡度。分布式电源并网后，其公共连接点的三相电压不平衡度不应超过 GB/T 15543《电能质量三相 电压不平衡》规定的限值，公共连接点的三相电压不平衡度不应超过 2%，短时不超过 4%；其中由各分布式电源引起的公共连接点三相电压不平衡度不应超过 1.3%，短时不超过 2.6%。

（3）电压波动和闪变。分布式电源并网后，公共连接点处的电压波动和闪变应满足 GB/T 12326《电能质量 电压波动和闪变》的规定。

（4）谐波。分布式电源所连公共连接点的谐波电流分量（方均根值）应满足 GB/T 14549《电能质量公用 电网谐波》的规定，其中分布式电源向电网注入的谐波电流允许值按此电源协议容量与其公共连接点上发/供电设备容量之比进行分配。

（5）直流分量。变流器类型分布式电源并网额定运行时，向电网馈送的直流电流分量不应超过其交流限值的 0.5%。

（6）电磁兼容。分布式电源设备产生的电磁干扰不应超过相关设备标准的要求。同时，分布式电源应具有适当的抗电磁干扰的能力，应保证信号传输不受电磁干扰，执行部件不发生误动作。

3. 孤岛现象与防孤岛要求

（1）孤岛现象。

孤岛包含电源和负荷的部分电网，从电网脱离后继续孤立运行的状态。

非计划性孤岛指的是非计划、不受控地发生孤岛；计划性孤岛指的是按预先设置的控制策略，分布式电源有计划地进入孤岛状态。

（2）非计划性孤岛的危害。

由于电力系统不再控制孤岛系统中的电压和频率，如果孤岛系统中的分布式发电机不能提供电压和频率调节，或没有限制电压和频率偏移的继电保护，则用户得到的电压和频率将波动很大，将可能引起用户设备的损坏。

当线路检修时，线路本应该没有电而由孤岛中的分布式发电机供电时，将使线路维修的工作人员或其他人员有触电的危险。

当孤岛系统重新与电力系统并列运行时，有可能因为非同期并列损坏分布式发电机，这是因为并列时分布式发电机可能与系统不同步，并列时的电压相位差将对发电机产生非常大的冲击电流，另外也将导致孤岛系统的重新解列。因此，分布式电源应具备快速监测孤岛且立即断开与电网连接的能力，防孤岛保护动作时间不大于 2s，其防孤岛保护应与配电网侧线路重合闸和安全自动装置动作时间相配合。

4. 分布式电源并网技术规范

根据相关分布式电源并网标准规范，按照并网接口类型和并网电压等级整理国家电网范围内分布式电源并网技术规范，分为并网一般性技术要求、功率和电压调节、启停、运行适应性等几个部分。

可参考分布式电源并网标准如下：

GB/T 19964《光伏发电站接入电力系统技术规定》

GB/T 29319《光伏发电系统接入配电网技术规定》

GB/T 33593《分布式电源并网技术要求》

Q/GDW 480《分布式电源接入电网技术规定》

GB/T 33593《分布式电源并网技术要求》

Q/GDW 666《分布式电源接入配电网测试技术规范》

Q/GDW 667《分布式电源接入配电网运行控制规范》

GB/T 33592《分布式电源并网运行控制规范》

Q/GDW 677《分布式电源接入配电网监控系统功能规范》

GB/T 19939《光伏系统并网技术要求》

GB/T 20046《光伏（PV）系统电网接口特性》

（1）并网一般性技术要求。

1）逆变器类型分布式电源接入配电网技术要求。

a. 10～35kV。

并网点应安装易操作、可闭锁、具有明显开断点、带接地功能、可开断故障电流的开断设备。

逆变器应符合国家、行业相关技术标准，具备高/低电压闭锁、检有压自动并网功能（电压保护动作时间要求见表 7-2；检有压 $85\%U_N$ 自动并网）。

表 7-2   电压保护动作时间要求

并网点电压	要求
$U<50\%U_N$	最大分闸时间不超过 0.2s
$50\%U_N \leqslant U<85\%U_N$	最大分闸时间不超过 2s
$85\%U_N \leqslant U<110\%U_N$	连续运行
$110\%U_N \leqslant U<135\%U_N$	最大分闸时间不超过 2.0s
$135\%U_N \leqslant U$	最大分闸时间不超过 0.2s

注   1. U_N 为分布式电源并网点的电网额定电压。

     2. 最大分闸时间是指异常状态发生到电源停止向电网送电时间。

分布式电源采用专线方式接入时，专线线路可不设或停重合闸。

公共电网线路投入自动重合闸时，宜增加重合闸检无压功能；条件不具备时，应校核重合闸时间是否与分布式电源并、离网控制时间配合［重合闸时间宜整定为（$2+t$）s，t 为保护配合级差时间]。

　　b. 220/380V。

　　并网点应安装易操作，具有明显开断指示、具备开断故障电流能力的低压并网专用开关，专用开关应具备失压跳闸及检有压合闸功能，失压跳闸定值宜整定为 20%U_N、10s，检有压定值宜整定为大于 85%U_N。

　　逆变器应符合国家、行业相关技术标准，具备高/低电压闭锁、检有压自动并网功能（电压保护动作时间见表 7-2，检有压 85%U_N 自动并网）。

　　分布式电源接入容量超过本台区配电变压器额定容量 25%时，配电变压器低压侧刀熔总开关应改造为低压总开关，并在配电变压器低压母线处装设防孤岛装置；低压总开关应与防孤岛装置间具备操作闭锁功能，母线间有联络时，联络开关也应与防孤岛装置间具备操作闭锁功能。

　　分布式电源接入 380V 配电网时，宜采用三相逆变器；分布式电源接入 220V 配电网前，应校核同一台区单相接入总容量，防止三相功率不平衡情况。

　　2）旋转电机类型分布式电源接入配电网技术要求。

　　a. 10kV。

　　分布式电源接入系统前，应对系统侧母线、线路、开关等进行短路电流、热稳定校核。

　　分布式电源采用专线方式接入时，专线线路可不设或停用重合闸。

　　分布式电源并网点应安装易操作、可闭锁、具有明显开断点、带接地功能、可开断故障电流的断路器。

　　同步电机类型分布式电源，并网点开关应配置低频、电压保护装置，具备故障解列及检同期合闸功能，低频保护定值宜整定为 48Hz、0.2s，高/低压保护动作时间见表 7-2。

　　感应电机类型分布式电源，并网点开关应配置高/低压保护装置，具备电压保护跳闸及检有压合闸功能，高/低压保护动作时间见表 7-2，检有压定值宜整定为 85%U_N。

　　相邻线路故障可能引起同步电机类型分布式电源并网点开关误动时，并网点开关应加装电流方向保护。

　　公共电网线路投入自动重合闸时，宜增加重合闸检无压功能；条件不具备时，应校核重合闸时间是否与分布式电源并、离网控制时间配合 [重合闸时间宜整定为（2+t）s，t 为保护配合级差时间]。

　　b. 220/380V。

　　分布式电源接入前，应对接入的母线、线路、开关等进行短路电流、热稳定校核。

　　并网点应安装易操作，具有明显开断指示、具备开断故障电流能力的断路器。

　　分布式电源接入容量超过本台区配电变压器额定容量的 25%时，配电变压器低压侧刀熔总开关应改造为低压总开关，并在配电变压器低压母线处装设防孤岛装置；低压总开关应与防孤岛装置间具备操作闭锁功能，母线间有联络时，联络开关也应与防孤岛装置间具备操作闭锁功能。

　　同步电机类型分布式电源，并网点开关应配置低频、低压保护装置，具备故障解列及检同期合闸功能，低频保护定值宜整定为 48Hz、0.2s，高/低压保护动作时间见表 7-2。

　　感应电机类型分布式电源，并网点开关应配置高/低压保护装置，具备电压保护跳闸及检有压合闸功能，高/低压保护动作时间见表 7−2，检有压定值宜整定为 85%U_N。

（2）功率控制和电压调节。

1）有功功率控制。

通过 10（6）～35kV 电压等级并网的分布式电源应具有有功功率调节能力，输出功率偏差及功率变化率不应超过电网调控机构的给定值，并能根据电网频率值、电网调控机构指令等信号调节电源的有功功率输出。

2）无功功率与电压调节。

a. 分布式电源参与配电网电压调节的方式包括调节电源的无功功率、调节无功补偿设备投入量以及调整电源变压器的变比。

b. 通过 380V 电压等级并网的分布式电源功率因数应在 0.95（超前）～0.95（滞后）范围内可调。

c. 通过 10（6）～35kV 电压等级并网的分布式电源无功功率调节按以下规定：

同步发电机类型分布式电源功率因数应在 0.95（超前）～0.95（滞后）范围内连续可调，并能参与并网点的电压调节。

异步发电机类型分布式电源功率因数应能在 0.98（超前）～0.98（滞后）范围内连续可调。

变流器类型分布式电源功率因数应能在 0.98（超前）～0.98（滞后）范围内连续可调。在其无功功率输出范围内，应具备根据并网点电压水平调节无功功率输出，参与电网电压调节的能力，其调节方式和参考电压、电压调差率等参数应可由电网调控机构设定。

（3）启停。

1）分布式电源启动时需要考虑当前电网频率、电压偏差状态和本地测量的信号，当并网点电网频率或电压偏差超出规定范围时，电源不应启动。

2）同步发电机类型分布式电源应配置自动同期装置，启动时，分布式电源与电网电压、频率和相位偏差应在一定范围内。

3）分布式电源启动时不应引起并网点电能质量超出规定范围。

4）通过 10（6）～35kV 电压等级并网的分布式电源启停时应执行电网调控机构的指令。

（4）适应性要求。

适应性要求是指在电网电压、频率和电能质量出现短暂波动时，并网分布式电源应能做出判断并保持并网状态。具体要求如下。

1）电压适应性要求。

a. 通过 380V 电压等级并网的分布式电源，当并网点电压在 85%～110%标称电压之间时，应能正常运行。

b. 通过 10（6）～35kV 电压等级并网的分布式电源，应具备以下低电压穿越能力：

并网点考核电压在图 7−34 中电压轮廓线及以上的区域内，分布式电源应不脱网连续运行；否则，允许分布式电源切出。

各种电力系统故障类型下的考核电压如表 7−3 所示。

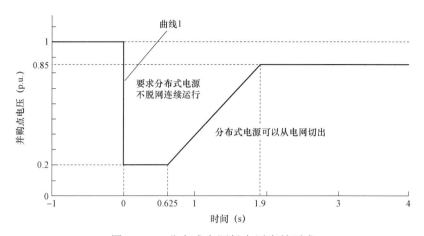

图 7-34 分布式电源低电压穿越要求

表 7-3   分布式电源低电压穿越考核电压

故障类型	考核电压
三相短路故障	并网点线电压
两相短路故障	并网点线电压
单相接地短路故障	并网点相电压

2）频率适应性要求。

a. 当分布式电源并网点频率在 49.5～50.2Hz 范围之内时，分布式电源应能正常运行。

b. 通过 10（6）～35kV 压等级并网的分布式电源应具备一定的耐受系统频率异常的能力，应能够在如表 7-4 所示电网频率范围内按规定运行。

表 7-4   分布式电源频率响应时间要求

频率范围	要求
$f<48Hz$	变流器类型分布式电源根据变流器允许运行的最低频率或电网调度机构要求而定；同步发电机类型、异步发电机类型分布式电源每次运行时间一般不少于 60s，有特殊要求时，可在满足电网安全稳定运行的前提下做适当调整
$48Hz{\leqslant}f<49.5Hz$	每次低于 49.5Hz 时要求至少能运行 10min
$49.5Hz{\leqslant}f{\leqslant}50.2Hz$	连续运行
$50.2Hz<f{\leqslant}50.2Hz$	频率高于 50.2Hz 时，分布式电源应具备降低有功输出的能力，实际运行可由电网调度机构决定；此时不允许处于停运状态的分布式电源并入电网
$f>50.5Hz$	立刻终止向电网线路送电，且不允许处于停运状态的分布式电源并网

（5）继电保护与自动化装置。

1）元件保护。分布式电源的变压器、同步电机和异步电机类型分布式电源的发电机应配置可靠的保护装置。分布式电源应能够检测到电网侧的短路故障（包括单相接地故障）和缺相故障，短路故障和缺相故障情况下保护装置应能迅速将其从电网断开。

2）线路保护。通过 10（6）～35kV 电压等级并网的分布式电源，宜采用专线方式接入电网并配置光纤电流差动保护。在满足可靠性、选择性、灵敏性和速动性要求时，线路也可采用"T"接方式，保护采用电流电压保护。

3）防孤岛保护。同步电机、异步电机类型分布式电源，无需专门设置防孤岛保护，但分布式电源切除时间应与线路保护相配合，以避免非同期合闸。变流器类型的分布式电源必须具备快速监测孤岛且监测到孤岛后立即断开与电网连接的能力，其防孤岛保护应与电网侧线路保护相配合，防孤岛保护动作时间不大于 2s。

4）恢复并网。系统发生扰动脱网后，在电网电压和频率恢复到正常运行范围之前分布式电源不允许并网。在电网电压和频率恢复正常后，通过 380V 电压等级并网的分布式电源需要经过一定延时时间后才能重新并网，延时值应大于 20s，并网延时由电网调控机构给定；通过 10（6）～35kV 电压等级并网的分布式电源恢复并网必须经过电网调控机构的允许。

（6）并网检测要求。

1）检测要求。

分布式电源接入电网的检测点为电源并网点，必须由具有相应资质的单位或部门进行检测，并在检测前将检测方案报所接入电网调控机构备案。

分布式电源应当在并网运行后 6 个月内向电网调控机构提供有资质单位出具的有关电源运行特性的检测报告，以表明该电源满足接入电网的相关规定。

当分布式电源更换主要设备时，需要重新提交检测报告。

2）检测内容。

检测应按照国家或有关行业对分布式电源并网运行制定的相关标准或规定进行，必须包括但不仅限于以下内容：

a. 有功功率和无功功率控制特性。

b. 电能质量，包括谐波、电压偏差、电压不平衡度、电压波动和闪变、电磁兼容等。

c. 电压电流与频率响应特性。

d. 安全与保护功能。

e. 电源启停对电网的影响。

f. 调度运行机构要求的其他并网检测项目。

四、分布式电源并网与调试管理

（1）地市供电公司调控机构应参加由地市供电公司发展部门组织的 10（6）～35kV 接入的分布式电源接入系统方案审定，宜参加由地市供电公司营销部门组织的 380/220V 接入的分布式电源接入系统方案审定，审定分布式电源接入系统方案和相关参数配置。

（2）并网验收及并网调试申请受理后，10（6）～35kV 接入项目，地市供电公司调控机构根据分布式电源接入方式和调管范围分别负责办理与项目业主（或电力用户）签订调度协议方面的工作。380/220V 接入项目，地市供电公司调控机构应备案由地市公司营销部门抄送的项目业主（或电力用户）购售电、供用电和调度方面的合同。

（3）电能计量装置安装、合同与协议签订完毕后，10（6）～35kV 接入项目，地市供电公司调控机构或供电服务指挥中心（配电网调控中心）应组织相关部门开展项目并网验收及并网调试，出具并网验收意见，调试通过后并网运行。与调度相关验收项目应包括但不限于：检验继电保护情况、检验防孤岛测试情况、检验自动化系统情况等。

（4）10（6）～35kV 接入的分布式电源项目，其涉网设备应按照并网调度协议约定，纳入地市供电公司调控机构调度管理；380/220V 接入的分布式电源项目，由地市供电公司营销部门管理。

（5）10（6）～35kV 接入的分布式电源，站内一、二次系统设备变更时，分布式电源运行维护方应将变更内容及时报送地市供电公司调控机构备案。

（6）分布式电源首次并网以及其主要设备检修或更换后重新并网时，应进行并网调试和验收，试验项目和试验方法应满足 Q/GDW 666《分布式电源接入配电网测试技术规范》的规定，试验报告应在并网前向电网调度管理部门提交。

（7）分布式电源并网时应监测当前配电网频率、电压等电网运行信息，当配电网电压偏差、频率偏差超出规定范围时，分布式电源不得并网。

（8）电网运营管理部门应与用户明确双方安全责任和义务，至少应明确以下内容：

1）并网点开断设备（属用户）操作方式。

2）检修时的安全措施。双方应相互配合做好电网停电检修的隔离、接地、加锁、悬挂标示牌等安全措施，并明确并网点安全隔离方案。

3）由电网运营管理部门断开的并网点开断设备，仍应由电网运营管理部门恢复。

五、分布式电源运行管理

1. 基本要求

（1）省级和地市级电网范围内，分布式光伏发电、风电、海洋能等发电项目总装机容量超过当地年最大负荷的 1%时，电网调控机构应建立技术支持系统，对其开展短期和超短期功率预测。省级电网公司调控机构分布式电源功率预测主要用于电力电量平衡，地市级供电公司调控机构分布式电源功率预测主要用于母线负荷预测，预测值的时间分辨率为 15min。并对其有功功率输出进行监测，监测值的时间分辨率为 15min。

（2）分布式电源运行维护方应服从电网调控机构的统一调度，遵守调度纪律，严格执行电网调控机构制定的有关规程和规定；10（6）～35kV 接入的分布式电源，项目运行维护方应根据装置的特性及电网调控机构的要求制定相应的现场运行规程，经项目业主同意后，报送地市供电公司调控机构备案。

（3）10（6）～35kV 接入的分布式电源项目运行维护方，应及时向地市供电公司调控机构备案各专业主管或专责人员的联系方式。专责人员应具备相关专业知识，按照有关规程、规定对分布式电源装置进行正常维护和定期检验。

（4）10（6）～35kV 接入的分布式电源，项目运行维护方应指定具有相关调度资格证的运行值班人员，按照相关要求执行地市供电公司调控机构值班调控员的调度指令。电网调控机构调度管辖范围内的设备，分布式电源运行维护方应严格遵守调度有关操作制度，按照调度指令、电力系统调度规程和分布式电源现场运行规程进行操作，并如实告知现场情况，答复调控机构值班调控员的询问。

（5）在进行一般调度业务联系和接受调度指令时，现场运行值班人员应通报单位、姓名，使用普通话和统一的调度、操作术语，严格按调度规程要求执行接令、复诵、监护、汇报、录音和记录等制度，遵守调度相关操作规定，对汇报内容的正确性负责。

（6）分布式电源并网点开关等属于调度许可范围内的设备，现场运行值班人员未经值班调控员允许，严禁擅自操作。在威胁人身、设备安全等紧急情况下，可按相关规定边处理边向值班调控员汇报，但再次并网前须经得调度许可。

2. 正常运行方式

（1）分布式电源的有功功率控制、无功功率与电压调节应满足 GB/T 29319《光伏发电系统接入配电网技术规定》和 NB/T 32015《分布式电源接入配电网技术规定》的要求。

（2）省级电网范围内，分布式光伏发电、风电、海洋能发电项目总装机容量超过当地年最大负荷的 1%时，省级电网公司调控机构应根据分布式电源功率预测结果调整电网电力平衡。

（3）通过 10（6）～35kV 电压等级接入的分布式电源，应纳入地区电网无功电压平衡。地市供电公司调控机构应根据分布式电源类型和实际电网运行方式确定电压调节方式。

（4）接入 10（6）～35kV 配电网的分布式电源，若向公用电网输送电量，则其有功功率和无功功率输出应执行电网调控机构指令，紧急情况下，电网调控机构可直接限制分布式电源向公共电网输送的功率。

（5）接入 10（6）～35kV 配电网的分布式电源，若不向公用电网输送电量，由分布式电源运行管理方自行控制其有功功率和无功功率。

（6）接入 10（6）～35kV 配电网且向公用电网输送电量的分布式电源，应具有控制输出功率变化率的能力，其最大输出功率和最大功率变化率应符合电网调控机构批准的运行方案；同时应具备执行电网调控机构指令的能力，能够通过执行电网调控机构指令进行功率调节。

（7）接入 380V 配电网低压母线且向公用电网输送电量的分布式电源，应具备接受电网调度指令进行输出功率控制的能力。接入 220V 配电网的分布式电源，可不参与电网功率调节。

3. 特殊运行方式

（1）电网出现特殊运行方式，可能影响分布式电源正常运行时，地市供电公司调控机构应将有关情况及时通知分布式电源项目运行维护方和地市供电公司营销部门；电网运行方式影响 380/220V 接入的分布式电源运行时，相关影响结果通过地市供电公司营销部门转发。

（2）电网运行方式发生变化时，地市供电公司调控机构应综合考虑系统安全约束以及分布式电源特性和运行约束等，通过计算分析确定允许分布式电源上网的最大有功功率和有功功率变化率。

4. 事故或紧急控制

（1）分布式电源应配合电网调控机构保障电网安全，严格按照电网调控机构指令参与电力系统运行控制。

（2）在电力系统事故或紧急情况下，为保障电力系统安全，电网调控机构有权限制分布式电源出力或暂时解列分布式电源。10（6）～35KV 接入的分布式电源应按地市供电公司调控机构指令控制其有功功率；380/220V 接入的分布式电源应具备自适应控制功能，当并网点电压、频率越限或发生孤岛运行时，应能自动脱离电网。

（3）分布式电源因电网发生扰动脱网后，在电网电压和频率恢复到正常运行范围之前不允许重新并网。在电网电压和频率恢复正常后，通过 380/220V 接入的分布式电源需要经过一定延时时间后才能重新并网，延时值应大于 20s，并网延时时间由地市供电公司调控机构在接入系统审查时给定，避免同一区域分布式电源同时并网；通过 10（6）～35kV 接入的分布式电源恢复并网应经过地市供电公司调控机构的允许。

（4）10（6）～35kV 接入的分布式电源因故退出运行，应立即向地市供电公司调控机构汇报，经调控机构同意后方可按调度指令并网。分布式电源应做好事故记录并及时上报调控机构。

5. 分布式电源检修管理

（1）接有分布式电源的配电网电气设备倒闸操作和运维检修，应严格执行 GB 26860《电力安全工作规程　发电厂和变电站电气部分》等有关安全组织措施和技术措施要求。

（2）电网输电线路的检修改造应综合考虑电网运行和分布式电源发电规律及特点，尽可能安排在分布式电源发电出力小的季节和时段实施，减少分布式电源的电量损失。

（3）接入 10（6）～35kV 的分布式电源，系统侧设备消缺、检修优先采用不停电作业方式；若采用停电作业方式，系统侧设备停电检修工作结束后，分布式电源应按次序逐一并网。

（4）系统侧设备停电检修，应明确告知分布式电源用户停送电时间。由电网运营管理部门操作的设备，应告知分布式电源用户。无明显断开点的设备作为停电隔离点时，应采取加锁、悬挂标示牌等措施防止反送电。

（5）有分布式电源接入的低压配电网，宜采取不停电作业方式。

（6）有分布式电源接入的配电网，高压配电线路、设备上停电工作时，应断开相关分布式电源的并网开关，且在工作区域两侧接地。如图 7-35 所示，10kV 甲线 2 号环网柜 111 开关后段接有分布式电源，当 1 号环网柜 102 开关至 3 号环网柜 101 开关范围停电检修时，须拉开 2 号环网柜 111 开关。

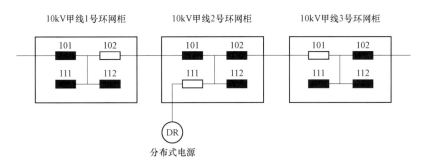

图 7-35　有分布式电源接入的配电网检修示意图

（7）由分布式电源供电的设备，在检修安排、安措要求和倒闸操作中应按带电设备处理，并严格执行《国家电网公司电力安全工作规程》等有关安全组织措施和技术措施要求。

6. 分布式电源继电保护及安全自动装置管理

（1）分布式电源继电保护及安全自动装置应满足 GB/T 14285《继电保护和安全自动装置技术规程》、NB/T 32015《分布式电源接入配电网技术规定》的要求。

（2）10（6）～35kV 接入的分布式电源安全自动装置的改造应经地市供电公司调控机构的批准。

（3）10（6）～35kV 接入的分布式电源应按电网调控机构有关规定管理所属微机型继电保护装置的程序版本。

（4）10（6）～35kV 接入的分布式电源涉网继电保护定值应按电网调控机构要求整定并报地市供电公司调控机构备案，其与电网保护配合的场内保护及自动装置应满足相关标准的规定。

（5）分布式电源（电力用户）厂站端二次设备的运维、故障处理、修理、改造工作由分布式电源项目业主（电力用户）负责。二次设备检修工作应按二次设备检修管理规定执行，向相应调控机构提交检修申请，得到同意后方可进行。

（6）分布式电源（电力用户）应保障厂站端远动、安防设备、电能量计量、通信传输等设备的连续、稳定运行，对传送的远动、电能量等信息的准确性、及时性、安全性负责，及时处理安防设备告警。

（7）分布式电源（电力用户）必须严格执行电力监控系统安全防护相关规定。

7. 分布式电源通信运行和调度自动化管理

（1）分布式电源通信运行、调度自动化和并网运行信息采集及传输应满足 DL/T 516《电力调度自动化运行管理规程》、DL/T 544《电力通信运行管理规程》、《电力监控系统安全防护规定》（国家发展改革委 2014 年第 14 号令）等相关制度标准要求。

（2）通过专线接入 10（6）～35kV 的分布式电源通信运行和调度自动化应满足 NB/T 32015《分布式电源接入配电网技术规定》的要求。

（3）380/220V 接入的分布式电源及 10（6）kV 接入的分布式光伏发电、风电、海洋能发电项目，可采用无线公网通信方式（光纤到户的可采用光纤通信方式），并应采取信息安全防护措施。

（4）10（6）～35kV 接入的分布式电源，应能够实时采集并网运行信息，主要包括并网设备状态、并网点电压、电流、有功功率、无功功率和发电量等，并上传至相关电网调控机构；其电能量计量、并网设备状态等信息应能够按要求采集、上传至相关营销部门，如并网设备状态信息不具备直传条件，可由调控机构转发。

（5）380/220V 接入的分布式电源，如纳入调度管辖范围，由用电信息采集系统（或电能量采集系统）实时采集并网运行信息，并能自动按规则汇集相关信息后接入调度自动化系统，主要包括每 15min 的电流、电压和发电量信息。条件具备时，分布式发电项目应预留上传及控制并网点开关状态能力。

（6）10（6）～35kV 接入的分布式电源开展与电网通信系统有关的设备检修，应提前向地市供电公司调控机构办理检修申请，获得批准后方可进行。如设备检修影响到继电保护和安全自动装置的正常运行，还需按规定向地市供电公司调控机构提出继电保护和安全自动装置停用申请，在继电保护和安全自动装置退出后，方可开始通信设备检修相关工作。

（7）10（6）～35kV 接入的分布式电源，其并入电力通信光传输网、调度数据网的分布式电源通信设备，应纳入电力通信网管系统统一管理。

（8）分布式电源调度自动化信息传输规约由电网调控机构确定。

第二节　储　　能

一、储能原理

从广义上来讲，储能即能量存储媒介，通过某种介质或装置，将一种形式的能量转换为另一种形式的能量并存储起来，在需要时以特定能量形式释放出来。从狭义上讲，是指利用化学、物理或者其他方法将电能存储起来并在需要时释放的一系列技术和措施。下面将分别简要介绍各类型储能发电原理。

1. 机械储能

（1）抽水蓄能。

抽水蓄能是利用电力系统负荷低谷时的剩余电量，由抽水蓄能机组作水泵工况运行，将下水库的水抽至上水库，将电能转化成势能储存起来。当电网出现峰荷时，由抽水蓄能机组作水轮机工况运行，将上水库的水用于发电，满足系统调峰需要，如图7-36所示。

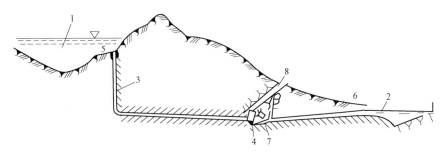

图7-36　抽水蓄能电站结构示意图

1—上水库；2—下水库；3—输水系统；4—厂房；5—进（出）水口；6—出（进）水口；7—主变压器室；8—交通洞

技术上，抽水蓄能机组的设计制造和运行效率是关键。设计中主要参数的选择对电站规模、投资、建设期、效益有很大的影响，其主要参数包括装机容量，上、下水库正常蓄水位，死水位及机组型式和台数等。为进一步提高整体经济性，机组正向高水头、高转速、大容量方向发展，现已接近单级水泵水轮机和空气冷却发电电动机制造极限，今后的重点将立足于对振动、空蚀、变形、止水和磁特性的研究，提高运行的可靠性和稳定性，在水头变幅不大和供电质量要求较高的情况下使用连续调速机组，实现自动频率控制。提高机电设备可靠性和自动化水平，建立统一调度机制以推广集中监控和无人化管理，并结合各国国情开展海水和地下式抽水蓄能电站关键技术的研究。

抽水蓄能电站既是发电厂，又是用户，具有启动迅速，运行灵活、可靠等优点，对负荷的急剧变化可作出快速反应。其容量可以做到百兆瓦级，释放时间可以从几小时到几天，综合效率在70%~85%。

抽水蓄能电站的缺点是建造受到地理条件的限制，必须有合适的高低两个水库。其次，在抽水和发电两个过程中都有相当数量的能量被损失。此外，抽水蓄能电站受地理条件限制，一般都远离负荷中心，不但有输电损耗，且当系统出现重大事故而不能工作时，也将失去作用。

抽水蓄能电站主要用于电力系统的调峰填谷、调频、调相、紧急事故备用、黑启动和提供系统的备用容量，还可以提高系统中火电站和核电站的运行效率，也能用于提高风能利用率和电网供电质量。

（2）压缩空气储能。

压缩空气储能技术是继抽水蓄能之后，第二大被认为适合吉瓦级大规模电力储能的技术。压缩空气储能系统的储能过程由两个循环过程构成，分别是充气压缩循环和排气膨胀循环。压缩时，利用谷荷的多余电力驱动压缩机，将高压空气压入地下储气洞；峰荷时，储存压缩空气先经过预热，再使用燃料在燃烧室内燃烧，进入膨胀做功发电，如图 7-37 所示。

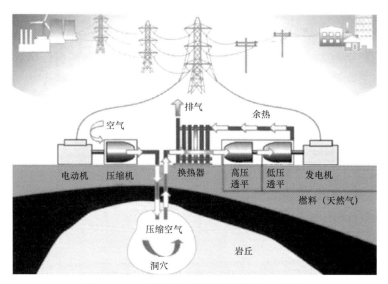

图 7-37　压缩空气储能系统结构示意图

压缩空气储能发电系统一般包括地下洞穴、同流换热器、压缩机组（压缩机、中期冷却器、后期冷却器）、燃气轮机和发电机几个部分。来自电网的电能驱动电动机，带动气体压缩机，压缩空气时产生的热能由中期冷却器和后期冷却器吸收并储存。在这个过程中，电网的电能大部分作为压缩气体的势能储存在洞穴，少量被压缩冷却器吸收作为热能存储。

压缩空气储能作为储能量级唯一可与抽水蓄能相媲美的大规模储能，具备诸如快速启动时间（小于 15min）、能量密度和功率密度较高、黑启动能力、日常运营成本低、设备的使用寿命长，损耗低、自放电率低等优点，且对于绝热压缩空气来说其系统效率较高（70%～75%），加之其不需要借助传统化石能源加热压缩空气，能够真正做到碳中和。

然而压缩空气储能同时也受各方面因素约束，如投资成本高、投资回报长（投资回报大于 25 年）、建成系统必须满足某些地质条件（压力密封洞穴）且成本较高、绝热系统的蓄热器自放电率高和非绝热系统效率比较低（小于 55%）。

压缩空气储能技术具有调频（二次和三次调频）、电压调节、峰值负载调节、负载平衡、静止储备、黑启动能力，未来应用空间十分广大，且该项技术良好的区域相关性，在我国三北地区有巨大发展潜力，同时可用于海上风电储能（北海盐洞）。

（3）飞轮储能。

飞轮储能系统是一种机电能量转换的储能装置，用物理方法实现储能。通过电动/发电互逆式双向电机，电能与高速运转飞轮的机械动能之间的相互转换与储存，并通过调频、整流、恒压与不同类型的负载接口。储能时，电能通过电力转换器变换后驱动电机运行，电机带动飞轮加速转动，飞轮以动能的形式把能量储存起来，完成电能到机械能转换的储存能量过程，能量储存在高速旋转的飞轮体中；之后，电机维持一个恒定的转速，直到接收到一个能量释放的控制信号；释能时，高速旋转的飞轮拖动电机发电，经电力转换器输出适用于负载的电流与电压，完成机械能到电能转换的释放能量过程。整个飞轮储能系统实现了电能的输入、储存和输出过程。

典型的飞轮储能系统由飞轮本体、轴承、电动/发电机、电力转换器和真空室 5 个主要组件构成。在实际应用中，飞轮储能系统的结构有很多种。图 7-38 是一种飞轮与电机合为一个整体的飞轮储能系统。飞轮储能系统是由高速飞轮转子磁轴承系统、电动/发电机、电力变换系统和真空罩等部分组成。

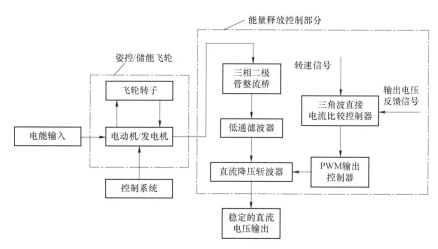

图 7-38　飞轮储能系统结构示意图

飞轮储能是一种分秒级、大功率、长寿命、高效率的功率型储能技术。相较于其他技术，飞轮储能的特点在于，几乎无摩擦损耗、风阻小；比功率可达 8 kW/kg 以上，远远高于传统电化学储能技术；其寿命主要取决于飞轮材料的疲劳寿命和系统中电子元器件的寿命。目前，飞轮储能的使用寿命可达 20 年以上，且使用寿命不受充放电深度的影响；运行过程中无有害物质产生；运行过程中几乎不需要维护；工况环境适应性好，-20～50℃下都能正常工作。

飞轮储能的缺点是其能量密度不够高，能量释放只能维持较短时间，一般只有几十秒钟；其自放电率高，如停止充电，能量在几到几十个小时内就会自行耗尽。

飞轮储能适用于大功率、响应快、高频次的场景，典型市场包括 UPS、轨道交通、电网调频三大领域，未来还将有工程机械等新兴市场。

2. 电磁储能

（1）超级电容器储能。

超级电容器储能单元根据电化学双电层理论研制而成，可提供强大的脉冲功率，充电时处于理想极化状态的电极表面的电荷将吸引周围电解质溶液中的异性离子，使其附于电极表面，形成双电荷层，构成双电层电容。超级电容器储能系统工作时，通过 IGBT 逆变器将直流侧电压转换成与电网同频率的交流电压，其主电路包括三部分：整流单元、储能单元和逆变单元。整流单元给超级电容器充电，并为逆变单元提供直流电能；逆变单元通过变压器与电网相联。超级电容器结构如图 7-39 所示。

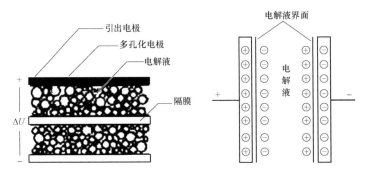

图 7-39　超级电容器结构

超级电容器具有产品循环寿命长、充放电速度快，正常工作的温度范围在 -35～75℃ 之间，极限温度（临界高温与低温）下抗恶劣环境温度的能力强，免维护，绿色环保等优点。

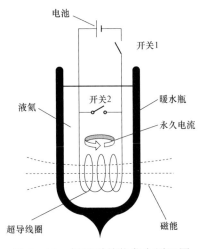

图 7-40　超导磁储能发电原理图

超级电容器的缺点有：① 能量密度低，不适合长期供能场景；② 泄漏风险，超级电容器安装位置不合理，容易引起电解质泄漏等问题，破坏了电容器的结构性能。

目前，超级电容器主要用于短时间、高峰值输出功率场合，如大功率的电动机的起动支撑、动态电压恢复器（DVR）等，在电压跌落和瞬态干扰期间提高供电水平。

（2）超导磁储能。

超导磁储能是利用超导线圈作储能线圈，由电网经变流器供电励磁，在线圈中产生磁场而储存能量。需要时，可经逆变器将所储存的能量送回电网或提供给其他负载用，工作原理如图 7-40 所示。按照功能模块划分，超导磁储能的基本结构主要由超导线圈、失超保护、冷却系统、变流器和控制器等组成。超导磁储能系统结构如图 7-41 所示。

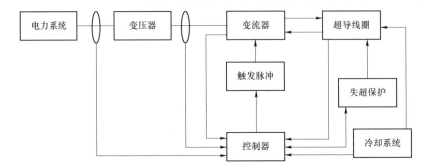

图 7-41　超导磁储能系统结构图

超导磁储能具备响应迅速、转换效率高、控制方便、体积小及重量轻等优点，也存在能量密度低、有一定的自放电损耗等缺点。正是具有这些特点，超导磁储能可实现与电力系统的实时大容量能量交换和功率补偿，用于改善供电质量、提高电力系统传输容量和稳定性、平衡电荷，因此它在可再生能源发电并网、电力系统负载调节等领域被寄予厚望。

3. 电化学储能

电化学储能也称电池储能系统。其一般电池储能系统的主要组成包括电池单元、电池管理系统、逆变并网系统、监控系统、电气及继电保护系统。电池管理系统测量电池的电压、充放电电流和温度。逆变并网系统采用高可靠性功率开关器件，DSP 数字控制，输出经工频变压器隔离，保证逆变器自身出现故障时不会影响电网。电池储能系统的高压、低压交流和直流等一次部分均采用具有过负荷和短路保护的开关器件，并通过配套的继电保护系统监测系统的运行状态，保证系统能够正常运行。

下面对几种不同类型电池储能单元发电原理进行介绍。

（1）铅酸电池。

铅酸电池主要由正极板、负极板、电解液、隔板、槽和盖等组成。正、负极板都浸在一定浓度的硫酸水溶液中，隔板为电绝缘材料，将正、负隔开。正极活性物质是 PbO_2，负极活性物质是海绵状金属铅，电解液是硫酸。正、负两极活性物质在电池放电后都转化为硫酸铅（$PbSO_4$）。

铅酸电池具有许多优点：① 自放电小；② 高低温性能较好；③ 电池寿命较长；④ 结构紧凑，密封良好，抗震动；⑤ 比容量高；⑥ 价格低廉，制造及维护成本低等。但是也存在许多不足，最为突出的是比能量低，一般为 30～50Wh/kg，其次循环寿命短。而且由于铅酸电池在制造和使用过程中产生污染，发展受到了制约。

（2）镍镉电池。

镍镉电池是具有悠久发展史的蓄电池，曾得到广泛应用。镍镉蓄电池的正极材料为氢氧化亚镍和石墨粉的混合物，负极材料为海绵状镉粉和氧化镉粉，电解液通常为氢氧化钠或氢氧化钾溶液。为兼顾低温性能和荷电保持能力，密封镍镉蓄电池采用密度为 1.40g/L（15℃时）的氢氧化钾溶液。镍镉蓄电池充电后，正极板上的活性物质变为氢氧化镍（NiOOH），负极板上的活性物质变为金属镉；镍镉电池放电后，正极板上的活性物质变为氢氧化亚镍，负极板上的活性物质变为氢氧化镉。

镍镉电池的标称电压为 1.2V，正常使用的容量效率为 67%～75%，电能效率为 55%～65%，循环寿命为 300～800 次。镍镉电池的特点是效率高、能量密度大、体积小、重量轻、结构紧凑，不需要维护。由于镍镉电池的记忆效应比较严重，循环 500 次后，容量会下降至 80%；且镉是有毒的，不利于环境保护。

（3）锂离子电池。

锂离子电池采用了一种锂离子嵌入和脱嵌的金属氧化物或硫化物作为正极，有机溶剂–无机盐体系作为电解质，碳材料作为负极。充电时，Li^+ 从正极脱出嵌入负极晶格，正极处于贫锂态；放电时，Li^+ 从负极脱出并插入正极，正极为富锂态。为保持电荷的平衡，充、放电过程中应有相同数量的电子经外电路传递，与 Li^+ 同时在正负极间迁移，使负极发生氧化还原反应，保持一定的电位，如图 7-42 所示。

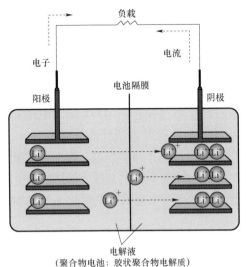

负载

电流

电子

电池隔膜

阳极 阴极

电解液

（聚合物电池：胶状聚合物电解质）

图 7-42 锂离子电池工作原理

根据电极材料划分，锂离子电池又分为钴酸锂、镍酸锂、锰酸锂、磷酸铁锂、钛酸锂等。其中应用较为广泛的是磷酸铁锂电池。其单体电池理论容量为 170mAh/g，循环性能好，单体放电深度 100%（depthofdischarge，DOD）循环 2000 次后容量保持率为 80%以上，安全性高，可在 1~3C（C 为额定放电电流）下持续充放电，且放电平台稳定，瞬间放电倍率能达 30C；但铁锂电池的低温性能差，0℃时放电容量将为 70%~80%，电池的一致性仍然存在问题，成组后电池寿命会下降。

（4）全钒液流电池。

全钒液流电池以溶解于一定浓度硫酸溶液中的不同价态的钒离子为正负极电极反应活性物质。电池正负极之间以离子交换膜分隔，彼此相互独立。通常情况下，全钒液流电池正极活性电对为 VO^{2+}/VO_2^+，负极为 V^{2+}/V^{3+}。

电池总反应： $VO^{2+} + H_2O + V^{3+} \leftrightarrow VO_2^+ + V^{2+} + 2H^+$ （7-1）

两个反应在碳毡电极上均为可逆反应，反应动力学快、电流效率和电压效率高，是迄今最为成功的液流电池。对于 1mol/L 活性溶液，全钒液流电池正负极的标准电势差为 1.26V。

全钒液流电池的储能容量只取决于电解液储量和浓度，输出功率只取决于电池堆的大小，设计非常灵活；充放电性能好，可深度放电而不损坏电池；电池的自放电率低，电池使用寿命可达 15~20 年。

（5）钠硫电池。

钠硫电池以钠和硫分别用作阳极和阴极，氧化铝（$\beta-Al_2O_3$）陶瓷同时起隔膜和电解质的双重作用，工作温度范围在 300~360℃。高温下的电极物质处于熔融状态，使得钠离子流过氧化铝固态电解液的电阻大大降低，以获得电池转换高效率；而电解液则是钠硫电池的关键技术，要求具备高钠离子传导能力、高机械强度和优异的空间稳定性。

电池放电时，作为负极的 Na 放出电子到外电路，同时 Na^+ 经固态电解质 $\beta-Al_2O_3$ 移至正极与 S 发生反应形成钠硫化物 Na_2S_x；电池充电过程中，钠硫化物在正极分解，Na^+ 返回负极并与电子重新结合，如图 7-43 所示。

钠硫电池储能系统包括电池子系统和功率转换子系统两部分。其中电池子系统由电池储柜、NaS 电池模块、模块连接母线和直流短路开关组成；功率转换子系统通常由电压源逆变器、监测传感器、系统控制器、变压器构成。

钠硫电池具有能量密度高、功率特性好和循环寿命长等优势，非常适于大功率、大容量的储能应用场合。

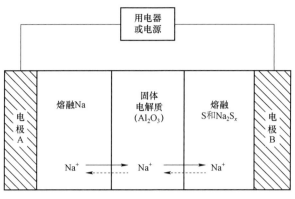

图 7-43　钠硫电池工作原理

4. 氢储能

氢储能技术是指将多余的电力制造为可无限期存储的氢气，然后在燃料电池发电系统中燃烧发电，同时也可以向用户供热，与其他储能技术相比，氢储能技术具有转换效率高，无污染产物等特点，是一种极具竞争力的发展方向。

氢储能系统基本结构如图 7-44 所示，包括电解水系统、储氢系统、燃料电池发电系统。其工作过程可以分为电解、储运、转化三个环节。

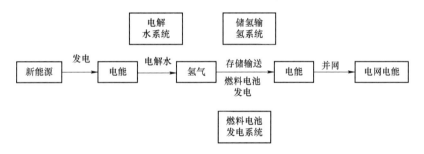

图 7-44　氢储能的过程和结构

（1）电解环节。

图 7-45 为电解示意图，左侧电解水装置消耗电能产生氢气，实现电能向氢能的转换，右侧燃料电池或热电联产机组利用氢气产生电能，实现氢能向电能的转换。制氢技术的制约因素在于降低成本、提高能效、大规模生产系统搭建等方面。

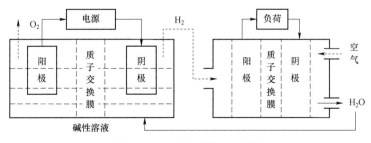

图 7-45　电解制氢示意图

（2）储运环节。

储运环节主要分为储氢和运氢两个部分。储氢技术按照储氢方式分为物理储氢和化学储氢两大类。物理储氢主要有液氢储存、高压氢气储存、活性碳吸附储存、碳纤维和碳纳米管储存等。化学储氢法主要有金属氢化物储氢、有机液氢化物储氢、无机物储氢等。衡量储氢技术性能的主要参数是储氢体积密度、质量分数、充-放氢的可逆性、充放氢速率、可循环使用寿命及安全性等。许多研究机构和公司提出储氢标准，如国际能源协会（international energy agency，IEA），日本的"世界能源网络"（world energy network，WENET）等。目前，美国能源部（department of energy，DOE）公布的标准较具权威性，适合于工业应用的理想储氢技术需满足含氢重量百分比高、储氢的体积密度大、吸收释放动力学快速、循环使用寿命长、安全性能高等要求。从技术条件和目前的发展现状看，主要有液态、气态和固态3种方式更适用于商用要求。其技术优缺点对比如表7-5所示。

表7-5　　　　　　　　　　　　储氢技术优缺点对比

储氢技术	优点	缺点
气态储氢	技术成熟，成本低	密度低，体积比容量小
液态储氢	密度高，体积比容量大，储运简单	制冷能耗大，成本高，易挥发
固态储氢	安全，同时可提纯氢气	储氢材料质量重，储-放氢存在约束

运氢技术主要有长管拖车运输、液氢槽车运输、管道运输等，运氢技术优缺点对比见表7-6。储运方式都存在较明显的优缺点，因此储运技术也是制约氢能大规模发展的因素。

表7-6　　　　　　　　　　　　运氢技术优缺点对比

运氢技术	优点	缺点
长管拖车运输	技术成熟，运输灵活	运输量小，不适合远距运输
液氢槽车运输	容量高，适用于中等距离运输	液化成本及能耗高，施加的压力高，易爆
管道运输	运输容量大，适用于较远距离运输	一次性投资高，需防范氢脆现象

（3）转化环节。

在转化环节，氢气作为燃料，主要还是通过氢燃料电池，将氢能转化为电能。燃料电池可以使富氢燃料氧化，转化为有用的能量而不会在明火中燃烧。与将化学能转化为电能的其他单阶段过程（例如燃气轮机）相比，燃料电池的电效率更高（32%～70%）。

燃料电池的基本工作原理如图7-46所示。燃料（如H_2、CH_4、CO等）在阳极侧发生电氧化反应，空气或氧气在阴极侧发生电还原反应，通过电解质传导离子，电子在阴极和阳极间发生转移，即在两极之间产生电势差。连接两极，

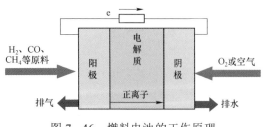

图7-46　燃料电池的工作原理

电子在外电路中流动形成电流，便可向负载供电。根据实际负载工作电压需要，将多个单电池层叠组合成燃料电池堆。

燃料电池供电系统除了燃料电池本体外，还有一套相应的辅助系统，如图7-47所示，包括燃料供给系统、换热系统、水管理系统、电力电子控制装置等，才能作为直接供电系统或作电网的后备电源。燃料电池的辅助部件既影响系统的成本，也会极大影响系统的效率和耐久性。

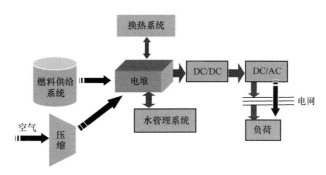

图7-47　燃料电池供电系统示意图

按电解质分类，燃料电池可分为碱性燃料电池（AFC）、质子交换膜燃料电池（PEMFC）、磷酸型燃料电池（PAFC）、熔融碳酸盐燃料电池（MCFC）和固体氧化物燃料电池（SOFC）。表7-7总结了各类燃料电池的组成部分、工作条件和功率。

表7-7　　　　　　　　　　　　　各类燃料电池的特性

类型	电解质	导电离子	工作温度（℃）	燃料	氧化剂	功率（kW）
AFC	KOH	OH^-	室温-250	纯氢	纯氧	1~100
PEMFC	全氟磺酸膜	H^+	室温-100	氢气/重整气	空气	1~300
PAFC	H_3PO_4	H^+	150~200	重整气	空气	1~2000
MCFC	CO_2	CO_3^{2-}	600~700	净化煤气/天然气/重整气	空气	250~2000
SOFC	$Y_2O_3-ZrO_2$	O^{2-}	650~1000	净化煤气/天然气	空气	1~200

与电解装置类似，燃料电池在效率和功率输出之间进行权衡。低负载时效率最高，而功率输出增加则效率降低。与传统技术相比，燃料电池可以在瞬态循环中实现最高效率。

二、储能系统典型应用场景

储能在电力系统中的接入方式按照归属方的不同存在多种情况，比较典型的是按照接入点分类方式，包括电源侧储能、电网侧储能和负荷侧储能。

1. 电源侧储能

电源侧储能又称为发电侧储能，多为在新能源电厂侧或火电厂侧配置储能，实现联合调节。如图7-48所示。

储能配置在新能源电厂，与大型风电场或光伏发电配合使用，平滑风力发电和光伏发电

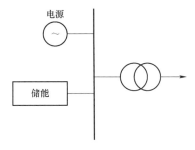

图 7-48　电源侧储能示意图

出力，提高电网对新能源的接纳能力。同时储能也可以配合新能源电厂提供优质的调频调峰等辅助服务，不仅能够有效提升可再生能源的渗透率，还可以改善新能源电厂的经济效益。

储能配置在火电厂，主要用于辅助火电深度调峰和自动发电控制（AGC）调频，不仅可以通过参与以上辅助服务市场获取收益，并且可以缓解机组发电煤耗过高、设备磨损严重等现状。

得益于《发电厂并网运行管理实施细则》和《并网发电厂辅助服务管理实施细则》（简称"两个细则"）的补充完善，以及调频辅助服务市场的加快推进，全国多家发电企业已率先开展储能技术应用探索。其中，在平滑出力波动、跟踪调度计划指令、提升新能源消纳水平方面，张北风光储输示范工程（如图 7-49 所示）是目前世界上规模最大的集风电、光伏、储能及智能输电工程四位一体的可再生能源综合示范工程；二期工程建设规模总共为风电410MW、光伏发电 64MW、储能 52MW。在平滑风光出力波动，并提升整体电站的输出控制水平方面，项目在风机、光伏出力波动频繁时，发挥储能系统的灵活性，以波动率为控制目标，调节风光储联合出力，解决可再生能源的波动性和随机性。在跟踪调度计划出力方面，项目根据调度下达的出力计划，实时调整储能系统出力，填补计划值与实际值的差额，实现

图 7-49　张北风光储输示范工程

风光储多组态联合出力实时跟踪计划值，实现了可再生能源发电的可预测、可控制、可调度，有效避免弃风、弃光，提高了风机、光伏资源的可利用率。

2. 电网侧储能

电网侧储能是为应对新能源大发展，提高电网调节灵活性及稳定性所部署。电网侧储能多部署在变电站侧或者配电网侧。电网侧储能示意图如图7−50所示。

由于电网侧储能接受电力调控机构统一调控、参与系统全局优化，可以在提升供电可靠性，削峰填谷，调压调频和黑启动等方面形成系统性、全局性优势，继而产生以储能全局优化调度替代局部运行的价值。

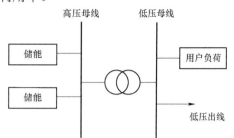

图7−50 电网侧储能示意图

江苏镇江电网侧储能是目前国内规模最大的在运电网侧储能项目。2018年为缓解镇江东部地区夏季高峰期间用电压力，结合储能电站建设周期短、布点灵活的优势，镇江东部地区投运储能电站应运而生，发挥削峰填谷作用，满足高峰电网调峰需要，保证镇江东部地区电力供应。当前该项目直接并入公用电网，2018年前夏季用电高峰前投运8座，总功率、总容量分别为101MWh、202MWh，在不新建发电厂的情况下，可为当地每天多提供近400MWh的电力供应，满足17万居民生活用电。镇江电网储能电站由大港、北山、五峰山、丹阳、建山、新坝、三跃、长旺8座储能子站组成，可实现调峰、调频、调压、紧急控制、新能源跟踪等多种功能，也可以作为"源网荷储"系统一部分，参与电源、电网、用户及储能有机结合，相互配合，实现最大280万kW毫秒级的负荷响应。江苏镇江建山电网侧储能电站如图7−51所示。

图7−51 江苏镇江建山电网侧储能电站

3. 负荷侧储能

负荷侧储能也称用户侧储能，一般指部署于工商业用户侧的储能，主要利用当前用电峰谷价差下的"谷充峰放"模式，以改善电力用户电费结构，降低用电成本。同时储能系统可

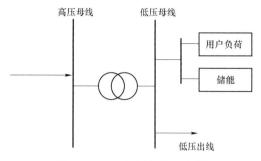

图 7-52 负荷侧储能示意图

响应电网调度，减少负荷从电网获取功率，降低电网压力；也可消减用户尖峰负荷，减少用户基本电费的需量费；并可作为后备电源，替代传统应急备用电源投资。负荷侧储能示意图如图 7-52 所示。

江苏无锡星洲工业园储能系统项目（如图 7-53 所示）是首个基于产业园区的智能增量配网+储能实现配售电一体化服务的电站，该储能电站也是目前全球工商业用户侧最大的削峰填谷电储能系统。无锡星洲工业园的年用电量在 75 000 万 kWh，电费达到将近 5 亿元，开支庞大，电费节约的需求也较为迫切。

园区采用 110kV 进行供电，主回路两路 110kV 进线接到变电站三台 10kV 的变压器。该储能系统充放电额定总功率 20MW，电池容量 160MWh，在 10kV 高压侧接入，为整个园区供电。结合分布式可再生能源与先进控制技术，该储能系统为园区提供的削峰填谷、需求侧响应、应急备电支撑和需量管理等辅助服务，实现了传统能源与新能源多能互补和协同供应，推动了能源就近清洁生产和就地消纳，提高了能源综合利用效率。该电站投运之后，每天高峰时段可给园区提供 2 万 kVA 负载调剂能力，降低了工业园区变电站变压器的负载率，缓解了工业园区变压器的增容压力。

图 7-53 江苏无锡星洲工业园储能系统项目外观

三、储能系统调度运行管理

1. 并网要求

（1）储能系统接入电网时应满足 GB/T 36547《电化学储能系统接入电网技术规定》、

GB/T 36548《电化学储能系统接入电网测试规范》、GB/T 36558《电力系统电化学储能系统通用技术条件》和 Q/GDW 11220《电池储能电站设备及系统交接试验规程》的相关要求。

（2）储能系统所采用的电池单体变流器、无功补偿装置等设备应通过国家授权的有资质的并网检测机构的型式检测，检测项目包括但不限于电能质量、有功/无功功率调节能力、高/低电压穿越能力、电网适应性检测和电气模型验证。

（3）电力调控机构应参与储能系统接入系统方案的审定工作。并网验收及并网调试申请受理前，电力调控机构负责办理与项目业主（或电力用户）签订调度协议方面的工作。

（4）储能系统首次接入电网时应由电网企业进行并网条件确认，应按照 GB/T 36547《电化学储能系统接入电网技术规定》要求开展并网调试试验，相关特征测试报告应按规定要求向电力调控机构提交。

（5）储能系统应具备与电力调控机构之间进行实时数据通信的能力，电力调控机构应能对储能系统的运行状况进行监控。通信功能应满足继电保护、安全自动装置、自动化系统及调度电话等业务的要求。

（6）在储能系统的公共连接点处应采用易操作、可闭锁、具有手动和自动操作的断路器，同时安装具有明显断开点的隔离开关。

（7）储能系统的接口装置应满足相应电压等级的电气设备耐压水平。

（8）储能系统接口装置应能抵抗 GB/T 14598 系列标准规定的电磁干扰类型和等级。

（9）储能系统的接地应符合 GB 14050《系统接地的型式及安全技术要求》、GB/T 50065《交流电气装置的接地设计规范》和 GB/T 50065《交流电气装置的接地设计规范》的相关要求，应保障人身、设备安全，并满足保护配合的要求。

（10）储能系统应开展电力监控系统网络安全评估工作，满足国家、行业相应等级保护管理规范与标准的要求。

2. 调度运行管理

（1）一般要求。

1）储能系统应遵循统一调度、分级管理的原则，涉网设备应按照并网调度协议约定纳入相应电力调控机构调度管理。

2）储能系统运行维护方应遵守调度纪律，严格执行电力调控机构制定的有关规程和规定。

3）储能系统运行维护方应根据装置的特性及电力调控机构的要求制定相应的现场运行规程，经项目业主同意后，报送电力调控机构备案。储能系统运行值班人员应具备与电力调控机构联系的资格，并报送电力调控机构备案。

4）储能系统运行维护方应按要求执行电力调控机构下发的调度指令。储能系统运行维护方应严格遵守调度有关操作制度，按照调度指令、电力系统调度规程和储能系统现场运行规程进行操作，并如实告知现场情况，答复值班调控员的询问。

5）储能系统运行维护方应按照有关规程、规定对储能系统进行正常维护和定期检验。储能系统一、二次系统设备变更时，储能系统运行维护方应按规定时间要求将变更内容报送电力调控机构备案，并重新履行并网与调试相关手续。

（2）正常运行控制要求。

1）储能系统并网运行时，有功功率与无功功率控制应满足 GB/T 36547《电化学储能系统接入电网技术规定》的技术要求。

2）储能系统应具备自动同期并网功能，启动时公共连接点的电压、频率和相位偏差应符合 JB/T 3950 的规定，公共连接点的电能质量应满足 GB/T 12326《电能质量　电压波动和闪变》、GB/T 14549《电能质量　公用电网谐波》、GB/T 15543《电能质量　三相电压不平衡》的规定。

3）储能系统应满足满功率调频和调峰的要求，参与电力系统调频时储能系统功率爬坡率应不低于 10%额定功率/100ms，参与电力系统调峰时储能系统功率爬坡率应不低于 10%额定功率/s，并应符合 GB/T 31464《电网运行准则》的相关规定。

4）电网正常运行情况下，储能系统计划离网时，宜逐级减少发电/充电功率，功率变化率应符合电力调控机构批准的运行方案。

5）储能系统运行维护方应提前 1 个工作日，按照 15min 的分辨率向电力调控机构报送基于本地电站出力目标约束的储能系统运行计划。配置储能系统的常规电厂应报送涵盖储能系统出力的总运行计划。

6）电力调控机构应提前 1 个工作日，按照 15min 的分辨率向储能系统运行维护方下达调度运行计划。电力调控机构制定调度运行计划时应综合考虑用户侧的储能系统。

7）储能系统运行维护方应按照调度下达的日内调度计划，实时控制储能系统的充放电状态和功率，并向电力调控机构滚动报送储能系统荷电状态和短期预测值。电力调控机构应结合储能系统荷电状态和短期预测值及时调整调度计划。

（3）紧急运行控制要求。

1）电网出现影响储能系统正常运行的特殊方式时，电力调控机构应将有关情况及时通知储能系统运行维护方。

2）电网运行方式发生变化时，电力调控机构应确定允许储能系统与电网交换的最大有功功率和有功功率变化率。

3）在电力系统事故或紧急情况下，电力调控机构有权限制储能系统与电网之间的交换功率。

4）在电力系统事故或紧急情况下，并网运行的储能系统应具备高、低电压穿越能力，其电网适应性应满足 GB/T 36547《电化学储能系统接入电网技术规定》中的要求。

5）储能系统因电网发生扰动脱网后，在电网电压和频率恢复到正常运行范围之前不允许重新并网。在电网电压和频率恢复正常后，储能系统应经过电力调控机构值班运行人员同意后方可按调度指令并网。

3. 检修管理

（1）接有储能系统的电网电气设备倒闸操作和运维检修，应执行 GB 26860《电力安全工作规程　发电厂和变电站电气部分》等有关安全组织措施和技术措施要求。

（2）储能系统开展与电网二次系统有关的设备检修时，应按相关要求向电力调控机构办理检修申请，获批准后方可执行。如设备检修影响到继电保护和安全自动装置的正常运行，储能系统应按规定向相应电力调控机构提出继电保护和安全自动装置停用申请，在继电保护和安全自动装置退出后，方可开始设备检修相关工作。

（3）储能系统侧设备消缺、检修工作宜优先采用不停电作业方式。若需停电检修，工作结束后应在得到电力调控机构许可后方可并网。

（4）电网输电线路的检修改造应综合考虑电网运行和所接入储能系统的特点，减少对所接入储能系统的影响。

（5）电网侧有检修计划时，储能系统应按电力调控机构指令做好相应安全措施，防止出现反送电造成人身、设备事故。

4. 保护与安全自动装置

（1）储能系统的继电保护及安全自动装置应满足 GB/T 14285《继电保护和安全自动装置技术规程》和 DL/T 584《3kV～110kV 电网继电保护装置运行整定规程》的要求。

（2）储能系统并网点处的保护配置应与所接入电网的保护协调配合，按电力调控机构要求整定并备案。

（3）储能系统的频率保护、欠压和过压保护设定应满足相关的规定要求。当电网频率、电压偏差超出正常运行范围时，储能系统应按照紧急运行控制要求的规定要求启停。

（4）对于供电范围内有储能系统接入的变电站故障录波装置应记录故障前 10s 到故障后 60s 的情况，并主送到相应调度端。

（5）储能系统应具备防孤岛保护功能，非计划孤岛情况下，应在 2s 内与电网断开。防孤岛保护动作时间应与电网侧备用电源自动投入、重合闸动作时间配合，应符合 GB/T 36547《电化学储能系统接入电网技术规定》、Q/GDW 1564《储能系统接入配电网技术规定》中的相关规定。

（6）储能系统安全自动装置的改造应经电力调控机构的批准后方可实施。

（7）储能系统应按电力调控机构有关规定管理所属继电保护装置的程序版本。

5. 通信与自动化管理

（1）储能系统的通信运行，调度自动化和并网运行信息采集传输应满足 DL/T 516《电力调度自动化运行管理规程》、DL/T 544《电力通信运行管理规程》《电力企业信息披露规定》（国家电力监管委员会第 14 号令）等相关文件要求。

（2）储能系统的安全防护应符合 GB/T 22239《信息安全技术　网络安全等级保护基本要求》《电力监控系统安全防护规定》（国家发展和改革委员会令 2014 年第 14 号）和《国家能源局关于印发电力监控系统安全防护总体方案等安全防护方案和评估规范的通知》（国家能源局〔2015〕36 号文）的相关要求。

（3）储能系统宜具备与电力调控机构双向数据通信的能力，且应具备两条不同路由的通道。其通信设备应接入电力通信光传输网和调度数据网，并纳入电力通信网管系统统一管理。储能系统应支持并网运行信息的实时采集，所采集的信息应包括但不限于电气模拟量、电能量、状态量和必要的其他信息。

（4）储能系统涉网部分应部署网络安全监测装置，监测信息应覆盖涉网部分主机设备、网络设备、安全防护设备的运行信息及安全告警信息。

（5）储能系统调度自动化信息传输规约应由电力调控机构确定。

第三节　微　电　网

一、微电网概述

1. 微电网的定义

目前，国际上还没有任何一个组织或机构关于微电网的定义得到完全的认可。美国电气可靠性技术协会对微电网做了如下描述：微电网的运行和控制应用了多分布式电源种电力电子技术；微电网把分布式电源、负荷等整合在一起，既能供应电力，也能保证热力供应；微电网是一个可独自运行、受统一控制的模块，能够实现网络可靠分布式电源性的改善以及多样化供电需求的满足。

美国能源部的定义是：微电网把分布式电源、负荷等整合成一个模块，既能够接入电网，也能够与电网断开单独运行。

美国 Lasseter 分布式电源项目提出了另一个微电网的概念：微电网把分布式电源、负荷以及分布式电源控制设备等整合成一个可独自运行、受统一控制的模块，既能供应电力，也能保证热力供应。Lasseter 教授重点从以下两个视角来说明微电网：相对于电力系统，微电网是受统一控制的模块；相对于用户，微电网的优势在于实现了不同用户对电力多样化的要求，提高了供电的安全性，综合利用了多种分布式电源能源形式。

欧洲研究区域网络计划认为微电网是一种低压网络，内部有负荷、分布式电源等，可接入电力系统受统一控制，也可独自运行。

欧盟微电网项目对微电网做了如下描述：其内部分布式电源从可控性上主要分为三种，包括完全可控、不完全可控和完全不可控；可以消耗一次能源；应用了多分布式电源种电力电子技术；需要含有储能设备。

中国对微电网也有自己的解释。在 GB/T 33589《微电网接入电力系统技术规定》中对微电网的定义如下：由分布式发电、用电负荷、监控、保护和自动化装置等组成（必要时含储能装置），是一个能够基本实现内部电力电量平衡的小型供用电系统。微电网分为并网型微电网和独立型微电网。

2. 微电网的特点

通过微电网的定义以及各国的研究成果可知，微电网有如下特点：

（1）微电网是接有分布式电源的配电子系统，可在故障情况下离网运行，保证重要负荷的持续供电。

（2）微电网采用了大量先进的现代电力技术，可增强用户的电力安全、减少污染气体的排放、实现多样化的用电要求、更好地发挥分布式电源的作用。

（3）站在整个电网的层面考虑，微电网可以看作负荷或小型电源。

（4）通常采用多种分布式电源，并根据实际地理条件和相关政策选择分布式电源类型、容量和安装位置。

微电网结构示意图如图 7－54 所示。

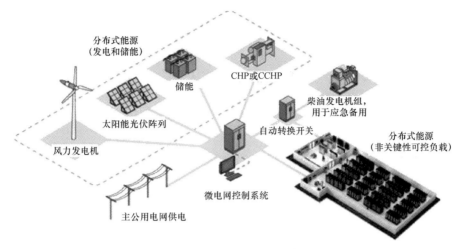

图 7－54　微电网结构示意图

3. 微电网的基本特征

微电网应具备以下 4 个基本特征：

（1）微型。微电网电压等级一般在 10kV 以下；系统规模一般在兆瓦级及以下；与终端用户相连，电能就地利用。

（2）清洁。微电网内部分布式电源以清洁能源为主，或是以能源综合利用为目标的发电形式。天然气多联供系统综合利用率一般应在 70%以上。

（3）自治。微电网内部电力电量能实现基本自平衡，与外部电网的电量交换一般不超过总电量的 20%。

（4）友好。微电网对大电网有支撑作用，可以为用户提供优质可靠的电力，能实现并网/离网模式的平滑切换。

4. 微电网的适用情况

综合考虑目前我国的资源分布特性、配电网网架结构与覆盖范围、特定用户的供电服务需求等因素，一般认为微电网主要适用于以下三种情况：

（1）满足高渗透率分布式可再生能源的接入和消纳。

微电网技术的基本目的就是解决分布式可再生能源的大规模接入的问题。分布式电源的接入改变了配电网原先单一、辐射状的网络结构，其大规模应用将对电网规划、控制保护、供电安全、电能质量、调度管理等方面带来诸多影响。微电网将将多个分散、不可控的分布式发电和负荷组成一个可控的单一整体，大大降低了分布式发电大规模接入对大电网的冲击。

目前，我国分布式发电在电力系统电源中的比例还很小，对电网的影响甚微，直接接入配电网现阶段仍然是分布式开发可再生能源最经济的发展方式。当局部地区的分布式发电规模较大，已经对配电网运行控制造成较大影响时，则可以考虑采用微电网等先进技术手段，消除高渗透率分布式可再生能源接入带来的负面影响。

（2）与大电网联系薄弱，供电能力不足的偏远地区。

我国幅员辽阔、对于经济欠发达的农牧地区、偏远山区以及海岛等地区，与大电网联系薄弱，大电网供电投资规模大、供电能力不足且可靠性较低，部分地区甚至大电网难以覆盖，要形成一定规模的、强大的集中式供配电网需要巨额的投资，且因电量较小，整体很不经济。而在这些地区，因地制宜发展小风力发电、太阳能发电、小水电等分布式可再生能源，应用微电网技术，则可弥补大电网集中式供电的局限性，解决这些地区的缺电和无电问题。

（3）对电能质量和供电可靠性有特殊要求的电力用户。

配电网中的关键用户或敏感用户如工厂、医院、军事基地等，对电能质量和供电可靠性的要求较高，不仅要提供满足其特定设备要求的电能质量，还要能够避免暂时性的停电，满足对重要负荷的不间断供电需求。

一方面，微电网能够满足特定用户的电能质量需求。随着当前用电设备数字化程度的提高，其对电能质量也越来越敏感，电能质量问题可以导致终端系统的故障甚至瘫痪，对社会经济发展带来重大损失。另一方面，微电网能够实时监测主电网的运行状态，在主电网故障时迅速从公共连接点解列平滑切换到离网运行状态，从而保证内部重要负荷的供电不受影响。

因此，微电网在满足特定用户对电能质量和供电可靠性要求方面具备一定的适用性。

二、微电网典型特征

微电网的典型特征主要包括微电网的运行模式特征、容量与电压等级特征、结构模式特征以及控制模式特征。

1. 微电网运行模式特征

微电网主要有离网运行和并网运行两种运行模式。

（1）离网运行。

离网运行是指微电网断开与配电网的连接，独立运行，自成系统完成发电、配电，进行自我控制和管理。在离网运行时，微电网内部的分布式电源和储能设备协作配合保证微电网区域的供电可靠性。根据微电网与外部电网之间的关系，离网运行模式可以进一步划分为两种：

1）完全不与外部电网连接。这类微电网主要建设在海岛、偏远山区沙漠等常规配电系统接入比较困难的地区。在这类地区中，一般具有丰富的可再生能源，且部分地区的人口较少，对于电能的需求相对较低，光伏、风力等发电技术以及蓄电技术可在一定程度上保证供电需求。

2）不完全隔离外部电网。这类微电网往往是由于外部配电网发生严重的故障或电能质量下降，微电网自行解列，以减缓故障或电能质量差的影响对于自身的冲击。此时，微电网内部的储能设备会保证网内电压频率的稳定，协同其他分布式电源优先保证本地重要负荷的正常供电，对于一些非敏感负荷，若无法保证供电可以进行适当的切除，维持系统内部的稳定。

（2）并网运行。

并网运行是指微电网接入配电网，微电网中的负荷可以从配电网或微电网电源获得电能。微电网接入配电网后，配电网不再是无源网络，潮流方向变为双向。可具体细分为三类：

1）微电网中分布式电源和储能设备的输出功率能够平衡微电网中负荷需求，此时大电网无需向微电网输送功率，仅仅是提供电压和频率的支撑。

2）微电网中的分布式能源和储能设备的输出功率无法平衡本地负荷功率需求,大电网会向微电网输送功率,这时微电网相当于一个负载。

3）微电网在满足本地负荷需求之后,剩余的功率将会流入大电网,充当电源的作用。

微电网群具有多种运行方式并可灵活切换。与单个微电网相比,微电网群的运行方式更加灵活多样,实现各种状况下微电网之间的能量互济,最大可能地保障供电区域的负荷需求。

2. 微电网容量与电压等级特征

微电网的构造理念是将分布式电源靠近用户侧进行配置供电,输电距离相对较短。这在一定程度上决定了微电网的容量大小与微电网电压等级。因此,微电网系统的容量规模相对较小,而电压等级常为低压或者中压等级。从微电网容量规模和电压等级的角度可以将微电网划分为 4 类:

（1）低压等级且容量规模小于 2MW 的单设施级微电网,主要应用于小型工业或商业建筑大的居民楼或单幢建筑物等。

（2）低压等级且容量规模在 25MW 范围的多设施级微电网,应用范围一般包含多种建筑物多样负荷类型的网络如小型工商区和居民区等。

（3）中、低压等级且容量规模在 510MW 范围的馈线级微电网一般由多个小型微电网组合而成,主要适用于公共设施政府机构等。

（4）中、低压等级且容量规模在 510MW 范围的变电站级微电网一般包含变电站和一些馈线级和用户级的微电网适用于变电站供电的区域。

3. 微电网结构模式特征

微电网结构模式典型特征是指微电网的网络拓扑结构,具体包括微电网内部的电气接线网络结构、供电制式（直流/交流供电和三相/单相供电）、相应负荷和分布式电源所在微电网的节点位置等。常规微电网组网拓扑结构为直流母线型拓扑、交流母线型拓扑、交直流混合型拓扑。

（1）直流母线拓扑。直流母线拓扑如图 7-55 所示,直流发电设备经稳压、交流发电设备经整流后汇流至直流母线,然后经逆变器统一逆变得到符合负荷对频率、相位要求的交流电。因统一逆变无需各分布式电源跟踪电网电压的相位和频率,光伏类直流型微电源更易切入;直流电汇流后统一逆变,显著减少了多次逆变导致的电能损失;直流母线型拓扑易于控制,系统稳定性的衡量指标为有功功率和直流母线电压,无需考虑无功功率。但单逆变器的使用增大了逆变器故障导致系统瘫痪的风险,此外,目前直流母线型微电网缺少相关标准和制度,因此直流微电网还未得到大范围应用。

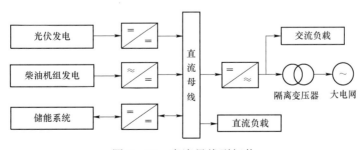

图 7-55　直流母线型拓扑

（2）交流母线拓扑。交流母线拓扑是目前研究的主要微电网拓扑类型，如图 7-56 所示，所有微电源经稳压、逆变后汇流至交流母线。与直流型母线拓扑相比较，该拓扑中每个微电源都能独立地、同时为负荷供电，避免了单个逆变器故障导致系统瘫痪的风险，提高了系统的稳定性。该拓扑为微电源带来更强的灵活性：负载较低时，可单独使用光伏发电，柴油机组发电和储能系统可处于待机状态，降低了柴储设备的运行时间与维护费用；负载较高或在用电高峰时段，光柴储可同时并行为负载供电，显著提高系统总体运行效率。但交流型拓扑要求各微电源输出电压与电网同步，与前者相比该拓扑需要更复杂的控制系统。

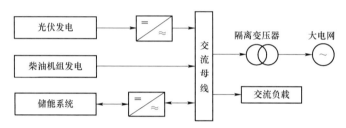

图 7-56　交流母线型拓扑

（3）交直流混合拓扑。交直流混合型拓扑如图 7-57 所示，光伏等直流微电源汇流于直流母线，柴油机组等交流微电源汇流于交流母线，分别可直接为直、交流负载提供部分电能，避免了微电源和负载切入交、直流微电网时所需的多次能量形式转换。通过控制 PCC1 和 PCC2 处静态开关的状态，交直流混合型支持如下四种运行方式：

1）PCC1 连通、PCC2 连通时，直流系统、交流系统并行并网运行。

2）PCC1 连通、PCC2 切断时，直流系统、交流系统并联离网运行。

3）PCC1 切断、PCC2 切断时，直流系统、交流系统独立离网运行。

4）PCC1 切断、PCC2 连通时，直流系统离网、交流系统并网运行。

该拓扑结构的灵活性和效率均高于前两者，柴油机组等交流发电设备和逆变器能够根据电量需求选择独立或并行运行。但灵活的运行方式要求更复杂的控制管理能力，并行运行方式要求逆变器具有自主性，且输出电压和柴油机组输出电压需保持同步。复杂的控制方式是制约交直流混合型微电网发展的主要障碍。

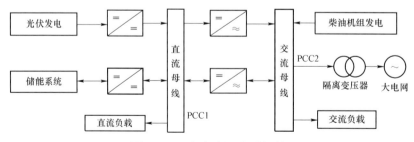

图 7-57　交直流混合型拓扑

三、微电网运行控制及能量管理关键技术

1. 微电网典型控制模式

微电网控制模式划分为主从控制模式、对等控制模式和分层控制模式。

主从控制是指不同分布式电源其控制策略不同，作用发挥有主次区别。作为主控的分布式电源（Distributed Generator，DG）会采集电网信号，保证微电网与其同步。其次，主控DG需检测离网现象以及准备接受后续并网信号。另外，主控单元还需控制微电网与配电网的能量交换等。而其他DG一切以主控DG为准，听从主控单元的安排。在微电网中一般以储能设备、有稳定输出的分布式电源、分布式电源加储能装置作为主控制单元。主从控制是目前应用比较广泛的控制模式。主从控制模式如图7-58所示。

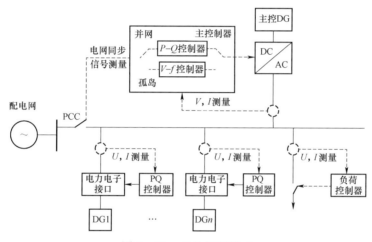

图 7-58　主从控制模式

对等控制中所有微电源地位平等，一般微电网内的分布式电源根据系统的有功功率-频率、无功功率-电压之间的关系对分布式电源进行控制。与主从控制相比对等控制而言能够实现分布式电源的即插即用，并且并网、离网模式都可采用相同的控制策略，更易于实现两种不同模式下的无缝切换。对等控制模式如图7-59所示。

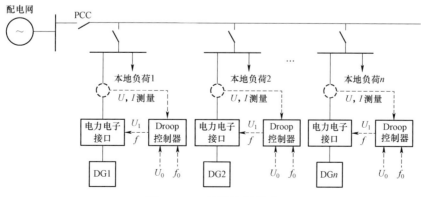

图 7-59　对等控制模式

分层控制主要有两层和三层控制结构。三层控制被广泛接受，第 1 层为分布式电源自身的运行控制，与主从控制相似；第 2 层为微电网动态运行控制，通常采用微电网集中控制器实现微电网运行模式控制，保证微电网稳定运行；第 3 层为微电网经济运行和能量管理层次的控制，在稳定的基础上实现最小成本化的动态能量管理。分层控制如图 7－60 所示。

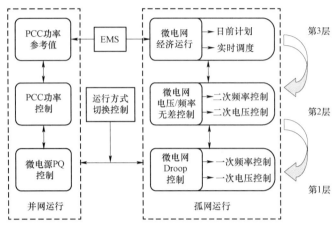

图 7－60　分层控制模式

2. 微电网运行控制及能量管理中所需的关键技术

微电网拓扑结构的多样性（包括直流、交流、交直流混合三种结构），运行方式的多样性（包括离网与并网的稳态运行方式以及两种运行模式切换的暂态过渡过程），微电网内部光伏、风电等可再生能源发电出力的随机性，以及种类繁多的微电源的控制方式不同、运行特性不一，对微电网运行控制及能量管理提出了更高的要求。下面梳理出微电网运行控制及能量管理中所需的关键技术。

（1）逆变型微电源控制技术。

微电网中逆变型微电源的控制技术主要包括模拟同步发电机运行特性的下垂特性控制技术、恒频恒压控制技术（Vf 控制）、恒定功率控制技术（PQ 控制）。

下垂特性控制技术模拟传统大电网中有功功率－频率、无功功率－电压幅值之间呈下垂关系，能有效地实现在不依赖于通信的情况下，微电网系统中有功功率和无功功率的均分，并实现微电网中微电源的即插即用，多用在对等控制策略中。但低压配电网线路呈阻性不同于传统电网线路阻抗呈感性的特点，使得频率和电压幅值与有功功率和无功功率均相关。国内外学者针对不同的应用情况，提出了多种改进下垂特性的控制方法，但无论是何种改进方法，均无法避免采用下垂特性控制方法时，系统频率和电压幅值与额定值存在净差的缺点。

Vf 控制的基本思想是不管分布式电源输出功率如何变化，逆变器输出电压的频率和幅值与额定值一致。采用这种控制方法的微电源多为微型燃气轮机和燃料电池这类输入功率可以根据负荷需要进行控制的微电源，并且此控制方法一般用在主从控制策略中主分布式电源的控制中。

PQ 控制的目标是使分布式电源输出的有功功率和无功功率等于其参考值，采用这种控制方法的微电源多为风力发电机和光伏电池组这类输出功率受天气影响较大的微电源，或是微电网处于并网状态下所有微电源均利用此控制方法,但此时需要系统中有维持电压和频率的分布式电源或大电网。

（2）并离网运行模式切换。

微电网并离网控制技术的应用应使得微电网系统不仅能在离网运行与并网运行时,保证系统的稳定以及向用户提供高质量的电能,并且能在并离网切换过程中,保持系统的稳定,实现平滑切换,使微电网内部用户感觉不到切换过程带来的供电中断。在以前多数情况下,当微电网检测出故障情况时,会立即停止分布式电源的运行,然后再重新启动向本地负荷供电,此时负荷要短时停电,而且重新并网十分复杂,适用于允许短时间停电的用户。而对于重要负荷来讲应尽量不间断供电,这就需要采取相应的措施使微电网能从并网运行模式平稳过渡到离网运行模式。

无缝切换技术就是指在微电网在并网与离网模式之间互相转换时,能保证微电网内部正常供电,不给配电网及微电网内部设备造成冲击。这就需要微电网及时获取配电网和微电网内部信息,分析制定有效的并离网策略。各分布式电源应有较强的动态特性,能满足应急需求。目前的无缝切换技术包括:大电网运行状态快速准确识别技术,换流器的 P/Q 与 V/f 模式平滑切换技术,微电网平稳同期并网技术;技术特点有:以储能单元作为组网单元,可实现无缝切换,独立运行时间及系统总规模受限;以同步发电机作为组网单元,独立生存时间长,较难实现全工况无缝切换;交替组网,兼具两者优点,且运行方式灵活,无缝切换是难点。

（3）电网频率控制技术。

微电网的频率控制应做到响应负荷和发电的随机变化,维持微电网频率在规定范围,并按照相应发电计划,维持微电网与配电网的交换功率为计划值。微电网运行策略变化时,微电网与大电网之间的连接关系以及分布式电源接口逆变器的控制策略都要进行相应的切换,要求逆变器在切换瞬间具备动态响应能力,以保证微电网发出电能与负荷需求之间的平衡。目前针对微电网有功功率平衡技术的研究成果主要包括微电源输出有功功率调节技术、储能控制技术和用户侧负荷控制技术。

在参与主控频率的分布式电源数量和容量相对较少时,微电网的频率控制更加不易。因此,微电网必须配置一定比例的储能单元,以维护系统频率的稳定性,但也并不能完全解决微电网频率稳定问题,当微电网发生较大程度的有功缺额时,为防止微电网系统崩溃,执行低频减载是必不可少的控制手段。

关于低频减载,一般有以下方式:① 采用多代理系统控制架构,在微电网出现紧急情况时,通过各代理的信息交互采取相应的动作,以保证微电网的频率稳定;② 基于频率变化率和微电网等效转动惯量估算有功缺额的方法,在紧急情况下可以实施较准确的低频减载以防止过切。

（4）微电网电压控制技术。

在微电网中,可再生能源的波动、异步风力发电机的并网等都会造成微电网电压波动。而微电网内的各类负荷（包括感应电机）与分布式电源距离极近,电压波动等问题更加复杂,需要采取相应的自动电压控制以保证微电网系统电压在允许范围内。系统电压的稳定与无功功率的平衡相关,针对微电网的无功功率平衡技术主要包括微电源接口逆变器的无功功率调节技术、静止无功补偿器的应用和微电网与配电网接口变压器分接头的调节技术。由此可见微电网无功功率平衡技术基本沿用传统大电网的电压无功控制技术。

对于直流微电网而言，仅需考虑有功功率的平衡，而直流母线电压是有功功率平衡与否的唯一量度，因此，在直流微电网系统中，电压的稳定控制问题即转为有功功率平衡的控制。

对于交流以及交直流混合微电网而言，微电网的电压控制技术要同时考虑有功功率和无功功率的平衡问题，同时稳定的电压是避免系统出现有功功率环流和无功功率环流的关键。

（5）自启动技术。

在一些极端情况发生时，如出现主动离网过渡失败或微电网失稳而完全停电等情况时，需要利用分布式电源的自启动和独立供电特点，对微电网进行自启动，以保证重要负荷的供电。自启动功能主要提供微型电源和负荷的启动规划。它依靠分布式电源的可用容量、储能装置容量、重要负荷特性，结合成一个启动整个微电网的合理步骤。通常这些步骤的制定是依靠以往事故的经验所得或是通过仿真模拟得到相应的数据，而自启动过程中，不仅需要操作人员应对突发问题的技术经验，同时需要决策支持系统的帮助。

通常由微型燃气轮机、水力发电机和储能装置承担最初恢复供电的微电源，因为他们具有迅速自动启动的能力。通常网络的恢复可分为两个阶段，针对不同的运行阶段制定不同的控制手段。首先是微电源的启动以及电压的恢复；其次才是对于负荷供电的满足，在这个阶段，控制技术要满足系统有功功率和无功功率的平衡。

（6）冷热电多元能量的协调管理。

在含有冷热电多元能量的微电网中，通常采用微型燃气轮机或者燃料电池作为核心的联供设备，多元能量之间具有很强的耦合性，且微电网中每个分布式能量单元具有不同的特性，导致对其进行能量管理建模变得相当复杂，需要考虑的优化约束条件和松弛条件多。此外，微电网运行目标往往不单有运行成本最低，还可包括可再生能源利用率最大、设备折旧成本最低、环境效率最大、综合效率最大等多种目标，需要进行多目标优化，进一步提高了求解的难度。

此外，可再生能源功率（风力发电、光伏电池等）具有很强的随机性，特别是在所占比例较大时，将给微电网能量管理造成严重困难。这就要求对可再生能源功率进行多时间尺度（长时、短时）预测，减少预测误差，在满足安全性、可靠性和供电质量要求等约束条件下，对分布式发电供能系统和多种类型的储能单元进行优化调度、合理分配出力，平抑可再生能源波动所造成的影响，形成不同运行模式下的微电网多时间尺度运行管理策略。

（7）微电网与配电网的联合调度技术。

目前，微电网与配电网之间有三种交互方式：优先利用微电网内部的 DER 来满足网内的负荷需求，可以从电网吸收功率，但不可以向电网输出功率；微电网内部的 DER 与电网共同参与系统的运行优化，但仍是可以从电网吸收功率，不可以向电网输出功率；微电网可以与电网自由双向交换功率。

微电网的能量管理不将局限于满足内部的能量需求，还需要配合上级配电网进行全局的能量协调；配电网在调度过程中，需要分析不同微电网—配电网交互方式对调度计划的影响，充分发挥微电网在削峰填谷，降低网络损耗以及提高供电可靠性等方面所具有的功能。然而，配电网对多个微电网进行整体、协调优化调度时，其调度计划可能并不符合单个微电网的经济效益最大化或者其他运行目标，导致局部调度目标和整体调度目标的分歧，这就需要引入博弈论等方法来处理该问题。

（8）融合能量管理和需求侧管理的微电网管理策略。

随着智能电网的建设，用户将不再简单、被动使用电能，而将更多地参与到电网的各个环节，特别是在微电网中，存在多种负荷类型（重要负荷、一般负荷等），部分负荷具有可控性，以及越来越多的用户储能的出现，如电动汽车等，使得在微电网能量管理中结合需求侧响应技术具有实际可操作性。

微电网内的可再生能源波动可能会导致发电功率与用户需求之间存在较大差异，仅仅依靠储能系统进行平抑，可能要求储能系统的容量较大，安装使用成本高，如果配合需求侧管理技术，对负荷及分布式用户储能进行合理管理，利用基于实时电价的需求响应来降低由于可再生资源不确定性而造成的平衡费用、调度费用和失负荷概率，降低对储能系统的要求，减小微电网削峰填谷的难度。

四、微电网典型案例

交流微电网目前在偏远农牧地区、商业楼宇、工业园区、海岛等环境下均有应用，一般根据当地资源情况、功能需求、投资规模等约束条件进行个性化设计，其系统组成、运行模式、功能设计、应用效果各有特色。直流微电网目前处于试验探索阶段，实际建设项目较少，本章针对微电网不同应用场景介绍了一些交直流微电网典型工程。

1. 偏远农牧地区微电网

青海省天峻县阳康乡地处青藏高原北部，祁连山南麓，地理位置为北纬 37°41′，东经 98°38′，海拔约 3200m，具有优越的光资源条件以及较为丰富的风能资源，是一个以藏族为主体、畜牧业为主导产业的少数民族聚集地。乡政府周围居民较为集中，约有 200 多户牧民，但是由于地处偏远，大电网未能实现延伸覆盖，居民用电问题难以解决。为了保障当地居民的基本生活用电，有力促进无电农牧地区的经济社会发展，2012 年在青海省科技厅的支持下，中国电科院联合青海三新农电公司建设了面向偏远农牧地区的独立型风光储微电网。

（1）系统组成。

该微电网包括 20kW 风力发电单元、30kWp 光伏发电单元、100kW/864kWh 铅酸电池储能单元、约 80kW 峰值负荷，系统电压等级为 0.4kV，配置电能测控计量装置、电能质量监测装置、微电网监控系统等，该系统为典型的独立型风光储微电网，为乡政府及周围居民供电。系统结构如图 7-61 所示。

（2）运行控制策略。

由于系统内部的光伏发电、风力发电等可再生能源发电受天气变化的影响，其出力会出现出较大的随机性，而无电农牧地区的负荷相对较小，负荷的变化会不易预测并容易出现较大波动，因此微电网需要制定适当的控制策略以对系统内的电源、储能和负荷进行协调控制，协调微电网内各设备的有功功率和无功功率，维持系统长时间稳定运行。

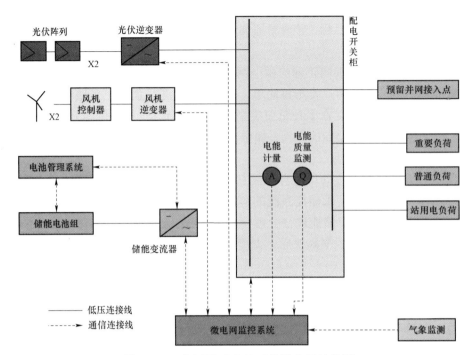

图7-61 离网型风光储互补微电网结构图

微电网控制策略以简单可靠运行为目标,微电网内的光伏电源和风力电源均为运行在最大跟踪模式,有功不可控,要调整其电源出力只能对电源支路进行投切。负荷也可简单分为三类,重要负荷、可控负荷和非重要负荷,要调整负荷功率也只能对非重要负荷和可控负荷支路进行投切。微电网站用电是重要负荷,乡政府、学校、卫生院等是可控负荷,居民用电是非重要负荷。由于只有一个储能单元作为主电源,电站离网运行,储能系统运行在恒压恒频模式,其输出功率由PCS自动控制,不需微电网监控系统控制。微电网监控系统的核心协调控制策略是根据微电网内储能单元的剩余储能容量(SOC)决定微电网内发电单元和负荷单元的调节方法。

微电网监控系统监视储能电池组的SOC值,当SOC实时值逐渐逼近最大SOC值时,需调整风光电源出力;当SOC实时值逐渐逼近最小SOC值时,需调整负荷功率。控制策略的核心即为当储能SOC值位于不同的值区间时,执行相应的一系列操作。具体过程包括储能过充保护、被切除风光电源的重新投入、储能过放保护、用户负荷重新投入、电站停运保电。储能充放电管理方法主要是根据图7-62中所示的储能充放电曲线,对储能系统的充放电功率进行控制。

该微电网还具有黑启动功能,黑启动是指当微电网因故障等异常情况失电,则监控系统可自动地将整个微电网启动起来,使得微电网重新投入运行。监控系统自动尝试黑启动过程若干次(次数可设置),如果都不成功,则不再尝试,随即停运电站,这时需要在排除故障后人工启动。微电网单独配置了3块约250Wp光伏电池板,通过离网型光伏逆变器输出单相220V交流电,在微电网长期停电时为UPS电池充电,维持UPS正常运行,避免控制系统因为UPS电池耗光而无法启动。

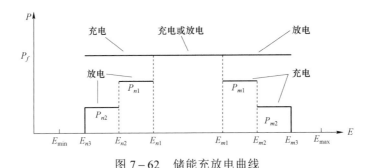

图 7-62　储能充放电曲线

（3）应用效果。

该系统充分利用当地可再生能源,将负荷分为重要负荷、可控负荷和可切负荷,通过综合控制分布式发电、储能和负荷,实现发电和用电的功率和电量平衡,基本满足了当地居民的用电需求。示范工程于 2013 年 5 月正式投入运行,结束了当地居民"蜡烛照明"的现状,保障了居民的基本生活用电,提高了居民生活水平和生活质量。

2. 工业园区微电网

江苏扬州分布式发电与微电网项根据扬州经济技术开发区内现有资源条件,依托开发区内已有兆瓦级光伏电站,建成了一个包含光伏发电、大容量储能系统,具有微电网特性的示范工程。该项目实现了分布式光伏发电和大容量储能系统与大电网的友好接入,通过微电网内分布式电源之间的协调控制,实现清洁能源优化利用和电网节能降耗,展示智能微电网在能量优化调度和经济运行方面的特点与优势。

（1）系统组成。

微电网包括 1.1MWp 屋顶光伏发电、250kW/800kWh 铅酸储能系统、SVG、有源滤波器等设备,系统一次结构如图 7-63 所示。分布式光伏发电采用"自发自用、余电上网"方式接入电网,就近接入厂房、宿舍、活动中心等用电负荷,储能单元在微电网中的作用为削峰

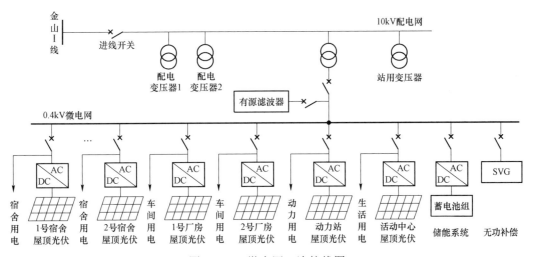

图 7-63　微电网一次接线图

填谷，在分布式电源出力过剩时，对储能充电，在分布式电源出力不足时，储能放电。本微电网能够消除分布式电源的间歇性对配电网系统的冲击；当配电网系统停止供电时，还可为微电网内负荷提供稳定电力供给。

（2）运行控制策略。

1）并网运行模式。

在电网正常的情况下，微电网并网运行，分布式光伏发电所发电能除自用之外，其余全部送上 10kV 配电线路。其中，光伏发电和储能系统的协调运行模式可为：

a. 平滑功率输出模式。当白天日照强度高，发电超过额定功率的 80%（上限可调）时，对储能系统进行充电；当日照强度低，发电低于额定功率的 50%（下限可调）时，储能系统运行在放电模式，达到最大放电深度（可调）时，停止放电。

b. 削峰填谷模式。晚上负荷低时电网对储能系统进行充电，白天负荷高时由储能系统放电以增加出力，改善电力的供需矛盾，提高发电设备的利用率。

2）离网运行模式。

当电网发生故障或处于检修状态时，微电网采用离网运行方式，断开与电网的连接开关，根据光伏发电能力、储能容量及负荷情况通过微电网监控与能量管理系统运行控制，实现光储协调运行，满足站用负荷及系统负荷的可靠供电，并在电网恢复供电时实现无缝切换。

（3）应用效果。

该项目微电网能充分发挥分布式发电对配电网的支撑作用，提高就地负荷的供电可靠性，最大限度为就地负荷供电，并根据各发电单元发出的电能和就地负荷情况进行负荷管理。光伏发电与就近负荷组成微电网，通过光储智能联合调度，结合微电网监控与能量管理系统，实现光伏发电并网和离网的自由切换，同时实现含分布式电源的故障隔离自愈功能，支持分布式电源的宽限、友好接入，有利于分布式光伏发电的开发和利用。

3. 海岛微电网

东福山岛位于浙江舟山普陀区东部，是我国东部海疆最东边的住人岛屿，东临公海，面积不足 3km²，全岛居民约 300 人，以海洋捕鱼和旅游为生。岛上以山地为主，主峰庵基岗海拔 324.3m，建有盘山公路和轮渡码头，到舟山主要依靠轮渡。东福山岛远离大陆，距离舟山岛约 45km，未与舟山电网相连，之前通过柴油发电机供电，用电费用高昂，用水主要依靠现有的水库收集雨水净化和从舟山本岛运水。为解决当地军民供水供电困难，立足东福山岛能源供应现状，充分利用当地可再生能源，建设了风光柴储海水淡化独立微电网系统工程。

（1）系统组成。

系统总装机容量 510kW，其中可再生能源装机容量 310kW，包括 7 台单机容量 30kW 的风力发电机组、100kWp 的光伏发电系统，配置 200kW 柴油发电机组和 960kWh 蓄电池储能系统，同时建设了日处理能力 50t 的海水淡化系统，通过 10kV 输变电线路输送电力。海水淡化系统是可调节负荷，能够有效增加可再生能源的利用率，同时在用水紧张时解决岛上用水问题。由于岛上没有大电网覆盖，微电网独立运行，系统结构如图 7-64 所示。

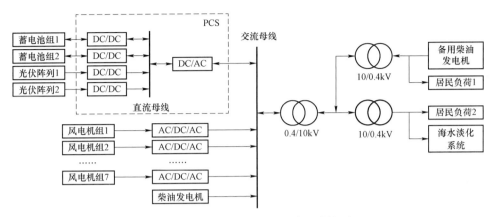

图 7 – 64　东福山岛微电网系统结构图

（2）系统运行模式。

由于东福山岛微电网中柴油发电机和储能系统均能作为主电源，为防止两个主电源非同期并列运行，同一时刻仅运行两者之一作为系统主电源，采用 V/F 控制，为系统提供稳定的电压和频率支撑。另外考虑到储能系统的特殊性，进行定期维护以提高其循环使用寿命。因此该微电网主要有以下三种运行模式。

1）柴油发电机作为主电源模式。在此模式下，柴油发电机作为系统主电源，提供恒定的电压和频率支撑系统运行；储能系统处于恒流充电或恒压充电状态，直到蓄电池组荷电状态（SOC）或端电压达到上限值。考虑柴油发电机最小运行功率和额定功率等限制，可通过控制光伏出力和风电机组投入台数来保证柴油发电机运行在设定的合理范围内。当蓄电池组充电达到上限时，则转为储能系统作为主电源运行模式。

2）储能系统作为主电源模式。当储能系统作为主电源时，关闭柴油发电机以避免非同期并列运行，PCS 采用 V/f 控制为交流母线提供电压和频率支撑，其功率输出自动补偿风光出力与负荷之间的差额。基于蓄电池组 SOC 值或端电压的储能优化控制，要求当风光资源丰富而使得蓄电池组 SOC 值或端电压升至上限时，通过控制光伏出力或切除风电机组来保证储能系统仅工作于放电状态且放电功率在设定范围之内。当蓄电池组 SOC 值或端电压降到下限值时，通过控制光伏出力或投入风电机组来保证储能系统仅工作于充电状态且充电功率在设定范围内。另外，海水淡化系统作为可控负荷，也可参与系统控制，在风电和光伏发电量较大时，增加海水淡化速率，反之则减小速率，在保障负荷的前提下，最大限度地提高分布式发电利用率。正常运行时，优化控制策略尽量使储能系统处于固定的工作状态，避免充电和放电状态之间的频繁切换。当 SOC 值或端电压低于临界值时，开启柴油发电机作为主电源供电，改变 PCS 控制策略对蓄电池组进行充电，即转换为柴油发电机作为主电源模式。

3）储能系统维护模式。为保证蓄电池的最大使用寿命，需要在运行一段时间后对蓄电池进行人工维护，这时控制策略设置为全充全放的系统维护模式，人工操作开启柴油发电机对蓄电池组进行"预充—快充—均充—浮充"四段式标准充电直至全充完成，再控制蓄电池组始终处于放电状态直到全部放完，以此来尽量提高蓄电池的循环使用寿命。

柴油发电机和储能系统都具有频率和电压调节功能，可以在不同运行模式下作为系统主电源。虽然可以通过逆变器调节光伏发电出力，也可以投切风力发电机实现功率调节，但是频繁调节会影响风机使用寿命。所以在功率调节范围内，优先调节主电源功率跟踪负荷和可再生能源功率波动。

（3）应用效果。

东福山岛微电网于 2011 年 7 月建成并正式移交，系统达到了设计预期目标，目前各设备运行比较稳定，可再生能源渗透率可达 45%，铅酸电池储能得到了充分利用，有效降低了柴油发电机的运行时间。岛上供电供水问题的解决，带动居民用电设备的增加，提高了岛上居民的生活水平。

五、微电网接入配电网运行控制规范

近年来中国微电网经历了跨越式发展，也形成了关于微电网的一系列各类标准，涵盖微电网并网、继电保护、监控技术、能量管理等各个方面，如 GB/T 33589《微电网接入电力系统技术规定》、GB/T 34930《微电网接入配电网运行控制规范》、GB/T 38953《微电网继电保护技术规定》、GB/T 36270《微电网监控系统技术规范》、GB/T 36274《微电网能量管理系统技术规范》。考虑到本书的读者多为配电网一线操作人员，这里重点介绍中国电力企业联合会标准 T/CEC 147《微电网接入配电网运控制规范》。

1. 并网要求

（1）微电网接入配电网运行应制定安全规程、应急预案和现场运行规程。

（2）微电网中属电力调控机构直接调度范围内的设备，应遵守调度有关操作制度，按照调度指令执行操作。

（3）微电网运行操作人员应熟悉电力调度操作规范及规定，经培训合格后方可上岗。

（4）接入 10kV 及以上电压等级配电网的微电网，其运行管理方应与电网企业签订《并网调度协议》，包括对微电网并网运行方式、并网/离网模式转换条件、参数等进行明确；接入 380V 电压等级的微电网应与电网企业签订购售电合同，并在并网调控机构备案。

（5）接入 10kV 及以上电压等级配电网的微电网应设立或明确运行维护人员，负责微电网运行设备的日常巡视检查、故障处理、运行日志记录、信息定期核对等，并应做好信息的报送工作。

（6）接入 10kV 及以上电压等级配电网的微电网应根据电力调控机构的要求报送微电网年度检修计划，在检修开始前，仍须得到电力调控机构确认许可后方能进行。工作结束后，应及时向电力调控机构报告。

（7）接入 10kV 及以上电压等级配电网的微电网发生故障脱网后，微电网运行人员应及时向电力调控机构报告故障及相关保护动作情况，并对表 7-8 相关资料进行备案。

表 7 - 8　　　　　　　　　微电网故障和保护动作备案内容

编号	内　容
1	微电网故障情况描述及微电网内故障设备照片
2	微电源的厂家、型号、涉网保护定值、低电压穿越功能投退状态、保护及开关动作信息
3	并网点的电压及电流、有功功率、无功功率曲线，各微电源有功功率、无功功率曲线
4	微电网无功补偿装置的控制事件记录、自动调整功能投退记录、保护及开关动作信息
5	并网点故障录波装置在故障过程中记录的波形及数据

微电网的接入电压等级应根据其与外部电网之间的最大交换功率确定,经过技术经济比较,采用低一电压等级接入优于高一电压等级接入时,宜采用低一电压等级接入,但不应低于微电网内最高电压等级。

2. 运行方式与控制策略

（1）微电网应具备并网运行、离网运行两种运行方式,以及并网/离网安全切换的能力。

（2）接入 10kV 及以上电压等级配电网的微电网并网运行时,应根据电力调控机构的要求执行联络线有功功率控制、并网点无功电压控制等控制策略。

（3）接入 10kV 及以上电压等级配电网的微电网,当运行于跟踪调度计划曲线策略时,应在每日规定的时间前向电力调控机构提交微电网次日联络线功率调度计划曲线,运行中应按照电力调控机构确认后的日联络线功率调度计划曲线执行。

（4）微电网在离网运行方式可采用主从控制模式、对等控制模式,应保持电压、频率符合微电网离网运行要求。

3. 联络线功率控制

（1）接入 10kV 及以上电压等级配电网的微电网交换功率最大值及变化率应在电力调控机构规定范围内。

（2）接入 10kV 及以上电压等级配电网的微电网,应能根据电网频率值、电力调控机构指令等信号调节有功交换功率。

通过 380V 电压等级并网的微电网,其最大交换功率、功率变化率可远程或就地手动完成设置。

通过 10（6）～35kV 电压等级并网的微电网,其与外部电网交换的有功功率应能根据电网频率值、电网调控机构指令等信号进行调节。

（3）接入 10kV 及以上电压等级配电网的微电网,应能够根据并网点电压水平调节无功功率输出、参与电网电压调节,其参考电压、电压调差率等参数由电力调控机构设定。

（4）通过 380V 电压等级并网的微电网,并网点功率因数应在 0.95（超前）～0.95（滞后）范围内可调。

（5）通过 10（6）～35kV 电压等级并网的微电网,并网点功率因数应能在 0.98（超前）～0.98（滞后）范围内连续可调。在其无功功率输出范围内,应具备根据并网点电压水平调节无功功率输出,参与电网电压调节的能力,其调节方式和参考电压、电压调差率等参数可由电网调控机构设定。

4. 并网/离网转换控制

（1）微电网中主要设备（如并网开关、微电网主电源、微电网控制系统等）大修或更换后，其重新并网前应对大修或更换的设备进行检测。

（2）并网到离网转换控制。

1）微电网的并网到离网转换控制包括计划离网控制和非计划离网控制两种方式：

a. 微电网的计划离网控制指令可由电力调控机构或由微电网运行控制系统下达。通过10kV 及以上电压等级接入的微电网，电力调控机构要求微电网离网时，微电网应接受电力调控机构的指令实现计划离网；微电网自身需要离网时，需向电力调控机构发送离网请求，且收到允许离网指令后，方可启动计划离网控制。

b. 当微电网检测到配电网异常后，并达到允许离网的条件时，微电网应启用并网到离网转换控制程序实现非计划离网。

2）微电网的计划离网控制宜采用不停电切换方式，操作步骤如下：

a. 微电网控制系统接到并网到离网转换指令后，调节主电源使得并网点的电流或交换功率降低至允许切换的范围。

b. 断开并网开关，并设定主电源的运行模式由并网控制模式转为离网控制模式。模式转换时要进行平滑切换控制，防止切换电流冲击过大及保护系统误动作。

（3）离网到并网转换控制。

1）当微电网重新并网时，应监测微电网和配电网的状态是否符合同期条件，只有满足同期限定条件，才能进行重新并网操作。

2）因电网故障或扰动造成微电网离网的，在电网电压和频率恢复之前不应并网，且在电网电压和频率恢复正常后，接入 380V 以下配电网的微电网经过一个可调延时时间后才能并网，延时时间为 20s～5min；对于接入 10kV 及以上配电网的微电网，应向电力调控机构发送并网请求，且收到允许并网指令后，方可并网。

3）微电网接到并网指令后，应执行以下操作：

a. 监测待接入电网的电压幅值、频率等状态并判断是否允许并网接入。

b. 对微电网主电源的输出电压幅值、频率及相位进行调节并进行同期条件判断。

c. 满足同期条件时，闭合并网开关，同时主电源工作模式从离网运行转换到并网运行，并进行平滑切换控制，防止切换电流冲击过大及保护系统误动作。

d. 接入 10kV 及以上配电网的微电网控制系统接到并网指令后，应在规定时间（1h）内执行离网到并网转换控制，超过规定时间未成功并网的应重新申请并网。

5. 继电保护与安全自动装置

（1）微电网保护应与配电网保护相协调配合，微电网内部发生短路故障时，微电网并网点保护应先于配电网保护动作跳开并网开关，防止事故范围扩大。

（2）配电网侧发生故障时，微电网并网点保护或安全自动装置应动作跳开并网开关，动作时间小于配电网线路重合闸、备自投动作时间，以避免非同期合闸。

（3）微电网应快速检测离网并且立即断开与电网连接，防离网保护动作时间应小于配电网侧备自投、重合闸动作时间。

（4）接入 10kV 及以上电压等级配电网的微电网系统，应由电力调控机构负责微电网并网点的继电保护定值的计算和整定。当电网结构、线路参数和短路电流水平发生变化时，应及时校核微电网保护的配置和整定，避免保护发生不正确的动作行为。微电网保护定值应满足 DL/T 584 的相关要求。

（5）配电网或微电网内电气设备发生故障或异常时，微电网应配合电网做好有关保护信息的收集和报送工作。继电保护及安全自动装置发生不正确动作时，应调查不正确动作的原因，提出改进措施并报送电力调控机构。

（6）接入 10kV 及以上电压等级配电网的微电网系统，运行人员应定期核对继电保护装置的各相交流电压、各相交流电流、差电流、外部开关量变位和时钟，并做好记录。

（7）微电网运行管理人员应熟悉继电保护装置原理及二次回路，对于接入 10kV 及以上电压等级配电网的微电网系统，宜根据微电网具体情况并结合一次设备的检修合理安排微电网保护装置的检验计划，保护装置的检验周期、内容及要求应遵照 DL/T 995 的相关规定。涉网保护应定期校验。

6. 电网异常响应

（1）当并网点电压发生异常时，微电网应按表 7－9 的规定执行。三相系统中的任一相电压发生异常，也应按表 7－9 的规定执行。

表 7－9　　　　　　　　　　　微电网的电压异常响应特性要求

并网点电压	要　求
$U<50\% U_N$	若并网点电压小于 $50\%U_N$，且持续时间 0.2s，微电网应与电网断开连接，由并网模式转换到离网模式运行
$50\%U_N \leqslant U<90\% U_N$	微电网不宜从电网获取电能，宜向电网输送电能，支撑并网点电压； 若并网点电压大于 $50\%U_N$，且小于 $90\%U_N$ 并持续 2s，微电网应与电网断开连接，由并网模式转换到离网模式运行
$90\% U_N \leqslant U \leqslant 110\% U_N$	正常并网运行
$110\% U_N < U \leqslant 120\% U_N$	微电网不宜向电网输送电能，宜从电网吸收电能，降低并网点电压； 若并网点电压高于 $110\%U_N$，且小于或等于 $120\%U_N$ 并持续 2s，微电网应与电网断开连接，由并网模式转换到离网模式运行
$120\% U_N < U$	若并网点电压高于 $120\%U_N$，且持续 0.2s，微电网应与电网断开连接，由并网模式转换到离网模式运行

注　U 为微电网并网点电压，U_N 为微电网并网点处的电网额定电压。

（2）通过 220/380V 并网的微电网，并网点频率为 49.5～50.2Hz 时，应能正常并网运行；当并网点频率超过 49.5～50.2Hz 时，应在 0.2s 内转换到离网运行模式。

（3）接入 10kV 及以上电压等级配电网的微电网，应具备一定的耐受系统频率异常的能力，应能够在表 7－10 所示电网频率范围内按规定运行。

表 7－10　　　　接入 10kV 及以上电压等级配电网的微电网频率响应特性要求

频率范围 f（Hz）	要　求
$f<48.0$	微电网应立即由并网模式转换到离网模式
$48.0 \leqslant f<49.5$	每次低于 49.5Hz 时，要求至少能运行 10min，微电网应停止从电网吸收有功功率并尽可能发出有功功率
$49.5 \leqslant f \leqslant 50.2$	连续运行
$50.2<f \leqslant 50.5$	频率高于 50.2Hz 时，微电网应停止向电网发送有功功率并尽可能吸收有功功率
$f>50.5$	微电网应立即由并网模式转换到离网模式

注　f 为微电网所接入电网的频率。

7. 电能质量

并网运行模式时，微电网应具有电能质量监测功能，电能质量监测历史数据应至少保存一年，必要时供电网企业调用；通过 10（6）～35kV 电压等级并网的微电网的公共连接点应装设满足 GB/T 19862《电能质量监测设备通用要求》要求的电能质量在线监测装置。

（1）微电网并网点的电能质量应满足 GB/T 12326《电能质量　电压波动和闪变》、GB/T 14549《电能质量　公用电网谐波》、GB/T 15543《电能质量　三相电压不平衡》、GB/T 24337《电能质量　公用电网间谐波》等的要求，当不满足标准要求时应发出报警信息。接入 10kV 及以上电压等级配电网的微电网，其运营管理方应将该信息上报至电力调控机构。

（2）微电网并网点电能质量不满足要求时，其运营管理方应采取电能质量改善措施。在采取改善措施后仍无法满足要求时，应转为离网运行或停运。离网运行时，若微电网电能质量不满足自身运行要求，应停止运行。

（3）微电网电能质量超标后，应合理配置一定容量的电能质量治理装置；微电网电能质量超标整改后，应重新检测合格后方能再次并网运行。在并网后一个月内向电力调度部门提供电能质量实测报告。

8. 通信与自动化

（1）接入 10kV 及以上电压等级配电网的微电网应向电力调控机构提供的基本信息应包括：

1）电气模拟量：并网点的电压、电流、有功功率、无功功率、功率因数、频率（电网侧及微电网侧）、电能质量数据、直流电流分量/电量等，微电网内分布式电源输出的有功功率、无功功率、电量等。

2）电能量：并网点的上网电量和用网电量。

3）状态量：并网点的并网断路器状态、微电网并网点监控终端状态和通信通道状态、保护动作等信号。

4）其他信息。

（2）微电网自动化系统应保存日发电曲线、日用电曲线、日发电量、日用电量等日常运行信息及气象记录和设备定期试验记录等，并生成运行日志及运行年、月、日报表等。

（3）微电网涉网通信设备的检修方案由各运行维护单位根据设备运行状况提出检修计划。

（4）接入 10kV 及以上电压等级配电网的微电网涉网设备变更（如设备增、减，主接线变更，互感器变比改变等），导致微电网自动化设备测量参数、序位、信号触点发生变化时，应将变更内容及时报送相关调控机构。

第四节　增量配电网

一、增量配电网的定义

增量配电网原则上指 110kV 及以下电压等级电网和 220（330）kV 及以下电压等级工业

园区（经济开发区）等局域电网。《国家发展改革委国家能源局关于进一步推进增量配电业务改革的通知》（发改经体〔2019〕27号）进一步明确了增量配电网与存量配电网的界线，包括：

（1）已纳入省级相关电网规划，尚未核准或备案的配电网项目和已获核准或备案，但在相关文件有效期内未开工建设的配电网项目均属于增量配电业务范围。

（2）未经核准或备案，任何企业不得开工建设配电网项目，违规建设的配电网项目不属于企业存量配电设施。

（3）电网企业已获批并开工，但在核准或备案文件有效期内实际完成投资不足10%的项目，可纳入增量配电业务试点，电网企业可将该项目资产通过资产入股等方式参与增量配电网建设。

（4）由于历史原因，地方或用户无偿移交给电网企业运营的配电设施，资产权属依法明确为电网企业的，属于存量配电设施；资产权属依法明确为非电网企业的，属于增量配电设施。

（5）各地可以根据需要，开展正常方式下仅具备配电功能的规划内220（330）kV增量配电业务试点，可不限于用户专用变电站和终端变电站。

二、增量配电网的改革发展历程

2015年3月，中共中央、国务院印发《关于进一步深化电力体制改革的若干意见》（中发〔2015〕9号），文件提出"鼓励社会资本投资配电业务。按照有利于促进配电网建设发展和提高配电运营效率的要求，探索社会资本投资配电业务的有效途径。逐步向符合条件的市场主体放开增量配电投资业务，鼓励以混合所有制方式发展配电业务。"

根据深化电力体制改革9号文件的相关精神，2015年以来国家发展改革委、国家能源局相继发布了《关于推进售电侧改革的实施意见》（发改经体〔2015〕2752号）、《有序放开配电网业务管理办法》（发改经体〔2016〕2120号）等多项政策文件，涵盖改革的任务和要求、增量配电网定义和范围、项目申请审批、配电网运营、营业许可证颁发、供电安全与责任、电网接入、输配电价格与收费等多个方面，如表7-11所示。截至2020年底，国家发展改革委、国家能源局共批复五批482个增量配电改革试点项目。

增量配电业务改革取得了一定成效。主要表现在：① 试点工作向前推进，一些项目已经进入正常运营，起到了一定试点示范作用；② 改革试点有效激发了社会资本投资增量配电项目的积极性，促进了配电网建设发展，已经确定业主的试点项目中，大部分项目都有社会资本的参与，并且由非电网的社会资本控股的项目占据了大多数；③ 通过增量配电网试点项目引入标尺竞争机制，在推动提高配电网运营效率、改善供电服务质量等方面作出了积极探索，促进了相关电网企业从投资决策流程、客户响应等方面服务水平的提升。

表 7-11   增量配电网改革发展历程

时间	相关政策
2015 年 3 月	关于进一步深化电力体制改革的若干意见（中发〔2015〕9 号）
2015 年 5 月	关于完善跨省跨区电能交易价格形成机制有关问题的通知（发改价格〔2019〕962 号） 关于印发《输配电定价成本监审办法》的通知（发改价格规〔2019〕897 号）
2015 年 11 月	《关于电力交易机构组建和规范运行的实施意见》 《关于推进电力市场建设的实施意见》 《关于推进售电侧改革的实施意见》 《关于推进输配电价改革的实施意见》 《关于有序放开发用电计划的实施意见》 《关于加强和规范燃煤自备电厂监督管理的指导意见》
2016 年 5 月	关于印发《输配电定价成本监审办法》的通知（发改价格规〔2019〕897 号）
2016 年 10 月	关于印发《售电公司准入与退出管理办法》和《有序放开配电网业务管理办法》的通知（发改经体〔2016〕2120 号）
2016 年 11 月	《关于规范开展增量配电业务改革试点的通知》（发改经体〔2016〕2480 号）增量配电业务改革试点名单（第一批）
2016 年 12 月	关于印发《省级电网输配电价定价办法（试行）》的通知（发改价格〔2016〕711 号）《电力中长期交易基本规则（暂行）》
2017 年 11 月	《关于规范开展第二批增量配电业务改革试点的通知》（发改经体〔2017〕2010 号）增量配电业务改革试点名单（第二批）
2017 年 12 月	《区域电网输电价格定价办法（试行）》 《跨省跨区专项工程输电价格定价办法（试行）》 《关于制定地方电网和增量配电网配电价格的指导意见》
2018 年 3 月	关于印发《增量配电业务配电区域划分实施办法（试行）》的通知（发改能源规〔2018〕424 号）
2018 年 4 月	《关于规范开展第三批增量配电业务改革试点的通知》（发改经体〔2018〕604 号）增量配电业务改革试点名单（第三批）
2018 年 6 月	《关于规范开展第三批增量配电业务改革试点的补充通知》（发改经体〔2018〕956 号）增量配电业务改革试点名单（第三批第二批次）
2019 年 1 月	关于规范优先发电优先购电计划管理的通知（发改运行〔2019〕144 号） 《关于进一步推进增量配电业务改革的通知》（发改经体〔2019〕27 号）
2019 年 5 月	关于印发《输配电定价成本监审办法》的通知（发改价格规〔2019〕897 号）
2019 年 6 月	《关于规范开展第四批增量配电业务改革试点的通知》（发改运行〔2019〕1097 号）增量配电业务改革试点名单（第四批）
2019 年 10 月	《关于深化燃煤发电上网电价形成机制改革的指导意见》（发改价格规〔2019〕1658 号）
2020 年 1 月	《区域电网输电价格定价办法》（发改价格规〔2020〕100 号） 《省级电网输配电价定价办法》（发改价格规〔2020〕101 号）
2020 年 6 月	《电力中长期交易基本规则》（发改能源规〔2020〕889 号）
2020 年 8 月	《关于开展第五批增量配电业务改革试点的通知》（发改运行〔2020〕1310 号）增量配电业务改革试点名单（第五批）
2021 年 2 月	《售电公司管理办法（修订稿）》

三、增量配电网规划工作要求

为进一步做好增量配电网规划工作，《关于进一步推进增量配电业务改革的通知》（发改经体〔2019〕27号）对增量配电网规划提出以下工作要求：

（1）增量配电业务试点项目规划需纳入省级相关电网规划，实现增量配电网与公用电网互联互通和优化布局，避免无序发展和重复建设。

（2）试点项目内不得以常规机组"拉专线"的方式向用户直接供电，不得依托常规机组组建局域网、微电网，不得依托自备电厂建设增量配电网，禁止以任何方式将公用电厂转为自备电厂。

（3）设定规划范围应统筹考虑存量配电设施和增量配电设施，充分发挥存量资产供电能力，避免重复投资和浪费。

（4）增量配电试点项目业主应委托具备资质的专业机构编制项目接入系统设计报告，由地方能源主管部门委托具备资质的第三方咨询机构组织评审论证，论证过程应充分听取电网企业意见。

四、增量配电网业务典型试点

增量配电行业的典型用户类型主要为发电企业、政府和园区管委会、新能源企业、配电设备制造商以及其他传统能源企业等，如表7-12所示。

表 7-12　　　　　　　　　　　增量配电业务典型试点

行业类型		描述	发展情况
发电	发电企业	发电企业，例如三峡、华能、国电投、大唐、华润、浙能、京能等	发电企业实现产业链下游延伸，通过发配售一体拓展业务空间和盈利空间
政府	政府和园区	园区管委会，例如江西建筑陶瓷产业基地管委会、郑州航空港区管委会、贵安新区管委会、兰州经济开发区管委会	工业园区数量众多，且园区用电量占比很大
其他产业链上下游企业	新能源企业	分布式能源公司、微电网公司，例如协鑫智慧能源	借助增量配电网发展分布式新能源，进行资源整合和升级，布局综合能源服务
	设备制造商	配电设备公司，例如金智科技、北京科锐、恒华科技、许继电气等	工程总承包商或资产运维，新建配电网或对存量配电网进行升级，并利用生产经验开拓后端运维
	其他传统能源企业	（1）燃气、供水、供热等公用事业企业，例如新奥。 （2）石油、天然气等大型能源企业，例如中石油	燃气、供水、供热等公用事业企业旨在打造多位一体的战略协同；石油等大型能源企业谋求多元化发展

典型企业运营情况如下。

1. 发电企业——三峡集团

三峡集团通过合作拓展配售电业务和综合能源服务，成立三峡电能有限公司。三峡电能是中国长江三峡集团公司为主动适应国家电力体制改革、开展配售电及相关业务而设立的子公司，由三峡集团旗下的中国长江电力股份有限公司和三峡资本控股有限公司合资设立，是国内最大的配售电公司之一。

三峡电能以配电网、微电网建设与运营为硬件设施基础，以综合能源服务平台建设与运营为软实力基础，实现面向供能企业集中采购能源；面向用户侧实现供能管理、能效管理、增值服务、用能交易等功能，为双方提供交互信息的综合业务模式，从而实现向产业链下游延伸，通过多元化合作打造发配售一体化运营模式。

2. 新能源企业——协鑫智慧能源股份有限公司

协鑫智慧能源有限公司为协鑫集团下属专业从事节能服务业务的子公司，主要业务为合同能源管理、分布式光伏、能源业投资、节能评估、节能改造、新能源汽车充电站桩开发建设等。协鑫智慧能源有限公司通过合作参与增量配网，进行业务协同，探索增量配网商业模式。在增量配电园区，提供清洁能源生产的电、热、冷等能源产品，同时稳步开展能源服务、开拓能源互联网市场，独创"源—网—售—用—云"能源互联新模式，致力于为用户提供"互联网＋"智慧能源服务。

协鑫依托国家电网公司的电网支撑和技术力量，结合协鑫在分布式能源和储能等方面的技术优势，开展镇江扬中高新技术产业开发区增量配电业试点、金寨现代产业园区增量配电业务试点和濮阳县产业集聚区增量配电业务试点业务。三个试点区域拥有丰富的可再生能源，有利于打造高比例可再生能源电网；同时以增量配网为平台为用户提供服务，并进一步获取适用于可再生能源消纳的配电网技术、产品和系统。

其商业模式主要包含两大要素：

（1）分布式能源技术：通过高比例可再生能源的就近消纳，提升设备整体利用率，降低运维成本。

（2）能源互联网平台：通过储能和分布式能源的搭配，增强配电网和用户之间的互动，提高能效。

3. 配电网设备制造商——金智科技、北京科锐

金智科技近年来设备销量增长强劲、技术雄厚，具有配电网运营和工程的总包资质。子公司乾华科技已承接16.6亿元风场建设及送出工程总承包，目前正在布局雄安新区，计划参与增量配电网建设，拟在雄安新区设立全资智能电网科技有限公司。

北京科锐是中国领先的电力设备制造商，以设备制造为基础，积极推进产业链延伸。配电网设备制造、工程设计与施工安装、线上线下运维服务的全产业链布局已成型。企业2016年5月参股第一家混合所有制配售电公司—贵安新区配售电有限公司。与原有的配电设备制造、用电服务业务协同，在增量配电网建设、运营、售电及用电服务市场中占得先机。

4. 传统能源企业——新奥能源服务公司

近年来，天然气面临困境，如气价下跌、工业用气增长缓慢。增量配电网给传统能源企业提供了转型和延长产业链的机遇。新奥通过配售电业务推动产业转型，由单一能源供应商向综合能源服务商转变，打造新的利润增长点，提升公司市场竞争力。目前，新奥能源是参与增量配电网最多的民营企业，已在江苏省、湖南省和广西壮族自治区的多个地级市布局增量配电业务。新奥能源在江苏承接南京江北新区玉带片区试点项目，在湖南承接湘潭经济技术开发区、益阳高新技术产业开发区、衡阳白沙洲工业园3个试点项目，在广西承接河池大任产业园区试点项目。

5.传统能源企业——中石油

近年来，油企间竞争日趋激烈，全球电能占终端能源消费的比重迅速提高，以电代气、以电代油趋势明显。中石油将业务转向配售电市场，逐步实现从客从地位向市场竞争主体地位转变。通过直接参与配售电交易降低用电成本，解决自身电力成本高的问题。由于拥有配电网运营权的售电公司具有结算和开票功能，中石油也可利用电费现金流来增加收益。在售电公司布局方面，中石油制定立足现有油田市场、放眼中国石油用电市场、逐步参与全国售电市场的"三步走"战略，在全国范围内布局售电公司。

第五节 直流配电网

一、直流配电网的定义

随着城市的发展和用电负荷的快速增加，对配电网电能质量、供电可靠性和输送容量的要求也日益增加。在用电密集的城市电网中采用柔性直流技术，建设直流配电网，利用直流配电网快速可控性等特点，解决城市供电中存在的供电困难、成本高以及潮流控制难等问题，确保城市电网的安全、可靠、经济运行。另外，通过直流配电的方式，还可以减少迅速发展的新能源发电设备、储能设备、电动汽车充电站和大量的直流负荷接入电网的中间环节，降低上述设备和负荷的接入成本，提高功率转换效率和电能质量。

直流配电网指从交流或直流电源侧（输电网、发电设施、分布式电源等）接受电能，并以直流方式实现与用户电气系统交换电能的配电网络，如图7-65所示。相比于交流输电，直流配电网具有功率双向可控、高可靠性、高供电质量、灵活友好接入、快速响应等优良性能。

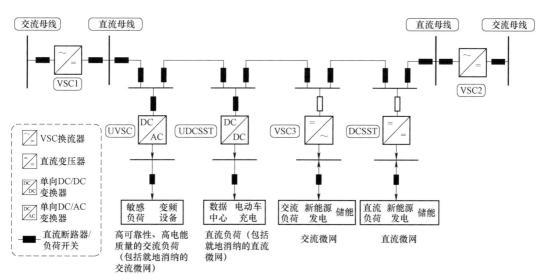

图7-65 直流配电网

二、直流配电网的结构

1. 直流配电网的主要结构

（1）高压直流配电网。

对于直流电压等级，±50kV（不含）至±100kV 电压等级电网为高压直流配电网。直流侧电网结构应综合考虑功率交换、电网稳定、新能源并网等需求，可按照 DL/T 5729《配电网规划设计技术导则》中 35～110kV 电网结构要求开展规划设计。

（2）中压直流配电网。

对于直流电压等级，±1.5（不含）～±50kV 电压等级电网为中压直流配电网。中压交直流混合配电网结构应满足以下原则：

1）同一地区的同类供电区域电网结构应尽量统一。

2）网架结构设计应遵循不交叉供电原则，形成相对独立的供电区。

3）中压交、直流配电网互联时应合理选择交流接入点，宜优先接入上级交流变电站的中压侧母线。

4）直流线路应根据主干线路长度和负荷分布情况进行分段，并合理配置各分段负荷容量。

5）高可靠性供电区域的配电网结构应具备网络重构能力，便于实现故障自动隔离。

根据规划区域特点，直流侧电网结构主要有辐射式结构、单端环式结构、双端式结构、多端式结构、多端环式结构。

1）辐射式结构具有一个电源端，采用单路辐射出线形式，具备结构简单、建设经济、扩展性强、升级改造灵活等特点，该拓扑不满足 $N-1$ 可靠性的要求。该结构适用于一般直流负载集中区，如居民住宅区、电动汽车充电站和功率较大的储能电站等场所，以及直流配电系统的建设初期和过渡期宜采用该网架结构，如图 7-66 所示。

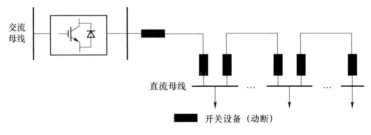

图 7-66　辐射式结构

2）单端环式结构具有一个电源端，采用单路或双路环形供电路径，具备供电范围大、供电可靠性高等特点，任何一侧线路故障时其他线路能够持续为负荷供电，负荷可从不同路径获取电能或电网、分布式电源和储能向不同路径输出电能，该拓扑满足 $N-1$ 可靠性的要求。该结构适用于多个分布式电源接入、大型居民住宅区等对供电可靠性要求较高的场所，可根据用户需求及运行工况灵活选择开环或闭环运行方式，如图 7-67 所示。

3）双端式结构有双侧电源并列运行，采用单路或双路出线形式，具备供电范围大、供电可靠性较高的特点，任何一端电源故障时另一侧电源端能够满足全部负荷供电需求，负荷

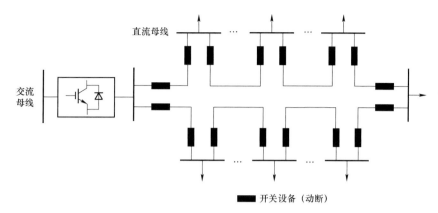

图 7-67 单端环式结构

可从不同方向获取电能或电网、分布式电源和储能向不同方向输出电能，该拓扑满足 $N-1$ 可靠性的要求。该结构适用于容量较大、供电可靠性要求较高的场所，如工业园区、重要负荷区等供电场所。为提高可靠性，通过直流进行背靠背的交流供电系统也可采用双端网架结构，如图 7-68 所示。

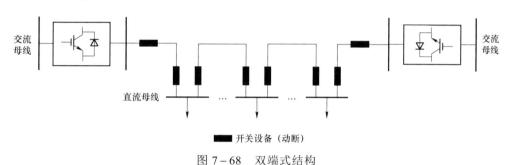

图 7-68 双端式结构

4）多端式结构有三个及以上电源并列运行，采用单路或双路树枝状路径，具备供电范围大、供电可靠性较高的特点，任何一端电源故障时其他电源端能够满足全部负荷供电需求，负荷可从不同方向获取电能或电网、分布式电源和储能向不同方向输出电能，该拓扑满足 $N-1$ 可靠性的要求。该结构适用于多点高密度分布式电源接入及对供电可靠性要求较高的场所，以及直流配电系统建设的发展期宜采用该网架结构。可根据用户的用电需求确定电源端点数量和位置，对于多个可选的电源端点应进行技术经济性比较后再确定，如图 7-69 所示。

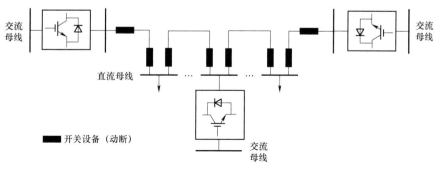

图 7-69 多端式结构

5）多端环式结构有两个及以上电源并列运行，采用单路或双路环形供电路径，具备供电范围广、供电能力强、供电可靠性高等特点，任何一侧线路故障时其他侧线路能够持续为负荷供电，且任何一端电源故障时其他电源端能够满足全部负荷供电需求，负荷可从不同路径获取电能或电网、分布式电源和储能向不同路径输出电能，该拓扑满足 $N-1$ 可靠性的要求。该结构适用于多个分布式电源接入及容量大且对供电可靠性要求高的场所。可根据用户需求及运行工况灵活选择开环或闭环运行方式。可根据用户的用电需求确定电源端点数量和位置，如图 7-70 所示。

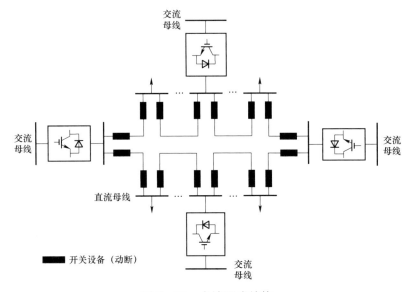

图 7-70　多端环式结构

（3）低压直流配电网。

对于直流电压等级，±1.5kV 及以下电压等级电网为低压直流配电网。低压直流配电线路可根据实际情况通过电力电子变换设备合理选择接入中压直流母线或中压交流主干线。直流侧电网宜采用辐射式结构，并根据供电区、直流负荷水平、分布式电源接入容量、储能接入容量等进行分层分区供电，如图 7-71 所示。

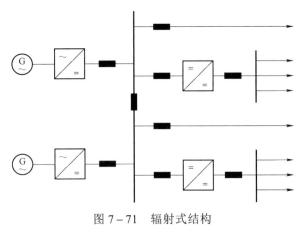

图 7-71　辐射式结构

2. 交直流混合配电网的主要结构

考虑电源和负荷地理分布及接入需求，含直流网的交直流混合配电网主要包括三种接线模式：① 交直流线路间无联络；② 交流线路通过柔性直流装置带直流负荷；③ 交流线路通过柔性直流装置与直流线路互联。交直流混合配电网网络结构包括直流支线结构、辐射结构、多分段适度联络型结构和背靠背两端交流互联结构等，如图 7-72 所示。

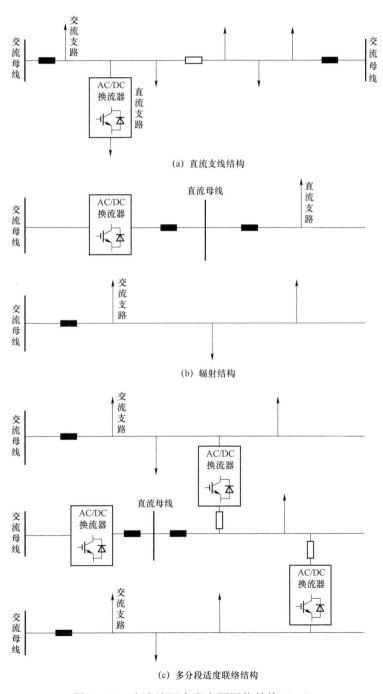

图 7-72 交直流混合配电网网络结构（一）

(d) 背靠背两端交流互联结构

图 7-72　交直流混合配电网网络结构（二）

3. 交直流混合配电网结构基本要求

交直流混合配电网网架结构应综合考虑供电可靠性、运行安全稳定性、调度操作灵活性、电能质量要求以及经济性等因素结合已有交流网架确定，高、中、低压配电网三个层级应相互匹配、强简有序、相互支援。交直流混合配电网结构应满足以下基本要求：

（1）交流侧电网结构应满足 DL/T 5729《配电网规划设计技术导则》的要求。

（2）交流侧电能质量应满足 GB/T 12326《电能质量　电压波动和闪变》、GB/T 14549《电能质量　公用电网谐波》、GB/T 24337《电能质量　公用电网间谐波》、GB/T 15543《电能质量　三相电压允许不平衡度》、GB/T 15945《电能质量　电力系统频率偏差》、GB/T 12325《电能质量　供电电压偏差》的要求。

（3）直流侧电网可通过换流器与本层级对应电压等级交流电网互联，也可通过直流变压器实现直流电网各层级互联。

（4）直流侧电网接入分布式电源时，可配置储能装置，储能容量应根据技术经济分析确定。

（5）直流配电线路供电半径应根据实际负荷和线路条件满足末端电压质量要求。中、低压直流配电网的供电半径推荐值如表 7-13、表 7-14 所示。

表 7-13　　　　　　　　　　　中压直流配电距离推荐表

电压等级 （kV）	导线截面积 （mm²）	最大载流量 （A）	最大输送容量 （MW）	配电容量 （MW）	供电半径 （km）
±50	240	500	50	35～50	150
±35	240	500	35	20～35	100
±20	240	500	20	10～20	70
±10	240	500	10	7.2～10	35
±6	300	600	7.2	3.6～7.2	20
±3	300	600	3.6	1.8～3.6	10

表 7-14　　　　　　　　　　　低压直流配电距离推荐表

电压等级 （V）	导线截面积 （mm²）	最大载流量 （A）	最大输送容量 （MW）	配电容量 （MW）	供电半径 （km）
±1500	120	310	0.93	0.41～0.93	5
±750	120	310	0.47	0.24～0.47	2.5
±380	120	310	0.24	0.08～0.24	1.2
±110	150	350	0.08	0.02～0.08	0.4
48	150	350	0.02	0～0.02	0.15

（6）在电网建设的初期及过渡期，应根据供电安全准则要求及目标网架，合理选择过渡电网结构。

三、直流配电网设备

1. 换流器

传统换流器采用晶闸管方式换流，但是存在谐波大以及消耗大量无功功率的缺点，目前主流设备均采用以 IGBT 为功率器件作为换流设备的主要单元。根据拓扑以及控制方式的不同，换流器可分为两电平换流器、三电平换流器以及多电平换流器，如图 7-73 所示。

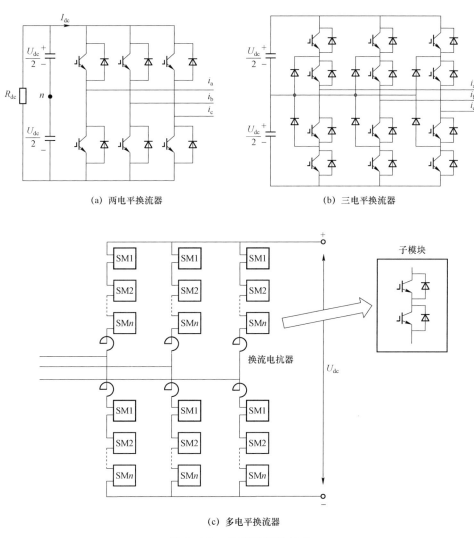

(a) 两电平换流器

(b) 三电平换流器

(c) 多电平换流器

图 7-73　换流器拓扑结构

2. 直流断路器

直流断路器是直流电网安全运行和保护的关键设备，其性能对系统保护策略的制定和工程实现都非常关键。由于直流系统不存在电流的自然过零点，给研制大容量直流断路器带来了巨大困难。

目前直流断路器主要分成机械直流断路器、固态直流断路器和混合直流断路器三类。

（1）机械断路器。

直流输电不同于交流输电，由于其电流不存在自然过零的现象，断路器消弧困难，所以传统的机械断路器不能直接用于直流输电。

机械断路器根据是否存在有源设备分为两种：一种为无源型；另一种为有源型。

1）无源型机械断路器。

无源型机械直流断路器结构如图 7-74 所示。电路组成包括机械开关、LC 振荡电路以及避雷器组成的能量吸收电路。正常工作时，电流流过机械开关；发生短路故障时，分断机械开关，机械开关燃弧，利用电弧的不稳定性以及电弧的负阻特性，迫使 LC 振荡电路振荡，使得流过机械开关的电流出现过零点，实现灭弧，最后由避雷器吸收线路中保存的能量。

无源型机械断路器主要利用电弧的不稳定性以及电弧的负阻特性。其控制步骤少，结构简单，即使电弧重燃，也不会影响电流过零点的形成，可靠性较高，但是分断时间相对较长。

2）有源型机械断路器。

有源型机械断路器与无源型机械断路器结构相似，只是多了一个预充电装置，如图 7-75 所示。图中 K1 为触发开关，电容两端有一个反向预充电装置，对电容充电。正常工作时，反向预充电装置对电容充电。发生故障时，机械开关断开，当断路器触头间达到一定开距时，闭合触发开关 K1，同时断开 K2。由预充电电容 C 使得 LC 发生振荡，叠加在机械开关上，从而使断路器中电流产过零点，机械开关中电弧熄灭，断路器成功分断。

由于预充电装置的存在，分断时间相对较短，但是其结构相对复杂，控制步骤复杂，可靠性较低。

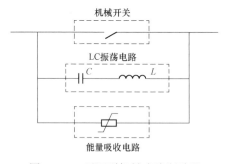

图 7-74　无源型机械直流断路器

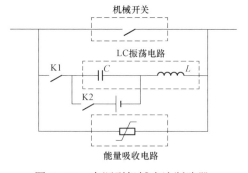

图 7-75　有源型机械直流断路器

（2）固态断路器。

固态断路器主要依靠电力电子器件的开关特性，实现断路器的功能。

根据避雷器接入的方式不同，固态断路器分为两种：一种为固态开关并联避雷器型固态断路器，另一种为续流二极管型固态断路器。

1）固态开关并联避雷器型固态断路器。

固态开关并联避雷器型固态断路器按照其固态开关电力电子器件组成的不同又可分为半控型固态断路器以及全控型固态断路器。

a. 半控型固态断路器如图 7−76（a）所示，其固态开关由半控型电力电子器件组成（如晶闸管等）。正常工作时，电流流过固态开关；发生短路故障时，闭合开关 K1，同时断开 K2，由 LC 振荡电路实现半控型电力电子器件关断电压。

b. 全控型固态断路器如图 7−76（b）所示，其固态开关由全控型电力电子器件（集成门极换流晶闸管（IGBT），绝缘栅双极晶体管（IGCT），以及其他器件等）组成。其通断完全由全控型电力电子器件完成。

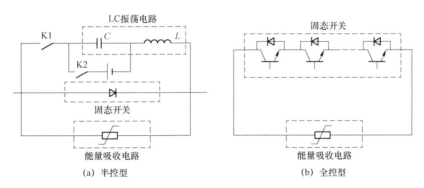

图 7−76 固态开关并联避雷器型固态断路器

与半控型固态直流断路器相比，全控型直流断路器控制灵活，动作迅速，无大电容、电感接入，体积小，模块化，便于容量扩展。但是由于全控型器件开断能力相比半控型器件较差，所以投入电力电子器件费用相对较高。

2）续流二极管型固态断路器。

续流二极管型固态断路器结构如图 7−77 所示，该类断路器能量吸收电路未并联在固态断路器两端，而是通过串联续流二极管和避雷器，使得线路故障部分与其构成回路，吸收的剩余能量只有故障电路部分，吸收的能量较少，对避雷器要求较低。

（3）混合断路器。

混合断路器按照换流方式的不同可以分为自然换流型混合直流断路器以及强制换流型混合直流断路器。

1）自然换流型混合直流断路器。

自然换流型混合直流断路器结构如图 7−78 所示，由固态断路器、机械断路器以及能量吸收电路并联组成。正常工作时，电流流过机械断路器，发生短路故障时，闭合固态断路器，同时分断机械断路器，依靠机械断路器燃弧实现电流由机械断路器向固态断路器换流。当机械断路器达到有效开距分断固态断路器，线路中的能量依靠能量吸收电路吸收。

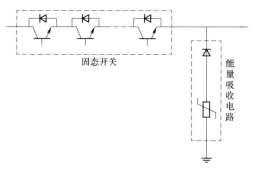

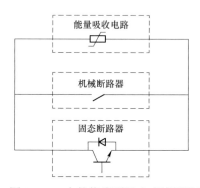

图 7-77　续流二极管型固态断路器　　　　　图 7-78　自然换流型混合直流断路器

由于机械开关燃弧影响机械开关重复使用寿命，而且换流过程依靠燃弧电压，所以此类断路器开断速度以及可控性相对较差，目前多用于电压等级相对较低的场合。

2）强制换流型混合直流断路器。

强制换流型混合直流断路器按照其固态断路器电力电子器件组成的不同又可分为基于半控型电力电子器件以及基于全控型电力电子器件的强制换流型混合直流断路器。

a. 基于半控型电力电子器件的强制换流型混合直流断路器，具体电路如图 7-79（a）所示。电路结构与有源型机械断路器结构类似，都是依靠 LC 振荡实现换流过程。发生短路故障时，闭合固态断路器，依靠固态断路器中 LC 振荡电路实现电流强制从机械断路器换流到固态断路器。该断路器分断过程仍伴随着机械断路器的燃弧过程，但是依靠 LC 振荡，机械断路器燃弧迅速被熄灭。此类断路器虽然在分断速度以及机械断路器使用寿命上有所提高，但是接入大电容、电感，断路器尺寸相对较大，而且需要外接预充电电源，费用相对较高，控制相对复杂。此类断路器可用于高电压等级。

b. 基于全控型电力电子器件的强制换流混合直流断路器，具体电路如图 7-79（b）所示。在机械开关所在支路串联辅助换流电路，发生短路故障时，辅助换流电路分断，强制电流向固态断路器转换，机械开关在零电流下分断，无燃弧现象。所以此类断路器使用寿命较长，体积较小，而且模块化便于扩展容量，全控型器件的使用，控制灵活方便。但是，辅助换流电路的加入，断路器通态损耗有所增加，同时全控型器件投入量巨大，投入费用相对较高。此类断路器也可用于高压直流输电。

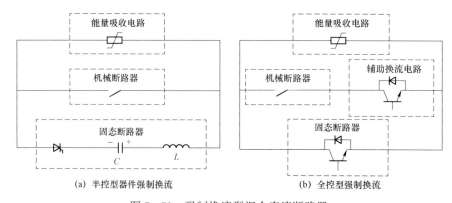

图 7-79　强制换流型混合直流断路器

3. 直流故障限流器

在直流回路中，由于直流侧阻抗低、故障电流幅值大且上升率大，分断较困难，目前直流故障限流器研制尚处于起步阶段。故障电流限流装置可以限制故障电流的上升率或稳定值，甚至可以切断故障电流，可以在一定程度上弥补直流断路器容量的不足。将限流装置与隔离设备或小容量直流断路器相结合，可以形成直流配电系统保护替代方案。

故障电流限流器 FCL 在故障发生时可以快速反应，限制故障电流，并可以与直流断路器相结合，根据直流断路器限电流水平控制故障电流，以确保直流断路器可靠地切断故障电流。目前出现的 FCL 主要有以下几种：

（1）基于超导材料的 FCL。如图 7-80 所示，FCL 电路主通路采用超导材料，在电路正常工作时正向导通压降很小，静态损耗小。当故障发生时，FCL 进入非超导状态，阻值迅速增大，从而达到限制故障电流的目的。基于超导材料的 FCL 需要特殊的冷却系统，超导材料也需要特殊的保护。这一技术目前尚处于实验阶段，还没有可应用产品。

（2）基于饱和电抗器的 FCL。如图 7-81 所示，基于饱和电抗器的 FCL 则利用了电抗器的饱和效应，在电路正常工作时，使电抗器处于电磁饱和状态，导通电阻如同输电线路；当故障发生时，控制回路使电抗器退出饱和状态，对外表现出大电感特性，从而限制故障电流上升率。基于饱和电抗器的 FCL 的主要缺点是体积很大，制造困难，并且只能限制故障电流上升率。

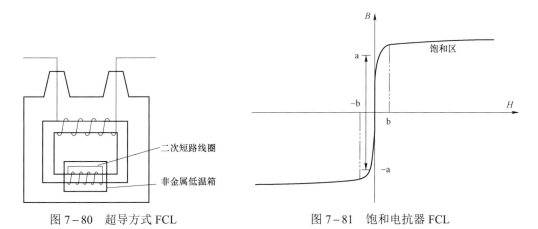

图 7-80　超导方式 FCL　　　　　　　图 7-81　饱和电抗器 FCL

（3）基于正温度系数电阻的 FCL。与基于超导材料的 FCL 原理类似，基于正温度系数（positive temperature coefficient，PTC）电阻的 FCL 电阻值在温度低时很小，但当温度升高时，可以在几毫秒的时间内迅速上升。但目前可用的 PTC 电阻的电压、电流容量都较小，尚不能应用于大功率系统。过热会造成 PTC 电阻的损坏从而带来电路开断问题也是其应用的一个局限。

（4）基于电力电子器件的固态 FCL。如图 7-82 所示，基于电力电子器件的固态 FCL，体积小、响应快，并具有全控能力。目前大部分固态 FCL 采用全控型的电力电子器件，如 IGBT、集成门极换相晶闸管（integrated gate

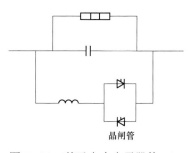

图 7-82　基于电力电子器件 FCL

commutated thyristor，IGCT）或门极可关断晶闸管（gate turn – off thyristor，GTO），故其静态损耗和导通压降较大。采用半控型的电力电子器件可以减少静态损耗和导通压降，但同时也失去了精确控制故障电流的能力。

4. 直流变压器

直流变压器按照是否进行了两侧电气隔离可以分为隔离型直流变压器和非隔离型直流变压器两类。隔离型直流变压器主要包括DAB型直流变压器双有源桥型直流变压器和MMC型直流变压器 MMC 型直流变压器；非隔离型直流变压器主要包括自耦型变压器直流变压器、LCL 谐振型直流 – 直流 DC – DC 变压器和模块化多单电平直流变压器。

（1）隔离型直流变压器。

1）DAB 型直流变压器。

具备电气隔离功能的直流变压器一般由两个 DC/AC 换流环节和一个交流变压器组成。这其中最常见的拓扑是 DAB 型直流变压器。图 7 – 83 为单个 DAB 型直流变压器拓扑示意图，从图中可以看出单个 DAB 模块由两个两电平 VSC 以及一个交流变压器级联组成。DAB 型直流变压器由于其可实现软开关技术、具备双向功率流动能力以及极易扩展等优点，在低压直流（LVDC）和中压直流（MVDC）领域已得到广泛研究。

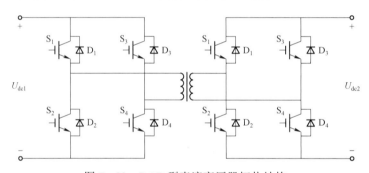

图 7 – 83　DAB 型直流变压器拓扑结构

但是单个 DAB 子模块的电压功率较低，为了实现高压大功率应用，必须采用多种模块串并联的结构，如图 7 – 84 所示。

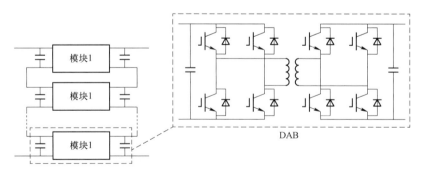

图 7 – 84　输入串联输出串联双向双有源桥

ISOP – DAB 以 DAB 变换器为基本组成单元，DAB 变换器由两个全桥变换器和一个中频变压器组成，中频变压器主要用于电磁隔离。随着更高的基波频率的使用，此类 DC – DC

变换器的尺寸和重量将被大大降低，并且不影响效率。通常来说，这种变换器通过两个交流端电压的负载角实现功率的流动控制，因此可以实现软开关从而降低损耗。；另外，ISOP 结构容易实现由高电压到低电压的电压变换。然而，ISOP－DAB 的主要缺点是这些低电压变压器必须被串并联、隔离进而适应高电压，需要数量较多，因此导致变压器的尺寸和花费将成为隔离和绝缘设计时考虑的重点和难点。

2）MMC 型直流变压器。

MMC 拓扑具备模块化、易扩展、传输损耗低等特点，非常适宜于高压大功率应用。因此，基于 MMC 的直流变压器也引起了广泛关注。最简单的 MMC 型直流变压器为 F2F－MMC 型，它的拓扑结构如图 7－85 所示。从下图可以看出 F2F－MMC 型直流变压器通过一个交流变压器联接两个 MMC 以充分发挥 MMC 的特性，交流变压器用于实现升压以及电气隔离等功能。

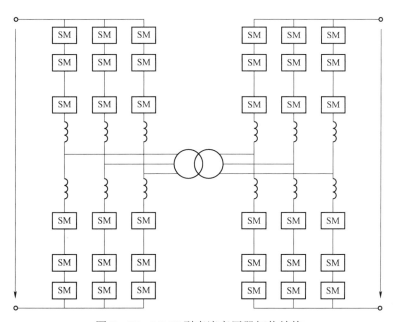

图 7－85　MMC 型直流变压器拓扑结构

F2F－MMC 型直流变压器的主要问题在于目前中频变压器的制造仍然集中在样机层面，在高压大功率场合的工业化实现存在一定难度；另外，面对面式结构中采用了两个相同功率的 MMC，这使得整个直流变压器的容量必须为额定功率的两倍，造成了功率使用率较低，变压器体积仍然较大等缺点。

（2）非隔离型直流变压器。

1）自耦型直流变压器。

基于 MMC 的新型直流变压器结构如图 7－86 所示。该结构与交流自耦变压器类似，因此取名为自耦型直流变压器。自耦型直流变压器也可以充分利用 MMC 的种种优势，在未来高压大功率场合具备一定应用前景。在直流自耦变压器中，仅部分功率需要进行两级 DC/AC 变换，这使得该种变压器技术可以节省建造容量，在降低工程造价的同时减少传输损耗，具备一定的技术优势。但自耦型直流变压器的技术优势会随着直流变比的逐渐增加而慢慢褪去，同时直流自耦变压器不具备电气隔离功能。因此直流自耦变压器技术更适宜于不强制需要电气隔离的低电压变比场合。

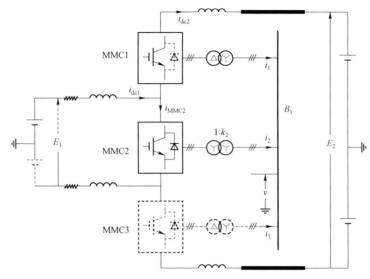

图 7−86　MMC 型自耦型直流变压器拓扑结构

2）LCL 谐振型直流变压器。

谐振型直流变压器主要基于电感电容（inductor−capacitor，LC）电路谐振升压原理。基于 LCL 谐振的直流变压器大致可分为两种类型，主要是因为其基于两种不同的部件：晶闸管和绝缘栅双极晶体管（IGBT）。只选取晶闸型来介绍。

如图 7−87 所示，一个 SCR−LCL 包含两个 LC 谐振回路，采取直接连接方式，中间共用一个电容，无隔离单元。这种拓扑中，每一个桥臂上有两个晶闸管，可以实现快速功率反转。同时，成熟的串联晶闸管制造技术使得此类变压器拥有低损耗、良好的过流能力和兆瓦级的功率变换等优点，但是此类直流变压器在直流侧需要较大的电感，使得成本昂贵且增加了变换器的尺寸和重量。不仅如此，SCR−LCL 为频率控制单元，无源参数的设计将较为困难。

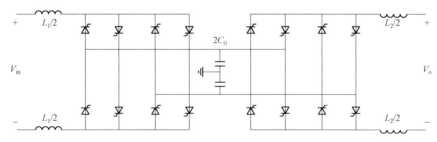

图 7−87　LCL 谐振型晶闸管直流变压器

3）模块化多电平直流变压器。

模块化多电平直流变压器具有其他多电平拓扑共有的特征，例如高电压、高效率、模块化和可扩展性，因此此类变压器可以很轻易地满足直流配电网的高电压需求，但是满足这种需求是以使用大量的二极管部件为前提的。

调谐滤波器模块多电平直流变换器（TF－MDC）如图7－88所示。TF－MDC是第一个由传统的MMC结构拓展而提出直流变换器结构，它的上桥臂和下桥臂之间的功率平衡由一个被称为二次功率环的单元维持，这种二次功率环用几千赫兹的频率来传输能量。然而，高二次环流将导致高传导损耗，尤其在高电压应用中更是如此。再者，此类变换器需要在直流输入、输出两端安装很大的过滤装置。因此，这种类型的直流变压器在中高压应用领域竞争力有限。

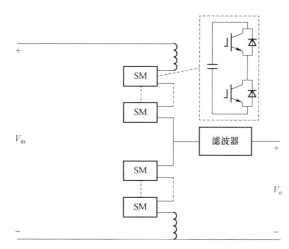

图7－88　调谐滤波器模块多电平直流变换器

第六节　柔　性　负　荷

柔性负荷可以作为有效的可调度资源，如负荷侧的储能、电动汽车等柔性负荷参与电网有功功率调节，电力用户中的工业负荷、商业负荷以及居民生活负荷中的空调、冰箱等作为需求侧资源能够实时响应电网需求并参与电力供需平衡，通过有效的管理机制，柔性负荷将能够成为平衡间歇性能源功率波动的重要手段。

传统的终端用电负荷，如空调、热水器、冰箱以及照明灯具等，功能单一，不能满足智能电网需求响应项目的要求。而柔性负荷设备是在传统用电设备的基础上加以改造并能够与电网灵活互动、根据实际所需自动地控制负荷的终端用电设备。柔性负荷能够与电网进行双向信息交换。用电设备能够接收到电网发出的事件通知和电价信息，并根据这些信息自行调节运行模式，从而有效地避免了电网过载或供用电负荷不平衡的情况。而用户可以利用计算机、移动电话或家电产品自带的装置，了解住宅的电力消费状况以及产品运行状态，并根据电网状态对用电方案进行及时调整。下面以使用频率较高、耗电量占总负荷比重较大的空调、热水器和电动汽车为例予以介绍。

一、智能空调

随着空调在商业建筑和居民用户中使用率的增加，空调负荷占总负荷的比重日益增大，在空调需求较大的冬季和夏季更为显著。研究表明，空调负荷越是集中，其启停对当地电网的影响越大。因此，空调终端也可以作为电网削峰填谷和负荷整形的设备，如图7-89所示。近来，美国的一项调查表明，在对空调负荷实施控制后，峰荷时段的居民空调负荷削减量在0.3～1.5kW。与传统空调相比，智能空调增设了远程控制模块、传感器模块及与智能插座友好接入的模块等，因而具备了更多的功能。例如，能够感知外部温度，自动控制空调开关；能够连接无线网络，用户可在任何地方通过手机或电脑对其进行控制；能够感知用电高峰时电价的上涨，并自动调整设备使用时间，更好地参与需求响应（demand response，DR）项目；能够根据用户的电费预算和天气预报向用户提供空调设置建议；拥有多种冷却模式和多种风扇速度，方便用户根据实际情况进行切换等。

图7-89　智能空调

新增的功能不仅使智能空调具有了节能和控制灵活的特点，而且其感知电价上涨的特性可以使智能空调更好地参与到DR项目中。若智能空调用户选择参与DR项目，在接收峰时电价信号后，智能空调会自动缩短运行时间以对电价信号做出响应，从而削减峰时负荷。另外，智能空调还可以根据天气预报，对可能的高峰负荷时段进行预测并事先对空调的运行进行设置，从而有效地避开峰荷。

二、智能热水器

智能热水器是另一种负荷占比较大的用电设备，如图7-90所示，其负荷曲线没有明显的季节性特征，较为平滑。美国能源信息署报告称，热水器耗电量占一个典型家庭能源消费总量的17.7%。占比之所以那么高，是因为传统热水器的储水箱中存储着三四十或更多加仑的水，而这些水需要一直保持较高的温度，即当恒温器检测到水温低于预设值时，会触发加热元件重新对水进行加热，这对于仅在早上和晚上用热水器的用户来说，显然是不经济的。而智能热水器装有按需控制器，即仅在需要热水的时候对水进行加热，这克服了上述传统热水器不经济的缺点。除此之外，智能热水器还具有以下优点：① 具有多种用户可选的运行模式，包括节能模式、假期模式和正常模式等，并能够根据用户所选的模式自动进行调整；② 能够远程监视和控制热水器的温度、加热持续时间及功率水平等。

图 7-90　智能热水器

智能热水器不仅能够实现节能的目的，而且可以方便其在 DR 项目中根据 DR 事件信号做出相应的响应。例如在需要削减负荷的 DR 事件中，用户可以选择较为节能的运行模式以对 DR 信号做出响应，从而实现削峰的目的。

三、电动汽车

电动汽车作为正在培育和发展的战略性新兴产业之一，已成为新能源汽车发展的主要方向，也将成为 21 世纪最具发展潜力的交通工具，如图 7-91 所示。可以预计，随着未来电动汽车的普及，将有大量电动汽车接入电网进行充放电，这将对电力系统的运行与规划产生不利的影响。为了应对这种不利影响，使电动汽车和智能电网更为有效地融合，市场上出现了新一代电动汽车。

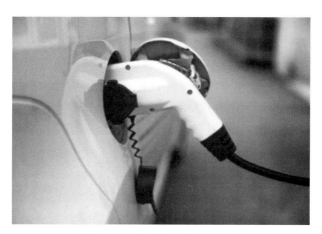

图 7-91　电动汽车充电示意图

新型电动汽车将常规通信结构应用在电动汽车中，实现了电动汽车与电网设施之间的通信，从而使电动汽车参与 DR 项目成为可能。若电动汽车用户报名参与了 DR 项目，在电网需要降低充电负载以缓解用电高峰电力紧张的情况下，充电站将发出 DR 信号询问电动汽车用户是否允许停止充电操作或者适度降低充电功率。用户将根据接收的信号作出选择，若允许，充电站会停止对电动车充电或降低充电功率以削减高峰时段的负荷。另外，电力公司会给那些在 DR 事件中减少电力消费的电动汽车用户一定额度的补贴。可见，新型电动汽车不仅可以有效地避免大量电动车接入对电网可靠性、稳定性造成的负面影响，而且降低了电动汽车用户的充电费用。

第八章

配电网调控运行

第一节 配电网调控管理

一、调控管理机构

按照国家电力调控机构设置原则,地区电力调控机构设置采用两级制,地区电网调控(简称地调)和市供电公司供电服务指挥中心(配电网调度控制中心)(简称配调)、县(区)供电公司调控(简称县调)。

地区电力调度遵循"统一调度、分级管理"的原则,并配备与调控运行、运行方式、继电保护、调度自动化专业相适应的专职岗位及人员。

地调是配电网调控运行、配电网抢修指挥、配电网继电保护及整定、配电网方式计划、配电自动化主站等调控专业管理部门,负责组织制定相关管理制度、标准和流程。负责本专业工作的监督、检查和考核,组织开展相关业务统计分析。参与供电服务指挥系统功能模块完善、信息融合等相关支撑工作。

配调负责调度管辖范围内 6～35kV 调度计划执行、配电网调控运行、配电网倒闸操作等业务。配调与县调同质化管理,地调与配调是上下级调度关系,配调接受地调专业管理。

各级电力调控机构的调控室和机房应由两个不同电源点供电,并配备不间断电源和事故照明。

为在突发事件、自然灾害、战争时,保证提供不间断的电力调度指挥,有条件的应建立备用调控室。

二、配电网调控管理的任务

电力系统调控管理必须依法对电网运行进行组织、指挥、指导和协调,领导电力系统运行、操作和事故处理。配电网调控必须做好下列工作:

(1)负责对管辖电网范围内的设备进行运行、操作管理及配电线路运行监控。

(2)负责指挥管辖电网的事故处理,并参加地区系统的事故分析和参与制订提高系统安全运行的措施。

（3）审核管辖电网范围内的设备检修计划，批准设备检修申请。

（4）负责编制和执行管辖电网的各种运行方式。

（5）负责收集、整理管辖电网的运行资料，提供分析报告。参加拟订迎峰措施和网络改进方案。

（6）参与拟订降损技术措施，提高管辖电网经济运行水平。

（7）负责指挥管辖电网电压调整，配合上级调度调整主变压器功率因数。

（8）参与编制低频、低压减载方案。参与编制系统事故限电序位表，参与制定超负荷限电序位表，经政府主管部门批准后执行。

（9）负责与高压双电源客户签订有关双电源调度协议。

（10）负责管辖电网范围内的新设备命名、编号；编制管辖电网范围内的新设备启动方案，参与新设备启动。

（11）参与管辖电网的规划、工程可研及设计审查。

（12）接受上级电力管理部门、调控机构授权或委托的与电力调控相关的工作。

三、配电网调控管理制度

1. 配电网调控指令管理

配电网调控员在值班期间是配电网运行、操作及事故处理的指挥人员，按照调度管辖范围行使调度权，对调度管辖范围内的运维人员发布调度指令，配电网调控员在发令操作时，任何单位和个人不得非法干预。

配电网调控员在值班期间受上级调度运行值班人员的指挥，并负责执行上级调度运行值班人员的指令；配电网调控员对其所发调度指令的正确性负责，调度联系对象应对其汇报内容的正确性负责。

配电网调控员对调度管辖范围内的调度联系对象是：地调调度员、发电厂值长（或电气班长）、变电运维人员、监控运行人员、输配电运检人员、经各级供电公司批准的有关人员以及用户变电站值班人员；调度管辖范围内的用户联系对象在正式上岗前必须经过电力调度管理知识培训，考试合格后方可持证上岗值班。值班调控员与其联系对象联系调度业务或发布调度指令时，必须互报单位、姓名，并使用普通话和统一的术语，严格执行发令、复诵、监护、汇报、录音和记录等制度。

值班调控员发布的调度指令，接令人员必须立即执行，如有无故拒绝执行或拖延执行调度指令者，一切后果均由接令者和允许不执行该调度指令的领导负责。一切调度指令，是以调度下达指令时开始至操作人员执行完毕并汇报当值调控员后，指令才算全部完成。调度管辖、调度许可（调度同意）的设备，严禁约时停送电。

如果接令人认为所接受的调度指令不正确时，应当立即向发布该调度指令的值班调控员报告并说明理由，由发令的值班调控员决定该调度指令的执行或者撤消；若发令值班调控员重复该调度指令时，接令人必须执行；如对值班调控员的指令不理解或有疑问时，必须询问清楚后再执行；若执行该调度指令将危及人身、设备或电网安全时，接令人应当拒绝执行，同时将拒绝执行的理由及改正指令内容的建议，报告发令值班调控员和本单位直接领导。

2. 配电网调控网络发令（许可）

（1）配电网调度发令（许可）分为电话、网络两种方式，网络发令与电话发令具有同等效力。网络发令是指调度指令通过网络发令模块进行发令、复诵、汇报、确认、收令的流转方式，包括调度运行操作和检修申请单许可等业务。

（2）正常情况下，采用网络发令方式，电话发令作为备用方式，配电网调控员可根据实际需要选择发令方式。电话发令优先级高于网络发令。

（3）配电网调控员与调度联系对象值班期间应保持网络发令模块登录状态。

（4）调度运行操作网络发令：

1）业务流程包括准备调度操作指令、签收调度操作预发令、现场人员到位汇报、调度发令、现场复诵和确认、现场执行、调度收令等环节。

2）对于进行网络发令的调度运行操作任务，配电网调控员必须提前准备好调度操作指令，并经审核通过。

3）调度联系对象在现场终端（厂站 Web 终端或现场 App 终端）上提前签收调度操作预发令，相关要求如下：

a. 原则上要求"谁签收，谁受令"。

b. 对于计划类操作任务，调度联系对象原则上应至少提前 8h 签收调度预发令。

c. 预发令不具备操作效力，现场实际操作仍以当值值班调控员正式下达的操作指令为准。严禁用操作预令直接进行操作。

4）调度联系对象按照业务进程到达现场后，在现场终端对应的调度操作指令进行"签到"汇报，通过网络发令模块向值班调控员发出到位操作申请。调度联系对象到位后至该调度操作任务执行完成前，该调度联系对象在现场终端上只能操作已"签到"的调度操作指令票的相关内容。同一调度联系对象不能同时对两项及以上调度操作指令进行"签到"。

5）值班调控员收到调度联系对象到位汇报及操作申请时，核对具备调度发令条件后，在调度 Web 终端向调度联系对象按顺序下达调度操作指令。调度联系对象在现场终端接收到值班调控员发令后，按照调度发令的操作顺序，依次组织开展现场操作。具体工作要求如下：

a. 调度联系对象开始任何一个操作项目前，应在现场终端对该操作项目内容进行复诵并经网络发令模块自动审核确认通过后，方可组织现场操作，操作完毕后应在现场终端上及时填入操作完成时间。

b. 调度联系对象原则上不得跳项执行调度操作指令票上的项目，在未完成顺序靠前操作项目的复诵及执行汇报前，不得进入顺序靠后操作项目的复诵和执行。

c. 调度联系对象按顺序完成调度下令的操作项目后，通过现场终端向值班调控员汇报操作执行情况。

d. 操作过程中，若发生异常，应及时通过电话向值班调控员汇报，并按照电话内容执行下一步操作。

e. 值班调控员在调度 Web 终端接收到现场操作汇报，核对操作项目均已按要求执行后，进行收令。

（5）检修申请单网络许可业务：

1）值班调控员进行检修申请单网络许可前，应确认该检修申请单对应的停电调度操作指令票已执行，方可通过调度 Web 终端向调度联系对象发出相应检修申请单许可开工指令。调度联系对象通过现场终端接收到检修申请单许可开工指令后，方可根据现场安全规程进行下一步工作。

2）调度联系对象确认检修申请单对应的所有现场工作票终结、安全措施全部解除后，方可在现场终端向值班调控员汇报现场工作终结且已恢复到送电交回状态。值班调控员收到调度联系对象汇报竣工，并在调度 Web 终端确认检修申请单工作终结后，方可进行调度送电操作。

（6）网络发令安全管控。

1）具备调度受令资格的调度联系对象方可登录网络发令模块接受预令和正令，并对其操作的正确性和安全性负责。凡具备受令资格的调度联系对象的个人信息应全部录入网络发令模块，在首次登录后应主动修改个人密码并注意密码保护。若因自身原因导致密码泄露而出现他人冒用账户造成后果的，责任由账户持有人承担。

2）若调度联系对象因工作需要调动至不同单位值班时，各单位应及时书面通报并转发相关人事调动发文至配电网调控部门备案，由相关人员对变动信息进行审查、修改。

3）未获取受令资格的调度联系对象无权限登录终端进行工作。凡冒用他人信息登录终端进行任何操作的行为，视为违反调度纪律。

4）调度联系对象接收一项调度操作指令后，必须待该操作指令执行完毕并向当值调控员回令之后方能接收其他调度操作指令，防止操作人员误操作，确保调度指令执行的安全性。

3. 调管设备管理原则

（1）凡属调度管辖、许可或同意的设备，未经值班调控员同意，各有关单位的运行、检修人员，均不得擅自进行操作或改变其运行状态。但经判断对人身或设备安全确有严重威胁时，现场操作人员可根据现场规程边处理、边汇报值班调控员。

（2）当管辖范围内的设备发生事故或异常情况时，各有关运行单位运维人员应将事故和异常情况立即报告值班调控员，同时按照现场规程迅速处理；值班调控员接到报告后应及时采取防止事故扩大的措施，并对上述情况做好记录。如发生重大事故或需紧急处理的设备严重缺陷或对外正常供电有较严重影响的情况时，应及时向调控中心及公司有关领导报告。

（3）调度管辖的设备由相应管辖调度统一进行编号命名，设备运行单位应按调度下达的命名编号做好相关的工作。

4. 变电设备调控管理

（1）调度操作任务票预发至运维部门相关操作班组。操作前，操作人员应根据现场设备的实际情况，认真审核操作票，确保正确无误，具备操作条件后，向值班调控员申请操作。操作完成后，操作人员向值班调控员汇报。

（2）遇有口令操作时，对于不具备远方操作功能的变电站，值班调控员应先通知运维部门派人到相关变电站，操作人员到达现场后应主动与值班调控员联系，具体操作和操作结束汇报由现场操作人员负责。

（3）系统发生事故或异常情况时，值班调控员及时发现无人值班变电站的保护动作、开关跳闸及潮流变化情况，并立即派人去现场检查设备，检查后应立即汇报。一般情况下，值班调控员在接到现场汇报后，方可进行下一步的事故处理；紧急情况下，对于线路故障，在得到运维部门操作人员汇报现场设备无异常告警信号后，值班调控员可直接进行强送。

（4）当危及人身、设备或电网安全时，运维部门操作人员应按现场运行规程或事故处理预案进行事故处理，事后必须立即派人到现场进行检查并报告值班调控员。

（5）当调度自动化系统出现异常，影响正确判断故障时，值班调控员可指令操作人员在现场进行事故处理，并及时汇报值班调控员。

5. 配电设备调控管理

配电网调控员与配电运检人员日常联系主要分四类：

（1）配电设备检修工作。配电运检人员执行完调度操作指令后，汇报值班调控员，由调控员许可开工。值班调控员接到工作竣工汇报后，进行相关复役操作。

（2）配电设备抢修工作。值班调控员接到配电线路跳闸或缺陷等信息后，即刻通知相应配电运检人员进行巡线查找故障点。查找到故障点后，按相关流程进行故障隔离、负荷转移，许可故障处理。

（3）方式调整。当外界干扰或负荷变化影响到配电网的供电能力及其可靠性时，配电运检人员根据值班调控员操作指令完成相应配合操作，改变配电网的运行方式，达到配电网运行的最优化。

（4）带电作业。配电网带电作业工作负责人在带电作业工作开始前，应与值班调控员联系；工作结束后应及时向值班调控员汇报。需要停用重合闸的，应向值班调控员履行许可手续。带电作业过程中如设备突然停电，工作负责人应尽快与调控运行值班人员联系，调控运行值班人员未与工作负责人取得联系前不得强送电。

6. 用户调控管理

（1）凡属县配调调度管辖或调度许可范围内的 6～35kV 高压电源用户，均应服从电网统一调度，其调度管辖范围应在调度协议中明确规定。

（2）县配调管辖的用户输变电工程接入系统运行时，营销部门需向相关调控机构书面提供如下资料：

1）新设备经验收合格，要求投入系统运行的申请报告（附供用电协议）。

2）有关继电保护定值、联系电话方式及值班人员的名单。

3）新设备的启动方案。

4）若需停电接线时，提出有关的停电申请。

（3）6～35kV 高压电源用户，当其供电线路名称变更后，营销部门应及时通知用户；当单电源重要用户名称、联系电话以及双电源用户名称、值班员名单、联系电话变更时，营销部门应及时报调度备案，必要时双电源用户还需重新修订双电源协议。

（4）凡属调度管辖或许可的用户变电站，其值班人员应熟悉调度管理的基本制度，凡属调度管辖或许可的设备倒闸操作和事故处理由值班调控员与变电站值班员之间直接联系进行，使用统一调度术语和操作术语。

（5）用户变电站内凡属调度管辖或许可的设备检修，一律要办理停电申请手续。尤其用户在进线电源设备上进行检修工作（包括配合电源线路停电的检修工作），除办理停电申请手续外，工作前还必须得到值班调控员工作许可，方可开始工作。用户工作完毕必须将自己所做的接地装置拆除，并及时向值班调控员汇报竣工，不得影响线路正常送电。

（6）高压用户内部故障造成进线电源失电，值班员应迅速向值班调控员汇报，听候处理。用户内部故障修复送电应得到营销部门相关人员的同意。各发电厂、用户变电站非调度管辖及许可设备发生事故时，由各站值班员自行处理，并及时汇报所管辖调控。

（7）如用户设备发生故障，引起线路跳闸（或单相接地），相关单位值班人员应主动及时地向值班调控员如实报告，配合值班调控员尽快恢复线路送电。

（8）因用户值班人员误操作引起线路跳闸，值班人员必须立刻向值班调控员如实报告。值班调控员在无法确认该用户是否具备送电条件前，有权不对该用户恢复供电。

（9）当馈电线路过载时值班调控员应根据线路过载程度，及时实施负荷转移。若无法转移的，首先应与该线路的双电源用户协商转移负荷；若仍然过载，应及时通知营销部门，对该线路部分用户进行限电。

7. 配电网调控员值班资质

（1）值班调控员应由遵纪守法、政治素质较高、职业道德良好、有一定政策理论水平和管理、协调能力较强的人员来担任。值班调控员在上岗之前，必须经实习培训，考试合格，正值调控员应经单位分管领导批准方可正式上岗。

（2）值班调控员应熟练掌握以下内容：

1）电力安全工作规程、上级和本公司的调控规程以及其他有关规程、规定、制度、指示、通知等。

2）管辖电网的一次接线方式、主要设备的结构原理、运行特性和规范。

3）管辖电网的继电保护和安全自动装置的基本原理、配置及运行情况。

4）当年超负荷限电序位表和事故限电序位表。

5）调控通信、自动化及各种办公设备的使用方法。

6）调控术语及操作术语。

7）上、下级值班调控员、有关抢修人员、各部门负责人姓名及联系方式。

8. 交接班制度

各级值班调控员在交接班期间应严格执行"交接班制度""接班后的汇报制度"，认真履行交接班手续和汇报程序。调控业务交接内容应包括：

1）调管范围内发、受、用电平衡情况。

2）调管范围内一、二次设备运行方式及变更情况。

3）调管范围内电网故障、设备异常及缺陷情况。

4）调管范围内检修、操作、调试及事故处理工作进展情况。

5）值班场所通信、自动化设备及办公设备异常和缺陷情况。

6）台账、资料收存保管情况。

7）上级指示和要求、电网预警信息、文件接收和重要保电任务等情况。

8）需接班值或其他值办理的事项。

四、调度系统重大事件汇报制度

（1）调度系统重大事件分为特急报告类事件、紧急报告类事件、一般报告类事件。

（2）调度系统重大事件汇报的内容要求如下：

1）发生重大事件后，相应调控机构的汇报内容主要包括事件发生时间、概况、造成的影响等情况。

2）在事件处置暂告一段落后，相应调控机构应将详细情况汇报上级调控机构，内容主要包括事件发生的时间、地点、运行方式、保护及安全自动装置动作、影响负荷情况，调度系统应对措施、系统恢复情况，以及掌握的重要设备损坏情况、对社会及重要用户影响情况等。

3）当事件后续情况更新时，如已查明故障原因或巡线结果等，相应调控机构应及时向上级调控机构汇报。

（3）调度系统重大事件汇报的时间要求如下：

1）在直调范围内发生特急报告类事件的调控机构调控员，须在 15 min 内向上一级调控机构调控员进行特急报告。

2）在直调范围内发生紧急报告类事件的调控机构调控员，须在 30 min 内向上一级调控机构调控员进行紧急报告。

3）在直调范围内发生一般报告类事件的调控机构调控员，须在 2h 内向上一级调控机构调控员进行一般报告。

4）相应调控机构在接到下级调控机构事件报告后，应按照逐级汇报的原则，5 min 内将事件情况汇报至上一级调控机构。

5）特急报告类、紧急报告类、一般报告类事件应按调管范围由发生重大事件的调控机构尽快将详细情况以书面形式报送至上一级调控机构。

6）地县调发生电力调度通信全部中断事件应立即逐级报告省调调控员。

7）各级调度自动化系统要具有大面积停电分级告警和告警信息逐级自动推送功能。

五、安全事故调查规定

（1）电力安全事故是指电力生产或者电网运行过程中发生的影响电力系统安全稳定运行或者影响电力正常供应的事故（包括热电厂发生的影响热力正常供应的事故）。

（2）安全事故调查应坚持科学严谨、依法依规、实事求是、注重实效的原则，及时、准确地查清事故过程、原因和损失，查明事故性质，认定事故责任，总结事故教训，提出整改措施。做到"四不放过"：事故原因未查清不放过、责任人员未处理不放过、整改措施未落实不放过、有关人员未受到教育不放过。

（3）电网事故分为以下等级：特别重大电网事故（一级电网事件）、重大电网事故（二级电网事件）、较大电网事故（三级电网事件）、一般电网事故（四级电网事件）、五级电网事件、六级电网事件、七级电网事件、八级电网事件。

第二节 配电网图模异动管理

配电网图模异动管理旨在进一步夯实营配调贯通基础，实现"数据一个源、电网一张图、业务一条线"，确保配电网调度图模与现场设备"图物相符、状态一致"，促进配电网运行更安全、管理更精益、服务更优质。根据"数据一个源、电网一张图"的原则，应从配电网调度专业对配网图模的应用需求出发，对源端 PMS 系统的配电网图模维护明确具体要求，包括配电网图模的覆盖范围、绘制规范等。根据"业务一条线"的原则，应规范配电网图模异动管理流程，包括配电网建设/改造/检（抢）修、配电网业扩工程等引起的图模异动管理流程，设备命名（编号）变更管理流程，设备台账变更管理流程，以及低压配电网异动管理流程等。

一、配电网图模维护

配电网调度图模应以单线详图为数据源，按照"一模多图"的原则生成单线简图，根据业务需要生成站房图、环网图、系统图、保电图等专题图形，确保"图模一致、图物相符、源端唯一"。单线简图为调度控制业务的必备图形，站房图、环网图、系统图、保电图等专题图形是调度控制业务的辅助图形。

1. 单线详图绘制基本要求

（1）单线详图绘制应与现场完全一致，所有配电变压器及以上中压设备（含分布式电源、接入点等）都应绘制并标注齐全。组成元素包括变电站、配电站房、负荷开关、断路器、隔离开关、跌落式熔断器、组合开关、架空线、电缆、配电变压器、分布式电源、杆塔、故障指示器等设备。

（2）单线详图绘制应采用合理的布局，线路和设备不能有交叉重叠，优先保证主干线的布局。联络开关处应通过醒目文本标注对侧线路名称，线路名称标注应符合调度命名规范。接入点处应绘制清晰的用户分界标识，并标注用户基本信息（户名、户号、容量等）。架空线路存在同杆架设的，应对与本线路同杆架设部分进行区分标注。

（3）单线详图绘制应确保"图模一致、拓扑连通"，不得出现模型缺失、冗余、孤岛等现象，开关属性（联络/分段/分界）维护正确。

2. 单线简图成图基本要求

（1）单线简图以单条馈线为单位，根据单线详图生成，应能准确反映调度管辖范围内设备电气逻辑连接关系。组成元素包括变电站、配电站房、负荷开关、断路器、隔离开关、组合开关、架空线、电缆、分布式电源等设备。

（2）变电站出线开关至终端设备或联络开关之间的线路及有关设备，调度管辖开关必须在单线简图上体现，其他设备在单线简图上不体现。如果分支不包含开关，则分支设备不成图；如果站房不包含开关，则站房不成图；如果站房里的间隔不包含开关，则间隔不成图。

（3）单线简图不带地理方位，图元标注须符合调度使用规范，避免线路不必要的弯曲和交叉。

3. 站房图、环网图、系统图等专题图形成图基本要求

（1）站房图是以开关站、环网柜、配电室、箱式变压器、电缆分支箱、高压用户等站房为单位，描述站房内部接线及其间隔出线的联络关系，清晰反映站房内部的接线，直观展示站房供电范围的示意专题图形，站房图以间隔出线的电缆为边界。组成元素包括站房内开断类设备、母线、电压互感器、变压器、中压电缆等。

（2）环网图由两条或多条有联络关系的馈线主干部分组成，用于展示馈线环网主干的联络情况，仅包含所联络相关馈线主干线路上的调度管辖设备。组成元素包括变电站、配电站房、负荷开关、断路器、隔离开关、组合开关、架空线、电缆等。

（3）系统图是以变电站为单位，描述变电站之间配电线路联络关系的示意图形，仅包含配电联络线和联络开关。通过系统图可快速定位到对应的环网图或单线图。组成元素包括变电站、联络线、联络开关、简化站房等。

二、配电网图模异动管理

配电网图模异动管理依托营销业务应用系统、PMS、OMS、DMS 等相关系统对配电网图模异动、设备命名/编号变更、设备台账变更进行流程化管理，反映单线详图、设备台账的维护、接收、审核及发布等重要工作环节。

1. 异动内容

10（6、20）kV 线路及设备（含配电变压器、分布式电源）异动内容主要包括：

（1）电气接线变化。

（2）设备的增减/更换/迁移。

（3）设备的命名/编号变更。

（4）配电网设备台账变更。

2. 异动来源

在配电网开展以下类型工作，并涉及上述异动内容，必须办理配电网图模异动申请。

（1）配电网建设和改造。包括配电网新投运馈线/支线，新建/拆除/改造配电站房，线路及其设备的更换、改造、拆除、迁移，负荷割接等。

（2）配电网业扩工程。包括用户产权设备接入、迁移、改造，客户销户及增（减）容等。

（3）配电网检修和抢修。包括计划检修、临时检修和故障抢修等。

3. 异动流程

按照异动来源和异动内容，异动流程主要包括：

（1）配电网建设/改造/检修异动流程。配电网图模异动流程由设备管辖班组按照相关工作时限要求发起配电网图模异动申请，提交至配电网调控部门审核发布。

（2）配电网业扩工程异动流程。配电网图模异动流程由客户经理在营销业务应用系统按照相关工作时限要求发起配电网图模异动申请，提交至配电网调控部门审核发布。

（3）配电网故障抢修异动流程。应根据设备资产属性，由设备管辖单位（或客户管理单位）发起配电网图模异动流程，在故障抢修结束后规定时限内补办配电网图模异动申请，并提交至配电网调控部门审核发布。

（4）设备命名/编号变更流程。仅设备的命名/编号发生变更，电气接线方式、设备台账

等均未发生变化，应根据设备资产属性，由设备管辖单位（或客户管理单位）按照相关工作时限要求发起配电网图模异动申请，提交至配电网调控部门审核发布。

（5）设备台账变更流程。仅设备的台账发生变更，电气接线方式、设备命名/编号等均未发生变化，应根据设备资产属性，由设备管辖单位（或客户管理单位）发起配电网图模异动流程，由设备管辖班组按照相关工作时限要求发起配电网图模异动申请，提交至配电网调控部门审核发布。

（6）低压配电网异动流程。低压配电网异动流程由配电运检部门发起、审核、发布。

图模异动管理应加强配电网建设改造、检（抢）修和业扩工程的协同配合，尽量减少同一线路连续异动、频繁异动。

4. 施工图设计及现场勘察

（1）涉及电气接线变化、设备地理位置变更，施工图必须基于地理接线图设计，应体现每支杆塔、站房的地理位置。

（2）设计单位确实无法基于地理接线图设计的，应提供地理接线走向示意图。

（3）施工单位应会同设备管辖单位进行作业现场勘察，按照施工图，确定异动实施方案，编制现场勘察单。如与施工图不一致，应注明变更情况，反馈项目负责人，由项目负责人通知设计部门进行设计变更。

5. 异动申请填报

（1）遵循"谁负责实施异动、谁负责异动维护"的原则，设备管辖单位维护公司资产的配电网图模，客户管理单位维护非公司资产的配电网图模。单线图模编辑、审核状态下，应对该单线图模文件进行锁定。

（2）涉及设备台账变更时，设备管辖单位录入公司资产完整的设备台账，客户管理单位录入非公司资产完整的设备台账。设备台账录入准确率、完整率、及时率必须达100%。

（3）设备管辖单位归口办理异动申请时，根据设备资产属性，分别抽取涉及调度设备台账的信息，构建调度设备台账，并推送至 OMS 系统。

（4）同一工程涉及多条线路设备同时异动施工的，应合并为一张异动申请单办理。

（5）涉及配电自动化设备的异动，配电运检部门应按照相关工作时限要求提交配电自动化设备调试申请单和信息点表。

（6）异动申请单应注明申请单位、申请人、异动类型、计划异动时间、工程名称、是否计划异动、工程描述以及异动内容等，并附有施工图、现场勘察单等资料。

6. 异动实施部门审核

（1）设备管辖单位负责审核公司资产设备异动内容、异动前后电气接线，对异动内容以及异动接线、设备命名/编号、设备台账是否准确进行把关。

（2）客户管理单位负责审核非公司资产设备异动内容、异动前后电气接线，对异动内容以及异动接线、设备命名/编号、设备台账是否准确进行把关。

7. 配电网调控部门审核

（1）配电网方式计划人员根据现场勘察单（含施工图），通过红黑图对比审核异动图形，通过校验工具辅助审核异动模型，包括拓扑孤岛、联络关系等。

（2）配电网方式计划人员按照调度设备台账维护要求审核变更的设备台账的规范性和

完整性。

（3）配电网方式计划人员对于接收到的单线详图，如审核发现以下问题的应予以退回修改：

1）图形、模型、台账、设备命名（编号）等不符合规范要求的。

2）出现开关属性（联络/分段/分界）维护不正确的。

3）出现图模异动与工作内容描述不符的。

（4）涉及配电网图模异动的检修工作，配电网调控部门应同步开展配电网图模异动申请单和配电网设备检修申请单的审批工作，未提交配电网图模异动申请单的，不得批复配电网设备检修申请单。

8. 异动工程实施

（1）施工单位应严格按照施工图、异动实施方案进行现场施工。

（2）现场施工时，因特殊情况需要变更施工方案，造成接线方式或设备台账变化的，设备管辖单位（或客户管理单位）应做好异动变更记录，并向配电网调控部门提交异动变更说明。

（3）配电网调控部门应及时按原流程将配电网图模异动申请单退回，设备管辖单位（或客户管理单位）根据异动变更说明修改配电网图模异动申请单，并重新提交配电网调控部门审核。

9. 验收汇报

工作终结前，设备管辖单位（或客户管理单位）应对现场异动内容进行验收；涉及配电网调控管辖设备的异动，工作负责人应向设备管辖班组汇报工作终结、现场异动实施情况和异动设备状态，设备管辖单位应向配电网当值调控员汇报现场异动设备验收情况。

10. 异动确认、发布更新

（1）凡涉及调度管辖的 10（6、20）kV 线路和设备及单台配电变压器异动，必须经过调度确认发布。

（2）配电网当值调控员根据配电自动化主站单线详图、简图（红图）及配电网图模异动申请单，与现场人员核对异动内容，确认异动后的电气接线图、异动申请单与现场实际异动情况相符，完成异动申请单归档、单线详图/简图红转黑操作，方可下令送电。

（3）若配电网当值调控员根据现场汇报，发现施工方案存在变更造成不能按计划进行红图转黑图操作的，配电网当值调控员应对照异动变更说明，与现场人员核对异动内容，核对无误后安排送电并做好记录。变更后的配电网图模异动申请单重新流转至配电网调控部门审核时，配电网当值调控员应对照异动变更说明和相应记录，确认异动后的电气接线图、异动申请单与异动变更说明和相应记录相符后，完成配电网图模异动申请单归档、单线详图/简图红转黑操作。

（4）故障抢修引起配电变压器及以上设备图模异动，抢修当日，配电网当值调控员根据抢修负责人汇报情况做好异动记录，设备管辖单位应在异动后 1 个工作日内向配电网调控部门提交配电网图模异动申请单，配电网当值调控员审核异动申请单与抢修异动记录相符后，完成配电网图模异动申请单归档、单线详图/简图红转黑操作。

（5）仅设备命名/编号变更时，配电网当值调控员在设备管辖班组汇报现场配电变压器及以上设备命名/编号变更完成后，完成配电网图模异动申请单归档、单线详图/简图红转黑操作。

（6）仅设备台账变更时，配电网调控部门对调度管辖设备台账审核通过后进行调度管辖设备台账更新发布。

（7）如因系统问题、网络中断等特殊情况造成异动无法正常发布、更新，配电网当值调控员经本部门分管领导同意后，方可进行送电并做好异动记录，设备管辖班组应在系统、网络恢复正常后的 1 个工作日内补办配电网图模异动申请，配电网当值调控员审核异动申请单与异动记录相符后，完成配电网图模异动申请单归档、单线详图/简图红转黑操作。

11. 异动资料移交

（1）异动资料主要包括以下纸质和电子图档：

1）异动前后的电气接线图，地理路径（接线）图等。

2）设备铭牌资料（照片）、试验报告单、开关定值整定单等。

（2）业扩/配电网工程竣工报验时，客户经理/项目负责人应收集齐全异动资料，移交给设备管辖班组。

（3）当天施工当天送电工程验收时，工作班组应将完备的异动资料移交给设备管辖班组现场验收人员。

（4）抢修及低压工程异动，工作班组应在工作结束后 1 个工作日内将完备的异动资料提供给设备管辖班组。

三、配电网图模应用

1. 单线详图和单线简图应用

配电网调控部门应用单线详图开展配电网故障研判、配电变压器停复电和遥测信息查看。配电网单线详图应关联用电信息采集系统（或配电变压器终端 TTU）中的台区/配电变压器停复电信息、准实时负荷信息（三相电压、三相电流、有功功率、无功功率等）。

配电网调控部门应用单线简图开展调控运行日常工作，包括停电检修、事故处理等工作中的置位与封锁、挂摘牌、防误闭锁、拓扑分析、主配一体化应用等。

2. 配电网调度图模置位与封锁

（1）配电自动化主站非实时状态的设备，由配电网调控员根据现场实际位置进行置位，以下设备均需进行置位：

1）无法接入实时量的隔离开关，包括电缆架空线路转接隔离开关、柱上开关两侧隔离开关等。

2）未接入实时量（未做调试）的配电站房内开关和柱上开关。

3）工况退出（调试成功并接入）的配电站房内开关和柱上开关。

（2）配电网调度图模置位应遵循以下原则：

1）若调度管辖范围内的非自动化开关现场实际位置发生变化，配电网调控员应与配电运维人员核对无误，并根据开关现场实际位置在配电自动化主站置入相应状态。

2）对于因检修或故障需要停用馈线自动化功能（简称 FA 功能）的线路，非自动化开关的置位操作必须在 FA 功能退出状态下进行，FA 功能启用状态的线路不得进行非自动化开关的置位操作。

（3）若调度管辖范围内的自动化开关显示为坏数据或实时状态与现场不一致时，应将设备状态封锁与现场一致，并记录缺陷。当缺陷消除后，及时对设备进行解封锁，并与现场核实开关位置。

3. 配电网调度图模挂摘牌

配电网调控员结合运行方式、设备状态，在配电自动化主站单线简图上进行挂摘牌操作，操作完毕后，应在调度日志中及时记录挂摘牌信息。部分常用标志牌介绍如下：

（1）检修牌。对检修工作停电范围各侧电源点设备挂此牌，挂此牌后，设备禁止遥控，但不抑制设备遥信信号。

（2）缺陷牌。对有缺陷或故障的设备挂此牌，提示性置牌。

（3）保电牌。对有保供电任务的设备挂此牌，提示性置牌。

（4）调试牌。对自动化设备调试时挂此牌，提示性置牌。

4. 配电网调度图模防误闭锁

（1）配电网调度图模应支持多种类型的远方控制（包括遥控、置位等操作）防误闭锁，包括基于预定义规则的常规防误闭锁和基于拓扑分析的防误闭锁，并支持在模拟环境下结合网络拓扑进行模拟防误操作。

（2）实时态下的防误闭锁数据来源于实时的开关、隔离开关、接地开关及保护的状态信号，模拟环境下的防误闭锁数据来源于实时态的断面数据。

（3）配电网调控员应用单线图开展日常调度下令操作时，配电网调度图模可进行基本防误逻辑闭锁、线路（设备）检修防误逻辑闭锁、设置故障处理闭锁条件等。

5. 配电网调度图模拓扑分析

配电自动化主站根据配电网开关的实时状态，可确定各种电气设备的带电状态，分析电源点和供电路径，并将结果在人机界面上用不同的颜色表示出来，以便直观查看配电网运行状态、供电关系、故障影响范围等，主要包括电气岛带电拓扑着色、电网运行状态及人工干预拓扑着色、拓扑应用分析着色。

（1）电气岛带电拓扑着色是指以电源点作为起始，对带电设备进行动态拓扑，并对拓扑到的设备进行着色。

（2）电网运行状态及人工干预拓扑着色是指能够自动根据电网的运行状态（如带电、停电、接地、合环）以及人工干预操作（如挂牌、跳接等操作）重新进行拓扑分析，并进行图形着色。

（3）拓扑应用分析着色是指根据电网连接关系和设备运行状态进行动态分析，包括负荷转供着色、故障区域着色、线路合环着色等。

6. 配电网调度图模主配一体化应用

（1）配电网调控部门应用配电网调度图模时，可通过变电站厂站图出线快速链接配电网单线简图，单线简图和单线详图之间可快速切换。

（2）根据配电网调度图模的模型层次关系，按照树形结构生成图形目录，通过图形索引图可快速定位对应的单线简图、单线详图、站房图等图形。

（3）通过分析配电网调度图模主配网设备的供电路径，可实现供电电源追溯，供电电源应能追溯至 220kV 变电站。

（4）配电网调控部门确定重要保电用户后，根据配电网调度图模主配网实时电网模型和运行情况，能够实现保电用户供电路径自动追溯，并全景展示主配一体化的保供电路径。

第三节　配电网运行管理

一、配电网网格化调控管理

配电网网格化调控以强化新型有源配电网调度管理为目标，解决了配电网网架结构不清晰、配电网监视效率低、事故处置智能化水平不足等问题。通过在配电自动化主站建设配电网网格化调控功能，利用自动成图技术生成标准的网格图、单元图，提升配电网网络图管理水平；基于网格图开展方式安排、倒闸操作、事故处理和馈线自动化功能应用，提升配电网调控运行操作效率；将网格内关键信息汇聚至网格集中告警窗，提升配电网调控运行监视效率。

1. 网格图模管理

（1）网格图模绘制基本要求。

1）单元图仅绘制本单元内所有线路的主干线部分，绘制时布局应合理，不同线路间应减少交叉重叠，确保准确反映本单元内所有线路主干线的联络情况，与其他单元联络处应通过醒目文本标注对侧单元及线路名称，单元及线路名称标注应符合调度命名规范。组成元素包括变电站、配电站房、负荷开关、断路器、隔离开关、组合开关、架空线、电缆等。

2）网格图应以单元图为绘制单元进行绘制，确保准确反映本网格内各单元间的联络关系，联络单元之间应绘制联络开关，并通过醒目文本标注对侧单元及线路名称。组成元素包括网格单元、联络线、联络开关等。

（2）单元图异动管理。

1）异动来源。

a. 规划部门调整单元格规划。

b. 单元格内单线图发生异动。

2）异动流程。

a. 单元格规划调整后配电网调控部门应根据调整情况重新手动生成单元图，并对新生成单元图的正确性负责。

b. 单元格内单线图发生异动，单线图红转黑操作完成后，应同步自动生成单元图，配电网调控部门根据异动内容，核对新生成单元图的正确性。

（3）网格图异动管理。

1）异动来源。

a. 规划部门调整网格规划。

b. 同一网格不同单元格之间联络开关发生异动。

2）异动流程。

a. 网格规划调整后，配电网调控部门应根据调整情况重新手动生成网格图，并对新生成网格图的正确性负责。

b. 同一网格不同单元格之间联络开关发生异动，涉及的单线图红转黑操作完成后，应同步自动生成网格图，配电网调控部门根据异动内容，核对新生成网格图的正确性。

（4）单线图主要应用场景。

1）配电网故障研判、配电变压器停复电和遥测、遥信信息查看。

2）安排具体停电范围与需转供负荷部分。

3）拟写调度操作任务票。

4）自动化开关遥控验收。

5）查看分级保护配置、动作情况，开展定值召测与校核。

6）日常配电网遥控操作，非自动开关的置位。

7）结合运行方式、设备状态等，进行挂摘牌操作。

（5）单元图主要应用场景。

1）基于单元图进行供电单元配电网信号的集中监视，查看单元内各馈线的潮流分布。

2）安排方式或事故处理转供负荷时进行电源点的选择。

3）编写保电预案、检修预案、事故预案等。

4）开展拓扑着色，精准定位供电单元内各线路送电区域。

5）开展供电单元内线路负荷分配的安全校核。

6）日常配电网遥控操作，非自动开关的置位。

7）结合运行方式、设备状态等，在单元图上进行挂摘牌操作。

8）查看供电单元内 FA 动作情况，进行 FA 功能模式切换操作。

（6）网格图主要应用场景。

1）基于网格图进行全网格配电网信号的集中监视，查看网格内各单元潮流分布。

2）开展基于网格的负荷预测、电力平衡分析。

2. 网格运行监视

（1）网格运行监视范围为已接入网格化调控模块的配电网调度管辖设备，开展网格—单元—馈线三层次的运行监视，监视内容包括网格及单元内的配电网设备失电、异常、重过载、FA 动作、保电、检修等信息。

（2）网格图巡视

配电网调控人员定期巡视网格图，巡视内容包括失电线路数量、合环线路数量、重过载线路数量、重要用户失电情况、配电网开关分闸、合环情况等。

（3）遥控操作（除变电站出线开关）应优先在对应层次的图上开展。操作跨单元格的联络主线上的开关应在网格图进行；操作单元格内联络主线上的开关应在单元图进行；其他开关的操作应在单线图进行。操作前应核对网络拓扑和开关状态，操作后检查开关变位及潮流变化情况。

（4）通过历史统计功能，可查询以下信息：

1）网格内运行方式调整统计记录，包括转供线路的名称、开始及结束时间、涉及变电站、转供负荷情况等。

2）FA 动作历史记录统计排序。

3）保电、预保电线路统计排序。

3. 网格化调控运行

网格化调控运行应遵循如下规则：

（1）在计划检修运方安排方式或事故处理转供负荷时应优先选择本单元格内的线路，其次再考虑由同一网格内的其他单元线路转供，一般不采用其他网格内线路。

（2）当主变压器或线路出现负荷重、过载时，配电网网格化调控模块应监测到越限信号并给出转供方案，通过网格图直观地显示出来，选择转供线路时优先考虑本单元格内线路。

（3）FA 线路发生故障时，故障点的定位排查应通过单线图实现，转供路径方案应通过单元图更直观地呈现，并同样优先考虑通过本单元内其他线路转供。

（4）配电网网格化调控模块在检测到主变压器、母线、线路失电时，应及时监测到跳闸信号并给出所有失电负荷的转供方案，通过网格图直观地显示出来，选择转供线路时优先考虑本单元格内线路。

（5）当涉及重要用户保电或正常检修工作至部分运行区域运行方式薄弱时，配电网网格化调控模块根据预先设置好的转供规则，自动生成保电预案和检修预案，优先单元内的线路作为转供路径，再考虑选取网格内的线路作为转供路径，并以负荷转供单元图形式展示。

4. 网格负荷预测与电力平衡

（1）负荷预测。根据网格内中压配电网设备运行信息、分布式光伏及储能信息、配电变压器及低压分布式电源信息，融合多元数据，基于"气象资源数值化 + 历史负荷波动性"，分析对比负荷历史数据，结合负荷发展趋势开展负荷预测，并通过预测误差分析算法，对负荷预测值进行滚动修正。

（2）电力平衡。配电网网格化系统以网格为单位，开展网格自治运行调度管理。基于网格负荷、发电出力预测情况，根据源荷匹配指数调整网格内发电出力，满足网格电力供需基本平衡的要求。

5. 网格评估

（1）以网格、单元为单位开展网格/单元网架及线路分析，内容包括：

1）网架标准化分析。包括网架结构合格率，网架标准接线率。

2）线路配置分析。包括线路分段合理率，线路联络合理率，有效联络率及网格间联络数量等。

3）供电能力分析。包括网格/单元内线路 $N-1$ 通过率、母线 $N-1$ 通过率、线路轻重载比例等。

（2）以网格、单元为单位开展配电自动化终端布点分析评估，内容包括：

1）评估分析网格内各线路的"二遥"开关布点情况。

2）网格/单元内分段和联络开关自动化情况分析。

3）网格/单元内分界开关二、三遥情况分析。

（3）配电网分级保护配置状态分析评估。

1）可分析线路分级保护情况及针对分级保护配置原则进行校核。

2）分段保护配置合理性校核。

3）分支保护配置合理性校核。

二、配电网设备运行管理

1. 设备运行基本要求

凡运行中的设备发生缺陷或异常时，发现人应及时汇报管辖该设备的值班调控员或主管单位，以便尽快安排处理。

缺陷的分类原则如下：

（1）一般缺陷。设备本身及周围环境出现不正常情况，一般不威胁设备的安全运行，可列入小修计划进行处理的缺陷；

（2）重大（严重）缺陷。设备处于异常状态，可能发展为事故，但设备仍可在一定时间内继续运行，须加强监视并进行大修处理的缺陷；

（3）紧急（危急）缺陷。严重威胁设备的安全运行，不及时处理，随时有可能导致事故的发生，必须尽快消除或采取必要的安全技术措施进行处理的缺陷。

紧急（危急）缺陷消除时间不得超过 24h，重大（严重）缺陷应在 7 天内消除，一般缺陷可结合检修计划尽早消除，但应处于可控状态。设备带缺陷运行期间，运行单位应加强监视，必要时制定相应应急措施。

设备检修试验后能否投入运行，由设备运行主管单位负责审定。如不具备送电条件，应及时汇报值班调控员，当值调控应及时汇报有关领导。

在运行设备上进行技术性能试验，应由试验单位向调控中心提出书面试验方案，并经运维检修部门审核，公司分管领导批准后方可进行。试验方案应包括：① 试验内容和目的；② 试验时间和地点；③ 试验时对系统运行方式的要求及可能对系统产生的影响；④ 试验时的运行接线图；⑤ 试验中保证安全的组织措施和技术措施；⑥ 试验中对可能出现问题的防范措施。

2. 断路器的运行

断路器发生下列情况时应立即停下处理：

（1）开关本体。

1）运行中的电气设备有异味、异常响声（漏气声、振动声、放电声）。

2）落地罐式开关和 GIS 防爆膜变形或损坏。

3）SF_6 开关气体泄漏至报警值。

4）SF_6 气体管道破裂。

（2）操动机构。

1）操动机构卡涩，运行中发生拒合、拒跳或误分误合的现象。

2）拐臂、连杆、拉杆松脱、断裂。

3）端子排爬电；接线桩头松动、发热或脱落。

4）操作回路熔丝座损坏。

5）连杆有裂纹。

6）机械指示失灵。

（3）液压机构。

1）压力异常或分合闸闭锁。

2）严重漏油、喷油、漏氮。

3. 变压器和互感器的运行

一般情况下，变压器在规定冷却条件下，可按铭牌规范运行。变压器允许的正常过负荷及事故过负荷，则按公司批准的变电站现场运行规程的规定办理。

备用中的变压器及与其相连接的电缆应定期进行充电，并由现场运维人员掌握，但充电前后需向值班调控员汇报。

变压器发生下列情况之一者应停止运行：

（1）变压器发生强烈不均匀噪声，内部有放电声或爆炸声。

（2）变压器本体或附件开裂，大量漏油无法控制，油面迅速下降到最低控制线以下。

（3）油面急剧上升，从油枕、防爆管呼吸器喷油、冒烟或喷火时。

（4）在正常冷却条件下，变压器负荷不变而上层油温不断上升，或发现油温较平时同负荷、同温度、同冷却条件下高出 10℃ 以上（温度计本身显示正确）时。

（5）变压器套管炸裂严重损坏、引线烧断。

运行中的电压互感器二次侧不得短路，运行中的电流互感器二次侧不得开路。电流互感器和电压互感器原则上均不得超载运行，极端情况下不得超过额定值的 1.1 倍。

4. 架空线路及电力电缆的运行

架空线路和电缆在正常运行时的允许载流量，由公司运维检修部门提供。电缆的正常工作电压，不应超过额定电压的 15%。架空线路重合闸装置应启用，全电缆线路重合闸装置应停用，混合线路重合闸装置原则上应启用。

电缆线路原则上不允许过负荷运行。

当电缆或架空线路过负荷运行时，调控员在无法转移负荷的情况下应迅速通知双电源客户、负控中心控制负荷，直至采取拉闸限电。对未列入预案的客户进行限电，值班调控员需报请公司领导批准后通知营销部，由负控中心配合执行，但应根据客户性质预留合理的操作时间。

电缆停用（或备用）一个星期，应进行充电一次；超过一周不满一月时，投运前应测量绝缘电阻是否合格；超过一月不满一年，须经试验合格方能投运。

5. 中性点接地电阻的运行

中性点接地电阻的投、退应根据调度指令执行。当出现中性点接地电阻过热、冒烟等异常情况时，应立即停用。

当 10（20）kV 母线合环运行，严禁两台中性点接地电阻并列运行。线路并列操作及转带负荷时，不得影响中性点接地电阻运行。

6. 电容器及电抗器的运行

电容器运行中电流不应长时间超过电容器额定电流的 1.3 倍；电压不应长时间超过电容器额定电压的 1.1 倍。

电容器有下列情况之一者应立即停止运行：

（1）容器外壳膨胀或漏油。

（2）套管破裂或闪络放电。

（3）内部有异声。

（4）外壳温度超过 55℃，示温蜡片脱落。

（5）密集型电容器油温超过 65℃ 或压力释放阀动作。

电容器开关的拉开和合上的间隔时间，至少 5min。电容器开关因保护动作（欠压保护除外）跳闸，或电容器本身熔丝熔断，应查明原因进行处理后方可送电。

当电容器的温度超过现场规定时，运维人员应采取降温措施。如无效，应将电容器停止运行。

无功补偿应坚持分层分区和就地平衡的原则。

无 VQC 装置变电站的电容（抗）器投切，由值班调控人员根据母线的电压水平及规定电压数值，自行操作。投切原则如下：

（1）电压、功率因数均越上限，先切电容器，投电抗器，如电压仍处于上限，再调节分接开关降压。

（2）电压越上限，功率因数正常，先调节分接开关降压，如分接开关已无法调节，电压仍高于上限，则切电容器，投电抗器。

（3）电压越上限，功率因数越下限，先调节分接开关降压，直至电压正常，如功率因数仍低于下限，则切电抗器，投电容器。

（4）电压正常，功率因数越上限，应切电容器，投电抗器，直至正常。

（5）电压正常，功率因数越下限，应切电抗器，投电容器，直至正常。

（6）电压越下限，功率因数越上限，先调节分接开关升压至电压正常，如功率因数仍高于上限，再切电容器，投电抗器。

（7）电压越下限，功率因数正常，先调节分接开关升压，如分接开关已无法调节，电压仍低于下限，则切电抗器，投电容器。

（8）电压、功率因数均越下限，先切电抗器，投电容器，如电压仍处于下限，再调节分接开关升压。

电抗器有下列情况之一者，应立即停止运行：

（1）电抗器本身发生单相接地。

（2）电抗器接头处发红或严重过热。

（3）电抗器整体发生变形或倾斜。

（4）电抗器支持瓷瓶及其附件炸裂损坏等。

7. 消弧线圈的运行

消弧线圈调整应以过补偿运行方式为基础，在特殊情况下，因消弧线圈的容量不足，在短时间内允许停用（一般不考虑欠补偿）。

在正常运行情况下，中性点位移电压（U_W）不得超过相电压（U_X）的 15%，在特殊情况下，也不得超过 20%。

对于手动改变抽头的消弧线圈，当运行方式变化，在调整消弧线圈分接头时，应以实测的电容电流数值为依据。

应根据电网发展，每 3～5 年对系统电容电流进行一次实测，当系统结构变化较大时，应及时实测电容电流数值。电容电流实测，由运维检修部门向调度部门提出实测方案，并根据调度部门批准的方案组织实测（对安装有自动调节控制装置的，因自带测量功能，可不实测）。

自动跟踪补偿消弧线圈的运行状态，根据制造厂的技术说明及现场运行规程规定运行，手动状态时仍按过补偿方式。

三、配电自动化运行管理

1. 配电自动化调控运行管理

（1）配电自动化运行监视。

1）接入配电自动化系统运行的配电设备，调控值班人员负责配电自动化系统中调控管辖设备的实时事故类、遥信变位类、遥测信息类的监视，确保信息正常，设备运行状况与实际相符。

2）调控值班人员对发现的异常类、越限类信息及时记录，定期汇总，设备运维单位定期进行分析。

3）调控值班人员应实时掌握配电自动化设备的运行方式、设备状态、异常情况、设备检修情况、故障处理进程。

4）调控值班人员应将配电自动化运行情况作为交接班内容之一进行交接。

（2）配电自动化设备遥控操作管理。

1）配电运行方式调整需倒闸操作时，对具备遥控操作功能的配电自动化开关应优先采用遥控操作。配电自动化开关需进行倒闸操作时，如果具备遥控功能，应优先遥控操作。

2）配电线路发生故障跳闸且重合不成时，调控值班人员应根据配电自动化主站系统给出的馈线自动化方案，经核实确认后，对相应开关进行遥控分/合操作，实现故障快速隔离及非故障范围恢复供电。

3）当配电自动化设备进行验收投运、定期检修，需对开关设备进行遥控功能测试时，应由现场运维人员提出，调控值班人员配合对开关设备进行遥控分/合操作。

4）调控值班人员进行遥控操作时，开关分、合是否正常必须根据开关分合遥信变位、遥测至少两个信息确认。如果分合情况不正常或无法判断，应立即通知设备运维单位现场确认，经确认后方可进行下一步操作。

5）具有遥控操作功能的配电设备正常遥控操作采用操作任务票的形式进行操作，操作时实行"双机"监护方式，必须严格执行发令、复诵、监护、录音等制度，确保遥控操作正确。事故情况下可以接受同值调控值长操作口令进行操作。

6）特殊情况下，经班长同意并在同值监护下可以采用"单机单人"操作方式。

（3）配电自动化设备检修管理。

1）配电自动化一次设备停电检修计划需纳入公司月度或双周计划，综合平衡、批准后方可实施停电检修。

2）配电自动化一次设备停电检修，配电网调控机构调控班组依据停电申请单进行工作许可。

3）对于计划检修的停送电操作，应按照以下原则：

a. 停电操作。调控值班人员待配电运行人员到达现场后，对相关开关进行遥控分/合操作；遥控操作完毕后，配电运行人员应核对开关状态，将与检修相关且已遥控拉开的开关由"热备用"改为"冷备用"，并汇报调度。调控值班人员在得到相关开关已改"冷备用"的汇报后，许可停电申请单位开工；停电申请单位接到调度开工许可后，应现场核实检修设备确已无电，并做好相关安全措施，方可开始工作。

b. 送电操作。检修工作结束后，由停电申请单位向调度报竣工，竣工汇报应明确"工作全部结束、相关安全措施已拆除、设备具备送电条件"。配电运行人员按调控值班员要求将相关开关改为"热备用"位置后，调控值班人员进行开关的遥控分/合操作；遥控操作完毕后，配电运行人员应与调控值班员核对开关运行状态，正确后方可离开现场。

（4）配电自动化设备事故异常处理。

1）集中型配电自动化设备发生事故跳闸时，配调值班员根据配电自动化主站馈线自动化功能自动检测隔离方案，确认故障点后，拉开故障段侧开关，恢复非故障段设备供电，同时通知运维单位组织故障检查并处理。

2）就地型配电自动化设备发生事故跳闸时，配电网自动化开关按照预设逻辑跳闸和重合，隔离故障。调控员应认真分析故障信息，确认停电范围和故障可能位置，并将以上信息告知配电人员，加快寻找故障点速度。

3）开关遥控时，遥控功能无法执行，配调值班员通知自动化运维班检查处理，若故障短时无法排除，需通知人员现场操作。

4）开关遥控操作后，发现开关遥信、遥测不匹配时，即无法通过"双确认"确认开关状态时，配调值班员通知自动化运维班检查处理，并通知配电人员去现场确认。

5）调度台配电自动化系统工作站出现不正常运行或监视到错误信息，配调值班员通知自动化运维班检查处理。

6）自动化开关一次设备故障，现场设备运维人员应明确自动化功能是否受影响。如短时无法恢复时，应将自动化功能退出，现场与调度均做好记录，并尽快处理。

7）配电网故障跳闸或急停检修时，配调将与检修设备相邻的各侧可能来电的开关均改为冷备用（如与变电站出线开关相邻，需将变电站出线改为检修），运维单位操作人员现场做好停电开关的闭锁工作。

8）调控值班人员通过遥控操作开关，进行运行方式调整或负荷转供的合环倒闸操作时，如出现开关遥控分闸失败，调控值班人员应视情况遥控拉开原合环开关或相邻开关（或变电站相关出线开关），避免长期并列运行。由配电运行人员现场操作拒分开关。

（5）配电自动化新设备投运、退役管理。

1）配电自动化设备投运实施"验收一个、投运一个"的原则，设备投运计划提前5个工作日报配电网调控机构。

2）配电自动化集中验收时，运维单位应将一次设备图纸、二次设备参数、信息表资料提前3个工作日报配电网调控机构。

3）运维单位提出验收申请，计划投运设备在集中点与自动化主站调试完毕后，配电网调控机构按照信息表进行验收，设备投运当日，配电网调控机构再次进行现场设备开关遥控操作的验收，并对相关信息进行核对。遥控功能测试的安全性由现场运行人员负责，遥控操作的正确性由调控值班人员负责。

4）配电自动化设备退役及变更由运维单位提前 3 个工作日书面报配电网调控机构。

2. 线路 FA 功能运行管理要求

（1）针对集中式馈线自动化，应将 FA 功能的启/停用、模式切换纳入调度操作票统一管理，并做好 FA 功能启/停用、模式切换的权限管理。

1）下列情况应停用 FA 功能或切至交互模式：

a. 配电网线路本身或者所属变电站开关间隔检修，应将该线路 FA 功能停用。

b. 变电站 10（6、20）kV 母线检修，应将该母线上所有配电网线路 FA 功能停用。

c. 线路串供母线，应将串供线路两侧 FA 功能停用，被串供母线上其他线路 FA 功能停用或切至交互模式。

d. 针对投入全自动 FA 功能的线路，应加强变电站间隔及线路的日常巡视，如发生影响 FA 执行的情况，应将该线路 FA 功能由自动模式切至交互模式。

e. 针对变电站已改为小电阻接地方式，但配电网线路终端不具备零序电流识别功能的，应将 FA 功能切至交互模式。如 FA 功能定位为首端故障，应首先通知现场巡线，未找到故障点不得转供负荷，避免扩大故障范围。

f. 调度自动化主站、配电自动化主站重要服务器（SCADA/FES 服务器）升级改造过程中，应将 FA 功能停用或切至交互模式。

g. 线路发生故障时，若 FA 不启动，应立即将该线路 FA 功能停用。全自动 FA 执行过程中，若发现控制策略错误，应立即人工干预暂停执行，并将该线路 FA 功能停用。正常运行时，如单条线路 FA 误启动或频繁启动，应立即将该线路 FA 功能停用；如多条线路 FA 误启动或频繁启动，应立即将所有线路 FA 功能停用。针对 FA 不启动、控制策略错误、FA 误启动或频繁启动，均应查明原因，并消除隐患，否则不得再次启动FA 功能。

2）运行方式调整、停送电操作等，应在相关线路 FA 功能停用状态下进行。启用线路FA 功能前，应核对该线路非自动化开关置位状态与现场一致，处于分位状态的自动化开关已挂分位牌，配电终端无遗留缺陷。图模异动再次启用 FA 功能的，应经主站注入法测试无误。

3）集中式馈线自动化运行状态的切换，仅可支持"在线—离线—仿真"或"仿真—离线—在线"切换，在线状态与仿真状态之间不能直接切换。调度工作站仅可支持"在线—离线"或"离线—在线"切换，运维工作站仅可支持"离线—仿真"或"仿真—离线"切换。

（2）采用参数配置通知单的方式规范 FA 功能参数配置，明确编制人、审核人、批准人、执行人、复核人等内容，配电自动化 FA 功能版本升级、参数变更等应重新出具参数配置通知单，并告知调控运行人员。

（3）调控运行人员应熟练掌握 FA 功能的控制策略，针对每一起 FA 误启动、未启动以及正常启动执行的，均要开展详细案例分析。加强日常培训，积累运行经验，完善防误措施，提升应急处置能力。根据运行经验，全面梳理三遥终端有效覆盖情况，提出"三遥"终端布点建议，联络开关、大分支开关、重要分段（主干线至少2～3个）应具备"三遥"功能。

第四节　调 控 操 作 管 理

一、一般原则

电力系统的调度操作，根据调度管辖范围划分，应按照"调度指令、委托操作、操作许可"三种方式进行调度操作管理。凡属配调管辖的设备的操作，必须按照配电网调控员的指令执行。属上级调度许可设备，操作前必须得到上级调度运行值班人员的许可。在同一发电厂、变电站如遇多级调度同时发布操作指令时，配调应服从地调协调，按重要性、迫切性决定先执行哪一方的操作指令。

配电网调控员发布调度操作指令分为口头和书面两种方式，下达操作任务分为综合操作和逐项操作两种形式。正常情况下，必须以书面方式预先发布操作任务票，才能正式发令操作。在紧急情况或事故处理时，可采用口头指令方式下达。综合操作仅适用于涉及一个单位而不需要其他单位协同进行的操作，其他操作采用逐项操作的形式。

配电网调控员在进行倒闸操作前须做到：

（1）明确操作目的，核对现场实际情况，发令任务经同值人员审核确认，务使操作顺序正确。

（2）充分考虑系统运行方式、潮流、频率、电压、相位、稳定、备用、短路容量、主变压器中性点接地方式、继电保护及安全自动装置、雷季运行方式、消弧线圈以及自动化、通信等各方面影响。

（3）预发操作任务票。正常操作，原则上由上一值预发（启动操作任务票除外），预发时应明确操作目的和内容，预告操作时间。临时决定的操作尽可能提前预发。凡涉及两个及以上单位协同进行的操作，或者后一项操作需要前一项操作完成之后再由系统运行方式变化情况决定的，应将操作任务票分别填写。

现场操作人员应根据值班调控员发布的操作任务票，结合现场实际情况，按照有关规程规定负责填写具体的操作票，并对填写的操作票中所列一次操作及二次部分调整内容、顺序等正确性负责。正式操作时，接令操作人员根据现场设备的实际情况，认真审核操作票，确保正确无误，具备操作条件后，向当值值班调控员申请操作。

进行倒闸操作时必须严格执行发令、复诵、监护、汇报、记录和录音制度，并使用普通话和统一的调度、操作术语。发令受令双方应明确发令时间、完成时间以表示操作始终。

系统中的正常操作，一般在系统低谷或潮流较小时安排，并尽可能避免在下列情况下进行：

（1）值班人员在交接班时。

（2）高峰负荷时。

（3）系统发生故障时。

（4）有关联络线输送功率达到暂态稳定限额时。

（5）该地区有重要保电时。

（6）恶劣天气时。

（7）电网有特殊要求时。

（8）改善系统运行状况的重要操作应及时进行，但必须有相应的安全措施。

各单位运维人员在进行设备操作时，应严格遵守电力安全工作规程中有关电力线路和电气设备的工作许可、工作终结制度。

二、基本操作

1. 合环与解环操作

（1）合环操作原则上相位应相同，操作前应考虑合环点两侧的相角差和电压差，以确保合环时环路电流不超过继电保护、系统稳定和设备容量等方面的限额。较复杂的两系统合环操作，且又无运行经验时，宜先进行潮流计算，以决定是否可行。

如估计潮流较大有可能引起过流动作时，可采取下列措施：

1）将可能动作的保护停用。

2）在预定解列的断路器设解列点（必要时可更改定值），并通知运行值班员在现场注意潮流变化和保护动作情况。

3）合环开关两端电压差调至最小。

4）合环操作时，如果电压差或相角差较大，估算环流较大时，可用改变系统参数来降低环流或同时采用上述办法。

（2）解环操作应考虑解环后，潮流的重新分布能满足继电保护和系统设备容量的限额，并确保解环后系统有关部分电压应在规定范围之内。

（3）涉及上级管辖或许可设备的合环操作，在操作前应经上级值班调控员的同意；当上级值班调控员得知系统发生故障造成下级管辖电网不满足合环条件时，应主动告知下级值班调控员。

2. 断路器操作

（1）断路器可以分、合负荷电流和各种设备的充电电流以及额定遮断容量以内的故障电流。

（2）操作前应按照现场规程对断路器进行检查，确认断路器性能良好。

（3）断路器合闸前，应检查继电保护已按规定投入。断路器合闸后，应确认三相均已接通，自动装置已按规定放置。

（4）断路器使用自动重合闸时，应考虑断路器切断故障电流的次数。按规定若允许故障跳闸次数仅有一次，如需继续运行，应停用该断路器的重合闸。

（5）运行中的断路器如有严重缺陷而不能跳闸时，应尽快隔离处理。

（6）油断路器在故障跳闸后，虽未达到跳闸允许次数，但喷油严重，应由设备单位认定能否送电。

（7）10kV 柱上断路器只能进行系统正常情况下的转移负荷和合解环操作，以及正常线路检修所需的停送电操作，其他情况下的操作一般需停电进行。若线路故障抢修后，工作负责人确认已无接地及短路故障，则可用柱上断路器直接对线路恢复送电，以提高供电可靠率。

3. 隔离开关操作

允许用隔离开关操作的范围：

（1）在无接地示警指示时，拉开或合上电压互感器。

（2）在无雷击时拉开或合上避雷器。

（3）拉开或合上 220kV 及以下空载母线或旁路母线。

（4）在无接地故障时，拉开或合上变压器中性点或消弧线圈。

（5）在本变电站的解合环操作（但此时必须确认断路器三相完全接通，且必须将环路中断路器改为非自动）。

（6）可以拉合充电电流在 5A 以下的空载线路。

（7）上述设备如长期停用时，在未经试验前不得用隔离开关进行充电；上述设备如发生异常运行时，除有特殊规定可以远控操作的，其他不得用隔离开关操作。

4. 母线操作

（1）向母线充电，应使用具有反映各种故障类型的速动保护的开关进行。在母线充电前，为防止充电至故障母线可能造成系统失稳，必要时先降低有关线路的潮流。

（2）向母线充电时，应注意防止出现铁磁谐振或因母线三相对地电容不平衡而产生的过电压。

（3）倒换母线操作时应注意：

1）母联开关应改为非自动（由运维人员自行操作，并订入现场规程中）。

2）母差保护不得停用并应做好相应的调整。

3）各组母线上电源与负荷分布的合理性。

4）一次结线与电压互感器二次负载是否对应（由运行人员自行掌握）。

5）一次结线与保护二次交直流回路是否对应。

6）双母线中停用一组母线，在倒母线后，应先拉开空出母线上电压互感器次级开关，后拉开母联开关，再拉开空出母线上电压互感器一次隔离开关。

5. 线路操作

（1）线路停、送电操作，应考虑因机构失灵而引起非全相运行造成系统零序保护的误动作，正常操作必须采用三相联动方式。

（2）线路的停、复役操作应包括其线路电压互感器在内，当线路电压互感器高压侧与线路之间有隔离开关时，应由调控发令。若电压互感器高压侧与线路之间无隔离开关时（包括仅有高压熔丝），则由现场值班员自行掌握。

（3）新设备投入或检修后相位可能变动的设备应进行核相。

（4）计划检修停电操作，严禁在公告时间之前对馈电线路发令操作。临时停电抢修，线路停电前值班调控员应通知由政府部门批准的重要用户，停电后应及时发布停电信息。

（5）有消弧线圈补偿的系统，在线路投入、停用或运行方式改变前，应考虑消弧线圈的补偿。

（6）线路停电时，应注意：

1）正确选择解列点或解环点。

2）馈电线路的操作，一般先拉开受电端断路器，再拉开送电端断路器。送电时操作顺序相反。

（7）线路送电时，应注意：

1）应避免由发电厂侧先送电。

2）充电断路器必须具备完整的继电保护（应有手动加速功能），并具有足够的灵敏度。

3）必须考虑充电功率可能引起的电压波动或线路末端电压升高。

（8）对装于出线上的电容式电压互感器或耦合电容器的电压抽取装置，应视为线路电压互感器，此操作由现场变电运行值班员自行负责。

（9）线路工作要求。线路停电检修，应提前通知该线路重要用户及双电源用户，使其做好停电准备，双电源用户则要求在停电工作时间前将负荷切换至非工作线路，防止其倒送电。

（10）带电作业有下列情况之一者，应停用重合闸，并不准强送电：

1）中性点有效接地的系统中有可能引起单相接地的作业。

2）中性点非有效接地的系统中有可能引起相间短路的作业。

3）工作票签发人或工作负责人认为需停用重合闸的作业。禁止约时停用或恢复重合闸。

6. 变压器操作

（1）变压器并列的条件：结线组别相同，变比相同，短路电压相等。

（2）在任何一台变压器不会过负荷的条件下，允许将短路电压不等的变压器并列运行，必要时应先进行计算。

（3）变压器投运时，应选择励磁涌流影响较小的一侧送电。先从高压侧充电，后合负荷侧断路器。停电时操作顺序相反。

（4）向空载变压器充电时，应注意下列各点：

1）充电断路器应有完备的继电保护，并有足够的灵敏度。同时应考虑励磁涌流对系统继电保护的影响。

2）变压器各侧中性点接地开关均应合上。

3）充电后应检查变压器各侧电压，不宜超过其相应分接头电压的5%。

（5）运行中的变压器，其中性点接地的数目和地点应按继电保护的要求设置。

（6）运行中的三绕组变压器，若一侧断路器拉开，则该侧中性点接地开关应合上。

（7）运行中的变压器中性点接地开关如需倒换，应先合上另一台变压器的中性点接地开关，再拉开原来一台变压器的中性点接地开关。

（8）新投产或检修后可能影响相位正确性的变压器应进行定相和核相。

新投产的变压器进行充电时，应将变压器的全部保护装置投入跳闸。待充电正常、核相正确、带负荷之前再将相关保护停用。

第五节　配电网设备接入管理

一、新设备接入管理

（1）凡并入电网的新建、扩建或改建的设备，在设计审查前，主管单位应将设计项目的有关资料提供给配电网调控机构，以便相关人员进行研究，并对设计提出意见或建议。

（2）新设备在投入运行前，由设备运行、工程主管、营销等部门向配电网调控机构提供投入系统运行的有关资料。

（3）新设备（包括用户设备）启动前必须具备下列条件：

1）该工程已全部按照设计要求安装，调试完毕、具备投运条件，验收质检（包括主设备、继电保护及安全自动装置、电力通信、调度自动化设备等）已经结束，质量符合安全运行要求，且新设备投运手续齐全。

2）现场生产准备工作就绪。

3）现场具备启动条件，且调度关系已明确。

4）相关合同、技术管理协议等已经签订。

（4）新设备由设备主管单位（成立了启动验收委员会的应得其"可以投运"的确认）认为可以启动，自向值班调控员汇报时起，即属于调度管辖（许可）设备，未经申请批准（或虽经批准），但在未得到值班调控员指令或同意前，不得进行任何操作和工作，严禁自行将新设备投入电网运行。

（5）在新设备投入运行前，配电网调控机构应做好下列工作：

1）修改相关自动化系统画面及有关图表。

2）修改调度接线图。

3）修改继电保护及安全自动装置定值配置。

4）健全设备资料档案。

5）修改有关调控运行规定或说明。

6）有关人员应熟悉现场设备及规程、图纸资料、运行方式，并做好事故预想。

7）与新设备投运有关的内容。

（6）设备的停役、退役以及高压电力用户改建、增容、迁移或停用，均应办理书面手续。

（7）属下列情况之一者，应办理新设备投入运行申请手续，并报调控机构：

1）新接入系统运行设备（包括新建、扩建、改建）。

2）改变系统主接线或变更高压设备安装地点。

3）新装高压电力用户或原有高压电力用户增容、扩建或改变电源。

4）已经退役的设备重新恢复运行。

（8）对涉及配电设备单线图模型变更的配电自动化监控信号接入（变更），配电运检单位需在生产管理系统（PMS）中提交单线图，经配电网审核、配电网调度技术支持系统主站图模更新成功后，配电网调控机构在规定时间内完成主站端的数据维护、画面制作、数据链接、通道调试等工作。配电终端信息接入管理：

1）配电运检单位提交的监控信息表应满足典型信息表的规范化要求，监控信息表中的设备名称应使用正式的调度命名。

2）配电终端典型监控信息表应包含"三遥"点表、终端厂家、终端类型、通信接入方式、IP 地址等内容。

3）配电网调控机构收到配电网调度技术支持系统监控信息接入申请和信息表后，应对信息表进行审核，提出修改意见。

4）配电运检单位应根据调控机构意见修改信息表，并重新履行审核手续。

5）信息表经审核通过后，由配电网调控机构负责将信息表录入配电网调度技术支持系统。

（9）客户工程竣工要接入系统运行时，需由营销部门提前向配电网调控机构书面提供如下资料，经审签后方可送电：

1）新设备验收合格报告。

2）用户设备参数及电气接线图、新设备投运单等相关资料，必要时需提供《供用电合同》。

3）客户变电站联系电话，双电源客户变电站还需提供值班人员的名单。

4）若需停电搭接时，需提出有关的停电申请。

二、新设备启动原则

新设备启动应严格按照批准的调度实施方案执行，调度实施方案的内容包括启动范围、调试项目、启动条件、预定启动时间、启动步骤、继电保护要求、调试系统示意图等。

设备运检单位应保证新设备的相位与系统一致。有可能形成环路时，启动过程中必须核对相位；不可能形成环路时，启动过程中可以只核对相序。厂、站内设备相位的正确性由设备运检单位负责。

在新设备启动过程中，相关设备运检单位和配电网调控机构应严格按照已批准的调度实施方案执行并做好事故预想。现场和其他部门不得擅自变更已批准的调度实施方案；如遇特殊情况需变更时，必须经配电网调控机构同意。

在新设备启动过程中，调试系统保护应有足够的灵敏度，允许失去选择性，严禁无保护运行。

1. 变电设备启动原则

（1）断路器启动原则。

1）用外来电源（无条件时可用本侧电源）对开关冲击一次，冲击侧应有可靠的一级保护，新开关非冲击侧与系统应有明显断开点。

2）必要时对开关相关保护做带负荷试验。

3）电容器的开关冲击前应将电容器与开关断开。

4）6～35kV 设备（不含线路和变压器）若投运前已完成相关的耐压试验，在电网条件不允许时，可不经冲击直接送电。

（2）母线启动原则。

1）用外来电源（无条件时可用本侧电源）对母线冲击一次，冲击侧应有可靠的一级保护。

2）冲击正常后新母线电压互感器二次侧需做核相试验。

3）母线扩建，可采用带有电流保护的母联开关对新母线进行冲击。

（3）变压器启动原则。

1）35kV 电压等级变压器可用高压侧电源对新变压器冲击 5 次，冲击侧电源宜选用外来电源，采用两只开关串供，冲击侧应有可靠的两级保护。

2）冲击过程中，新变压器所有保护均启用，方向元件短接退出。

3）冲击新变压器时，保护定值应考虑变压器励磁涌流的影响。

4）冲击正常后，新变压器低压侧必须核相，变压器保护需做带负荷试验。

（4）电流互感器启动原则。

1）优先考虑用外来电源对新电流互感器冲击一次，冲击侧应有可靠的一级保护，新电流互感器非冲击侧与系统应有明显断开点。

2）若用本侧母联开关对新电流互感器冲击一次时，应启用母联保护。

3）冲击正常后，相关保护需做带负荷试验。

（5）电压互感器启动原则。

1）优先考虑用外来电源对新电流互感器冲击一次，冲击侧应有可靠的一级保护，新电流互感器非冲击侧与系统应有明显断开点。

2）若用本侧母联开关对新电流互感器冲击一次时，应启用母联保护。

3）冲击正常后，相关保护需做带负荷试验。

2. 配电线路启动原则

（1）35kV 及以下线路需全电压冲击一次，采用可靠的一级保护。

（2）冲击正常后必要时做相关定、核相试验。

三、调控验收及启动

1. 调控验收

调控人员负责对设备运检单位提供的信息表进行审核，对于审核发现的问题，应与提供信息表的单位进行确认。信息表通过审核后提交给自动化人员进行数据库维护、画面制作、数据链接等生产准备工作。

（1）验收前由变电运维人员会同检修人员做好相关安全措施。

（2）验收时应按照信息表内容逐条进行验收，并做好记录。

（3）验收过程中发现问题，应联系主站端自动化人员、现场人员配合检查。

（4）验收过程中如需修改信息表，应经参与验收的各方共同确认。

（5）值班调控员还应对监控画面和主站系统功能进行验收，包括接线图画面、光字牌画面、数据链接关系、信号分类是否正确，事故推图等是否正常，发现问题联系主站端自动化人员处理。

（6）验收过程中设备运检单位应对站端信息的正确性负责，调控人员应对监控端信息的正确性负责。

（7）验收完毕后，由值班调控员、配合验收人员共同对验收情况及遗留问题进行确认，值班调控员完成验收报告，包括验收时间、验收内容、验收人员姓名、验收结论、遗留问题及整改意见等。

2．配电终端信息验收

（1）配电终端监控信息联调验收前应具备以下条件：

1）调控机构已完成监控信息表录入配电网调度技术支持系统工作。

2）通信通道正常可靠。

3）配电运检单位已完成配电自动化设备现场验收工作。

（2）配电终端监控信息接入验收时，调控机构值班调控员通过监视画面和告警信号与现场配电运检人员逐一核对设备遥测量、遥信信号、遥控状态是否正确。

（3）验收过程中调控机构和配电运检单位应同步做好验收记录；如发现问题，应由现场立即处理，处理完毕后重新验收。

（4）配电终端监控信息接入工作结束后，调控机构验收人员应记录验收遗留问题、整改措施、验收结论等，并将相关验收资料归档保存。

3．启动要求

（1）调控验收合格后，新设备方可启动。

（2）新设备启动结束，由运维人员汇报值班调控员，双方核对新设备运行情况正常、信号一致后，值班调控员正式承担新设备调控职责。

第六节　配电网事故处理

一、事故处理一般原则

（1）配电网调控员是所辖电网事故处理的指挥者，应对事故处理的正确性负责，在处理事故时应做到：

1）尽速限制事故发展，消除事故的根源并解除对人身和设备安全的威胁。

2）根据系统条件尽可能保持设备继续运行，以保证对用户的正常供电。

3）尽速对已停电的用户恢复供电，对重要用户应优先恢复供电。

4）调整电力系统的运行方式，使其恢复正常。

（2）在处理系统事故时，相关现场运维人员应服从配电网调控员的统一指挥，正确迅速地执行配电网调控员的调控指令。涉及上级调度管辖设备，配电网调控员应服从地调值班调度员的统一指挥。配调管辖范围内的设备，凡涉及对系统运行有重大影响的操作，均应得到配电网调控员的指令或许可，符合下列情况的操作，现场运维人员可以自行边处理，边扼要报告，事后再作详细汇报：

1）将直接对人员生命有威胁和可能造成重大设备损坏的设备停电。

2）确知无来电的可能性，将已损坏的设备隔离。

3）整个发电厂或部分机组因故与系统解列，在具备同期并列条件时恢复与系统同期并列。

4）发电厂厂用电部分或全部失去时恢复其厂用电源。

5）线路开关由于误碰跳闸，立即恢复供电或鉴定同期并列（或合环）。

6）装有备用电源自动投入装置的变电站，当备用电源自动投入装置拒动时，现场运维人员可以不经值班调控员同意，立即手动模拟备自投操作。（有备用电源自动投入闭锁信号动作的除外）

7）其他在调度规程及现场规程中规定可以自行处理者。

（3）系统事故处理的一般规定：

1）在保证不失去保护的前提下，先调整一次方式，保证供电，再考虑保护、重合闸的配合及备自投装置的投、退。

2）系统发生事故或异常时，相关现场运维人员应立即向相应管辖单位的值班调控员报告概况，待弄清情况后，再尽速详细汇报。汇报内容包括事故发生时间及现象，设备的名称、编号、继电保护、自动装置及故障录波器动作情况（保护及自动装置汇报内容应包括保护出口动作情况，信号掉牌情况，重合闸动作情况、故障测距情况及故障录波器动作情况等）和频率、电压、潮流的变化等，值班调控员根据事故情况按有关规程进行处理。

3）为迅速处理事故和防止事故扩大，上级调度运行值班人员必要时可向下级越级发布指令，但事后应尽速通知配电网调控员。

4）事故处理时，应立即停止相关系统内的正常操作，处理过程中，可不填写操作任务票，而以口头指令发布，必须严格执行发令、复诵、监护、汇报、录音及记录制度，使用统一调度术语和操作术语。

5）处理事故时，值班调控员可以邀请其他有关专业人员到调控大厅协助处理事故。凡在调控大厅内的人员都要保持肃静。

6）非事故单位，不应在事故当时向值班调控员询问事故情况，以免影响事故处理。

7）对于设备的异常和危急情况的反映及设备能否坚持运行，是否需要停电处理等，应以现场报告和提出的要求为准。报告者应对其报告的情况和提出要求的正确性负责。

8）开关允许切除故障的次数应在现场规程中规定，开关实际切除故障的次数，现场运维人员应作好记录并保证正确，开关跳闸后，能否送电或需要停用重合闸，现场运维人员应根据现场规程规定，向值班调控员汇报并提出要求。

9）值班调控员在事故处理后应及时填写事故记录。调度部门领导或调控班长应及时组织讨论并总结事故处理的经验教训，采取必要的措施。

10）事故处理中，允许部分设备（线路、变压器）短时间过负荷，可按运行规程的规定处理。

11）事故处理中，若故障设备与上级调度管辖设备有关，而与本地区供电无直接影响，现场运维人员应首先向上级调度汇报，并及时向配调汇报；若事故严重影响地区供电负荷，则首先汇报配调，以便及时处理（凡涉及对系统运行有影响的操作均应得到上一级调度运行值班人员的指令或许可），事故发生后，现场运维人员在离开控制室进行操作或巡视时，应设法与调度保持联系。

二、电网紧急情况下拉限电的处理

（1）配电网调控员在电网因发电、供电系统发生重大故障需要停电、限电时（如系统解列、频率电压降低、联络线及输变电设备严重过载和威胁电网安全运行），必须按照相关的拉限电序位表予以拉限电，配电网调控员发布的拉限电指令不得与地调发布的拉限电指令相抵触，发生拉限电后立即与营销部门联系，告知拉限电的原因。引起停电或者限电的原因消除后，配电网调控机构应当尽快恢复供电。

（2）配电网调控员发布的拉限电线路，其他单位不得自行（送出）转移，若自行（送出）转移或不执行调控指令的，由此造成电网事故扩大的后果，由该单位承担。

（3）若因电网事故，被上级调度拉闸限电后，确已威胁到人身和重要用户的安全以及造成重大政治影响等特殊情况时，可以及时向上级调度提出，但应按上级调度重新发布的指令或要求执行。

三、主变压器及电压互感器的故障处理

（1）变压器开关跳闸时，值班调控员应根据变压器保护动作情况进行处理。

1）重瓦斯和差动保护（或速切保护）同时动作跳闸，未查明原因和消除故障之前不得强送。

2）重瓦斯或差动保护（或速切保护）之一动作跳闸，如不是保护误动，在检查外部无明显故障，经过瓦斯气体检查（必要时还要测量直流电阻和色谱分析），证明变压器内部无明显故障后，经公司分管领导同意，可以试送一次。有条件者，应进行零起升压。

3）变压器后备保护动作跳闸，除对变压器和母线作外部检查外，还应检查出线开关保护是否动作，若经检查变压器外部无异状时，可以试送一次：

a. 如果出线开关保护动作，而该开关未跳闸，则应拉开此开关，然后试送变压器。

b. 如果出线开关保护均未动作，则应拉开所有出线开关，然后试送变压器，试送成功后再逐路试送各出线。

c. 在出线开关跳闸的同时，主变压器的该侧开关亦跳闸，如出线开关重合成功，则应拉开该出线开关后，变压器侧开关可试送一次。

（2）变压器开关跳闸，如有备用变压器，在隔离故障点后，应迅速将备用变压器投入运行。

（3）变压器过负荷时，值班调控员应尽快调整方式降低该主变负荷，正常过负荷或事故过负荷按有关规定执行。无法降低负荷并持续过负荷超过规定时间时按紧急拉路顺序执行。确认变压器是过负荷跳闸，可以试送一次。

（4）变压器轻瓦斯动作发信号，值班调控员应通知运维人员检查处理。

（5）运行中变压器发生下列情形之一，立即安排停役：

1）变压器内部音响大，有异常爆裂声。

2）在正常负荷和冷却条件下，变压器温度不正常并不断上升。

3）储油柜或压力释放阀动作喷油。

4）严重漏油使油面下降，低于油位计的指示限度。

5）油色变化过甚，油内出现碳质等。

6）套管有严重的破损和放电现象。

7）变压器起火或大量漏油。

8）其他严重情况。

（6）变压器冷却系统全停时的处理原则如下：

1）油浸风冷变压器上层油温不超过 55℃时可在额定负荷下运行，超过 55℃时与环境温度相关，参照有关规定。

2）强油循环风冷变压器在额定负荷下允许运行 20min，如油温未达到 75℃可继续运行，允许上升至 75℃，但切除冷却器后运行不得超过 1h。

3）自然循环风冷或自冷的变压器，顶层油温最高不得超过 95℃；强油循环风冷变压器顶层油温最高不得超过 85℃。

4）值班调控员应根据变压器冷却系统全停时规定的最高顶层油温或允许运行时间，采取紧急转移负荷、拉限负荷或停运变压器等措施，以防主变压器损坏。

（7）电压互感器发生异常并且经运行维护单位确认可能发展成故障要求停用时，其处理原则如下：

1）电压互感器高压侧隔离开关可以远控操作时，应用高压侧隔离开关远控隔离。

2）无法采用高压侧隔离开关远控隔离时，应用开关切断该电压互感器所在母线的电源，然后再隔离故障的电压互感器。

3）禁止用近控的方法操作该电压互感器高压侧隔离开关。

4）禁止将该电压互感器的次级与正常运行的电压互感器次级进行并列。

5）禁止将该电压互感器所在母线保护停用或将母差保护改为非固定连结方式（或单母方式）。

6）在操作过程中发生电压互感器谐振时，应立即破坏谐振条件，并在现场规程中明确。

四、变电站母线故障和失电的处理

（1）当母线故障停电后，现场运维人员应立即汇报值班调控员，并对停电的母线进行外部检查，尽快把检查的详细结果报告值班调控员，值班调控员按下述原则处理：

1）不允许对故障母线不经检查即行强送电，以防事故扩大。

2）找到故障点并能迅速隔离的，在隔离故障点后应迅速对停电母线恢复送电，有条件时应考虑用外来电源对停电母线送电，联络线要防止非同期合闸。

3）找到故障点但不能迅速隔离的，若系双母线中的一组母线故障时，应迅速对故障母线上的各元件检查，确认无故障后，冷倒至运行母线并恢复送电。联络线要防止非同期合闸。

4）经过检查找不到故障点时，应用外来电源对故障母线进行试送电，禁止将故障母线的设备冷倒至运行母线恢复送电。发电厂母线故障如条件允许，可对母线进行零起升压，一般不允许发电厂用本厂电源对故障母线试送电。

5）当 GIS 设备发生故障时，必须查明故障原因，同时将故障点进行隔离或修复后对 GIS 设备恢复送电。

（2）发电厂、变电站母线失电是指母线本身无故障而失去电源，判别母线失电的依据是同时出现下列现象：

1）该母线的电压表指示消失。

2）该母线的各元件负荷消失（电流表、功率表指示为零）。

3）该母线所供厂（站）用电失去。

（3）正常由单一电源供电的变电站、母线失电后，应及时通知运维人员进行现场检查。对多电源变电站母线失电，在确定母线失电不是变电站母线故障引起时，为防止各电源突然来电后引起非同期并列，值班调控员按下述要求自选处理：

1）单母线应保留一主电源开关，其他开关（包括主变压器和馈线开关）全部拉开。

2）双母线（或单母线分段），应首先拉开母联（或分段）开关，然后在每组母线上只保留一个主电源开关，其他开关（包括主变压器和馈线开关）全部拉开。

五、断路器及隔离开关异常的处理

（1）开关异常指由于开关本体机构或其控制回路缺陷而造成的开关不能按调控或继电保护及安全自动装置指令正常分合闸的情况，主要考虑开关远控失灵、闭锁分合闸、非全相运行等情况。

（2）开关发生下列情况时，应立即停下处理：

1）开关本体。

a. 运行中的电气设备有异味、异常响声（漏气声、振动声、放电声）。

b. 落地罐式开关和 GIS 防爆膜变形或损坏。

c. SF_6 开关气体泄漏至报警值。

d. SF_6 气体管道破裂。

2）操动机构。

a. 操动机构卡涩，运行中发生拒合、拒跳或误分误合的现象。

b. 拐臂、连杆、拉杆松脱、断裂。

c. 端子排爬电；接线桩头松动、发热或脱落。

d. 操作回路熔丝座损坏。

e. 连杆有裂纹。

f. 机械指示失灵。

3）液压机构。

a. 压力异常或分合闸闭锁。

b. 严重漏油、喷油、漏氮。

（3）开关远控操作失灵，允许开关可以近控分相和三相操作时，应满足下列条件：

1）现场规程允许。

2）确认即将带电的设备（线路、变压器、母线等）应属于无故障状态。

3）限于对设备（线路、变压器、母线等）进行空载状态下的操作。

（4）线路开关正常运行发生闭锁分合闸的情况，应采取以下措施：

1）有条件时将闭锁合闸的开关停用，否则将该开关的综合重合闸停用。

2）将闭锁分闸的开关改为非自动状态，但不得影响其失灵保护的启用。

3）采取旁路开关代供或母联开关串供等方式隔离，在旁路开关代供隔离时，环路中开关应改非自动状态。

4）特殊情况下，可采取该开关改为馈供受端开关的方式运行。

（5）母联及分段开关正常运行发生闭锁分合闸的情况，应采取以下措施：

1）将闭锁分合闸的开关改为非自动状态，母差保护做相应调整。

2）双母线母联开关，优先采取合上出线（或旁路）开关两把母线闸刀的方式隔离，否则采用倒母线方式隔离。

（6）开关发生非全相运行时，应立即将该开关拉开；非全相运行的线路不得与正常运行的线路进行合、解环操作。

（7）运行中的隔离开关如发生引线接头、触头发热严重等异常情况，应首先采取措施降低通过该隔离开关的潮流（禁止采用合另一把母线隔离开关的方式），必要时停用隔离开关处理。如需操作该隔离开关，必须经设备运检单位现场检查确认其安全性，否则不得进行操作。

（8）运行中的隔离开关如发生重大缺陷不能操作，并经设备运检单位确认需紧急停用时，应采用调度停电的方式隔离。

（9）隔离开关在操作过程中发生分合不到位的情况，现场运维人员应首先判断隔离开关断口的安全距离。当隔离开关断口安全距离不足或无法判断时，则应当在确保安全情况下对其隔离。

六、配电线路的事故处理

（1）35kV 及以下非纯电缆线路事故处理一般原则：

1）线路跳闸后，现场运维人员必须对故障跳闸线路的有关设备进行外部检查，确认是否可以正常送电。

2）遮断容量不足或需要在就地操作的开关，在未查出故障并加以消除前不得进行试送。

3）35kV 及以下的线路开关跳闸，重合不成，原则上不得强送。

（2）强送电前应考虑：

1）强送电的开关要完好，且有完备的继电保护。

2）正确选择强送端进行强送。

3）对可分段线路是否分段试送。

4）开关跳闸次数不超过允许次数。当线路开关跳闸次数已达到规定和遮断容量不足的开关跳闸后，不得进行强送电。

5）线路及其所供下级变电站无小机组并列。

6）除上述考虑之外，还应参照线路送电注意事项进行。

（3）35kV 及以下馈供线路事故处理的原则：

1）有单电源重要用户的线路故障跳闸重合不成，经请示领导同意后，允许强送一次。

2）无人值班变电站，当重合闸装置原处于投入状态，无法得到保护装置动作信息时，不得强送。

3）无人值班变电站，如有保电任务（或其他紧急情况）线路故障跳闸重合不成，配电网调控员可不经检查开关设备立即进行送电一次。

4）当线路可以分段送电时，应逐段试送。

5）线路单相接地后跳闸，重合闸失败的，不再强送，可以分段试送。

（4）全电缆线路事故处理的原则：

1）不经巡视不允许对故障线路强送电。

2）经巡视，找到故障点的，在隔离故障点后，可对停电线路试送电。

3）经巡视，未找到故障点的，视情况可采用逐段试送的办法寻找故障。

4）特殊情况经领导批准后可试送一次。

（5）带电作业的线路故障跳闸后，申请带电作业的单位应迅速向值班调控员汇报，值班调控员只有在得到工作负责人的同意后方可进行强送电。工作负责人在现场不论何种原因，发现线路停电后，应迅速与调度联系，说明能否强送电。

（6）线路事故跳闸后，不论重合或强送成功与否，值班调控员均应通知运行单位巡线，在发布巡线指令时应说明：

1）线路状态（线路是否带电，若线路无电，是否已经做好安全措施）。

2）故障时线路保护及安全自动装置动作情况、故障录波器测量数据等情况。

3）找到故障点后是否可以不经联系立即开始处理。

（7）线路上有自发电（指有调度关系的小电厂）的线路开关跳闸，必须判明线路无电后才能由系统侧试送一次，试送成功，对侧开关进行同期并列。

七、单相接地故障的处理

1. 接地现象分析

（1）配电网调控员接到系统中发生单相接地故障的报告后，应记录三相对地电压值、警报信号表示情况。

（2）配电网调控员对系统接地指示信号和数据应进行全面正确的分析进行处理，一般有以下情况：

1）系统单相接地。

2）电压互感器高压熔丝熔断。

3）线路断线接地。

4）消弧线圈补偿不当所引起电压不平衡。

5）谐振过电压引起的虚幻接地。

2. 接地线路查找故障处理

（1）配电网调控员应按以下方法寻找单相接地故障：

1）对双母线双电源并列运行的可用分排的方法，缩小寻找范围，但应考虑主变压器所带负荷是否过载。

2）拉开运行中的电容器及空充旁路母线的开关。

3）无"小电流接地选线"装置（或停用）时，可用接地试探的方法寻找。

4）无接地试探功能及重合闸不投的线路以试拉、合开关的方法寻找。

5）若线路全部检查后仍未找到接地故障，现场运维人员应对母线及有关设备进行详细检查。

（2）在采用短时停电方法寻找接地线路的过程中，应遵循以下原则：

1）不得用隔离开关切除接地故障的电气设备；不得用隔离开关切除消弧线圈。

2）原则上不得将接地系统与正常系统并列。

3）若装有小电流接地检测装置，应先试拉该装置反映的异常线路。其次选择空线、分支线较多且较长的线路。有重要客户的线路放在最后试拉，且在试拉前与其联系。

4）有发电机并网的线路，应先令发电机解列后再试拉。

（3）接地线路检出后，若带电巡线未找到接地故障点，必要时可以拉开线路分段开关缩小寻找范围。

1）拉开线路上分段开关后试送。

2）将部分客户及配电变压器拉开后试送。

3）将部分线路拆头后试送。

（4）当发生线路断线或断线接地（一般为两相升高或一相升高、两相偏低或接到报告）时，应立即将故障线路切除，以免危及人身、设备安全。

（5）发生永久性接地故障，现场运维人员应对站内设备进行巡视，配电网调控员应通知设备运检单位进行巡线检查，并由营销部门对用户进行查询检查。

（6）现场运维人员已确定本站某一系统发生接地故障后，应按现场运规对站内接地系统的一次设备进行细致巡查，将接地故障情况和巡查结果报告值班调控员，进行处理。

（7）35kV 及以下系统发生单相直接接地的线路，其最长允许运行时间不得超过 2h（时间从发生单相接地时算起，带接地故障运行时，值班调控员应尽快处理），逾时应将该线路退出运行。查找到故障线路后，原则上不再送电。

（8）35kV 及以下线路开关因故障跳闸重合后或强送后，随即出现单相接地故障时，应将其拉开。

（9）经确认永久接地的线路，配电网调控员可以分段试送。

（10）配电网调控员接到报告得知该系统某线路断线威胁人身安全时，应立即停电，并通知线路所属单位查处。

3. 配电网单相接地智能研判模块

通过接地试拉的方式确定接地线路时，宜使用单相接地智能研判功能模块（简称智能研判模块）：

（1）配电网调控员应核对智能研判模块自动生成的待选线路与接地母线对应关系正确。

（2）待选线路序列中不含非线路开关（如主变压器开关、接地变压器开关、母线分段开关、电容器开关等）。

（3）若线路上有重要用户暂不能试拉，应将此类线路从拉路序列表中移除，其他线路通过智能研判模块先行试拉。若先行试拉未找到接地线路，则通知重要用户做好停电准备，配电网调控员再次启动智能研判模块，在拉路序列表中仅保留未试拉的重要用户线路。

（4）应将接地概率最大的线路排在控制序列的最前列。试拉线路序列可按以下顺序确定：

1）空载或备用线路。

2）有明确故障信息的线路。

3）智能研判模块计算得出或由现场接地选线装置选择的接地线路。

4）单相接地拉路序位表中其他需试拉的线路。

（5）考虑两条及以上线路同相接地或母线接地，若所有线路开关拉、合后，未查找出接地故障，可经人工确认再次启动试拉，此时智能研判模块每拉开一条线路后不再合上。如果拉开某线路后接地消失，说明该线路为其中一条接地线路，此时智能研判模块逆序试合之前已拉开的线路，试合后接地发生的即为另一条接地线路。如果将所在母线上的所有线路拉开接地仍不消失，则说明接地故障在母线上，研判终止。

4. 消弧线圈异常处理

当消弧线圈发生异常响声、冒烟、喷油、有臭味、温度急剧上升超过规定等，说明消弧线圈内部有故障，必须停用消弧线圈，处理原则如下：

（1）若系统确已无接地故障，且中性点位移电压小于现场规程规定的电压时，可直接拉开消弧线圈隔离开关。

（2）若系统有单相接地故障，或中性点位移电压超过现场规程规定的电压范围时，接有消弧线圈的变压器应先将变压器停用，然后拉开消弧线圈隔离开关；接有消弧线圈的接地变压器应先拉开接地变压器开关，然后拉开消弧线圈隔离开关（接地变压器无高压侧开关时，则需将接地变压器所在母线调度停电）；若接地线路已找到，则拉开该故障线路后，若中性点位移电压小于现场规程规定的电压时，可直接拉开消弧线圈隔离开关，无需停主变压器。

第九章

配电网方式计划

第一节　配电网运行方式管理

一、配电网年度运行方式编制要求

配电网年度运行方式编制应以保障电网安全、优质、经济运行为前提，充分考虑电网、客户、电源等多方因素，以方式计算校核结果为数据基础，对配电网上一年度运行情况进行总结，对下一年度配电网运行方式进行分析并提出措施和建议，从而保证配电网年度运行方式的科学性、合理性、前瞻性。

（1）应提前组织发展、建设、运检、营销等相关部门开展技术收资工作，保证年度运行方式分析结果准确。

（2）对于具备负荷转供能力的接线方式，应充分考虑配电网发生 $N-1$ 故障时的设备承载能力，并满足所属供电区域的供电安全水平和可靠性要求。

（3）应核对配电网设备安全电流，确保设备负载不超过规定限额。

（4）短路容量不超过各运行设备规定的限额。

（5）配电网的电能质量应符合国家标准的要求。

（6）配电网的继电保护和安全自动装置应能按预定的配合要求正确、可靠动作。

（7）配电网接入分布式电源时，应做好适应性分析。

（8）配电网运行方式应与主网运行方式协调配合，具备各层次电网间的负荷转移和相互支援能力，保障可靠供电，提高运行效率。

（9）各电压等级配电网的无功电压运行应符合相关规定的要求。

（10）配电网年度运行方式应与主网年度运行方式同时编制完成并印发，应对上一年配电网年度运行方式提出的问题、建议和措施进行回顾分析，完成后评估工作。

二、配电网正常运行方式安排要求

（1）应满足优质、可靠供电要求，并与主网运行方式统筹安排，协同配合。

（2）应结合配电网调度技术支持系统控制方式，合理利用馈线自动化（FA）使配电网具有一定的自愈能力。

（3）应满足不同重要等级客户的供电可靠性和电能质量要求，避免因方式调整造成双电源客户单电源供电，并具备上下级电网协调互济的能力。

（4）配电网的分区供电：配电网应根据上级变电站的布点、负荷密度和运行管理需要，划分成若干相对独立的分区配电网，分区配电网供电范围应清晰，不宜交叉和重叠，相邻分区间应具备适当联络通道。分区的划分应随着电网结构、负荷的变化适时调整。

（5）线路负荷和供电节点均衡：应及时调整配电网运行方式，使各相关联络线路的负荷分配基本平衡，且满足线路安全载流量的要求，线路运行电流应充分考虑转移负荷裕度要求；单条线路所带的配电站或开关站数量应基本均衡，避免主干线路供电节点过多，保证线路供电半径最优。

（6）固定联络开关点的选择：原则上由运检部门和营销部门根据配电网一次结构共同确定主干线和固定联络开关点。优先选择交通便利，且属于供电企业资产的设备，无特殊原因不将联络点设置在用户设备，避免转供电操作耗费不必要的时间；对架空线路，应使用柱上开关，严禁使用单一隔离开关作为线路联络点，规避操作风险；联络点优先选择具备遥控功能的开关，利于台端对设备的遥控操作。因特殊原因，主干线和固定联络开关点发生变更，调度部门应及时与运检部门和营销部门重新确定主干线和联络开关点。

（7）专用联络线正常运行方式：变电站间联络线正常方式时一侧运行，一侧热备用，以便于及时转供负荷、保证供电可靠性。

（8）转供线路的选择：配电网线路由其他线路转供，如存在多种转供路径，应优先采用转供线路线况好、合环潮流小、便于运行操作、供电可靠性高的方式，方式调整时应注意继电保护的适应性。

（9）合环相序相位要求：配电网线路由其他线路转供，凡涉及合环调电，应确保相序一致，压差、角差在规定范围内。

（10）转供方式的保护调整：拉手线路通过线路联络开关转供负荷时，应考虑相关线路保护定值调整。外来电源通过变电站母线转供其他出线时，应考虑电源侧保护定值调整，被转供的线路重合闸停用、联络线开关进线保护及重合闸停用。

（11）备用电源自动投入方式选择：

1）双母线接线、单母线分段接线方式，两回进线分供母线，母联/分段开关热备用，备用电源自动投入可启用母联/分段备自投方式。

2）单母线接线方式，一回进线供母线，其余进线开关热备用，备用电源自动投入可启用线路备自投方式。

3）内（外）桥接线、扩大内桥接线方式，两回进线分供母线，内（外）桥开关热备用，备用电源自动投入可启用桥备用电源自动投入方式。

4）在一回进线存在危险点（源），可能影响供电可靠性的情况下，其变电站全部负荷可临时调至另一条进线供电，启用线路备用电源自动投入方式。处理危险点（源）时应退出备用电源自动投入装置，待危险点（源）消除后，变电站恢复桥（母联、分段）备自投方式。

5）具备条件的开关站、配电室、环网单元，宜设置备自投装置，提高供电可靠性。

（12）电压与无功平衡：

1）系统的运行电压，应考虑电气设备安全运行和电网安全稳定运行的要求。应通过 AVC 等控制手段，确保电压和功率因数在允许范围内。

2）应尽量减少配电网不同电压等级间无功流动，应尽量避免向主网倒送无功。

三、检修情况下运行方式安排要求

检修情况下的配电网运行方式安排，应充分考虑安全、经济运行的原则，尽可能做到方式安排合理。

1. 线路检修

（1）应优先考虑带电作业，需停电的工作应尽可能减少停电范围。

（2）对于不在作业范围内的线路段，能通过联络转供的，应将此线路段转供，并应在检修工作结束后及时恢复正常方式。

（3）不停电线路段由对侧带供时，应考虑对侧线路保护的全线灵敏性，必要时调整保护定值。

（4）上级电网中双线供电（或高压侧双母线）的变电站，当一条线路（或一段母线）停电检修时，在负荷允许的情况下，优先考虑负荷全部由另一回线路（或另一段母线）供电，遇有高危双电源客户供电情况，应尽量通过调整变电站低压侧供电方式，确保该类客户双电源供电。

2. 变电站主变压器检修

（1）有两台及以上主变压器的变电站优先考虑负荷全部由另一台主变压器或其余主变压器供电。

（2）遇有高危双电源客户供电情况，应尽量通过调整变电站低压侧供电方式，确保该类客户双电源供电。

3. 变电站全停检修

（1）变电站全停时，需将该站负荷尽可能通过低压侧移出，如遇负荷转移困难的，可考虑临时供电方案，确无办法需停电的，应在月度调度计划上明确停电线路名称及范围。

（2）变电站全停检修时，应合理安排方式保证所用电的可靠供电。

4. 检修调电操作要求

进行调电操作应先了解上级电网运行方式后进行，必须确保合环后潮流的变化不超过继电保护、设备容量等方面的限额，同时应避免带供线路过长、负荷过重造成线路末端电压下降较大的情况。

四、事故情况下运行方式安排要求

（1）事故运行方式安排的一般原则：

1）上级电网中双线供电（或高压侧双母线）的变电站，当一条线路（或一段母线）故障时，在负荷允许的情况下，优先考虑负荷全部由另一回线路（或另一段母线）供电，并尽可能兼顾双电源客户的供电可靠性。

2）上级电网中有两台及以上变压器（或低压侧为双母线）的变电站，当一台变压器故障时，在负荷允许的情况下，优先考虑负荷在站内转移，并尽可能兼顾双电源客户的供电可靠性。

3）故障处理应充分利用配电自动化系统，对于故障点已明确的，可立即通过遥控操作隔离故障点，并恢复非故障段供电，恢复非故障段供电时也应优先考虑可以遥控调电的电源。

（2）因事故造成变电站全停时，优先恢复站用电。

（3）线路故障在故障点已隔离的情况下，尽快恢复非故障段供电。转供时应避免带供线路及上级变压器过负荷的情况。

五、新设备启动安排要求

（1）配电网设备新改扩建工程及业扩报装工程投产前，应由工程建设部门提前向调控机构报送投产资料，资料应包括设备的相关参数、设备异动的电气连接关系等内容。

（2）为处置配电网公用设备危急缺陷，更换相关公用设备的工作，运检部门（设备管理部门）应在设备投产后 2 个工作日内向配电网调控机构补报投产资料，完善相关流程。

（3）配电网调控机构应综合考虑系统运行可靠性、故障影响范围、继电保护配合等因素，开展启动方案编制工作。

（4）配电网调控机构依据投产资料编写启动方案，启动方案应包括启动范围、定（核）相、启动条件、预定启动时间、启动步骤、继电保护要求等内容。

（5）运检部门（设备管理部门）和营销部门应分别负责组织供电企业所属设备和客户资产设备验收调试和启动方案的准备工作，确保启动方案顺利执行。

（6）新设备启动过程中，如需对启动方案进行变更，必须经调控机构同意，现场和其他部门不得擅自变更。

第二节　配电网停电计划管理

一、配电网停电计划管理范围

（1）配电网停电计划管理应实现由中压配电网（6～35kV 电网）到低压配电网（0.4kV 电网，含配电变压器）的全覆盖。

（2）6～35kV 配电网的停电计划执行许可管理；停电申请单位应提前申报停电计划并经相应调控机构批准，在正式工作前还应经相应调控机构许可后方可开工，未得到调控机构许可的配电网停电工作严禁开工。

（3）400V 低压配电网的停电计划执行备案管理；停电申请单位应按要求提前向相应调度报送停电计划进行备案，未在调度备案的低压配电网停电工作严禁开工。

二、配电网停电计划编制原则

（1）月度计划以年度计划为依据，日前计划以月度计划（业扩工程双周计划）为依据。

（2）配电网建设改造、检修消缺、业扩工程等涉及配电网停电、启动送电或带电作业的工作，均需列入配电网停电计划。上级输变电设备停电需配电网设备配合停电的，即使配电网设备确无相关工作，也应列入配电网停电计划。

（3）配电网停电计划应按照"下级服从上级、局部服从整体"的原则，以"变电结合线路、二次结合一次、生产结合基建、用户结合电网"的方式，综合考虑设备运行工况、电网建设改造、重要客户用电需求和业扩报装等因素，主配网停电计划协同，合理编制停电计划。坚持"能带不停，一停多用"的工作原则，完善配网月度停电、周调整计划管理制度，杜绝一事一停，减少重复停电，确保配电网安全运行和客户可靠供电。

（4）在夏（冬）季用电高峰期及重要保电期，原则上不安排配电网设备计划停电。

（5）配电网计划停电应最大限度减少对客户供电影响，尽量避免安排在生活用电高峰时段停电。

三、中压配电网停电计划管理

1. 编制要求

（1）配电网年度计划是停电工作开展的基础，基建部门、运检部门（设备管理部门）、营销部门应综合考虑全年新改扩建工程、业扩报装工程编制年度检修计划，由相应调控机构进行综合平衡并经地市调控机构审查，地市调控机构于年底之前统一发布年度停电计划。未纳入年度计划的业扩工程，按月滚动纳入年度计划调整，特别紧急的业扩工程可纳入单周滚动。

（2）停电申请单位应按要求提前向相应调控机构报送配电网设备停电检修、启动送电计划。配电网停电计划应明确计划停送电时间、计划工作时间、停电范围、工作内容和检修方式安排等内容，并按照工作量严格核定工作时间。配电网月度停电计划确定后以公文形式印发。

（3）调控机构应依据月度停电计划开展日前停电计划管理工作，批复相关单位检修申请，并进行日前方式安排。

（4）应综合考虑客户用电需求和调度停电计划，做到客户检修计划与本单位停电计划同步，减少重复停电。

（5）配电网新改扩建工程和业扩报装停送电方案必须经相应调控机构审查后，相关设备停电工作方可列入年（月）度停电计划。

2. 执行与变更

（1）配电网月度停电计划应刚性执行。原则上不得随意变更，如确需变更的，应提前完成变更手续，并经地县供电公司分管领导批准。

（2）基建部门、运检部门（设备管理部门）、营销部门应跟踪、督促物资及施工准备情况，在停电计划执行之前完成相关准备工作。

（3）计划停电工作，相关部门应在开工前 3 个工作日，向相应调控机构提交设备停电申请单。

（4）运检部门（设备管理部门）应严格按照停电计划批准的停电范围、工作内容、停电工期安排施工，不得擅自更改。

（5）停电计划执行全过程实施"五个零时差"管理，强化配电网停电计划执行过程中时间偏差控制，提高停电检修的工作效率和设备检修质量，提升计划停送电的精准度，提高供电可靠性和优质服务水平。

1）停电零时差。停电零时差是指实际停电时间不得早于预告停电时间，滞后于预告停电时间的偏差不得超过允许范围。

2）操作零时差。操作零时差是指停、复役操作实际执行时间超过操作预定所需时间的偏差不得超过允许范围。停电计划申报时应对操作时间进行分类预估，合理考虑操作所需时长。

3）许可零时差。许可零时差是指调度许可给现场工作负责人（现场许可人）的时间滞后于检修工作计划开始时间的偏差不得超过允许范围。

4）工作零时差。工作零时差是指实际工作结束时间不得超过计划工作结束时间，应对计划工作时长进行准确预估。

5）送电零时差。送电零时差是指实际送电时间不得滞后与预告送电时间，预告停电时间以"日前停电计划"停电时间为准。

（6）未纳入月度停电计划的设备有临时停电需求时，相关部门（单位）应提前完成临时停电审批手续，并经地县供电公司分管领导批准。

（7）因客户、天气等因素未按计划实施的项目，原则上应取消该停电计划，另行履行停电计划签批手续。

（8）已开工的设备停电工作因故不能按期竣工的，原则上应终止工作，恢复送电。如确实无法恢复，应在工期未过半前向相应调控机构申请办理延期手续，不得擅自延期。

四、低压配电网停电计划管理

1. 编制要求

（1）停电申请单位应按要求提前向所辖调控机构报送低压配电网（0.4kV电网，含配电变压器）停电周计划，由调控机构进行备案。

（2）低压配电网停电计划应明确设备运维单位（配电运检班组或供电所）、停电范围（变电站—线路—配电变压器—400V出线）、停电区域、停电原因、计划停送电时间等内容。

2. 执行与变更

（1）停电申请单位应严格按照已备案的停电计划开展现场工作，未备案的停电工作严禁开工。

（2）调控机构已备案的停电计划应严格执行，原则上不得随意变更；如确需变更，应履行变更手续，提前向调控机构进行变更备案。

（3）调控机构未备案的低压配电网设备有临时停电需求时，相关部门应提前完成临时停电审批手续，经批准后向调控机构进行备案。

五、安全校核及风险防控

地市供电企业配电网调控中心和县级供电企业调控机构应根据配电网停电计划，做好电网安全校核，完善电网安全控制措施和故障处置预案。对可能构成《国家电网公司安全事故调查规程》规定七级及以上电网事件的设备停电计划，应采取措施降低事故风险等级。

（1）配电网停电计划应从电网安全可靠、客户优质服务两个维度进行校核，确定停电计划的风险类型并评估停电计划的风险等级。

（2）风险类型从电网安全可靠维度可分为设备重复停电、调度承载力越限、工区承载率越限；从客户优质服务维度分为保电任务冲突、单次停电时户数超标、用户重复停电、重要用户风险、总时户数越限。

（3）风险等级共分为三级，按照风险等级从高到低排列分别为红色预警、黄色预警和蓝色预警。

六、配电网停电计划执行主要指标

配电网停电计划执行情况指标主要包括年度重复停电率、月度停电计划执行率、月度临时停电计划率、日停电计划检修申请按时完成率、停电执行合格率。

（1）年度重复停电率＝当年重复停电的项目数/当年计划停电的项目数×100%（根据各省实际制定重复停电的标准及考核办法）。

（2）月度停电计划执行率＝当月实际完成的计划项目数/当月计划项目数×100%。

（3）月度临时停电计划率＝当月临时计划项目数/当月计划项目数×100%。

（4）日停电计划检修申请按时完成率＝当月在批准时间内完成的检修单数/当月实际执行的检修单总数×100%。

（5）停电执行合格率＝（1－停送电不合格条次/总停电条次）×100%（单条次停电和送电均不合格时计为 1 条次不合格，不重复计数。本指标考核 6～35kV 配电网停电是否严格按批复的停、送电时间执行。实际停电时间超前计划批复停电时间计为本条次停电不合格；实际送电时间滞后计划批复送电时间计为本条次送电不合格）。

第三节　配电网带电作业计划管理

一、配电网带电作业计划管理范围

凡属县（配）调管辖和许可的配电网带电作业，均需列入计划管理。

二、配电网带电作业计划编制原则

（1）配电网线路带电作业，设备运检单位应按要求发布带电作业计划，对用户停电的，应满足用户停电通知时限要求。

（2）带电作业应在良好天气情况、正常运行方式或做必要的运方调整后进行，在系统运行方式比较薄弱、重要保供电及节日期间，不宜进行带电作业，保电线路不批准进行带电作业。

（3）带电作业只允许进行已申请的作业项目，不得自行增加或改变项目。

三、配电网带电作业计划执行要求

（1）带电作业工作负责人在带电作业工作开始前，应与值班调控员联系。需要停用重合闸的，由值班调控员履行许可手续。带电作业结束后应及时向值班调控员汇报。

（2）涉及带电拆搭头时应办理停电申请单。

（3）带电作业过程中如设备突然停电，作业人员应视设备仍然带电。工作负责人应尽快与值班调控员联系，值班调控员未与工作负责人取得联系前不得强送电。

第十章

配电网抢修指挥

第一节 配电网抢修指挥概述

一、配电网抢修指挥的定义

《国家电网公司配电网抢修指挥工作管理办法》所称的配电网抢修指挥是指配调及县调，根据国家电网客户服务中心（简称国网客服中心）派发的故障报修工单内容或配调监控系统发现的故障信息，对配电网故障进行研判，并将工单派发至相应抢修班组。

二、配电网抢修指挥业务发展状况

原国家电力公司在 2001 年向信息产业部申请，以"95598"作为国家电力公司开展供电服务使用的统一电话号码；同时，向互联网管理中心注册"95598"域名。2005 年国家电网公司向全社会明确提出了供电服务 95598 热线 24h 受理业务、信息查询、服务投诉和电力故障报修的庄严承诺。

2012 年，"大营销"体系建设阶段，结合 95598 电话服务省级集中，客户故障报修由分区受理改为全省统一受理，设立地市、县公司远程工作站。建立健全了故障抢修事中监督、事后评价的闭环工作机制；进一步强化抢修指挥、组织、协调；提高响应速度，消除了分区服务差异。

2014 年，"大运行"体系全面提升阶段，为强化横向业务协同，进一步增强调控中心在电网调度运行中的指挥中枢功能，简化抢修工作流程，提高配电网故障处置效率，将配电网故障研判和抢修指挥职能纳入了各级地、县调。

2018 年，为贯彻落实国家电网公司关于加快构建现代服务体系的要求，坚持以客户为中心，以提升供电可靠性和优质服务水平为重点，地市供电公司相继成立供电服务指挥中心（配电网调控中心），配电网调控班和配电网抢修指挥班由各级地调整建制划转，县调未调整。

三、配电网抢修指挥业务职责划分

国家电网公司系统内的各级调控机构配电网抢修指挥业务包括配电网抢修工单处置和生产类停送电信息报送两项主要工作内容。

为提高配电网故障研判、抢修指挥工作的精益化、同质化、标准化管理水平，规范和指导相关业务开展，国家电网公司明确了各级调控机构的配电网抢修指挥业务主要职责。

（1）国调中心是配电网抢修指挥业务的归口管理部门，负责公司配电网抢修指挥管理制度、标准、流程及技术支持功能应用规范的制定，负责公司配电网抢修指挥工作的统计分析及监督、检查、考核、评价管理工作。

（2）省电力公司电力调度控制中心（简称省调）主要职责：

1）负责贯彻落实公司配电网抢修指挥管理制度、标准和流程，根据实际业务开展情况制定实施细则，指导地公司规范开展配电网抢修指挥工作。

2）负责对各地公司配电网抢修指挥工作的监督、检查和考核，组织开展业务统计分析。

3）负责专业管理范围内生产类停送电信息报送工作的监督、检查。

4）协调开展配电网抢修指挥技术支持功能建设工作。

（3）地市供电公司电力调度控制中心（简称地调）主要职责：

1）负责贯彻落实公司配电网抢修指挥管理制度、标准、流程及省公司发布的实施细则。

2）负责对供指中心和各县公司配电网抢修指挥工作的指导、检查和考核，组织开展业务统计分析。

（4）配调及县调主要职责：

1）负责贯彻落实公司配电网抢修指挥管理制度、标准、流程及省公司发布的实施细则。

2）负责接收抢修类及生产类紧急非抢修工单、研判分析、通过系统合并、派发工单。

3）负责审核抢修班组回填的工单，并将工单回复客服中心。

4）负责专业管理范围内生产类停送电信息编译工作，汇总报送生产类停送电信息。

5）负责配电网抢修指挥业务统计分析及报送工作，定期发布抢修班组工作执行情况。

四、配电网抢修指挥业务管理要求

配电网抢修指挥业务应符合下列基本要求：

（1）配电网抢修指挥人员（包括配电网抢修指挥相关班组班长及班组成员）配置应满足 $7 \times 24h$ 值班要求，保障及时处理工单，避免出现工单超时现象。配电网抢修指挥席位设置应考虑应急需求，保证业务量激增时工作开展需求。

（2）配电网抢修指挥值班实行 24h 不间断工作制。值班人员在值班期间应严格遵守值班纪律，保持良好的精神状态。值班期间，应定期巡视系统在线情况、网络是否正常、音响是否正常，及时审核停电信息报送是否及时、完整、规范。

（3）应建立配电网抢修指挥业务应急体系，负责业务范围内突发事件应急工作的组织和实施，确保配电网抢修指挥业务正常运转。发生影响配电网抢修指挥业务正常开展的重大事件时，应按规定立即汇报。

（4）应建立配电网抢修指挥业务备用机制，主要包括本地备用与异地备用。本地备用主要包括人员、场所、电源、网络、终端、账号等的备用。异地备用包括地区内的市—县（营业部）、地区间业务支撑系统抢修业务账号间的互备。

（5）地、县公司应在抢修班组部署远程终端或手持终端，实现配电网抢修指挥相关班组与抢修班之间的工单在线流转，并保证信息安全要求。

（6）现场抢修人员应服从配电网抢修指挥人员的指挥，现场抢修驻点位置、抢修值班力量应设置合理。地、县公司运检部门及时通报抢修驻点、抢修范围及联系人方式等变化情况。

（7）地、县公司应做好配电网抢修指挥技术支持系统及网络通道的运行维护工作。

（8）已具备营配调贯通条件的单位，可通过故障研判技术支持系统整合电网拓扑、设备实时运行信息、设备告警信息、用户报修信息，提升故障研判精度，及时准确掌握电网各类故障情况。根据故障研判结果自动生成规范停电信息并向国网客服中心自动推送。

不具备营配调贯通条件的单位，配电网抢修指挥人员应加强与配电网调控人员、现场抢修人员的沟通，快速、准确进行故障研判，及时跟进计划、临时类现场工作进展、故障抢修动态，特别关注工作现场（或抢修现场）恢复送电时间，及时变更停电信息，有效拦截继发工单，同时做好抢修类工单审核，特别针对已填写的抢修信息逻辑关系及填写规范性等内容。

（9）配电网抢修指挥人员上岗前应建立人员培训及考核档案，培训内容除配电网抢修指挥业务直接相关的内容外，还应包括行为规范、优质服务、保密、消防等相关的具体要求，培训考核合格后方可上岗并颁发上岗证书。

第二节　配电网抢修工单流转

一、配电网抢修工单概述

配电网抢修工单包括配电网调度技术支持系统发现的故障信息生成的主动工单和国网客户中心直派配调、县调的故障报修工单。在配电网抢修指挥业务实际开展过程中，国网客户中心直派配调、县调的故障报修工单的处置为主要业务之一。

（1）配电网调度技术支持系统发现的故障信息是指整合了调度自动化、配电自动化信息的配电自动化监控系统发现的设备告警信息。通过与生产、营销等系统集成，实现开关、配电变压器等设备故障告警信息的主动接收。

（2）国网客户中心直派配调、县调的故障报修工单分为抢修类工单和生产类紧急非抢修工单。

抢修类工单是指国网客服中心通过 95598 电话、95598 网站、"网上国网"等渠道受理的故障停电、电能质量、充电设施故障或存在安全隐患须紧急处理的电力设施故障诉求业务工单。

生产类紧急非抢修工单内容包括供电企业供电设施消缺、协助停电及低压计量装置故障。

（3）根据客户报修故障的重要程度、停电影响范围、危害程度等将故障报修工单分为紧急、一般两个等级。

1）符合下列情形之一的，为紧急故障报修：

a. 已经或可能引发人身伤亡的电力设施安全隐患或故障。

b. 已经或可能引发人员密集公共场所秩序混乱的电力设施安全隐患或故障。

c. 已经或可能引发严重环境污染的电力设施安全隐患或故障。

d. 已经或可能对高危及重要客户造成重大损失或影响安全、可靠供电的电力设施安全隐患或故障。

e. 重要活动电力保障期间发生影响安全、可靠供电的电力设施安全隐患或故障。

f. 已经或可能在经济上造成较大损失的电力设施安全隐患或故障。

g. 已经或可能引发服务舆情风险的电力设施安全隐患或故障。

2）一般故障报修：除紧急故障报修外的故障报修。

根据客户报修的故障设备类型、设备产权归属等将故障报修类型分为高压故障、低压故障、电能质量故障、非电力故障、计量故障、充电设施故障七类。

a. 高压故障是指电力系统中高压电气设备（电压等级在 1kV 以上者）的故障，主要包括高压线路、高压变电设备故障等。

b. 低压故障是指电力系统中低压电气设备（电压等级在 1kV 及以下者）的故障，主要包括低压线路、进户装置、低压公共设备等。

c. 电能质量故障是指由于供电电压、频率等方面问题导致用电设备故障或无法正常工作，主要包括供电电压、频率存在偏差或波动、谐波等。

d. 非电力故障是指供电企业产权的供电设施损坏但暂时不影响运行、非供电企业产权的电力设备设施发生故障、非电力设施发生故障等情况，主要包括客户误报、紧急消缺、第三方资产（非电力设施）客户内部故障等。

e. 计量故障是指计量设备、用电采集设备故障，主要包括高压计量设备、低压计量设备、用电信息采集设备故障等。

f. 充电设施故障是指充电设施无法正常使用或存在安全隐患等情况，主要包括充电桩故障、设备损坏等。

二、故障报修业务管理要求

（1）为规范国家电网公司 95598 客户服务业务流程，适应公司建设目标要求，进一步提升服务效率和客户体验，为客户提供 7×24h 故障报修服务，故障报修运行模式统一设置为：

国网客服中心受理客户故障报修业务后，直接派单至地市、县供电公司配电网抢修指挥相关班组，由配电网抢修指挥相关班组开展接单、故障研判和抢修派单等工作。在抢修人员完成故障抢修后，具备远程终端或手持终端的单位由抢修人员填单，配电网抢修指挥相关班组审核后回复故障报修工单；不具备远程终端或手持终端的单位，暂由配电网抢修指挥相关班组填单并回复故障报修工单。国网客服中心根据报修工单的回复内容，回访客户。

国网客服中心受理充电设施报修业务后，派单至省电动汽车公司，省电动汽车公司在接到工单后由系统自动识别派发至相应省电动汽车公司地市分支机构，开展接单、故障研判、抢修处理及回复等工作。在抢修人员完成故障抢修后，具备远程终端或手持终端的单位由抢修人员回复故障报修工单，抢修处理部门审核后回复故障报修工单；不具备远程终端或手持终端的单位，暂由抢修处理部门填单并回复故障报修工单。国网客服中心根据报修工单的回复内容，回访客户。

（2）国网客服中心受理客户故障报修诉求后，根据报修客户重要程度、停电影响范围、故障危害程度等，按照紧急、一般确定故障报修等级，2min 内派发工单。省电动汽车公司地市分支机构，地市、县供电公司根据紧急程度，按照相关要求开展故障抢修工作。生产类紧急非抢修业务按照故障报修流程进行处理。

（3）各级单位提供 24h 电力故障抢修服务，抢修到达现场时间、抢修到达现场后恢复供电时间应满足公司对外的承诺要求。具备远程终端或手持终端的单位，抢修人员到达故障现场后 5min 内将到达现场时间录入系统，抢修完毕后 5min 内抢修人员填单，配电网抢修指挥相关班组 30min 内完成工单审核、回复工作；不具备远程终端或手持终端的单位，抢修人员到达故障现场后 5min 内向本单位配电网抢修指挥相关班组反馈，暂由配电网抢修指挥相关班组在 5min 内将到达现场时间录入系统，抢修完毕后 5min 内抢修人员向本单位配电网抢修指挥相关班组反馈结果，暂由配电网抢修指挥相关班组在 30min 内完成填单、回复工作。国网客服中心应在接到回复工单后 24h 内（回复）回访客户。

（4）充电业务。省电动汽车公司地市分支机构提供 24h 充电设施故障抢修服务，抢修到达现场时间应满足公司对外的承诺要求。抢修人员到达故障现场后 5min 内将到达现场时间录入系统，抢修完毕后 5min 内抢修人员向本单位反馈结果并 30min 内完成填单、回单工作。国网客服中心应在接到回复工单后 24h 内（回复）回访客户。

（5）国网客服中心根据停电影响范围及时维护、发布相关紧急播报信息。

三、故障报修业务流程

故障报修工单业务流程主要包括故障报修受理、工单派发、工单接收、故障研判、派单指挥、抢修处理、工单合并、工单回退、客户催办、回单审核、工单回复、故障报修回访、工单归档、工单申诉等环节。95598 故障报修处理流程如图 10-1 所示。配电网抢修指挥业务主要包括工单接收、故障研判、派单指挥、回单审核、工单回复环节。

1. 故障报修受理

（1）国网客服中心受理客户故障报修业务，在受理客户诉求时，应详细记录客户故障报修的用电地址、客户姓名、客户编号、联系方式、故障现象、客户感知等信息。

（2）国网客服中心受理客户紧急非抢修类业务，在受理客户诉求时，应详细记录客户编号、用电地址、客户姓名、联系方式、用电区域、反映内容、客户感知等信息。

（3）国网客服中心受理客户故障报修时，对于可以根据用电信息采集信息、停电信息及分析到户信息、充电设施停用状态信息答复的，详细记录客户信息后办结；对于可以确定是客户内部故障的，建议客户联系产权单位、物业或有资质的施工单位处理，详细记录客户信息后办结；对于可以确定是充电设施假性故障的，帮助客户排查解决，详细记录客户信息后办结。

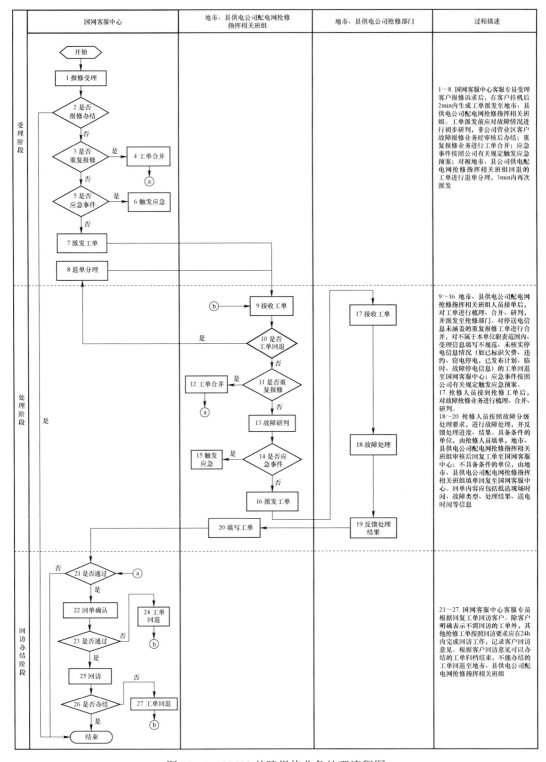

图 10-1 95598 故障报修业务处理流程图

2. 工单派发

（1）工单整理：客服专员根据客户的诉求及故障分级标准选择故障报修等级，生成故障报修工单。

（2）工单派发：客户挂断电话后 2min 内，客服专员应准确选择处理单位，派发至下一级接收单位。对回退的工单，派发单位应在回退后 3min 内，重新核对受理信息并再次派发。

3. 工单接收

（1）地市、县供电公司配网抢修指挥相关班组应在国网客服中心下派工单后 3min 内完成接单或退单，接单后应及时对故障报修工单进行故障研判和抢修派单。对于工单派发错误及信息不全等影响故障研判及抢修派单的情况，要及时将工单回退至派发单位。

（2）省电动汽车公司地市分支机构应在接到工单后 3min 内完成接单或退单，接单后进行故障抢修。对于工单派发错误及信息不全等影响故障研判及抢修派单的情况，要及时将工单回退至省电动汽车公司。省电动汽车公司接到回退工单后 3min 内完成重新派单或退单，符合退单条件的工单退回国网客服中心；系统识别错误的工单，核实后重新派单。

4. 故障研判及派单指挥

配电网抢修指挥人员根据报修信息，利用已接入的技术支持系统，对配电网故障进行研判，将工单合并或派发至相应的抢修班组。

配电网的故障研判是指依托配电网物理拓扑结构、设备与设备上下级关系，通过收集当前电网各类设备实时运行信号，诊断出引起停电的故障类别、发生故障的位置以及停电影响范围的过程。准确的故障研判可以帮助配电网抢修指挥人员更合理地调配抢修资源、派发抢修任务；可以帮助现场抢修人员更快地排查故障，找到故障点、故障原因，加快抢修进度；可以帮助客服人员更准确地掌握故障停电影响范围，以便可以及时拦截到新增报修，减少重复派工。

（1）常用故障研判系统介绍。

1）配电网故障研判技术支持系统是配电网故障研判业务应用的信息化支撑平台，该平台通过集成客户报修、配电变压器停电告警、主干线故障跳闸告警、分支线开关跳闸告警、低压分支线开关或低压采集器失电、配电线路故障指示器告警等信息，依据电网拓扑关系、故障研判算法及停电信息进行故障停电分析，生成故障停电区域信息，返回故障停电设备和影响客户信息，分析故障点位置信息，进行故障辅助定位。

2）生产管理系统（Production Management System）是由国家电网公司统一组织建设，支持国家电网总部、网省电力公司、地市供电公司生产管理业务的企业级管理系统。系统以设备管理为核心，侧重于电网资源及输、变、配等生产业务过程的专业管理，实现设备及生产运行的全过程管理。生产管理系统的主要功能包括标准规范管理、电网资源管理、电网运行管理、电网检修管理、技改大修管理、专项管理等。

3）营销管理系统（Marketing Management System）是一套承载营销业务应用系统、营销辅助决策与分析系统、用电信息采集系统和营销稽查监控系统的自动化系统。它为电力客户用电业务建立业务流程平台，提供营销分析和辅助决策支持，为营销各业务质量和数据信息提供稽查监控平台，并具备电力客户的用电信息及其二次设备的自动采集和监控，对电力营销实行全过程的控制、治理与优质服务。

（2）故障研判技术原则。

1）信息来源准确性校验原则。

主干线开关跳闸信息结合该线路下的多个配电变压器停电告警信息,校验主干线开关跳闸信息的准确性。

分支线开关跳闸信息结合该支线路下的多个配电变压器停电告警信息,校验分支线开关跳闸信息的准确性。

配电变压器停电告警信息通过实时召测配电变压器终端及该配电变压器下随机多个智能电能表的电压、电流、负荷值来校验配电变压器停电信息的准确性。

客户失电告警信息通过实时召测客户侧电能表的电压、电流、负荷值来校验客户内部故障或低压故障。

2）信息来源自动过滤原则。

各类告警信息推送到配电网故障研判技术支持系统进行故障研判前,需在已发布的停电信息范围内进行过滤判断。

3）信息交互的方式原则。

信息交互基于消息传输机制,实现实时信息,准实时信息和非实时信息的交换,支持多系统间的业务流转和功能集成,完成配电网故障研判技术支持系统与其他相关应用系统之间的信息共享。

信息交互必须满足电力监控系统安全防护规定,采取安全隔离措施,确保各系统及其信息的安全性。

信息交互宜采用面向服务架构（SOA）,在实现各系统之间信息交换的基础上,对跨系统业务流程的综合应用提供服务和支持。

4）信息交互的一致性原则。

配电网故障研判技术支持系统与相关应用系统的信息交互时,应采用统一编码,确保各应用系统对同一对象描述的一致性。

（3）故障研判算法。

1）客户失电研判逻辑。

依据客户报修信息,结合营配贯通客户对应关系,获取客户关联表箱及坐标信息,实现报修客户定位;依据电网拓扑关系由下往上追溯到所属配电变压器;召测客户电能表以及配电变压器的运行信息,根据电能表以及配电变压器运行信息判断故障。如电能表运行正常,则研判为客户内部故障;如电能表能够召测成功,但运行异常,则研判为低压单户故障;如电能表召测失败、配电变压器运行正常,则报修为低压故障;如果配电变压器有一相或两相电压异常（电压约等于 0）,则研判为配电变压器缺相故障;如果配电变压器电压、电流都异常（电压、电流都约等于0）,则研判为本配电变压器故障。

2）低压线路失电研判逻辑。

配电网故障研判技术支持系统接收低压分支线开关跳闸或低压采集器失电告警信息后,由下往上进行电源点追溯,获取同一时段下的公共低压分支线开关和联络开关状态信息,从上至下进行电网拓扑分析,生成停电区域。一旦报送的低压分支线开关跳闸或低压采集器失电告警信息数在预先设定的允许误报率范围内,则研判为该公共低压分支线失电,并生成分支线故障影响的停电区域；否则，研判为本低压分支线或低压采集器失电。

3）配电变压器失电研判逻辑。

针对配电变压器失电研判可通过以下两种情况实现，两种研判结果可作为相互校验的依据，并能实现研判结果的合并。第一种采用配电变压器故障信息直采，并从上至下进行电网拓扑分析；第二种未接收到配电变压器故障信息时，采用低压线路失电告警，由下往上进行电源点追溯到公共配电变压器，再由该配电变压器为起点，从上至下进行电网拓扑分析，生成停电区域。

配电网故障研判技术支持系统接收到配电变压器失电告警信息后，由下往上进行电源点追溯，获取同一时段下多个配电变压器的公共分支线开关信息，再根据分支线开关和联络开关状态信息，从上至下进行电网拓扑分析，生成停电区域。一旦报送的失电配电变压器数量在预先设定的允许误报率范围内，则判断该分支线失电，并生成分支线故障影响的停电区域；否则，研判为本配电变压器失电。

配电网故障研判技术支持系统接收到低压线路失电告警后，由下往上进行电源点追溯，获取该低压线路所属配电变压器，以该配电变压器为起点从上至下进行电网拓扑分析，生成停电区域，如该配电变压器下所有的配电变压器低压出线失电，则研判为本配电变压器失电。

4）分支、联络、分段开关失电研判逻辑。

针对分支线故障研判可通过以下两种情况实现，两种研判结果可作为相互校验的依据，并能实现研判结果的合并。第一种采用分支线故障信息直采，并从上至下进行电网拓扑分析；第二种未接收到分支线开关跳闸信息时，采用配电变压器停电告警，由下往上进行电源点追溯到公共分支线开关，再由分支线开关为起点从上至下进行电网拓扑分析，生成停电区域。

配电网故障研判技术支持系统接收分支线（联络线、分段）开关跳闸信息后，根据电网拓扑关系，结合联络开关运行状态信息，从上至下分析故障影响的停电区域。

配电网故障研判技术支持系统接收多个配电变压器失电告警信息后，由下往上进行电源点追溯，获取同一时段下多个配电变压器的公共分支线开关，再根据分支线开关和联络开关状态信息，以公共分支线开关为起点，从上至下进行电网拓扑分析，生成停电区域。一旦报送的失电配电变压器数量在预先设定的允许误报率范围内，则研判为该分支线失电，并生成分支线故障影响的停电区域；否则研判为配电变压器失电。

5）主干线开关失电研判逻辑。

针对主干线失电研判可通过以下两种情况实现，两种研判结果可作为相互校验的依据，并能实现研判结果的合并。第一种采用主干线开关跳闸信息直采，从上至下进行电网拓扑分析；第二种未接收到主干线开关跳闸信息时，采用多个分支线开关跳闸信息和联络开关运行状态，由下往上进行电源点追溯到公共主干线开关，再由该主干线开关为起点，从上至下进行电网拓扑分析，生成停电区域。

配电网故障研判技术支持系统接收主干线开关跳闸信息后，根据电网拓扑关系，结合联络开关运行状态信息，从上至下分析故障影响的停电区域。

配电网故障研判技术支持系统接收多条分支线失电信息后，由下往上进行电源点追溯，获取同一时段下多条分支线所属的公共主干线路开关，结合联络开关运行状态信息，根据电网拓扑关系，生成停电区域。一旦报送的该主干线路下分支线开关跳闸数量在预先设定的允许误报率范围内，则研判为主干线故障；否则研判为分支线失电。

（4）故障研判应用——停送电信息编译。

通过选择主干线开关、分支线开关、配电变压器等配电网设备，依据电网拓扑关系，结合联络开关运行状态信息，从上至下进行电网拓扑分析，研判停电影响的范围；同时根据研判生成的停电设备，结合营配贯通平台结构化地址信息、接入点对应关系信息，分析停电地理区域及停电影响客户信息。如图 10-2 所示。

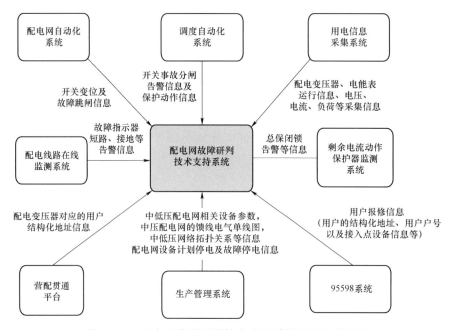

图 10-2　配电网故障研判技术支持系统所需信息来源

5. 抢修处理

（1）抢修人员接到地市、县供电公司配电网抢修指挥相关班组派单后，对于非本部门职责范围或信息不全影响抢修工作的工单应及时反馈地市、县供电公司配电网抢修指挥相关班组，地市、县供电公司配电网抢修指挥相关班组在 3min 内将工单回退至派发单位并详细注明退单原因。

（2）抢修人员在处理客户故障报修业务时，到达现场后应及时联系客户，并做好现场与客户的沟通解释工作。

（3）抢修人员到达故障现场时限应符合：城区范围不超过 45min，农村地区不超过 90min，特殊边远地区不超过 120min。抢修到达现场后恢复供电平均时限应符合：城区范围一般为 3h，农村地区一般为 4h。具备远程终端或手持终端的单位采用最终模式，抢修人员到达故障现场后 5min 内将到达现场时间录入系统，抢修完毕后 5min 内抢修人员填单向本单位配电网抢修指挥相关班组反馈结果，配电网抢修指挥相关班组 30min 内完成工单审核、回复工作；不具备远程终端或手持终端的单位采用过渡模式，抢修人员到达故障现场后 5min 内向本单位配电网抢修指挥相关班组反馈，暂由配电网抢修指挥相关班组在 5min 内将到达现场时间录入系统，抢修完毕后 5min 内抢修人员向本单位配电网抢修指挥相关班组反馈结果，暂由配电网抢修指挥相关班组在 30min 内完成填单、回复工作。国网客服中心应在接到回复工单后 24h 内回访客户。

（4）充电设施故障抢修人员到达故障现场时限应符合：紧急故障抢修人员到达故障现场时间城区一般为 45min，高速公路及远郊一般为 90min，特殊偏远地区一般为 2h，故障处理时间一般为 90min；一般故障抢修人员到达故障现场时间城区一般为 90min，高速公路及远郊一般为 2h，特殊偏远地区一般为 4h，故障处理时间一般为 180min。抢修人员到达故障现场后 5min 内将到达现场时间录入系统，抢修完毕后 5min 内抢修人员向本单位反馈结果并 30min 内完成填单、回单工作。国网客服中心应在接到回复工单后 24h 内回访客户。

（5）抢修人员应按照故障分级，优先处理紧急故障，如实向上级部门汇报抢修进展情况，直至故障处理完毕。预计当日不能修复完毕的紧急故障，应及时向本单位调控中心报告；抢修时间超过 4h 的，每 2h 向本单位配电网抢修指挥相关班组报告故障处理进展情况；其余的短时故障抢修，抢修人员汇报预计恢复时间。

（6）充电设施故障抢修人员应按照故障分级，优先处理紧急故障，如实向上级部门汇报抢修进展情况，直至故障处理完毕。处理期限内不能修复完毕的，应及时办理停运手续。

（7）抢修人员在到达故障现场确认故障点后 20min 内向本单位配电网抢修指挥相关班组报告预计修复送电时间，并实时更新。影响客户用电的故障未修复（除客户产权外）的工单不得回单。

（8）低压单相计量装置类故障（窃电、违约用电等除外），由抢修人员先行换表复电，营销人员事后进行计量加封及电费追补等后续工作。

（9）35kV 及以上电压等级故障，按照职责分工转相关单位处理，由抢修单位完成抢修工作，由本单位配电网抢修指挥相关班组完成工单回复工作。

（10）地市、县供电公司配电网抢修指挥相关班组对现场故障抢修工作处理完毕后还需开展后续工作的应正常回单，并及时联系有关部门开展后续处理工作。

（11）对无需到达现场抢修的非故障停电，应及时移交给相关部门处理，并由责任部门在 45min 内与客户联系，并做好与客户的沟通解释工作；对于不需要到达现场即可解决的问题可以在与客户沟通好后回复工单。

（12）抢修人员到达现场后，发现由于电力运行事故导致客户家用电器损坏的，抢修人员应做好相关证据的收集及存档工作，并及时转相关部门处理。

6. 工单合并

（1）故障报修工单流转的各个环节均可以对故障报修工单进行合并，合并后形成主、副工单。

（2）同一故障点引起的客户报修可以进行工单合并。

（3）在各单位实现营配信息融合，建立准确的"站—线—变—户"拓扑关系的情况下，客服专员可对因同一故障点影响的不同客户故障报修工单进行合并。

（4）各单位在对故障报修工单进行合并操作时，要经过核实、查证，不得随意合并故障报修工单。对不同语种工单不得进行合并操作。

（5）合并后的故障报修工单处理完毕后，主、副工单均需回访。

7. 工单回退

（1）供电单位、供电区域、充电设施产权单位或抢修职责范围派发错误的工单，允许退单。

（2）通过知识库可以确定工单类别，但工单类别选择错误的，允许退单，退单时应注明正确工单分类以及知识库中的参照内容。

（3）因工单内容派发区域、业务类型、客户联系方式等信息错误、缺失或无客户有效信息，导致接单部门无法根据工单内容进行处理的，允许退单。退单时应注明需要补充填写的内容。

（4）对系统中已标识欠费停电、违约停电、窃电停电或已发布计划停电、临时停电等信息但客服代专员未经核实即派发的工单，接单部门在注明原因、信息编号（生产类停送电信息必须填写）后退单，故障停送电信息发布 10min 内派发的工单，可进行工单合并，但不可回退至工单派发单位。

（5）故障报修业务退单均应详细注明退单原因及整改要求，以便接单部门及时更正。

8. 客户催办

客户催办即国网客服中心应客户要求，对正在处理中的业务工单进行催办。抢修类催办业务，客服专员应做好解释工作，并根据客户诉求派发催办工单。

抢修类催办工单，派发流程与故障报修运行模式一致。已生成工单的业务诉求，客户再次来电要求补充相关资料等业务诉求的，需将补充内容详细记录并生成催办工单下派。客户催办故障报修工单的，若抢修人员到达现场时限或抢修到达现场后恢复供电时限已超过服务承诺时限要求一半及以上时间的，可派发催办工单，催办工单派发时间间隔应在 5min 及以上；若抢修人员未到达现场且未超过服务承诺时限要求一半时间的，或抢修人员到达现场后未恢复供电且未超过服务承诺时限要求一半时间的，由国网客服中心做好解释工作，争取客户理解。对于存在舆情风险的，需按照客户诉求派发催办工单。

9. 回单审核及工单回复

配电网抢修指挥人员对抢修班组回填的工单进行完整性审核，判断信息完整的工单，回复客服中心；判断信息不完整的工单，退回至抢修班组补充填写。

10. 故障报修回访

（1）由国网客服中心负责故障报修的回访工作，除客户明确提出不需回访的故障报修，其他故障报修应在接到工单回复结果后，24h 内完成（回复）回访工作，并如实记录客户意见及满意度评价情况。

（2）回访时，遇客户反馈情况与抢修处理部门反馈结果不符，且抢修处理部门未提供有力证据、实际未恢复送电、工单填写不规范等情况时，应将工单回退，回退时应注明退单原因。

（3）由于客户原因导致回访不成功的，国网客服中心回访工作应满足：不少于 3 次回访，每次回访时间间隔不小于 2h。回访失败应在"回访内容"中如实记录失败原因。

（4）客服专员在回访客户前应熟悉工单的回复内容，将核心业务内容回访客户，不得通过阅读基层单位工单"回复内容"的方式回访客户，遇客户不方便接受回访时应与客户沟通，约定下次回访时间。

（5）原则上每日 12:00～14:00 及 21:00～次日 8:00 期间不得开展客户回复（回访）。

（6）如客户确认知晓故障点为其内部资产的，回访满意度默认为不评价。

11. 工单归档

国网客服中心应在回访结束后 24h 内完成归档工作。

12. 工单申诉

（1）各单位可对工单超时、回退、回访不满意等影响指标数据的故障报修工单提出申诉。

（2）当发生自然灾害等突发事件造成短时间内工单量突增，超出接派单人员或抢修人员的承载能力，各单位可对此类超时工单提出申诉，申诉时需提供证明材料。

（3）当发生车联网平台故障、充电桩大范围异常离线等突发事件造成短时间内工单量突增，超出接派单人员或抢修人员的承载能力，各单位可对此类超时工单提出申诉，申诉时需提供证明材料。

（4）国网电动汽车公司、各地市供电公司对有异议的故障报修工单，可提出申诉，以省公司、国网电动汽车公司为单位向国网客服中心提出初次申诉。国网客服中心在 2 个工作日内答复申诉结果，在双方无法达成一致意见的情况下，可由各省电力公司营销部、国网电动汽车公司向国网营销部提出最终申诉，国网营销部在 3 个工作日内答复审核结果。

四、故障报修工单填写规范

根据《国家电网公司 95598 业务工单填写手册（试行）》，工单应使用书面语进行填写，内容描述应准确、简洁，避免错字、别字的发生；语句通顺、流畅，结构逻辑性强，避免产生歧义句。

1. 故障报修工单填写规范

工单填写项目应尽可能完整，带有红色星号的为必填项；对于非必填项，本着便于处理的原则根据需要尽量填写。

故障报修工单现场抢修记录应对故障处理过程进行简要描述，不应以"已处理""已转部门处理"等形式回复。如图 10-3 所示。

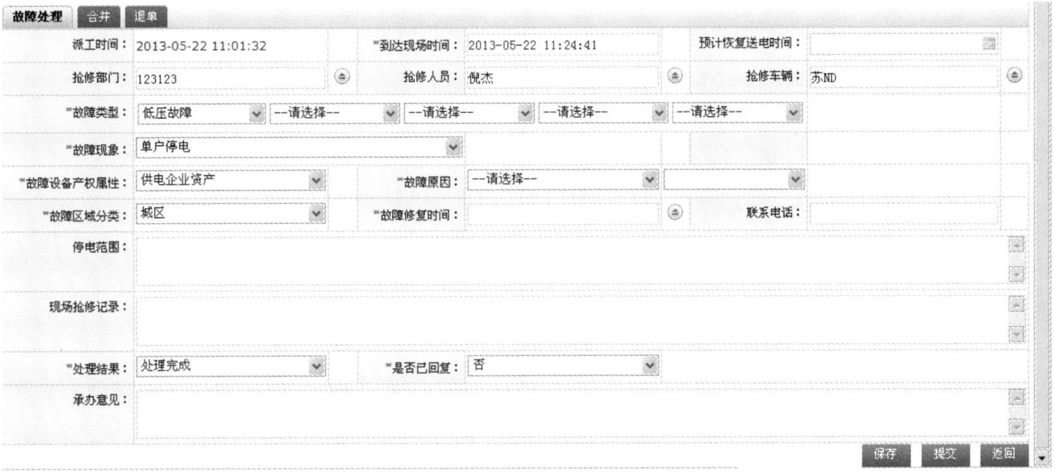

图 10-3　95598 故障报修工单

（1）到达现场时间（必填项）：按实际时间选择。

（2）预计恢复送电时间（必填项）：按预计时间选择。

（3）抢修部门（选填项）：远程工作站根据报修地址填写。

（4）抢修人员（选填项）：抢修处理部门根据派工情况填写。

（5）抢修车辆（选填项）：抢修处理部门根据派工情况填写。

（6）故障类型、故障现象（必填项）：根据实际情况判断，如果工单受理选择的故障类型错误，应进行修正。

（7）故障设备产权属性（必填项）：必须按照实际产权归属填写。

（8）故障原因（必填项）：必须按照现场实际情况填写。

（9）故障区域分类（必填项）：根据实际情况判断，如工单受理选择的故障区域错误，则进行修改。要详细注明是否是直供直管、控股、代管单位等信息。

（10）故障修复时间（必填项）：按实际时间选择。

（11）联系电话（选填项）：填写抢修人员联系电话。

（12）停电范围（必填项）：根据实际停电范围，准确填写一户、几栋楼、××小区、××片区、几条街道或几个村停电等。

（13）现场抢修记录（必填项）：记录故障设备名称、编号，故障修复情况等，超过一个台区以上范围停电的，必须填写停电设备，包括××设备、××线路、××台区。例如：由××单位××班，××（人员姓名）赶赴现场进行故障抢修，经查××点××分由于××原因导致××干线、××线路、××号杆、××公用变压器停电（冒火、线路接地等），于××日××时××分抢修完毕，恢复供电。

（14）处理结果（必填项）：按实际情况选择。

（15）是否已回复（必填项）：按实际情况选择。

（16）承办意见（选填项）：填写处理部门对此项业务的处理意见或对受理、回访的建议。例如：请回访人员提醒客户报修前，自查客户资产，缩短停电时间；请受理人员接受客户报修前，先行引导客户检查客户资产共用设备是否正常，有效排查客户产权范围故障。

（17）合并工单（选填项）：对于同一故障引起多位客户的重复报修，应进行工单"合并"操作。

2. 省、市、县公司回退国网客服中心

（1）退单原因类型：

1）工单内容填写错误、信息填写不完全。

a. 行政区域跨省选择错误；

b. 区域、道路等地址名称填写不全或填写错误，导致无法找到现场，并且无法联系上客户；

c. 供电单位跨省选择错误；

d. 联系方式错误。

2）属于应办结工单，却将工单派发。

a. 知识库规定非地市业务受理范围的工单；

b. 国网客服中心误操作导致派发的工单；

c. 已有计划停电等停电信息，国网客服中心仍派发故障报修工单的；

d. 其他情况。

3）受理内容描述不清、造成省（市）公司工作人员无法理解工单内容。

a. 未按照 95598 业务工单填写规范进行填写。

b. 工单受理内容与客户诉求完全不符。

4）在规定答复期限内同一客户反映的同一问题造成的重复工单。

5）工单一级分类选择错误。

（2）退单原因描述示例：

1）对于派发区域跨省错误、不属于本省辖区内的工单，允许退单，但应注明可能所属的省公司。例如：非本省辖区工单，应派发到××省。

2）对于业务类型选择错误的，应注明正确的业务类型和选择依据。例如：根据《国家电网公司关于 95598 客户服务五项业务分类的指导意见》第×条××内容应派发××工单。

3）对于应办结工单无须派发的，应说明应办结的原因。

4）对于地址不详细且客户联系电话错误的，应注明错误原因。例如：地址不详细，且手机号少一位，无法联系客户进行处理。

5）对于非业务受理范围，应注明知识库对应内容。例如：根据知识库中"故障报修/故障报修/故障报修处理步骤及方式"的相关知识，× × 省路灯管理处（所）不属于供电公司，客户需自行拨打路灯管理局报修电话。

3. 国网客服中心回退省电力公司

（1）工单回复时发现工单回复内容存在以下问题的，应将工单退回：

1）未对客户诉求进行答复或答复不全面；未向客户沟通解释调查结果的。

2）未采取积极措施处理客户诉求的。

3）应提供而未提供相关处理依据的。

4）承办部门（单位）回复内容明显违背公司相关规定的。

5）其他经审核确定应回退的。

（2）工单回访时存在以下问题的，应将工单退回：

1）客户反映故障未完全修复，且承办部门（单位）未提供相关说明的。

2）客户表述内容与投诉承办部门（单位）回复处理内容。

3）承办部门（单位）对投诉、举报属实性认定存在弄虚作假或强迫客户撤销投诉的。

（3）工单回退时应准确、完整地注明退单原因。

五、配电网抢修工单流转指标

1. 故障报修工单派单及时率

（1）指标定义：故障报修工单派发及时数占抢修类工单派发总数的比例。

（2）计算方法：故障报修工单派单及时率＝抢修类工单派发及时数/派发工单总数×100%。

2. 故障报修工单回填及时率

（1）指标定义：故障报修工单回填及时数占抢修类工单派发总数的比例。

（2）计算方法：故障报修工单回填及时率＝抢修类工单回填及时数/派发工单总数×100%。

3. 故障报修工单回填规范率

（1）指标定义：故障报修工单回填规范数占抢修类工单派发总数的比例。

（2）计算方法：故障报修工单回填规范率＝抢修类工单回填规范数/派发工单总数×100%。

4. 工单研判及派单平均时长

（1）指标定义：所有工单研判派发的平均用时。

（2）计算方法：研判及派单平均时长＝所有工单用时之和/所有工单个数。

5. 工单转派率

（1）指标定义：转派工单数量，占已接收工单总数（减去退单总数）的比例。

（2）计算方法：工单转派率＝转派工单数量/（工单总数－退单数）×100%。

6. 支持系统故障时长

（1）指标定义：95598系统故障（工单无法正常打开、无声音报警，工单无法正常流转等）及网络故障等支持系统故障持续时间之和。

（2）计算方法：支持系统故障时长＝95598系统故障时长＋网络故障时长＋其他支持系统故障时长。

7. 未拦截工单数量

（1）指标定义：正确报送停送电信息后，超出规定时间（10min），客服中心未拦截工单总数。

（2）计算方法：未拦截工单数量＝客服中心未拦截工单之和。

8. 工单处理最高效率

（1）指标定义：统计一个月内，单位时间（15min）内每人处理工单的最大数量。

（2）计算方法：工单处理效率＝15min处理工单数/上班人数。

工单处理最高效率＝一个月中工单处理效率的最大值。

第三节　生产类停送电信息报送

一、95598停送电信息报送概述

95598停送电信息（简称停送电信息）是指因各类原因致使客户正常用电中断，需及时向国网客服中心报送的信息。

1. 停送电信息分类

停送电信息主要分为生产类停送电信息和营销类停送电信息。

生产类停送电信息包括计划停电、临时停电、电网故障停限电、超电网供电能力停限电、其他停电等。

营销类停送电信息包括违约停电、窃电停电、欠费停电、有序用电等。

2. 停送电信息报送渠道

公用变压器及以上的停送电信息，须通过营销业务应用系统（SG186）供电服务指挥系统或 PMS 系统中"停送电信息管理"功能模块报送。

3. 停送电信息报送要求

停送电信息报送管理应遵循全面完整、真实准确、规范及时、分级负责的原则。

生产类停送电信息和营销类有序用电信息通过营销业务应用系统（SG186）供电服务指挥系统或 PMS 系统报送。

其他营销类停送电信息通过修改营销业务应用系统（SG186）中的停电标志状态传递信息。

对未及时报送停送电信息的单位，可向地市、县供电公司派发催报工单，地市、县供电公司在收到国网客服中心催报工单 10min 内，按照要求报送停送电信息。

4. 停送电信息报送流程

地市、县供电公司调控中心、运检部、营销部，按照专业管理职责，开展生产类停送电信息编译工作并录入系统，各专业对编译、录入的停送电信息准确性负责。配电网抢修指挥相关班组将汇总的生产类停送电信息录入系统上报，如图 10-4 所示。

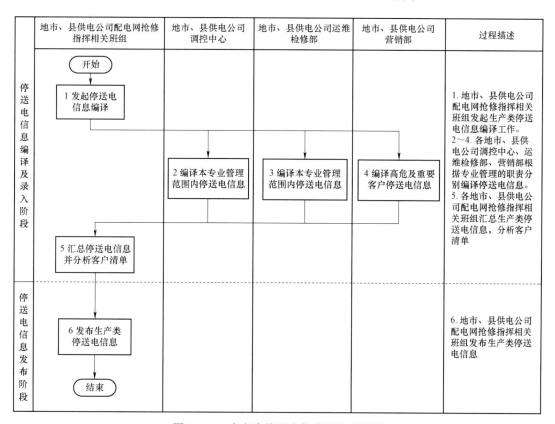

图 10-4 生产类停送电信息报送流程图

5. 停送电信息催报流程

国网客服中心根据受理的客户报修情况，经核实未发现相关停送电信息的，催促各地市、县供电公司报送停送电信息。

6. 生产类停送电信息编译规范

（1）地市、县供电公司调控中心、运检部根据各自设备管辖范围编译的生产类停送电信息应包含供电单位、停电类型、停电区域、设备清单、停送电信息状态、停电计划时间、停电原因、现场送电类型、停送电变更时间、现场送电时间等信息。

（2）地市、县供电公司营销部在配合编译生产类停送电信息时，编译内容应包含停电范围、影响高危及重要客户说明、客户清单、停送电信息发布渠道等信息。

二、生产类停送电信息报送内容

生产类停送电信息应填写的内容主要包括供电单位、停电类型、停电区域、停电范围、停送电信息状态、停电计划时间、停电原因、现场送电类型、停送电变更时间、现场送电时间、发布渠道、高危及重要用户、客户清单、设备清单等信息。

（1）停电类型：按停电分类进行填写，主要包括计划停电、临时停电、电网故障停限电、超电网供电能力停限电、其他停电等类型。

（2）停电区域：停电涉及的供电设施情况，即停电的供电设施名称、供电设施编号、变压器属性（公用变压器/专用变压器）等信息。

（3）停电范围：停电的地理位置、专用变压器客户、医院、学校、乡镇（街道）村（社区）住宅小区等信息。同一停电信息涉及分段送电情况，应报送分段未恢复停电范围等信息。

（4）停送电信息状态：分有效和失效两类。

（5）停电计划时间：包括计划停电、临时停电、超电网供电能力停限电、其他停电开始时间和预计结束时间，故障停电包括故障开始时间和预计故障修复时间。

（6）停电原因：指引发停电或可能引发停电的原因。

（7）现场送电类型：包括全部送电、部分送电、未送电。

（8）停送电变更时间：指变更后的停电计划开始时间及计划送电时间。

（9）现场送电时间：指现场实际恢复送电时间。

（10）发布渠道：停送电信息发布的公共媒体。

（11）设备清单包括设备名称、设备类型、设备标识等。

（12）客户清单包括客户名称、客户编号、设备名称等。变压器范围包括承担对正常用电用户供电的公用和专用变压器。设备类型包括变压器、高压电动机等。

（13）影响高危及重要用户说明是指停电信息影响的高危及重要客户编号和名称等信息。

三、生产类停送电信息报送时限

地、县供电公司调控中心、运检部、营销部按照专业管理职责，开展生产类停送电信息编译工作，并对各自专业编译的停送电信息准确性负责。

公用变压器以上设备计划停电、临时停电、故障停限电、超电网供电能力停限电应报送停送电信息。

地、县调配电网抢修指挥相关班组通过配电网抢修指挥技术支持系统汇总录入生产类停送电信息，汇总后报送相关客服中心。

（1）计划类停送电信息：配电网抢修指挥相关班组应提前 7 天向国网客服中心报送计划停送电信息。

（2）临时停送电信息：配电网抢修指挥相关班组应提前 24h 向国网客服中心报送停送电信息。

（3）故障停送电信息：

1）配电自动化系统覆盖的设备跳闸停电后，营配信息融合完成的单位，配电网抢修指挥相关班组应在 15min 内向国网客服中心报送停电信息；营配信息融合未完成的单位，各部门按照专业管理职责 10min 内编译停电信息报配电网抢修指挥相关班组，配电网抢修指挥相关班组应在收到各部门报送的停电信息后 10min 内报国网客服中心。

2）配电自动化系统未覆盖的设备跳闸停电后，应在抢修人员到达现场确认故障点后，各部门按照专业管理职责 10min 内编译停电信息报配电网抢修指挥相关班组，配电网抢修指挥相关班组应在收到各部门报送的停电信息后 10min 报国网客服中心。故障停电处理完毕送电后，应在 10min 内填写送电时间。

（4）超电网供电能力停限电信息：超电网供电能力需停电时，原则上应提前报送停限电范围及停送电时间等信息，无法预判的停电拉路应在执行后 15min 内报送停限电范围及停送电时间。现场送电后，应在 10min 内填写送电时间。

（5）其他停送电信息：配电网抢修指挥相关班组应及时向国网客服中心报送停送电信息。

停送电信息内容发生变化后 10min 内，配电网抢修指挥相关班组应向国网客服中心报送相关信息，并简述原因；若延迟送电，应至少提前 30min 向国网客服中心报送延迟送电原因及变更后的预计送电时间。

除临时故障停电外，停电原因消除送电后，配电网抢修指挥相关班组应在 10min 内向国网客服中心报送现场送电时间。

（6）停送电信息的催报：配电网抢修指挥相关班组在收到国网客服中心催报工单后 10min 内，按照要求报送停送电信息。

四、生产类停送电信息分析到户

为进一步推进停电信息分析到户和主动通知等业务应用，提升客户需求响应速度，提高主动服务水平，国家电网公司充分运用营配调贯通建设成果，强化营配调信息共享和系统贯通，实现停电影响范围、设备和用户清单自动分析与报送；拓展"掌上电力"App、"电 e 宝"、95598 网站等停电信息线上通知渠道应用，实现停电信息主动通知与精准推送、抢修进度即时通知，提升客户用电体验；深化应用配电网设备监测、故障主动研判和智能电表非计量信息，支撑故障停电信息快速获取和主动抢修，有效提升公司客户响应能力和配电网运营精益化管理水平。

（1）推进停送电信息分析到户和规范报送。提升停送电信息分析到户准确性。供电服务指挥平台根据停送电计划和故障信息，及时编译停电信息，通过营销业务应用系统停电影响用户分析功能，根据营配调贯通建立的"站—线—变—户"关系，形成停电影响用户清单（包括高低压、分布式电源等用户）；全面应用客户（台区）标准地址，自动分析形成停电范围。停电计划涉及高危、重要、停电敏感、分布式电源用户时，应及时向市（县）营销、运检、调控部门反馈，市（县）调控中心加强停送电时间节点管控，运检部门加强停电执行过程督办，营销部门指导客户做好应急工作。

（2）确保停送电信息报送及时规范。供电服务指挥平台应按照《国家电网公司95598客户服务业务管理办法》要求，准确填报停电类型、停电影响设备和用户清单、计划停电时间等信息。省客服中心对计划停（送）电信息审核无误后，报国网客服中心。临时（故障）停电信息直接报送国网客服中心，同时报省客服中心备案。

（3）实现停送电信息主动通知和精准推送。实现停送电信息多渠道主动通知。市（县）营销部门应用停电影响用户清单，通过短信、电话、"掌上电力"App、"电e宝"等渠道，或由台区经理、用电检查员通知到户，实现高危、重要、对停电敏感、分布式电源用户和低压订阅客户主动通知。完善"掌上电力"App、95598智能网站、95598自助语音信息精准推送和数据共享功能，主动提示客户所在区域停电状态、预计送电时间和抢修进展。

五、生产类停送电信息报送指标

1. 生产类停送电信息编译报送及时率

（1）指标定义：生产类停送电信息编译及时数，占应报送生产类停送电信息总数的比例。

（2）计算方法：生产类停送电信息编译报送及时率＝生产类停送电信息编译及时数/应报送生产类停送电信息上报总数×100%。

2. 生产类停送电信息编译准确率

（1）指标定义：生产类停送电信息编译报送准确数，占已报送生产类停送电信息总数的比例。

（2）计算方法：生产类停送电信息编译准确率＝生产类停送电信息编译准确数/已报送生产类停送电信息上报总数×100%。

3. 停电信息报送规范率

（1）指标定义：停电信息规范性指停电区域、停电设备、停电类型、停电原因、现场送电类型、发布渠道、变电站、线路等信息应准确填写；停电范围、停电区域应准确描述，没有遗漏。

（2）计算方法：停电信息报送规范率＝停电信息填写规范数/停电信息总数×100%。

4. 停电信息分析到户率

（1）指标定义：实现分析到户的停电信息指停电信息中包含停电影响的设备（变压器）清单和用户清单。其中，停电影响设备（变压器）的设备名称、设备标识、设备类型均不为空，且营销业务应用系统可自动关联对应档案；停电影响用户清单中用户名称、用户编码存在有效对应档案，在停（送）电信息首次报送时，用户状态应为正常用电用户。

（2）计算方法：停电信息分析到户率＝实现分析到户的停电信息数/停电信息总数×100%。

5. 停电信息分析到户准确率

（1）指标定义：停电信息分析到户信息准确是指停电信息中包含的设备（变压器）清单、用户清单与实际停电影响设备、用户一致，不存在遗漏和停电范围之外的设备、用户。

（2）计算方法：停电信息分析到户准确率＝停电信息分析到户信息准确的数/停电信息

总数×100%。

6. 重复停电用户安排率

（1）指标定义：重复安排用户停电是指以报送时间为基准，近一个月内重复报送计划（临时）停电的用户；通过停电影响范围、设备和客户致电 95598 核查。若发生停电信息变更，则以最后一次报送的时间为准。

（2）计算方法：重复停电用户安排率 =（1 − 重复安排用户停电的户次数/停电信息报送的用户总数）×100%。

第四节　配电网智能抢修指挥技术

为解决配电网检修、抢修信息共享不畅，设备缺陷和故障处置研判速度慢、精度低，抢修现场与配电网抢修指挥人员间未能实现高效协同的问题，通过将配电网抢修指挥业务流程与人工智能、大数据等先进信息通信技术有机融合，为配电网抢修指挥业务提供了智能监控、智能指挥、智能管控等应用，实现了 7×24h 的设备全周期异常识别、工单全过程督办、指挥中心与抢修现场全方位协同，推动了管理与服务的数字化转型升级，提升了供电服务质效，优化了地区营商环境。下面介绍两个配电网抢修指挥技术应用工具。

一、故障报修工单超时语音告警工具

1. 工具简介

故障报修工单超时预警语音告警工具是一类面向配抢指挥班组以及现场抢修队伍的监控预警工具。该工具通过自动化监控方式，实现故障报修工单全过程监控，针对现场接单、抵达超时以及客户催办等关键环节，可以主动向配抢指挥班组以及现场抢修队伍发起语音告警，从而加快抢修进度，解决故障抢修过程因人工盯防、人工通知，导致新增故障报修工单发现不及时、现场抢修接单通知不到位、客户催办处理不力等问题。

2. 运行原理

故障报修工单超时预警语音告警工具系统示意图如图 10−5 所示，主要由三部分组成：

（1）语音呼叫装置。语音呼叫装置可以通过普通电话线接入到公共电话交换网，实现向抢修队伍座机、抢修人员手机自动拨号。该呼叫卡可接入 8 路（或 16 路）电话通道，可同时向 8 个（或 16 个）抢修队伍发起语音呼叫。

（2）语音呼叫控制主机。控制主机可以安装语音呼叫装置，可以控制语音终端对外的电话拨号以及语音播放。

（3）故障报修工单超时监控工具软件。该工具软件可以实现新增工单的监控、现场抢修队伍接单状态监控以及客户催办工单的监控，可以向语音呼叫控制主机发送指令，实现对抢修队伍的主动语音拨号通知。

3. 功能简介

故障报修工单超时预警语音告警工具有以下功能：

（1）面向供电服务指挥中心的新增工单提醒。与 PMS 配抢模块集成，自动采集新的抢修类

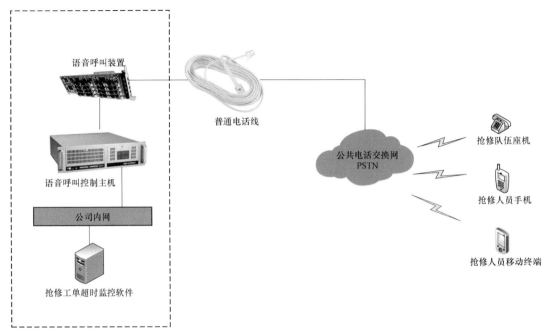

图 10-5　故障报修工单超时语音告警工具系统示意图

工单，接收到新的故障报修工单后，在值班终端上播放铃声，提醒值班人员有新的抢修发生。由于配抢模块会进行自动派单，因此主动提醒功能对已派发的工单也能够进行提醒。

（2）面向现场抢修队伍的工单接单提醒。针对已派发未接单的故障报修工单，向抢修队伍的联系电话发起语音呼叫，电话接通后，可以播放语音通知尽快接单。如果抢修队伍仍不接单，则每隔 1min 向抢修队伍发起语音呼叫一次，直至接单为止。

（3）面向供电服务指挥中心的客户催办工单提醒。与 PMS 配抢模块集成，自动采集新的客户催办工单，接收到新的故障报修工单后，在供电服务指挥中心播放铃声，提醒值班人员有客户进行催办。

（4）面向供电服务指挥中心及抢修队伍的抵达超时提醒。提前 15min 监控故障报修工单是否即将超时，如果即将超时，则向抢修队伍发起语音呼叫，电话拨通后，播放工单抵达现场即将超时的语音。在供电服务指挥中心，通过工单监控页面播放抵达超时的语音告警。

（5）语音呼叫记录查询。每次呼叫记录都可以记录到日志里。可以针对语音呼叫记录按照工单编号、时间等条件进行检索。

（6）抢修队伍维护。提供抢修队伍联系信息的维护功能，可实现抢修队伍联系电话的新增、修改、删除。针对每个抢修队伍，支持维护多个号码。

二、配电网故障停电信息自动报送工具

1. 工具简介

配电网故障停电信息自动报送工具通过全面整合调度自动化、配电自动化监控告警数据，贯通 OMS 系统、营销业务应用系统、短信平台等应用系统数据传输通道，将原先人工处理的故障研判、结构化停电信息报送环节实现自动化，从而大幅提升故障状态下的快速响应和处置能力。配电网故障停电信息人工和自动报送流程如图 10-6 所示。

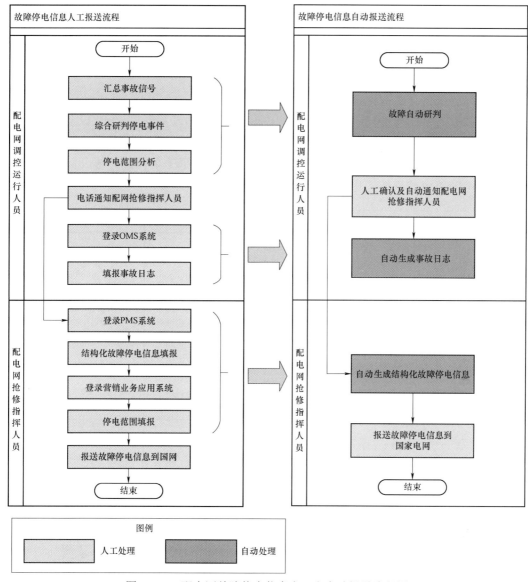

图 10-6　配电网故障停电信息人工和自动报送流程图

2. 运行原理

针对故障停电事件报送过程中处理耗时较长的查阅事故信号、故障停电事件综合研判、事故日志填报以及配抢故障停电信息填报等人工处理环节，通过实现自动化，大幅提升处理和流转效率，加快故障处置进度。

面向配抢指挥人员，通过贯通 OMS、PMS、营销业务应用系统、短信平台的信息流传输通道，实现调度台确认的故障信息自动推送到 PMS 以及营销业务应用系统，取消配抢指挥班组二次录入环节，大幅提升停电信息报送效率。利用高效的数据流传递解决以往故障状态下信息传递基本靠吼（电话沟通）的问题，提升供电服务指挥中心快速响应能力。

3. 功能简介

（1）配电网故障监控确认窗口。提供故障停电事件监控确认窗口，实现故障研判过程及结果的查看确认，实现基于单线图的故障停电可视化展示，辅助调度台快速确认故障。故障确认后，可实现事故日志自动记录，减少调度台二次录入工作量。

（2）基于单线图的故障停电可视化确认。可基于单线图可视化查看故障设备位置以及停电影响范围，帮助调控运行人员直观掌握故障情况。

（3）故障停电信息结构化报送模块。通过贯通 OMS 系统、PMS、营销业务应用系统、短信平台的信息流传输通道，实现调度台确认的故障信息自动推送到 PMS 以及营销业务应用系统，取消配抢指挥专业二次录入环节，大幅提升停电信息报送效率。利用高效的数据流传递解决以往故障状态下信息传递基本靠吼（电话沟通）的问题，提升故障处置快速响应能力。故障停电信息结构化自动报送流程如图 10－7 所示。

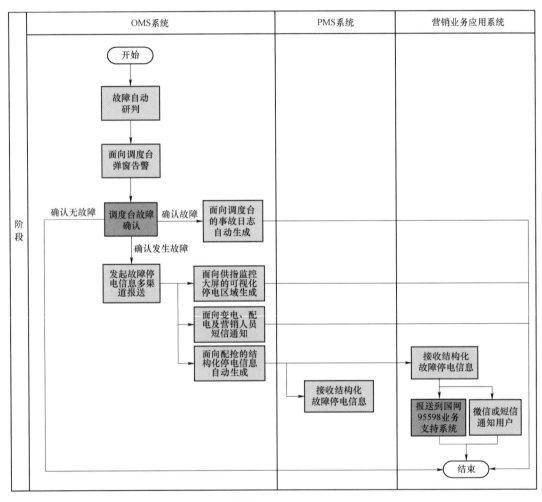

图 10－7　故障停电信息结构化自动报送流程图

第十一章

配 电 网 新 技 术

第一节 大 数 据 技 术

一、技术概述

大数据技术是指伴随着大数据的采集、存储、分析、应用和结果呈现的相关技术，是一系列使用非传统工具来对大量的结构化、半结构化和非结构化数据进行处理，从而获得分析和预测结果的数据处理和分析技术。从数据分析全流程的角度，大数据技术主要包括数据采集和预处理技术、数据存储技术、数据处理及相关平台技术、数据分析与可视化技术、数据安全和隐私保护技术等方面内容。

（1）数据采集和预处理技术。数据采集是数据分析生命周期的重要一环，它通过采集传感器数据、社交网络数据、移动互联网数据等方式获得各种结构化、半结构化及非结构化的海量数据。由于数据来源众多、类型多样，存在数据缺失和语义模糊等问题，因此需要进行数据预处理，把数据变成可用的状态。数据预处理主要包括数据清洗、多源数据融合、数据交换、数据规约转换等过程。

（2）数据存储技术。数据经过预处理后，会被存放到文件系统或数据库系统中进行管理，大量多态异构数据的高效、可靠、低成本存储模式是大数据的关键技术之一，主要有数据库和分布式存储等形式。数据库通常用来存储结构化数据，这些数据有明确的定义格式。微软 Azure 系统架构师在《云原生：运用容器、函数计算和数据构建下一代应用》中将数据库分为七类：键值数据库、文档数据库、关系型数据库、图数据库、列族数据库、时序数据库、搜索引擎。分布式存储技术能够满足海量数据的存储需求，将大规模海量数据用文件的形式在不同的存储节点中保存多个副本，并用分布式系统进行管理。当某个存储节点出故障时，系统能够自动将服务切换到其他的副本，从而实现自动容错。

（3）数据处理及相关平台技术。数据处理技术是大数据技术的重要组成部分，且已发展出很多平台来支撑全生命周期内跨领域、异构大数据的管理、分析和处理等需求。数据计算模式主要有批处理计算、流计算、图计算、查询分析计算等模式。数据处理时间域有两种：① 事件时间，即事件实际发生的时间；② 处理时间，即系统观察事件发生的时间。大数据平台典型计算框架主要有并行编程框架（MapReduce）、分布式计算框架（Spark）、流计算框架（Storm）、图计算框架（Pregel）。

（4）数据分析与可视化技术。大数据平台提供了数据管理与计算能力，然后利用数据挖掘工具对数据进行处理分析，再采用可视化工具为用户呈现结果。大数据分析的理论核心是数据挖掘，各种数据挖掘算法基于不同的数据类型和格式，可以更加科学地呈现出数据本身具备的特点，数据挖掘和分析相关方法大致可分为基于统计分析的方法、基于机器学习的方法以及基于人工智能的方法三类。数据可视化主要处理对象包括科学数据以及抽象的非结构化信息、结合数据分析的重要性与可视化技术的发展历程，数据可视化相应地可以分成 3 个分支，即科学可视化、信息可视化和可视化分析。

（5）数据安全与隐私保护技术。大数据自身的安全包括 3 个层面：① 设备可靠，设备可靠性成为大数据安全的基础问题；② 系统安全，大数据平台庞大的计算环境存在系统复杂、运行不稳定的风险，同时大数据分析过程中产生的知识和价值容易引起黑客攻击，因此数据系统需要完善安全机制；③ 数据可信，存在云服务商破坏和窃取数据的情况，大数据来源的繁杂性使得有必要对数据的合规性和真实性进行检查。大数据整个生命周期内的隐私保护，包括两个层面：① 在大数据中分析挖掘更多的价值；② 在分析使用过程中采用隐私保护技术保障用户信息的安全。

二、大数据技术在电网调度中的应用

（1）用电负荷预测。目前调度掌握的数据已经能够涵盖到用户负荷层面，基于每个用户的负荷与气象、典型日曲线、设备检修等数据，建立各类影响因素与负荷预测之间的量化关联关系，利用大数据技术有针对性地构建负荷预测模型，实现更加精确的短期、超短期负荷预测，保障电力供应的可靠性。

（2）发电计划预测。针对大规模新能源并网与消纳问题，通过多源数据融合、模式识别、偏好决策、模糊决策等数据分析技术预测电网母线负荷，并以此为依据，结合经济发展、气象以及其他各类信息来源，对发电计划进行持续滚动动态优化，从而科学、合理地制订月度（周度）、日前、日内等不同周期机组的电量计划、开停机计划和出力计划，最大限度地保证电力电量平衡。

（3）电网运行监测。通过汇总区域内各级设备台账、负荷、电网运行、网架结构等海量数据，对线损进行实时计算和处理，实现电能损耗的有效控制。通过利用实时用电负荷、实时变压器负荷、设备运行状态信息，估算出配电设备的负载情况，对配电设备进行重过载预警，有效减少电压不稳定、频繁停电等现象。

（4）电网故障诊断。电网发生故障后会经历电气量变化、保护装置动作、断路器跳闸三个阶段，其中包含大量反映电力系统故障的数据信息。监测系统将采集到的海量故障数据从自动装置上送至调度中心，剔除时空交错的复杂数据中冗余信息，只保留电网故诊断所需信息，将多源故障数据进行融合，利用专家知识、粗糙集理论、数据建模等分析技术，实现故障类型的诊断与判定。根据故障分析结果，调度运行人员及时进行事故处理，快速恢复供电，保证电网安全、可靠运行。

（5）电网风险预警。通过对电网运行数据的监测分析、深度挖掘，基于大数据技术开展电网运行状态评估，计算电网运行风险指数，判断出风险类型，预测从当前到未来一段时间内电网运行面临的风险情况；根据风险类型辨识结果，生成相应的预防控制方案，供调度决策人员参考。对突发性风险和累积性风险进行准确区分并生成针对性预防控制方案，依据对多源异构数据的深度分析，将风险准确定位到局部，实现全网各区域风险状况的集中辨识、定位以及预防控制。

第二节　云 计 算 技 术

一、技术概述

云计算是一种能够通过网络以便利的方式获取计算资源（包括网络、服务器、存储、应用和服务等）并提高其可用性的应用模式。云计算将计算任务分布在由大量计算机构成的资源池上，使各种应用系统能够根据需要获取计算力、存储空间和软件服务，这种资源池称为"云"。"云"是一些可以自我维护和管理的虚拟计算资源，通常为一些大型服务器集群，云计算将所有的计算资源集中起来，并由软件实现自动管理，无需人为参与。与"云"对应的"端"指的是用户终端，可以是个人计算机、智能终端、手机等任何连入互联网的设备。云计算的一个核心理念就是通过不断提高"云"的处理能力，从而减少用户"端"的处理负担，最终使用户"端"简化成一个单纯的输入输出设备，并能按需求享受"云"的强大计算处理能力。云计算按服务方式分为公有云、私有云、混合云，按服务类型分为基础设施服务（IaaS）、平台服务（PaaS）、软件服务（SaaS）。云计算的主要技术有虚拟化技术、多租户技术、海量数据存储和管理技术、并行编程技术。

（1）虚拟化技术。云计算技术框架中核心技术之一，是将计算机的各种实体资源（如CPU、存储及网络等）予以抽象、转换后呈现出来，打破实体结构间不可切割的障碍，使用户可以比原本组态更好的方式应用这些资源。一般所指的虚拟化资源包括计算能力和存储能力，这些资源不受现有资源架设方式、地域或物理组态所限制。

（2）多租户技术。云计算中一种软件架构技术，使云计算的硬件资源和软件资源能够更好地共享，一个单独的软件实例可以为多个组织服务，一个企业用户都能够按照自己的需求对软件进行配置而不影响其他用户的使用。一个支持多租户的软件需要在设计上能对它的数据和配置信息进行虚拟分区，从而使得每个使用这个软件的组织能使用到一个虚拟实例，并且可以对这个虚拟实例进行定制化。

（3）海量数据存储和管理技术。云计算系统采用分布式存储的方式存储数据，用冗余存储的方式（集群计算、数据冗余和分布式存储）保证数据的可靠性。分布式文件系统是一种允许文件通过网络在多台主机上分享的文件系统，可让多台机器上的多个用户分享文件和存储空间。云计算需要高效地管理大量的数据，主要采用 Google 的 Big Table（简称 BT）数据管理技术和 Hadoop 团队开发的开源数据管理模块 Hbase。Big Table 是一个大型的分布式数据库，与传统的关系数据库不同，它把所有数据都作为对象来处理，形成一个巨大的表格，用来分布存储大规模结构化数据。Hbase 是基于 Google Big Table 模型开发的，是一个构建在 HDFS 上的分布式列存储系统。

（4）并行编程技术。云计算提供了分布式计算模式，也采用了分布式并行编程模型和调度模型 Mapreduce，主要用于数据集的并行运算和并行任务的调度处理，其优势在于高效处理大规模的数据集。在该模式下，用户只需要自行编写 Map 函数和 Reduce 函数即可进行并行计算。其中，Map 函数中定义各节点上的分块数据的处理方法，而 Reduce 函数中定义中间结果的保存方法以及最终结果的归纳方法。

二、云计算技术在电网调度中的应用

1. 调度控制云平台

调度控制云平台（简称"调控云"）是面向电网调度业务的云服务平台。为适应电网一体化运行特征，以电网运行和调控管理业务为需求导向，依托云计算、大数据等 IT 技术，构建调控云，形成"资源虚拟化、数据标准化、应用服务化"的调控技术支撑体系。调控云的目标是建立统一和分布相结合的分级部署设计，形成国分主导节点和各省级协同节点的两级部署，共同构成一个完整的调控云体系。构建全网统一的模型、运行和实时数据资源池，实现与实际一、二次系统一致的全网准确、完整的模型。推动各类运行数据的云端存储和应用，实现电网实时数据云端获取。构建开放、共享的调控云应用服务体系，打造体现"全网、全景、全态"特征的电网一张图，支撑运行分析、安全管控和辅助决策等业务应用场景。按照组件开放、架构开放、生态开放的原则，国（分）、省级两级"$1+N$"中的每个调控云节点均建立业务双（多）活的两（多）个站点，每个站点内由基础设施层（IaaS）平台服务层（PaaS）和应用服务层（SaaS）3 个层级组成。

调控云及其基础应用功能已在华北、华东、华中、山东、天津、冀北、四川、湖南、江苏、浙江、福建、上海等十余个省级及以上调控中心部署，平台在实际中得到充分验证，取得了较好的应用效果。

2. 基于云架构的一体化调度培训仿真技术

调控员仿真（dispatcher training system，DTS）是通过数字仿真技术模拟电力系统的静态和动态响应及事故恢复过程，使调控员在与实际电网相同的调度环境中进行正常操作、事故处理及系统恢复的培训，以提高调控员的各项基本技能，尤其是事故时快速反应的能力。新一代 DTS 基于调控云平台，进一步具备调控一体化仿真及多级电网全范围的联合反事故演练功能，支持各级电网同时进行联合反事故演习，以提高协同管理电网、协同处理故障、协同保障电网运行的能力。

基于云架构的调控一体化仿真培训由调控员培训模拟和监控员培训模拟应用功能构成，两者均包括电力系统仿真、控制中心仿真、教员台控制等模块，其中监控员培训模拟应用功能在共享部分调控员培训模拟应用功能基础上，对电力系统仿真、控制中心仿真、教员台控制等模块进行扩展，实现保护信号、保护装置与一次设备的自动关联，使监控员仿真模拟更加真实可靠。

第三节　智慧物联网技术

一、技术概述

智慧物联网技术是指通过射频识别（RFID）、红外传感器、全球定位系统、激光扫描器等信息传感技术，按约定的协议，把广域分布的物品连接起来，进行信息交换和通信，以实现智能化识别、定位、跟踪、监控和管理的一种网络。物联网从体系结构上可划分为感知层、网络层、业务及应用层等方面，主要涉及的关键技术有 EPC/RFID 技术、传感器网络技术、纳米技术和微型技术、无线通信技术、边缘计算技术等。

（1）EPC/RFID 技术。EPC/RFID 技术是物联网的支撑性技术。EPC（电子产品编码）提供了一套较完善的电子产品编码方法，实现对物理对象的唯一标识。RFID 作为一种射频自动识别技术，为物联网中各类物品的身份标识提供技术支持，通过物品标签与阅读器之间的配合，实现物品的自动识别和信息的互联与共享。RFID 标签中存储着格式规范的数据信息（即对物品的静态信息描述），物品的属性信息将通过 RFID 阅读器自动采集到系统中，实现对物品的自动识别，并按照一定的要求完成数据格式转换，通过无线数据通信网络把它们传递到数据处理中心，实现后续的"透明"管理。

（2）传感器网络技术。物联网的核心，主要解决信息感知问题。通过散布在特定区域的成千上万的传感器节点，构建了一个具有信息收集、传输和处理功能的复杂网络，通过动态自组织方式协同感知并采集网络覆盖区域内查询对象或事件的信息，用于跟踪、监控和决策支持等。"自组织""微型化"和"对外部世界具有感知能力"是传感器网络的突出特点。

（3）纳米技术和微型技术。纳米技术和微型技术可以把智能信息嵌入到物体内部，通常称为智能设备。有了物与物之间的交流，设备随物体而动，成为一体，智能设备就可以处理信息，自我配置，独立决策。

（4）无线通信技术。物联网的最终发展形态一定具有"泛在网络"的特点，方便人们随时随地与目标对象进行通信，无线通信技术的应用是一种必不可少的通信手段。目前物联网所涉及的 RFID 或传感器网络等核心技术中都融合了无线通信技术。

（5）边缘计算技术。边缘计算是融合网络、计算、存储、应用等核心能力的分布式开放平台，在靠近物或数据源头的网络边缘侧按需部署边缘计算节点（Edge Computing Node，ECN），就近提供边缘智能服务，满足行业数字化在敏捷联接、实时业务、数据优化、应用智能、安全与隐私保护等方面的需求，实现物理世界和数字世界的联接与互动，实现模型驱动的智能分布式架构与平台，实现开发与部署运营的服务框架以及与云计算的协同。

二、物联网技术在电网调度中的应用

1. 电网调度数据管理

物联网技术对电网调度数据管理具体涵盖了调度基础数据、调度计划数据、安全校核数据与生产监控数据管理等几方面内容。调度基础数据管理包括设备的基本参数、额定参数等，还包括电力生产、计划、营运等数据；调度计划数据管理涵盖了发电用电规划、水库调整规划、电力营销规划、电力负荷重点调整规划、水文预报数据等；安全校核数据具体涵盖了对电网系统电压值的监测、对电压失稳率进行测算、静态性失稳故障和暂时性失稳故障调整情况的监督与管理等，从而维护与提升电网系统运行的安稳性；生产监控是对电网历史电量数据等进行监管，进而提升电力资源配送的安全性。

2. 电网业务数据管理

物联网技术在电力业务数据中的应用，最大的实用价值体现在对电力业务信息系统整体监管与调整方面上，涵盖生产、调度、销售、运转等环节。调度始终被视为电力资源生产期间的重心，与电力生产、电力计划、电力设备设施构建、电力资源销售、运行安稳性监管以及紧急状况处理等多个业务相关联。在物联网技术的支撑下，电力设备在运行期间产生的数据信息得到动态式监管与测量，对相关参数信息进行实时调整，借此维护与强化电力企业各类业务运行的安全性与有效性。

第四节　移动互联网技术

一、技术概述

移动互联网是互联网技术、平台、商业模式与移动通信技术结合并实践的活动的总称。从技术层面的定义是以宽带 IP 为技术核心，可以同时提供语音、数据、多媒体等业务的开放式基础电信网络。从终端层面的定义是用户使用手机、上网本、笔记本电脑、平板电脑、智能本等移动终端，由运营商提供无线接入，互联网企业提供各类应用和服务。移动互联网既继承了桌面互联网开放协作的特征，又具备了移动通信实时性、隐私性、便携性、准确性、可定位等特点。移动互联网业务不仅体现在"移动性"上，可以"随时、随地、随心"地享受互联网带来的便捷，还表现在丰富的业务种类、个性化的服务需求和高品质的服务质量。移动互联网技术主要包括网络、终端和应用三个基本要素。

（1）网络技术。目前移动互联网的应用平台主要有 Apple 推出的 iPhone iOS 和 Google 推出的 Android 系统，由此推出的服务模式为 Apple ＋ App Store 和 Google ＋ Android Market，此外还有 Microsoft 的 Windows Mobile 和其他一些系统。移动互联网是建立在移动通信网络基础上的互联网，从本质和内涵来看，移动互联网继承了互联网的核心理念和价值。移动用户最大的特点是位置在不断变化，对移动 IP 有很高的需求，在新兴技术中对移动互联网影响最大的就是基于无线技术的 M2M（Machine to Machine）技术。

（2）终端技术。终端是移动互联网的前提和基础。随着移动终端技术的不断发展，移动终端逐渐具备了较强的计算、存储和处理能力以及触摸屏、定位、视频摄像头等功能组件，拥有了智能操作系统和开放的软件平台。对移动互联网来说，由于受到电源和体积的限制，终端的功能和性能是实现各种业务的关键因素。首先是终端形态，未来的移动互联网绝对不仅是为了支持现在意义上的手机，各种电子书、平板电脑等都是移动互联网的终端类型。其次是物理特性，如 CPU 类型、处理能力、电池容量、屏幕大小等。再者是操作系统，不同的操作系统各有特色，相互之间的软件一般不兼容，给业务开发带来了一定的麻烦。

（3）应用及其平台技术。这是移动互联网的核心，移动互联网服务不同于传统的互联网服务，具有移动性、智能化、个性化、商业化等特征。用户可以随时随地获得移动互联网服务，这些服务可以根据用户位置、兴趣偏好、需求和环境进行定制。随着 5G 时代的普及，移动互联网的应用也越来越丰富。

二、移动互联网在配电网调度中的应用

1. 配电网调度网络化下令

基于移动互联网技术，通过在配电网调度技术支持系统中建设智能操作票、检修申请单功能模块，实现智能拟票、模拟预演、安全校核、预令、正令管理、检修许可等功能，在移动作业平台部署配电网调度网络化下令 App 功能模块，具备与智能操作票、检修申请单功能模块双向信息交互等功能，采用 VPN、VLAN 等构建虚拟专网方式保障移动通信网络安全。值班调控员和现场运维人员通过网络化方式实现操作票的预令下发、正令下令、复诵、调度确认、回令、收令等环节，替代电话下令等手段，减少操作时接打电话对调度人员时间的占用，规避传统电话模式带来的语音歧义、信息缺失、监护盲点、误读、误记、误解等危险点，促使串行的调度操作向并行开展，促进调度与现场高效协同，极大地提升调度操作效率。

2. 配电终端信息自助验收

基于移动互联网技术，通过在配电网调度技术支持系统中建设配电终端信息接入与验收管理 Web 功能模块，实现信息表管理、信息接入（变更）管理、自助验收管理等功能，在移动作业平台部署配电终端信息自助验收 App 功能模块，具备与配电网调度技术支持系统双向信息交互、通信异常提醒等功能。现场运维人员手持自助验收 App 终端，能够随时随地和主站开展配电终端信息接入验收业务，实现配电终端信息接入（变更）规范化、现场验收自助化、信息验收并行化、验收报告数字化，促进配电网调控终端信息接入与验收业务模式向数字化、自动化、智能化方向转变，有效降低一线调控人员工作承载力。

第五节　人工智能技术

一、技术概述

人工智能是研究、开发用于模拟、延伸和扩展人的智能的理论、方法、技术及应用系统的总称，该领域关键技术主要有机器学习技术、图像识别技术、语音识别技术、自然语言处理技术和智能机器人技术等。

（1）机器学习技术。传统机器学习是一门涉及统计学、系统辨识、逼近理论、神经网络、优化论、计算机科学、脑科学等诸多领域的交叉学科，研究计算机模拟或实现人类的学习行为以获取新的知识或技能，是人工智能技术的核心。新一代深度学习又称为深度神经网络，其实质是给出了一种将特征表示和学习合二为一的方式，是建立深层结构模型的学习方法。

深度学习的特点是放弃了解释性，单纯追求学习的有效性。卷积神经网络和循环神经网络是典型的深度神经网络模型，其中卷积神经网络常被应用于空间性分布数据，循环神经网络引入了记忆和反馈，常被应用于时间性分布数据。

（2）图像识别技术。是通过用计算机系统解释图像，实现类似人类视觉系统理解外部世界的一门科学，图像识别技术使计算机具有分析和理解图像内容的能力。通常根据理解信息的抽象程度可分为三个层次：① 浅层理解，包括图像边缘、图像特征点、纹理元素等；② 中层理解，包括物体边界、区域与平面等；③ 高层理解，根据需要抽取的高层语义信息，可大致分为识别、检测、分割、姿态估计、图像文字说明等。目前高层图像理解算法已逐渐广泛应用于人工智能系统，如刷脸支付、智慧安防、图像搜索等。

（3）语音识别技术。即自动语音识别（automatic speech recognition，ASR），其目标是将人类语音中的词汇内容转换为计算机可读的输入，其应用包括智能语音质检、语音拨号、语音导航、室内设备控制、语音文档检索、语音数据录入等。语音识别是人工智能领域的一个重要分支，是一项通过处理分析语音信号来识别说话人意图的技术，在自然人机交互、客户服务、公共安全等领域有着日趋广泛的应用。

（4）自然语言处理技术。是计算机科学领域与人工智能领域中的一个重要方向，研究能实现人与计算机之间用自然语言进行有效通信的理论和方法，是一门融语言学、计算机科学、数学于一体的科学。自然语言处理技术包括基础技术和应用技术，其中核心应用技术包括问答系统、知识图谱、自动文本摘要、信息抽取等方面。

（5）智能机器人技术。机器人是综合了机械、电子、计算机、传感器、控制技术、人工智能、仿生学等多种学科的复杂智能机械。智能机器人技术是通过机器人，实现"感知、决策、行为、反馈"闭环工作流程，可协助人类生产、服务人类生活的技术。智能机器人一般由环境感知模块、运动控制模块和人机交互及识别模块组成。

二、人工智能技术在电网调度中的应用

1. 停电事故恢复方案优化

对各变电站及线路的负荷能力数据、位置关系数据、各区域用户用电需求进行判断，并对各类用户失电恢复优先级进行标注，基于经济、社会影响等多方面因素综合考虑用户失电恢复优先级，结合对可调用资源的统筹和对用户重要性的判断，基于人工智能技术，生成故障恢复方案模型，为指挥人员处理停电事故提供辅助参考。

2. 智能调度机器人

通过主要需求理解、对话控制及底层的自然语言处理、知识库等技术实现智能语音处理，对口音、方言、口语化表达习惯、专业词汇、环境背景杂音、句子停顿等多种因素进行综合处理，积累适应当地表达特色的自然语言样本，结合实际业务场景持续更新术语及需求信息，实现典型业务场景机器人"智能调度"的功能。

江苏地区试点的配电网智慧大脑，成功打造了模式创新、管理提质、技术增效的全数字化配电网调控管理体系，将多轮人机对话、复杂语音语义识别技术、知识图谱、深度学习、图神经网络等 AI 技术与调度业务相结合，建成集虚拟全能调度、实时影子监护、故障应急响应等核心功能于一体的配电网智慧大脑，贯通了 DMS、OMS、调度电话系统、网络发令

系统，实现调度操作有效性校核并同步完成收发令、开关模拟置位、挂牌等调控员日常计划检修类操作，极大地提升配电网调度业务整体运营效率。

3. 设备事态趋势感知

利用设备参数、运行年限、状态信息、历史故障、缺陷隐患、在线监测等各类数据进行设备画像，对设备未来趋势进行智能诊断，辨识设备存在的运行风险。通过人工智能技术感知设备运行状况，对设备的健康状况进行科学状态评价，指导调控人员重点关注存在隐患的电力设备，制定预控措施。

4. 故障自动研判

利用积累的大量历史跳闸动作报告和故障录波的波形、现场实际故障点照片、故障原因分析，对跳闸动作报告和故障录波的故障波形、现场实际故障点照片、故障原因分析等数据进行标注，进行人工智能的深度学习、分类，对故障类型、故障点、故障原因进行综合分析评估，指导调控人员事故处理决策。

第六节 区 块 链 技 术

一、技术概述

区块链技术是利用块链式数据结构来验证与存储数据、利用分布式节点共识算法来生成和更新数据、利用密码学的方式保证数据传输和访问的安全、利用由自动化脚本代码组成的智能合约来编程和操作数据的一种全新的分布式基础架构与计算范式，分为公有链、联盟链和私有链三种组织形式，主要关键技术包括分布式共识技术、密码学技术、智能合约技术和跨链技术。

（1）分布式共识技术。指区块链事务达成的分布式共识算法，即在有限时间内就某个提案达成一致，共同维护一致性账本的技术，是区块链的核心技术，参与共识的节点以分布式的方式进行部署。以分布式模式部署的区块链系统中，节点之间存在失效、故障或宕机的可能，通信网络也存在干扰甚至阻断的情况，通过采用异步通信方式组成网络集群，保证共识过程的正常进行。共识的本质是保证区块链系统账本的唯一性、一致性和正确性。在异步通信的网络系统中，共识过程所采用的算法允许具有参与权限的机器连接起来进行工作，并在某些节点失效的情况下，过程仍能正常进行，这种容错能力是区块链技术的主要优势。

（2）密码学技术。区块链通过采用非对称加密算法来对信息数据进行加密保护，以防止被篡改和攻击。非对称加密算法是由对应的一对唯一性密钥组成，公钥可以公开发布，用于发送方加密要发送的信息，私钥用户接受方解密接收到的加密内容。由于公钥与私钥之间存在固定的依存关系，所以只有拥有私钥的用户能解密该信息，任何未经授权的用户甚至信息的发送者都无法将此信息解密。

（3）智能合约技术。是指一套以数字形式定义的承诺，包括合约参与方可以在上面执行这些承诺的协议。它本质上为一段可执行代码，是完成数字价值转移的手段，在超级账本中也被称为"链上代码"。依托于区块链上区块数据的不易改性和抵抗攻击性，智能合约可以实现代码在执行过程中的完全自动性、不可干预性和不可抵赖性等。智能合约一个很重要的特性是当条件满足时可自动执行合约动作，间接提高区块生成效率，同时满足去中心化和安全的交易环境诉求。在区块链技术中，智能合约及其执行过程都会被透明化记录，且结果一旦通过共识上链，系统中任何用户无权干涉，从而保证过程和结果的可信性，只有当交易出现问题时，才会针对合约进行修正。

（4）跨链技术。是指当隶属于不同区块链平台的数据发生交互需求时，需要依托技术手段实现不同的区块链平台之间的连接，支撑数据的跨链查询与共享。跨链技术是区块链技术中的研究热点，可有效解决不同区块链平台之间的信息交互难题。早期跨链技术包括公证技术和侧链技术，它们更多关注的是资产转移，现有跨链技术以中继技术为代表，更多关注的是跨链基础设施。近期出现的哈希锁定技术和分布式私钥控制技术支持多币种智合约，可以产生丰富的跨链金融应用。

二、区块链技术在电网调度中的应用

1. 基于区块链的虚拟电厂应用

虚拟电厂既要满足海量分布式能源资源实时参与电力市场交易，又要有效控制分布式电源并网行为以确保电力系统安全、可靠地运行，其协调控制技术从机制设计到技术实现均具有较大难度。区块链技术的不可篡改性、分布记账特性，能够为解决上述问题提供新的研究思路。区块链因其分布式记账特性能够为虚拟电厂的电力交易和调度提供透明、公开、可靠和低成本的去中心化平台，使不同类型的分布式电源产生的数据能够高效、快速地交叉验证和可信共享。采用区块链技术的虚拟电厂与各分布式能源之间可以在信息对称的情况下进行双向选择，分布式的信息系统和虚拟电厂内部分布式能源相匹配，各发电单元自愿加入虚拟电厂并共同进行系统的维护工作。每当有新的分布式能源加入虚拟电厂时，通过数字身份验证对各分布式能源的信息进行验证，并保证其受已定的激励政策和惩罚机制约束，从而使得区块链技术能在虚拟电厂与分布式能源之间生成有效的智能合约，并保证自动且稳定地执行。

通过区块链激励机制将虚拟电厂协调控制手段和分布式电源的独立并网行为有机联动，在确保电力系统安全、可靠运行的基础上，实现分布式发电的高渗透、高自由、高频率、高速度并网。

2. 基于区块链的透明调度

构建基于区块链的调度信息交互和数据存储中心，有效地将区块链技术在数据存储、信息安全、数据互操作性方面的优势引入调度系统中。通过区块链实时发布发电信息及用电需求，基于区块链智能合约自动匹配需求并制订电力调度计划，可实现电网自适应调度和运行，提升运行效率和信息安全能力，促进能源更合理消纳。基于区块链的透明调度运行总体思路如下：

（1）参与到调度系统的各个用电单元，将各自的用电需求信息提交到交易市场，交易市场将用电信息汇总，并提交到区块链平台。

（2）通过共识算法形成发电单元索引列表，各个用电单元都可以根据发电单元索引信息寻找适合自己的发电单元。基于智能合约可以根据不同的情形确定各个用电单元对接的发电单元集合，从而实现最优的供需交易结果。

（3）在发电计划匹配成功后，各发电单元完成自己的发电任务，通过输电系统运营商进行电力配送，最终将电能输送到相应的用电单元。输电系统运营商与区块链平台不断进行信息的审核确认，将电力交易信息上传至区块链平台存证，以保证每笔用电交易都准确完成。

3. 基于区块链的电力调度考核评价

依据电力监管机构发布的《发电厂并网运行管理实施细则》和《并网发电厂辅助服务管理实施细则》（简称"两个细则"），加强辅助服务管理和并网电厂考核工作，促进厂网协调发展，规范市场秩序，提高电网安全稳定运行水平。基于区块链的电力调度考核具体实现过程：将发电企业和电网企业《并网调度协议》和《购售电合同》实现线上签订并上链存证，有效避免合同的篡改和伪造，提高合同存证的安全性和真实有效性，真正实现具有法律效力的线上签约。基于区块链的电力调度考核评价系统，实时采集发电企业 PMU子站、RTU/测控装置、边缘代理装置等数据信息并进行上链存证操作，有效保证源头数据的真实性和完整性。利用区块链的智能合约技术构建"两个细则"指标考核模型，将智能合约通过广播发送到区块链中，与其他区块链节点进行同步，在多方节点下共同完成指标考核计算，并将考核结果进行对外发布，实现电力调度考核评价全过程的公开透明、真实可信和可追溯。

第七节　虚拟电厂技术

一、技术概述

虚拟电厂一般是指由可控机组、不可控机组（风、光等分布式能源）、储能设备、负荷、电动汽车、通信设备等聚合而成，并考虑需求响应等因素，通过与调度控制中心、电力交易中心等进行信息通信，实现与大电网的能量交互。虚拟电厂可认为是分布式能源的聚合并参与电网运行的一种形式。

从微观角度来说，虚拟电厂是通过先进信息通信技术和软件系统，实现分布式电源、储能系统、可控负荷、电动汽车等聚合和协调优化，以作为一个特殊电厂参与电力市场和电网运行的协调管理系统。主要关键技术如下：

（1）基于虚拟电厂的源网荷储协调优化技术。基于虚拟电厂的源网荷储协调优化技术旨在通过虚拟电厂整合机制将分布式可控资源纳入电网调度运行体系，丰富日前和日内调度资源，提高电网的电力电量平衡能力。在日内滚动调度层面，针对可再生能源波动问题，采用计及随机响应的价格敏感型柔性负荷经济安全优化调度策略；在实时调度层面，针对负荷的无序响应可能会劣化系统运行而导致潮流越限问题，采用计及安全约束的价格敏感型柔性负荷与储能资源联合实时调度策略；在整体调控运行层面，以引导海量分数分布的负荷侧资源及储能资源参与调控运行为目的，建立基于多代理的柔性负荷互动响应框架，采用多时间尺度协调调度的源网荷储联合调度模型。

（2）虚拟电厂调度运行技术。虚拟电厂的调度运行主要包括商业型虚拟电厂和技术型虚拟电厂两种类型。商业型虚拟电厂主要从经济调度的层面对虚拟电厂进行精细化的控制和调度，根据电力市场和分布式能源相关信息优化决策，对外产生虚拟电厂的整体市场方案，对内产生各分布式能源调度方案。技术型虚拟电厂主要是从安全调度的层面对虚拟电厂的经济调度策略进行修正和再调度，使虚拟电厂的调度方案和竞标计划满足电网潮流约束，保证电网的安全稳定运行。

二、虚拟电厂技术在电网调度中的应用

1. 清洁能源消纳

由于分布式电源的波动性和间歇性，大规模分布式电源直接接入电网会给电力系统的安全稳定运行、供电质量带来较大挑战。为协调电网和分布式发电的矛盾，充分挖掘分布式发电为电网和用户带来的价值，目前虚拟电厂已被公认为是分布式电源最有效的利用方式之一。通过基于虚拟电厂的源网荷储协调优化技术将分布式发电机组、储能变电站、可以远程控制的可控负荷整合成一个新的系统，共同参与电力系统调度控制，促进电能管理更加合理有序，从而解决新能源发电间歇性问题，提升电网清洁能源消纳水平。

2. 经济调度运行

在计及安全约束的前提下，采用不同目标函数，通过合理分配各分布式电源及各类可控负荷实现虚拟电厂的经济调度。由于分布式能源以可再生能源为主要特征，可再生能源发电的随机性、污染物排放量小等特点，使得虚拟电厂的经济调度相对于传统的电网优化调度引入了新的研究内容。虚拟电厂经济调度常见的方式有：

（1）以电厂为单位参与电网的优化调度，电网根据虚拟电厂的成本或报价函数参与电网的整体调度。

（2）基于互动调度的虚拟电厂与配电网协调运行模式，虚拟电厂以电源和负荷的双重身份参与调度，重在消除虚拟电厂运行的不确定性。

虚拟电厂的经济调度还要考虑分布式电源随机因素的影响，目前考虑随机因素的最优潮流主要分为概率最优潮流和随机最优潮流两类。其中，概率最优潮流考虑确定性调度下，随机变化的功率对系统的变量如线路功率、节点电压等波动的影响；而随机最优潮流的模型及优化过程均考虑随机因素，因而其最终调度方案对随机因素具有耐受性。

3. 安全可靠供电

虚拟电厂不改变分布式电源及用户的并网方式，其通过先进的控制计量通信等技术聚合分布式电源、储能系统、可控负荷、电动汽车等不同类型的分布式能源，按照一定的优化目标运行，有利于资源的合理优化配置及利用。通过虚拟电厂将分布式电源和负荷综合优化管理后统一接入电网有利于电力系统安全调度和提高负荷供电可靠性。虚拟电厂一般接入配电网中，接入电压等级与其内部发电单元和负荷的规模有关。当虚拟电厂的规模较大时会影响电网的机组组合和功率优化调度。虚拟电厂可相当于常规发电厂参与电网优化调度，具有灵活快速的控制能力，可以大大改善配电网的运行性能，保障安全可靠供电。

第八节 碳流分析技术

一、技术概述

为了更好地将电力系统的特点与低碳发展的理念相结合,拓展低碳电力技术的研究,有必要从新的角度去认识和分析电力系统中的碳排放问题。在电力系统中,不同的发电技术具有不同碳排放特性,但各类电厂产生的潮流和碳排放并无差异,相比在商贸物流中的应用,碳排放流在电力系统中存在着更为简便和灵活的应用空间,也更容易构建电力系统碳排放流理论体系。将电力系统碳排放流定义为依附于电力潮流存在且用于表征电力系统中维持任一支路潮流的碳排放所形成的虚拟网络流,在电力系统领域中可简称为碳排放流或碳流。直观上,电力系统碳排放流相当于给每条支路上的潮流加上碳排放的标签,由于碳排放流与潮流间存在依附关系,可以认为,在电力系统中,碳排放流从电厂(发电厂节点)出发,随着电厂上网功率进入电力系统,跟随系统中的潮流在电网中流动,最终流入用户侧的消费终端(负荷节点)。表面上,碳排放是经由发电厂排入大气,实质上,碳排放是经由碳排放流由电力用户所消

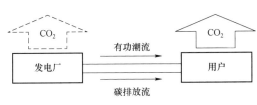

图 11-1 电力系统碳排放流示意图

费。电力系统碳排放流示意如图 11-1 所示。

二、碳流分析技术在电网调度中的应用

碳排放流概念的提出使得电力系统中的碳排放不再仅仅是电力生产的副产品,碳排放流分析理论也将成为在电力系统中具有明确物理意义并可详细描述电力生产与消费过程中碳排放转换关系的基础性分析工具。

空间层面,碳排放流与有功潮流相关联,电力系统中的碳排放量与碳排放强度不仅可从发电环节进行统计,还可从用电环节根据电力消费量进行统计和核算,两者通过电网的碳排放流关联起来。碳排放流的计算方法将成为该领域的核心问题,基于此,碳排放流的计算与统计还将给不同区域电网乃至不同电力消费行业间的碳排放权交易提供重要依据,对未来电网面向低碳的发展与规划也将起到指导性的帮助。

时间层面,电力系统的研究对象时间尺度巨细兼备,通过碳排放流的分析,系统碳排放的实时数据可通过电力系统调度控制的实时数据相关联得到。日前、月度、中长期等各类时间尺度中的电力生产问题均可通过碳排放流在相应时间范围内的分析得到。对面向低碳的电力调度方法、发电计划与运行方式的制定乃至中长期面向低碳的电源电网规划协调方法都将提供帮助。在低碳电力的背景下,利用碳流分析理论,建立基于碳排放流理论的电力系统源荷协调低碳优化调度策略,该策略对于优化电网调度以及实现电力系统"绿色低碳"的目标,具有重要的现实意义。

附录 A

配电网调度管理方面的制度规定

1. 国调中心、国网营销部关于全面推广用电信息采集系统数据接入配网调度技术支持系统的通知（调技〔2020〕17 号）

2. 国调中心关于印发《增量配电网、微电网并网调度协议示范文本（试行）》的通知（调技〔2019〕104 号）

3. 国调中心、国网营销部关于试点开展配变停电事件接入配网调度技术支持系统的通知（调技〔2019〕100 号）

4. 国调中心关于印发 2019 年配网调度控制管理工作意见的通知（调技〔2019〕51 号）

5. 国调中心关于印发《地区电网调度自动化系统新能源模块功能规范》的通知（调技〔2018〕121 号）

6. 国调中心关于加强分布式光伏数据采集工作的通知（调技〔2018〕111 号）

7. 国调中心关于进一步加强配电网调度管理的通知（调技〔2018〕89 号）

8. 国调中心关于进一步完善配电网调度技术支持系统图形模型的通知（调技〔2017〕54 号）

9. 国调中心关于进一步加强配电网调度运行的若干意见（调技〔2016〕100 号）

10. 国调中心、国网运检部、国网营销部关于开展配网故障研判及抢修指挥平台（PMS2.0）功能完善的通知（调技〔2016〕21 号）

11. 国调中心关于印发《智能电网调度控制系统调度管理应用（OMS）配电网调控应用管理规范》的通知（调技〔2015〕111 号）

12. 国家电网公司配电网方式计划管理规定［国网（调/4）972—2019］

13. 国调中心关于印发国家电网公司配网故障研判技术原则及技术支持系统功能规范的通知（调技〔2015〕83 号）

14. 国调中心关于进一步加强有源配电网调度管理的通知（调技〔2021〕39 号）

15. 国调中心、国网运检部、国网营销部关于开展配网故障研判及抢修指挥平台（PMS2.0）功能完善的通知（调技〔2016〕21 号）

16. 地区电网调度自动化系统新能源模块功能规范（Q/GDW 12053）

17. 储能系统调度运行规范（Q/GDW 11892）

18. 增量配电网/微电网调度运行技术规范（Q/GDW 12191）

19. 用电信息采集数据接入配网调度技术支持系统技术规范（Q/GDW 12192）

参 考 文 献

[1] 陈珩. 电力系统稳态分析 [M]. 北京：中国电力出版社，2007.

[2] 舒印彪. 配电网规划设计 [M]. 北京：中国电力出版社，2018.

[3] 国家电力调度控制中心. 配电网调控人员培训手册 [M]. 北京：中国电力出版社，2016.

[4] 国家电力调度控制中心. 配电网典型故障案例分析与处理 [M]. 北京：中国电力出版社，2018.

[5] 纪建伟. 电力系统分析 [M]. 北京：中国电力出版社，2012.

[6] 张宝会，尹向根. 电力系统继电保护 [M]. 北京：中国电力出版社，2005.

[7] 刘健，董新洲，陈星莺. 配电网故障定位与供电恢复 [M]. 北京：中国电力出版社，2016.

[8] 李世银，李晓滨. 传输网络技术 [M]. 北京：人民邮电出版社，2018.

[9] 李艳，王立鹏，唐建平，等译. 风电场并网稳定性技术 [M]. 北京：机械工业出版社，2010.

[10] 李建林，周京华，译. 风力发电系统优化控制 [M]. 北京：机械工业出版社，2010.

[11] 吴福保，杨波，叶季蕾，等. 电力系统储能应用技术 [M]. 北京：中国水利水电出版社，2014.

[12] 赵波. 微电网优化配置关键技术及应用 [M]. 北京：科学出版社，2015.

[13] 吴福保，杨波，叶季蕾. 电力系统储能应用技术 [M]. 北京：中国水利水电出版社，2014.

[14] 张振东. 增量配电业务改革政策研究与分析 [M]. 南昌：江西科学技术出版社，2020.

[15] 吴争. 直流配电网关键技术及应用 [M]. 北京：中国电力出版社，2019.

[16] 刘映尚. 配电网调度管理与运行控制 [M]. 北京：中国电力出版社，2017.

[17] 国网江苏省电力有限公司. 大规模源网荷友好互动系统 [M]. 北京：中国电力出版社，2017.

[18] 国家电力调度控制中心. 配电网实用调控技术问答 [M]. 北京：中国电力出版社，2016.

[19] 国家电网有限公司科技部. 国家电网有限公司新技术目录（2020 年版）[M]. 北京：中国电力出版社，2020.

[20] EPTC 电力信息通信专家工作委员会. 电力信息技术产业发展报告 2020 大数据分册 [M]. 北京：中国水利水电出版社，2020.

[21] 刘志成，林东升，彭勇. 云计算技术与应用基础 [M]. 北京：人民邮电出版社，2017.

[22] 暴建民，杨震. 物联网技术与应用导论 [M]. 北京：人民邮电出版社，2011.

[23] 印润远，王传东，李斌. 移动互联网技术实用教程 [M]. 北京：中国铁道出版社，2019.

[24] EPTC 电力信息通信专家工作委员会. 电力信息技术产业发展报告 2020 人工智能分册 [M]. 北京：中国水利水电出版社，2020.

[25] EPTC 电力信息通信专家工作委员会. 电力信息技术产业发展报告 2020 区块链分册 [M]. 北京：中国水利水电出版社，2020.

[26] 王鹏，王冬容. 走进虚拟电厂 [M]. 北京：机械工业出版社，2020.

[27] 姚建国，杨胜春，王珂. "源—网—荷"互动环境下电网调度控制 [M]. 北京：中国电力出版社，2019.

[28] 马腾飞. 图神经网络基础与前沿 [M]. 北京：电子工业出版社，2021.

[29] 周志华. 机器学习 [M]. 北京：清华大学出版社，2016.

[30] 曹孟州. 供配电设备运行维护与检修 [M]. 北京：中国电力出版社，2019.

[31] 李家坤，朱华杰. 发电厂与变电站电气设备 [M]. 武汉：武汉理工大学出版社，2014.

[32] 朱涛，张华. 变电站设备运行实用技术 [M]. 北京：中国电力出版社，2012.

[33] 何慧清. 增量配电网全过程多维精益化管理 [M]. 镇江：江苏大学出版社，2020.

[34] 白熊. 分布式光伏电源接入配电网典型设计与优化分析研究 [D]. 北京：华北电力大学，2011.

[35] 杨永标. 光伏电站分布式接入配电网保护研究 [D]. 南京：南京理工大学，2013.

[36] 许晓艳. 并网光伏电站模型及其运行特性研究 [D]. 北京：中国电力科学研究院，2009.

[37] 王建中. 35kV 简易母线保护动作分析 [J]. 电力系统自动化，2006，30（14）：105－107.

[38] 李宝伟，文明浩，李宝潭，等. 新一代智能变电站 SV 直采和 GOOSE 共口传输方研究 [J]. 电力系统保护与控制，2014，42（1）：96－101.

[39] 丁杰，杨前生，吕航，等. 智能变电站简易母线保护 [J]. 电力系统自动化，2017，41（14）：197－201.

[40] 陆玉军，徐勇，薛军，等. 智能变电站中低压母线保护设计 [J]. 江苏电机工程，2014，33（3）：21－25.

[41] 于洋，王同文. 基于 5G 组网的智能分布式配电网保护研究与应用 [J]. 电力系统保护与控制，2021，49（8）：17－23.

[42] 何云良，裴愉涛，吴路明，等. 基于 5G 通信的继电保护技术研究 [J]. 电力系统保护与控制，2021，49（7）：31－38.

[43] 郑涛，吴琼，吕文轩，等. 基于限流级差配合的城市配电网高选择性继电保护方案 [J]. 电力系统自动化，2020，44（5）：114－121.

[44] 张曦，康重庆，张宁，等. 太阳能光伏发电的中长期随机特性分析 [J]. 电力系统自动化，2014，38（6）：6－13.

[45] 郑杰，陈思铭，钟柳，等. 海南大型并网光伏电站性能质量评价与分析 [J]. 广东科技，2013，24：149－150.

[46] 杨桂兴，王亮，魏新泉. 光伏电站在乌鲁木齐地区电网的运行特性分析 [J]. 新疆电力技术，2013，119（4）：101－102.

[47] 李乃永，于振，曲恒志，等. 并网光伏电站特性及对电网影响的研究 [J]. 电网与清洁能源，2013，29（9）：92－97.

[48] 陈湘如，韩征，周松，等. 江苏现有光伏电站运行特性研究 [J]. 电源世界，2015，8：48－50.

[49] 胡文堂，童杭伟. 屋顶光伏电站并网运行特性分析 [J]. 浙江电力，2011，2：5－7.

[50] 郑颖春. 分布式光伏发电运行特性及其对配电网的影响 [J]. 电子技术与软件工程，2013，23：173－174.

[51] 吴振威，蒋小平，马会萌，等. 多时间尺度的光伏出力波动特性研究 [J]. 现代电力，2014，31（1）：58－61.

[52] 钟显，樊艳芳，常喜强，等. 新疆电网光伏电站并网参与系统调节的讨论 [J]. 四川电力技术，2014，37（4）：6－9.

[53] 曹艳，宋晓林，周艺环，等. 电动汽车充电站分布式光伏发电运行特性研究 [J]. 陕西电力，2012，9：20－23.

[54] 赵宇思，吴林林，宋玮，等. 新能源发电系统运行特性评价分析方法的研究综述 [J]. 华北电力技

术，2015，3：18－24.

[55] 何国庆. 分散式风电并网关键技术问题分析 [J]. 风能产业，2013，5：12－14.

[56] 匡洪海. 分布式风电并网系统的暂态稳定及电能质量改善研究 [D]. 长沙：湖南大学，2013.

[57] 孙立成，赵志强，王新刚，等. 分散式风电接入对地区电网运行影响的研究 [J]. 四川电力技术，2013，36（2）：73－76.

[58] 王剑，姚天亮，郑昕，等. 分布式风电场分组可调分散并网方案 [J]. 电力建设，2012，33（5）：17－20.

[59] 高辉，梁勃，王伟，等. 风光互补发电系统运行特性、输出功率曲线与负荷曲线的关系的研究 [J]. 太阳能，2012，3：42－46.

[60] 李征，蔡旭，郭浩，等. 分散式风电发展关键技术及政策分析 [J]. 电器与能效管理技术，2014（9）：39－44，57.

[61] 赵豫，于尔铿. 新型分散式发电装置——微型燃气轮机 [J]. 电网技术，2004，28（4）：47－50.

[62] 王成山，马力，王守相，等. 基于双 PWM 换流器的微型燃气轮机系统仿真 [J]. 电力系统自动化，2008，12（1）：56－60.

[63] 余涛，童家鹏. 微型燃气轮机发电系统的建模与仿真 [J]. 电力系统保护与控制，2009，37（3）：27－31，45.

[64] 孙可，韩祯祥，曹一家，等. 微型燃气轮机系统在分布式发电中的应用研究 [J]. 机电工程，2005，22（8）：55－59.

[65] 郭力，王成山，王守相，等. 两类双模式微型燃气轮机并网技术方案比较 [J]. 电力系统自动化，2009，33（8）：84－88.

[66] 郭力，王成山，王守相，等. 微型燃气轮机微网技术方案 [J]. 电力系统自动化，2009，33（9）：81－85.

[67] 张建成，黄立培，陈志业. 飞轮储能系统及其运行控制技术研究 [J]. 中国电机工程学报，2003，23（3）：108－111.

[68] 张宇，张华民. 电力系统储能及全钒液流电池的应用进展 [J]. 新能源进展，2013，1（1）：106－113.

[69] 方玉建，张金凤，袁寿其，等. 欧盟 27 国小水电的发展对我国的战略思考 [J]. 排灌机械工程学报，2014，32（7）：588－599.

[70] 宋旭东，余南华，陈辉，等. 小水电灵活并网控制技术研究 [J]. 南方能源建设，2015，2（2）：86－90.

[71] 谢凡，邬静，谌中杰. 江西省小水电并网技术效益探究 [J]. 江西电力，2012，12：71－73.

[72] 周全仁. 抽水蓄能电站：峰谷负荷调整的理想电源 [J]. 湖南电力，1998，01：33－34.

[73] 张华民，张宇，刘宗浩，等. 液流储能电池技术研究进展 [J]. 化学进展，2009，21（11）：2333－2340.

[74] 肖育江，晏明. 基于锌溴液流电池的储能技术 [J]. 东方电机，2012，（5）：80－84.

[75] 孙丙香，姜久春，时玮，等. 钠硫电池储能应用现状研究 [J]. 现代电力，2010，（6）：62－65.

[76] 张新敬. 压缩空气储能系统若干问题的研究 [D]. 北京：中国科学院研究生院，2011.

[77] 张维煜，朱烷秋. 飞轮储能关键技术及其发展现状 [J]. 电工技术学报，2011，26（7）：141－146.

[78] 卫海岗，戴兴建，张龙，等. 飞轮储能技术研究新动态 [J]. 太阳能学报，2002，23（6）：748－753.

[79] 韩翀，李艳，余江，等. 超导电力磁储能系统研究进展（一）——超导储能装置 [J]. 电力系统自动化，2001，25（12），63－68.

[80] 葛智元，周立新，赵巍，等. 超级蓄电池技术的研究进展[J]. 电源技术，2012，36（10）：1585-1588.

[81] 张建成，黄立培，陈志业. 飞轮储能系统及其运行控制技术研究［J］. 中国电机工程学报，2003，23（3）：108-111.

[82] 徐丽，马光，盛鹏，等. 储氢技术综述及在氢储能中的应用展望[J]. 智能电网，2016，4（2）：166-171.

[83] 雷超，李韬. 碳中和背景下氢能利用关键技术及发展现状［J］. 发电技术，2021，42（2）：207-217.

[84] 叶季蕾，吴福保，杨波. 燃料电池的研究进展与应用前景[C]. 第十三届中国科协年会第15分会场-大规模储能技术的发展与应用研讨会论文集：1-9.

[85] R. H. Lasseter. Smart Distribution: Coupled Microgrids［J］. Proceedings of IEEE，2011，99（6）：1074-1082.

[86] 王成山，李鹏. 分布式发电、微电网与智能配电网的发展与挑战［J］. 电力系统自动化，2010，34（2）：10-15，23.

[87] 路欣怡，黄扬琪，刘念，等. 含风光柴蓄的海岛独立微电网多目标优化调度方法［J］. 现代电力，2014，31（5）：43-48.

[88] 高志强，赵景涛，孙中记，等. 农村供电系统中典型微电网供电模式研究［J］. 电气技术，2014（6）：62-56.

[89] 桑丙玉，陶以彬，郑高，等. 超级电容—蓄电池混合储能拓扑结构和控制策略研究［J］. 电力系统保护与控制，2014，42（2）：1-5.

[90] 查申森，窦晓波，王李东，等. 微电网监控与能量管理装置的设计与研发［J］. 电力系统自动化，2014，38（9）：232-238.

[91] 薛金花，叶季蕾，张宇，等. 储能系统中电池成组技术及应用现状［J］. 电源技术，2013，37（11）：1944-1946.

[92] 华光辉，吴福保，邱腾飞，等. 微电网综合监控系统开发［J］. 电网与清洁能源，2013，29（4）：40-45.

[93] 李官军，陶以彬，胡金杭，等. 储能系统在微网系统中的应用研究［J］. 电力电子技术，2013，47（11）：9-11.

[94] 桑丙玉，王德顺，杨波，等. 平滑新能源输出波动的储能优化配置方法［J］. 中国电机工程学报，2014，34（22）：3700-3705.

[95] 文玲锋，李娜，白恺，等. 大容量锂电池储能系统容量测试方法研究［J］. 华北电力技术，2015（1）：41-64.

[96] 俞斌，桑丙玉，刘欢，等. 智能微网中铅酸电池储能系统控制策略［J］. 电网与清洁能源，2013，29（12）：119-125.

[97] 陶以彬，李官军，柯勇，等. 微电网并/离网故障特性和继电保护配置研究［J］. 电力系统保护与控制，2015（11）：95-100.

[98] 周天睿，康重庆，徐乾耀，等. 电力系统碳排放流分析理论初探［J］. 电力系统自动化，2012，36（7）：38-43，85.